A. ROLET

LES CONSERVES DE FRUITS ET DE LÉGUMES

Encyclopédie Agricole

60 volumes in-18 de chacun 400 à 500 pages, illustrés de nombreuses figures.
Chaque volume : broché, **5** fr.; cartonné, **6** fr.

I. — SCIENCES APPLIQUÉES A L'AGRICULTURE.

Botanique agricole................ MM. Schribaux et Nanot, prof. à l'Inst. agron.
Chimie agricole, 2 vol........... M. André, prof. à l'Inst. agron.
Géologie agricole................ M. Cord, professeur d'agriculture.
Hydrologie agricole............. M. Dienert, ingénieur agronome.
Microbiologie agricole........... M. Kayser, maître de conf. à l'Inst. agron.
Zoologie agricole .... } M. G. Guénaux, répétiteur à l'Inst. agronomique.
Entomologie et Parasitologie agric. }
Analyses agricoles, 2 vol.......... M. Guillin, dir. du lab. de la S. des agr. de France.

II. — PRODUCTION ET CULTURE DES PLANTES.

Agriculture générale, 2 vol........ M. P. Diffloth, professeur d'agriculture.
Engrais........................ }
Céréales .... } M. Garola, prof. d'agricult. d'Eure-et-Loir.
Prairies et plantes fourragères.... }
Plantes industrielles............. M. Hitier, maître de conf. à l'Inst. agron.
Cultures potagères............... M. L. Bussard, prof. à l'Éc. d'hort. de Versailles.
Arboriculture fruitière.......... MM. L. Bussard et G. Duval.
Sylviculture.................... M. Fron, inspecteur des eaux et forêts.
Viticulture..................... } M. Pacottet, chef de lab. à l'Instit. agron.
Cultures de serres............... }
Cultures méridionales............ MM. Rivière et Lecq, insp. de l'agric., à Alger.
Maladies des plantes cultivées, 2 vol. I. Delacroix. — II. Delacroix et Maublanc.

III. — PRODUCTION ET ÉLEVAGE DES ANIMAUX.

Zootechnie générale.............. }
   —   *spéciale* .... }
   —   *Races bovines*........... } M. P. Diffloth, professeur d'agriculture.
   —   *Races chevalines*........ }
   —   *Moutons, Chèvres, Porcs.* }
   —   *Lapins, Chiens, Chats....* }
Aviculture...................... M. Voitellier, maître de conf. à l'Inst. agron.
Apiculture..... .... M. Hommell, professeur d'apiculture.
Pisciculture.................... M. G. Guénaux, répétiteur à l'Inst. agronomique.
Sériciculture................... M. Vieil, insp. de la séricic. de l'Indo-Chine.
Alimentation des animaux......... M. R. Gouin, ing. agronome.
Hygiène et maladies du bétail.... MM. Cagny, méd. vétér., et R. Gouin.
Hygiène de la ferme............. MM. Regnard et Portier.
Élevage et Dressage du Cheval..... M. G. Bonnefont, officier des haras.
Chasse, Élevage du gibier, Piégeage. M. A. de Lesse, ing. agronome.

IV. — GÉNIE RURAL.

Machines agricoles, 2 vol......... { M. Coupan, chef de travaux à l'Inst. agronomique.
Moteurs agricoles........ .... {
Matériel viticole .... M. Brunet, Introduction par M. Viala.
Constructions rurales........ .... M. Danguy, dir. des études de l'École de Grignon.
Arpentage et Nivellement.......... M. Muret, professeur à l'Institut agronomique.
Drainage et Irrigations........... MM. Risler et Wéry.
Électricité agricole.............. M. Petit, ingénieur agronome.

V. — TECHNOLOGIE AGRICOLE.

Sucrerie, Meunerie, Boulangerie... M. Saillard, prof. à l'École des ind. agr. de Douai.
Industries agric. de fermentation. }
Brasserie...................... } M. Boullanger, chef de lab. à l'Inst. Past. de Lille.
Distillerie..................... }
Pomologie et Cidrerie............ M. Warcollier, dir. de la stat. pomolog. de Caen.
Vinification.................... M. Pacottet, chef de lab. à l'Inst. agron.
Laiterie....................... M. Ch. Martin, anc. dir. de l'École d'ind. lait.

VI. — ÉCONOMIE ET LÉGISLATION RURALES.

Économie rurale................. } M. Jouzier, prof. à l'École d'agric. de Rennes.
Législation rurale.............. }
Comptabilité agricole... .... M. Convert, professeur à l'Institut agronomique
Le Livre de la Fermière.......... Mme O. Bussard.
le Livre agricole des Instituteurs..
Lectures agricoles .... } M. Seltensperger, professeur d'agriculture.
Dictionnaire d'agriculture et de vi- }
   ticulture 2 vol................ }

ENCYCLOPÉDIE AGRICOLE

Publiée par une réunion d'Ingénieurs agronomes

SOUS LA DIRECTION DE G. WERY

LA CONSERVATION DES MATIÈRES ALIMENTAIRES

DANS LES MÉNAGES, A LA FERME ET DANS LES COOPÉRATIVES AGRICOLES

LES CONSERVES DE FRUITS

POUR LA CONSOMMATION FAMILIALE ET POUR LA VENTE

PAR

Antonin ROLET

INGÉNIEUR AGRONOME

PROFESSEUR A L'ÉCOLE D'AGRICULTURE D'ANTIBES

Introduction par le Dr P. REGNARD

DIRECTEUR DE L'INSTITUT NATIONAL AGRONOMIQUE

Avec 171 figures intercalées dans le texte

PARIS

LIBRAIRIE J.-B. BAILLIÈRE ET FILS

19, rue Hautefeuille, près du boulevard Saint-Germain

1912

L'Institut national agronomique.

INTRODUCTION

Si les choses se passaient en toute justice, ce n'est pas moi qui devrais signer cette préface.

L'honneur en reviendrait plus naturellement à l'un de mes deux éminents prédécesseurs :

A Eugène TISSERAND, que nous devons considérer comme le véritable créateur en France de l'enseignement supérieur de l'agriculture : n'est-ce pas lui qui, pendant de longues années, a pesé de toute sa valeur scientifique sur nos gouvernements et obtenu qu'il fût créé à Paris un Institut agronomique comparable à ceux dont nos voisins se montraient fiers depuis déjà longtemps?

Eugène RISLER, lui aussi, aurait dû plutôt que moi,

présenter au public agricole ses anciens élèves devenus **des maîtres. Près de douze cents ingénieurs** agronomes, répandus sur le territoire français, ont été façonnés par lui : il est aujourd'hui notre vénéré doyen, et je me souviens toujours avec une douce reconnaissance du jour où j'ai débuté sous ses ordres et de celui, proche encore, où il m'a désigné pour être son successeur (1).

Mais, puisque les éditeurs de cette collection ont voulu que ce fût le directeur en exercice de l'Institut agronomique qui présentât aux lecteurs la nouvelle *Encyclopédie*, je vais tâcher de dire brièvement dans quel esprit elle a été conçue.

Des Ingénieurs agronomes, presque tous professeurs d'agriculture, tous anciens élèves de l'Institut national agronomique, se sont donné la mission de résumer, dans une série de volumes, les connaissances pratiques absolument nécessaires aujourd'hui pour la culture rationnelle du sol. Ils ont choisi pour distribuer, régler et diriger la besogne de chacun, Georges WERY, que j'ai le plaisir et la chance d'avoir pour collaborateur et pour ami.

L'idée directrice de l'œuvre commune a été celle-ci : extraire de notre enseignement supérieur la partie immédiatement utilisable par l'exploitant du domaine rural et faire connaître du même coup à celui-ci les données scientifiques définitivement acquises sur lesquelles la pratique actuelle est basée.

Ce ne sont pas de simples Manuels, des Formulaires irraisonnés que nous offrons aux cultivateurs; ce sont de brefs Traités, dans lesquels les résultats incontestables sont mis en évidence, à côté des bases scientifiques qui ont permis de les assurer.

Je voudrais qu'on puisse dire qu'ils représentent le véri-

(1) Depuis que ces lignes ont été écrites, nous avons eu la douleur de perdre notre éminent maître, M. Risler, décédé, le 6 août 1905, à Calèves (Suisse). Nous tenons à exprimer ici les regrets profonds que nous cause cette perte. M. Eugène Risler laisse dans la science agronomique une œuvre impérissable.

table esprit de notre Institut, avec cette restriction qu'ils ne doivent ni ne peuvent contenir les discussions, les erreurs de route, les rectifications qui ont fini par établir la vérité telle qu'elle est, toutes choses que l'on développe longuement dans notre enseignement, puisque nous ne devons pas seulement faire des praticiens, mais former aussi des intelligences élevées, capables de faire avancer la science au laboratoire et sur le domaine.

Je conseille donc la lecture de ces petits volumes à nos anciens élèves, qui y retrouveront la trace de leur première éducation agricole.

Je la conseille aussi à leurs jeunes camarades actuels, qui trouveront là, condensées en un court espace, bien des notions qui pourront leur servir dans leurs études.

J'imagine que les élèves de nos Écoles nationales d'agriculture pourront y trouver quelque profit et que ceux des Écoles pratiques devront aussi les consulter utilement.

Enfin c'est au grand public agricole, aux cultivateurs, que je les offre avec confiance. Ils nous diront, après les avoir parcourus, si, comme on l'a quelquefois prétendu, l'enseignement supérieur agronomique est exclusif de tout esprit pratique. Cette critique, usée, disparaîtra définitivement, je l'espère. Elle n'a d'ailleurs jamais été accueillie par nos rivaux d'Allemagne et d'Angleterre, qui ont si magnifiquement développé chez eux l'enseignement supérieur de l'agriculture.

Successivement, nous mettons sous les yeux du lecteur des volumes qui traitent du sol et des façons qu'il doit subir, de sa nature chimique, de la manière de la corriger ou de la compléter, des plantes comestibles ou industrielles qu'on peut lui faire produire, des animaux qu'il peut nourrir, de ceux qui lui nuisent.

Nous étudions les manipulations et les transformations que subissent, par notre industrie, les produits de la terre :

la vinification, la distillerie, la panification, la fabrication des sucres, des beurres, des fromages.

Nous terminons en nous occupant des lois sociales qui régissent la possession et l'exploitation de la propriété rurale.

Nous avons le ferme espoir que les agriculteurs feront un bon accueil à l'œuvre que nous leur offrons.

Dʳ PAUL REGNARD,

Membre de la Société nationale
d'agriculture de France.
Directeur de l'Institut national
agronomique.

Cours de M. Regnard à l'Institut national agronomique.

PRÉFACE

La conservation des matières alimentaires au delà des limites tracées par leur fragilité naturelle ou par la production des saisons a, sans doute, préoccupé de tout temps les consommateurs. Il semblerait que cette branche de l'économie domestique dût prendre une place importante à la ferme, puisqu'on y dispose à meilleur compte qu'ailleurs des matières premières, fruits, légumes, etc. Cependant, ce n'est, plutôt, qu'à titre exceptionnel que la fermière prépare pour l'hiver quelques pots de confitures, sèche quelques paniers de fruits, ou met en bocal des cornichons au vinaigre.

Aujourd'hui, l'outillage perfectionné et des méthodes de préparation plus efficaces facilitent singulièrement les manipulations et assurent la parfaite stérilisation d'un produit de première qualité. Malgré tout, combien de procédés simples, pratiques, et, parfois, plus économiques, sont-ils encore ignorés dans les familles, qui permettraient d'étendre les préparations à d'autres denrées que celles qui sont ordinairement conservées !

On est trop porté à croire qu'il faille un talent spécial pour *réussir* des confitures, apprêter des boîtes de légumes, ou dessécher des fruits dans de bonnes conditions. Il est vrai que lorsqu'on achète dans un pot, un bocal, bien présentés, ornés d'une étiquette dorée et d'attributs divers, un produit de belle apparence, alléchant, mais *cher*, on se dit que cela doit être difficile à préparer. Certaines cuisinières cherchent, même, à entretenir cette opinion, nous allions dire ce préjugé, dans leur entourage, sans doute par amour-propre, pour montrer leur savoir-faire.

Il est de ces conserves comme de tels mets, dont les vatels experts ont seuls le secret. Mais il ne s'agit pas de cela, ici. Il suffit, pour réussir, d'une certaine habitude, de quelque apprentissage, comme en réclame, en somme, toute branche de l'économie domestique.

Aucune femme, c'est certain, ne devrait ignorer la préparation des conserves alimentaires. Dans les *Écoles ménagères*, les *Écoles normales*, les *Écoles de filles*, en général, une part devrait être faite à cet enseignement là où elle ne l'est déjà. N'a-t-on pas créé, ces temps derniers, une *École nationale d'industrie alimentaire*, près la Bourse de commerce de Paris, qui est appelée, a-t-on dit, à rendre de grands services à l'industrie de la fabrication de toutes les conserves alimentaires ? Cela montre bien l'importance que l'on attache à ce sujet, intéressant à plus d'un titre.

Est-il besoin de longuement insister sur les avantages qu'offrent les provisions de bouche ainsi mises en réserve ?

Les conserves apportent un certain confort sur la table de famille ; elles peuvent être, même, d'un grand secours pendant l'hiver. Qu'y a-t-il de plus agréable que de manger des asperges, des petits pois, des tomates, des fruits, dérivatifs toujours appréciés à la monotonie des menus ordinaires de la mauvaise saison ? Les enfants, les vieillards, les débilités qui manquent d'appétit, les malades, trouvent dans ces préparations saines des stimulants de valeur, que la fraude n'a pas atteints de ses ingrédients variés, colorants, acides, gélatine ou gélose, etc.

Il y a, également, le côté économique, pour les familles nombreuses, surtout. Bien que l'industrie des conserves ait acquis chez nous une importance considérable depuis qu'Appert a vulgarisé son procédé de stérilisation par la chaleur, il est certain que les produits que livre le commerce sont plutôt onéreux pour les bourses modestes, ce sont de véritables articles de luxe.

Dans les ménages, où l'on ne manipule pas, le plus souvent, de grandes quantités de matières, les procédés simples, les récipients économiques suffisent généralement.

A la ferme on laisse souvent perdre, dans les années de grande production, quantité de fruits et de légumes, car ils ne se vendent qu'à vil prix. Pourquoi, alors, n'en ferait-on pas des réserves plus importantes, soit pour l'entretien du personnel, soit, même, pour la vente ? Il est vrai que les moyens dont on dispose ne permettent guère l'emploi des appareils perfectionnés pour les manipulations, et le temps fait souvent ne se vendent qu'à vil prix. Pourquoi, alors, n'en ferait-on pas des réserves plus importantes, soit pour l'entretien du personnel, soit, même, pour la vente ? Il est vrai que les moyens dont on dispose ne permettent guère l'emploi des appareils perfectionnés pour les manipulations et le temps fait souvent défaut pour appliquer les méthodes rationnelles de travail, sans compter la pénurie de la main-d'œuvre.

Certains grands producteurs ne craignent pas, malgré tout, de traiter leurs récoltes. L'idéal n'est-il pas d'exploiter industriellement et d'utiliser tous les produits sous toutes les formes susceptibles de trouver des débouchés rémunérateurs ?

On ne doit pas oublier que les agriculteurs peuvent se grouper pour constituer des *coopératives* et s'outiller pour travailler comme les indutriels. La France est particulièrement favorisée par le climat. Il est à souhaiter de voir se former de ces sortes d'associations dans les régions qui produisent à la fois fruits, légumes, volailles, porcs, etc.

Nous donnons, dans cette intention, des méthodes de travail plus rigoureuses qui permettent de traiter une grande quantité de produits, tout en leur conservant, autant que possible, les propriétés qui les font rechercher à l'état frais.

Notre travail comprend deux grandes divisions. Dans la *Première partie* nous étudions les *agents de conservation et les méthodes générales* qui les mettent en œuvre.

Nous avons réservé, dans cette partie, une très large place à la *dessiccation* rationnelle, si peu connue chez nous, et, surtout, au *froid* qui, sous forme de *froid artificiel*, est appelé à jouer un rôle considérable dans la conservation des denrées périssables et leur écoulement sur les marchés. La *glace naturelle*, les *machines à froid*, les *chambres et wagons frigorifiques*, sont étudiés en détail.

Nous aurions pu, après la description de chaque procédé général de conservation, passer dans la *Deuxième partie* aux divers produits auxquels il peut s'appliquer. Nous avons préféré faire, pour chaque fruit, un chapitre spécial, où nous avons décrit diverses façons de le conserver et de l'apprêter.

Nous reproduisons, à l'occasion, les lois, *règlements*, etc.,

*

qui concernent le sujet. Nous énumérons, aussi, les *régions de production* des matières premières ; nous citons des exemples de *coopératives, d'installations* ; nous faisons connaître les *débouchés*, etc.

Voici les titres des principales divisions du volume :

PREMIÈRE PARTIE. — LES AGENTS ET MÉTHODES DE CONSERVATION. — Antiseptiques, enrobage, dessiccation, chaleur, froid.

DEUXIÈME PARTIE. — LES CONSERVES DE FRUITS : pommes, poires, coings, prunes, abricots, pêches, cerises, raisins, groseilles, cassis, fraises et framboises, oranges, citrons et cédrats, figues, melons et potirons, châtaignes, noix, noisettes, amandes, pistaches et pin pignon, olives, sorbes, kakis, nèfles, grenades, cornouilles, prunelles, aubépine, églantier, sureau, mûres, dattes, coprah.

TROISIÈME PARTIE. — *Le rôle des coopératives.* — Dans un deuxième volume, nous étudions les *légumes* (légumes-racines, légumes-tubercules, légumes-fruits, légumes herbacés, plantes de confiserie). Prenant chacun d'eux, nous examinons aussi les divers procédés de conservation, soit à l'état naturel, soit à l'état sec ou encore confits, cuits, etc. Un chapitre spécial concerne les *fleurs* de confiserie Les produits d'origine animale : *œufs, lait* et ses dérivés (crème, beurre, fromage), *miel, viande* (gibier, volaille, porc) complètent cette étude.

Ce volume ne traite donc pas seulement de la préparation des conserves proprement dites, en flacons ou en boîtes, mais aussi des méthodes plus générales de conservation, dont quelques-unes, comme celle qui met en œuvre le *froid*, n'altèrent en rien l'aspect où les qualités de l'aliment.

Nous supposons que ce guide pratique, où nous avons réuni et classé de nombreux documents, rendra quelques services à tous ceux qui récoltent des fruits, aux ménagères de la campagne comme à celles de la ville ; que les élèves des écoles le consulteront avec fruit ; que les grands producteurs et les dirigeants des coopératives y trouveront d'utiles renseignements que les industriels, les confiseurs, les liquoristes le liront avec profit.

ANTONIN ROLET.

LES CONSERVES
DE FRUITS

PREMIÈRE PARTIE

LES AGENTS ET MÉTHODES
DE CONSERVATION

Les méthodes de conservation mettent surtout en œuvre des agents nuisibles à la vitalité des *microbes*, êtres généralement invisibles, auxquels il faut attribuer la plupart des altérations de nos aliments (1).

Certains de ces agents sont d'ordre physique, comme la chaleur, le froid, etc. ; d'autres sont d'ordre chimique, comme le sel marin, l'alcool, etc.

Les moyens dont on dispose à la ferme ne permettent guère l'emploi des appareils perfectionnés pour les manipulations. Le temps fait souvent défaut aussi pour appliquer les méthodes rationnelles de travail. Mais on ne doit pas oublier que l'agriculture *s'industrialise* et *se commercialise* de plus

(1) La plus grande *propreté* est à recommander dans la préparation des conserves. Voy. KAYSER *Microbiologie agricole* (Encyclopédie agricole).

Rappelons que la vitalité *des microbes* est anéantie ou atténuée par une *température* élevée ou, au contraire, par une basse température ; le défaut d'*humidité* (dessiccation) ; les *antiseptiques* (sel marin, vinaigre, etc.) ; la *lumière* du soleil (rayons ultra-violets) ; l'*agitation* du milieu, et, pour certains, l'*oxygène* de l'air. Les *spores* ou *graines* des microbes sont *plus résistantes* que les adultes.

en plus, grâce à la formation de *coopératives* de production et de vente, qui souvent s'outillent et travaillent comme les professionnels.

Il n'est pas indifférent d'employer tel ou tel moyen de conservation, pour un produit donné. Il faut avant tout garder le plus possible à l'aliment les propriétés qui le font rechercher à l'état frais. C'est un pis-aller que d'être obligé d'altérer plus ou moins ses qualités.

À ce point de vue, la mise à contribution du *froid* doit être placée au premier rang. Nous ne l'étudierons pas, toutefois, en première ligne, et commencerons par les *antiseptiques*, d'un emploi plus commode à la ferme.

CHAPITRE PREMIER

LES ANTISEPTIQUES

L'emploi des *antiseptiques*, appelés encore bactéricides, conservateurs, est commode, mais ces ingrédients modifient parfois profondément les produits conservés, et l'on ne saurait toujours retrouver chez eux les qualités originelles. Ces matières agissent sur les *microbes* comme le fait la chaleur, mais elles ne détruisent pas, non plus, leurs produits de sécrétion qui sont, souvent, de vrais poisons (toxines).

La durée de conservation est ordinairement limitée, à moins d'exagérer la dose de l'ingrédient. Parfois les cellules animales sont, elles-mêmes, altérées.

Beaucoup de *produits chimiques* employés comme *antiseptiques* peuvent être *nuisibles* à l'organisme des consommateurs. On les a accusés de masquer, à l'occasion, un commencement d'altération de l'aliment. Aujourd'hui, à part le *sel*, le *vinaigre*, le *sucre* et l'*alcool*, l'emploi des antiseptiques est interdit chez nous. Quelques-uns, comme le *gaz sulfureux*, ont été réglementés.

Ce sujet a, d'ailleurs, été fort discuté. Qu'on lise, par exemple, les comptes rendus des *Congrès de la Croix-Blanche de Genève* ; on y verra que l'*acide borique* ne saurait entrer dans du beurre consommé en France, tandis qu'on peut l'employer pour ce même produit destiné à l'exportation. D'autre part, nous recevons d'Amérique des jambons boriqués. S'il est interdit d'envoyer aux États-Unis des petits pois reverdis avec du *sulfate de cuivre*, nous pouvons fort bien les écouler chez nous.

On comprend que les fabricants aient intérêt à voir autoriser l'usage des antiseptiques et il serait désirable qu'une législation commune à tous les pays en réglementât l'emploi, surtout pour ce qui concerne les relations commerciales (1).

SEL MARIN. — L'emploi du *sel marin*, ou *chlorure de sodium*, date de la plus haute antiquité. L'embaumement des morts, pratiqué par tous les peuples anciens, surtout les Égyptiens, fait supposer que l'on utilisait, aussi, le sel pour conserver la viande alimentaire.

LES MICROBES DU SEL. — Le sel marin n'est pas un microbicide parfait ; non seulement il n'anéantit pas les germes que l'on voudrait détruire, mais il peut en apporter avec lui et contaminer les aliments à conserver. C'est, du moins, ce que nous disent quelques chercheurs comme MM. les Drs Rappin, T. Grosseron et L. Soubran. Même dans le sel raffiné, ces expérimentateurs ont trouvé dans un cas 8.300 bactéries et 400 germes de moisissures par gramme de sel. Quant au *sel gris*, il renchérit encore : 6.000 à 300.000 germes !

On comprend que les *saumures*, qui ont déjà servi à traiter des aliments soient peuplées en abondance. Ainsi, une saumure de lard, qui datait de deux mois, a fourni à la numération des colonies, le huitième jour, 960.612 germes par centimètre cube. Dans un autre échantillon, prélevé à bord d'un navire après huit jours de culture, les calculs ont montré qu'il y en aurait eu 6.055.250, toujours par centimètre cube de saumure. Quant aux agents de maladies ou microbes pathogènes, le sel n'a sur eux qu'une action limitée. Le bacille de la fièvre thyphoïde, par exemple, résiste cinq mois dans une solution saturée de sel marin ; celui de la tuberculose, trois mois.

On peut répondre à tous ces faits que la plus grande partie du sel que nous mangeons subit la cuisson avec les aliments, mais, au point de vue où nous nous plaçons ici, beaucoup de produits conservés par le sel sont consommés crus.

Cette pollution s'explique. A moins d'être prise au large à de grandes profondeurs, disent les auteurs, l'eau de mer n'est pas d'une pureté parfaite. Elle l'est encore moins quand elle vient de canaux qui ne sont remplis qu'au moment des marées, et qui reçoivent souvent des eaux impures venant de l'intérieur des terres. Près du rivage, de l'eau recueillie dans un port voisin de marais salants a fourni 15.000 germes. Rien d'étonnant que de ces microbes soient emprisonnés avec l'eau de cristallisation.

En outre, les instruments avec lesquels on manipule le sel dans les marais salants, le sol des marais salants lui-même, la terre dont on recouvre les tas de sel ou *murons*, sont exposés à toutes les malpro-

(1) Un arrêté (*Officiel*, 19 juillet 1907) donne les méthodes à suivre pour rechercher les *antiseptiques* et les *édulcorants* dans les matières alimentaires.

pretés. On lave bien le sel, on le raffine, même, mais cela ne suffit pas à le purifier complètement.

En résumé, il ne faudrait employer que du sel exempt de toute contamination microbienne (1).

En dehors du côté économique, il est peut-être difficile, en pratique, de suivre cette règle, ne connaissant pas, le plus souvent, l'origine du sel employé. Si l'on voulait soi-même le *stériliser*, on se heur-

Phot. A . Rolet.

Fig. 1. — La récolte du sel.

terait, encore, à des difficultés. M. Grosseron dit à ce sujet : « L'ébullition ordinaire se suffit pas à stériliser le sel qui, même porté à la température de 107°,9 reste contaminé. On doit le traiter à une température encore plus élevée, et dans des appareils spéciaux. Comme c'est dans l'eau d'interposition des cristaux que sont logés les microbes, un chauffage de 150° n'assure pas une stérilisation parfaite. »

(1) Depuis longtemps, pour certaines conserves, les *olives*, par exemple, les industriels ont remarqué que le sel de telle saline de la région est meilleur qu'un autre.

On doit dire que dans certaines industries, la fromagerie par exemple, le sel fin employé subit, au préalable, une sorte de calcination, qui doit le stériliser, partiellement tout au moins.

Phot. A. Rolet.

Fig. 2. — La mise du sel en camelle.

VINAIGRE (1). — Il agit par son *acide acétique*, mais comme celui-ci est plus ou moins dilué (et aromatisé) dans le vin, ce n'est pas un microbicide bien énergique. Trop peu concentré, il favorise, même, la multiplication des bactéries et des moisissures.

Il est prudent, avant de s'en servir pour conserver les matières alimentaires, de le faire bouillir.

On utilise aussi, outre le vinaigre de vin blanc (le meilleur

(1) Voy. PACOTTET, *Eaux-de-vie et vinaigres* (Encyclopédie agricole).

au point de vue de la qualité des conserves) et celui de vin rouge, une solution aqueuse d'acide acétique aromatisée avec des produits appropriés, estragon, etc.

On emploie encore quelques combinaisons de l'acide acétique, par exemple l'*acétate de soude,* pour la viande, les légumes ; l'*acétate de cuivre,* pour reverdir les légumes (voy. la table).

Alcool. — L'alcool en solution dans l'eau peut, à un certain degré de concentration, enrayer la vitalité des ferments. Ainsi, à la dose de 16 p. 100 dans le moût, il arrête l'action des levures. On sait que les pièces anatomiques qui baignent dans l'alcool durcissent et se conservent bien.

On fait, également, agir l'alcool sous forme de vapeurs.

Acide sulfureux. — L'*acide sulfureux* et les sulfites alcalins, principalement les *bisulfites,* sont employés pour la conservation des liquides et autres matières fermentescibles. Il a, en même temps, la propriété de décolorer les produits (légumes, fruits, etc.). Les sommeliers du temps de Caton pratiquaient fréquemment le mutage.

On emploie ce corps, produit par la combustion du soufre, soit à l'état gazeux, soit à l'état de dissolution, ou, encore, à l'état de sel facilement décomposable. Il se transforme, à la longue, en acide sulfurique.

Mathieu de Dombasle, le chimiste Braconnot, le professeur Lamy, le docteur Vernois, etc., ont contribué à populariser l'usage du gaz sulfureux.

Son emploi est autorisé à la dose de 100 milligrammes par kilogramme de produit à conserver.

Produits divers. — L'*acide borique* est employé, surtout, pour le beurre, le lait, les viandes, de même que le *borax* (borate de sodium), le *sulfate de soude.*

L'*acide salicylique* est une poudre utilisée pour les liquides, les graisses, les viandes. On emploie encore les *salicylates,* comme le *salicylate de sodium.*

Les composés du *fluor, fluorures, fluoborates,* sont mis à contribution pour les boissons, sirops, confitures, beurres, viandes, etc.

L'*eau oxygénée,* ou *peroxyde d'hydrogène,* est un puissant microbicide réservé, ordinairement, pour le lait (eau oxygénée à 12 volumes).

L'aldéhyde formique sert à conserver le cidre, les fruits.

SUCRE. — Le sucre en solution concentrée joue le rôle d'antiseptique. À ce titre, il est très employé pour la préparation des confitures, où son action est combinée à celle de la chaleur.

Nous ferons remarquer que, dans la dessiccation que l'on fait subir à certains fruits pour les conserver (prunes, figues, raisins, etc.), non seulement c'est le défaut d'humidité qui met ces produits à l'abri des altérations, mais c'est encore la concentration des principes sucrés des tissus qui agit comme à l'état de sirop épais.

CHAPITRE II

ENROBAGE

Le procédé de conservation par *enrobage* n'est pas aussi efficace que la cuisson et les antiseptiques, par exemple, mais il est d'une application facile à la ferme.

On enveloppe les produits à conserver dans une matière qui les met plus ou moins à l'abri du milieu extérieur : germes, oxygène de l'air, lumière, humidité, en même temps qu'elle peut s'opposer à la dessiccation.

Les anciens avaient entrevu, sans doute, que l'air contient un principe éminemment propre à hâter la fermentation et la putréfaction des substances animales et végétales.

C'est pour cette raison que, pour conserver pommes et grenades, ils les recouvraient d'une couche de cire ou de résine. Ils conservaient les raisins, ainsi que beaucoup d'autres fruits, daus des vases en argile exactement fermés, puis enfouis dans du sable à 1 ou 2 mètres de profondeur (Hoefer).

On emploie aujourd'hui un grand nombre de substances : *huile* (viande crue, poisson, olives) ; *lait caillé* (viande crue en Alsace) ; *graisses, beurre, gélatine* (viandes cuites. porc, confits de volailles, œufs) ; *miel, mélasse, eau de chaux* (œufs), *paraffine* (fromages, fruits, œufs) ; *silicate de potasse et de soude* (œufs) ; *acide stéarique, gomme arabique, colle de poisson, caoutchouc, collodion, fécule.* Nombre de ces matières sont mal odorantes ou coûteuses.

On pourrait ranger aussi à côté de ces produits le *papier d'étain pur* (fruits, chocolat, saucisson, marrons glacés), de même que les matières pulvérulentes : *poudre de liège, tourbe, cendre tamisée, poussier de charbon* tamisé, *sable fin, plâtre, son, sciure, ouate,* etc. Ces matières doivent être bien sèches, sans odeur, etc.

Atmosphère de gaz inerte. — La *conservation* dans une atmosphère *de gaz inerte* est comparable à l'enrobage, avec cette différence qu'elle est plus efficace.

Les gaz proposés sont l'*azote* et le *gaz carbonique*, dont l'emploi peut être combiné avec celui d'autres agents, *le froid*, par exemple.

C'est ainsi que M. F. Lescardé a pu traiter des *œufs* enfermés dans un récipient tenu dans un frigorifique. Au préalable, le vide a été fait dans le récipient et l'air remplacé par du gaz carbonique sous pression

De même, M. Clerc emploie encore ce gaz, puis l'oxygène sous pression pour le lait. Ce sont là des procédés qui ne sont pas encore entrés dans la pratique courante.

CHAPITRE III

DESSICCATION

Les fruits et les légumes contiennent jusqu'à 95 p. 100 d'eau, condition des plus favorables pour le développement des *microgermes*.

Par la dessiccation les produits végétaux perdent 80 à 90 p. 100 de leur poids, mais ils en reprennent 10 p. 100, une fois à l'air. Par conséquent, outre la conservation, on a encore 70 p. 100 de gain sur le poids, ce qui facilite le transport.

La dessiccation altère moins les fruits et les légumes que la viande, car les produits reprennent facilement l'eau qu'ils ont perdue quand on veut les consommer.

DESSICCATION A L'AIR. — C'est le procédé le plus simple. Le séchage des *fruits* au soleil est, sans doute, employé depuis qu'il y a des fruits et des hommes. Dans tous les cas, Pline l'Ancien en fait mention.

Mais cette méthode ne peut être utilisée que dans les régions favorisées par le climat.

L'opération est longue et demande, pour ainsi dire, des soins continus pour retourner les produits et assurer une dessiccation régulière.

Le soir, dès que le soleil commence à baisser, il faut les couvrir ou les rentrer pour les mettre à l'abri de la rosée.

Si la saison est avancée, dans le cas des fruits et légumes d'automne, les vents humides et les pluies sont à craindre.

Dans ces conditions, la dessiccation traîne en longueur, les produits envahis par les moisissures s'altèrent ; leur aspect, leur couleur, caractères à considérer quand il s'agit de la *vente*, changent, ils se ternissent.

Les fruits et légumes, les premiers surtout, plus ou moins sucrés et, quelquefois, coupés en deux, sont exposés aux déprédations des maraudeurs, des oiseaux, des rongeurs, et principalement, des insectes, qui y déposent leurs œufs, sans compter qu'ils sont encore souillés par les poussières.

Avant de les mettre en réserve, on est souvent obligé de les stériliser par trempage dans l'eau bouillante ou à la vapeur.

Il est vrai qu'ici le matériel est simple, des claies en roseaux ou en lattes, avec ou sans rebord, des cadres avec grillages métalliques, des toiles, suffisent. On les tient, à l'aide de piquets, à 60 à 70 centimètres au-dessus du sol, un peu inclinés, dans un endroit abrité et bien exposé au soleil, au voisinage de la ferme, pour faciliter la surveillance.

Certains fruits, figues, prunes, peuvent être piqués, sans qu'ils se touchent, sur des branches épineuses, mais les plaies ainsi produites sont facilement envahies par les germes.

Quelques légumes, *haricots verts, champignons,* sont mis en chapelets sur de la ficelle.

DESSICCATION AU FOUR. — L'emploi du simple four de boulanger est un progrès, au moins en ce qui concerne la célérité. Quelquefois les produits sont d'abord ébouillantés ou *blanchis.* On peut commencer, aussi, la dessiccation au soleil, pour la terminer dans le four.

Mais avec le modeste four des fermes ou des boulangeries de campagne, on comprend qu'il soit difficile de bien régler la température pour obtenir une dessiccation régulière. Trop de calorique, au début, en coagulant certains principes, albuminoïdes ou autres, fait courir le risque d'entraver, ensuite, la sortie de l'humidité. L'aspect du produit en souffre aussi, sans compter que l'on peut, même, brûler ce dernier et lui communiquer le goût particulier.

FOURS-SÉCHOIRS OU ÉTUVES. — Dans certaines régions à grande production, comme dans l'Agenais (prunes), la Normandie (pommes), on emploie des construction en maçonnerie plus ou moins spacieuses et perfectionnées, où l'on dessèche de grandes quantités de produits à la fois. La circulation de l'air chaud y est ménagée de telle façon que la dessiccation s'y produise plus régulièrement que dans un simple four de boulanger. Nous reviendrons, d'ailleurs, sur ces *étuves* dans les chapitres spéciaux qui traitent les différents fruits.

En Californie et en Espagne les *séchoirs* sont de vrais édifices. Ils sont constitués par deux chambres de 25 à 30 mètres de long sur 2^m,50 à 3 mètres de large, et autant de hauteur. Un puissant calorifère est installé à une des extrémités. Dans les cloisons des chambres sont placés deux ventilateurs qui refoulent l'air chaud dans ces dernières. Les fruits sont amenés dans ces *évaporateurs* sur des wagonnets chargés de claies. En cinq jours l'on peut ainsi dessécher 100 à 125 tonnes de fruits.

ÉVAPORATEURS

La dessiccation des fruits et légumes n'a réellement fait des progrès que depuis que l'on a construit des *évaporateurs*, appareils qui opèrent le séchage méthodiquement.

Dans ces dispositifs perfectionnés, on fait passer sur les produits à traiter des courants d'air sec à des températures variables au gré de l'opérateur.

Ces appareils sont appelés à rendre de grands services dans le monde agricole, où on laisse, parfois, perdre de grandes quantités de fruits et de légumes. C'est le cas, par exemple, des années d'abondance, alors que les cours suffisent à peine à couvrir les frais de cueillette et de transport.

Comme on le verra, on vend des évaporateurs pour les petits producteurs, qui sont parfaitement conditionnés et à des prix très abordables.

Les coopératives ont tout avantage à adopter les appareils à grand travail, qui utilisent mieux la chaleur et sont, de ce fait, relativement plus économiques.

Nous ne parlerons pas ici des appareils plus particulièrement destinés à traiter les aliments du bétail, dont on fait surtout usage en Allemagne (appareils Büttner, Sperber, Harzer, Werke, Wastenhagen, Petry, Hecking, etc.).

PRINCIPE DE L'ÉVAPORATEUR. — En principe, un évaporateur se compose d'une première chambre dans laquelle *s'échauffe* l'air frais venu du dehors, le calorique étant fourni par un foyer, poêle ou autre. Cette chambre a des parois isolantes, ou, encore, une double enveloppe dans laquelle circule, d'abord, l'air du dehors avant de pénétrer dans la chambre. Là, il continue à se réchauffer, sous l'influence du calorifère, dont la surface est souvent ondulée, ce qui augmente, comme l'on sait, le rayonnement.

Les gaz et la fumée du foyer vont se perdre directement au dehors par un tuyau approprié.

Du *calorifère*, l'air chaud passe dans la *chambre de séchage*. Celle-ci, garnie de claies portant les fruits ou les légumes, a une forme telle que l'air circule soit verticalement, soit plus ou moins obliquement, et, même, horizontalement, suivant les types d'appareils. Une clef de tirage permet d'agir sur la vitesse du courant d'air.

Comme on le verra plus loin, ces derniers sont assez variés. Nous n'envisageons pas ici, bien entendu, les installations de la grande industrie, vraies constructions en maçonnerie avec combinaisons diverses de tuyauteries, plateaux, etc. Ces grands appareils sont plus économiques, car ils utilisent mieux la chaleur du foyer. Les produits frais sont, d'abord, placés sur les claies les plus éloignées du foyer, c'est-à-dire de l'ouverture d'arrivée de l'air chaud. On les rapproche ensuite peu à peu de celle-ci, en même temps qu'à leur place on met de nouveaux produits frais. La dessiccation s'opère, ainsi, méthodiquement, tandis que le fonctionnement de l'appareil est continu.

Les *évaporateurs à vide* forment un groupe à part. Ils sont plus compliqués que les dessiccateurs ordinaires. On y produit un vide partiel au-dessus de la matière à traiter, en même temps que l'on emploie la chaleur. Ils sont, par conséquent, plus puissants.

SÉCHOIR VERMOREL. — Les séchoirs Vermorel (fig. 3) dérivent des appareils Waas (imaginés et construits à Güsenheim) que le constructeur a perfectionnés. Il les décrit de la façon suivante :

1° Un poêle, ou foyer spécial, pour la production de l'air chaud construit de façon à recevoir indistinctement du bois ou du charbon (ses parois sont disposées de façon à éviter toute perte de chaleur) ;

2° Une chambre d'évaporation placée sur le foyer. Elle est constituée par une série de châssis ou claies superposées, sur lesquels on dépose les produits à sécher. Un mécanisme spécial permet de soulever la pile de châssis pour enlever les produits desséchés, ou vérifier la marche de la dessiccation.

L'air chaud s'élève d'un châssis à l'autre en entraînant l'humidité vers la partie supérieure, d'où elle s'échappe dans l'air.

Les matières placées sur la claie inférieure, la plus rapprochée du foyer, sèchent les premières.

Quand le point de siccité voulu est atteint pour ce châssis, un système de leviers permet de soulever la pile des autres. Le cadre inférieur est, alors, retiré, garni de produits frais, et placé à la partie supérieure. Il s'établit un roulement entre les divers châssis dont les matières se

Fig. 3. — Évaporateur de ménage.

dessèchent progressivement, à mesure qu'elles se rapprochent de la chambre de chauffe.

Le dispositif du foyer est tel que la chaleur se répartit uniformément sur toute la surface des claies, ce qui est essentiel, si l'on désire obtenir des produits bien préparés.

Une fois le foyer allumé, on règle le feu de façon que la température ne dépasse pas celle qui doit être spéciale à chaque matière. Pour cela, l'ouvrier doit visiter assez souvent ses thermomètres. Les claies une fois rangées, pour reconnaître le moment où l'on doit les faire progresser, il suffit de diviser la durée totale de la dessiccation par le nombre de claies.

Si, par exemple, le séchage doit durer six heures, et que l'appareil comprenne 12 claies, chaque claie devra progresser toutes les demi-heures.

Quand l'appareil est en marche, son débit est continu. Pendant la nuit, on peut interrompre le fonctionnement et le reprendre le lendemain au point où on l'a laissé la veille.

Les *séchoirs de ménage* (1), dont les prix varient de 38 à 55 francs, peuvent se placer sur un fourneau de cuisine.

Le système de leviers permet de soulever aisément l'ensemble des claies, de façon à pouvoir en ajouter aisément une au-dessous, ou bien de soulever l'ensemble à l'exception de la claie inférieure lorsque celle-ci doit être retirée. On peut, aussi, facilement retirer une claie intermédiaire ou en interposer une.

Ces appareils sont de forme carrée ou rectangulaire. Ceux de forme rectangulaire ont une surface évaporatrice plus grande. Chaque forme comprend deux modèles différant seulement par le nombre des claies.

Dans la série des séchoirs de ménage, il en est un qui a son fourneau spécial. Les prix varient de 85 à 115 francs. Cet appareil peut être employé suivant les circonstances, ou à l'intérieur ou en plein air.

Les séchoirs pour *petites exploitations* à fourneau rond, avec foyer intérieur en fonte, conviennent aussi aux personnes qui possèdent autour de leur exploitation, ou dans des vergers, un certain nombre d'arbres fruitiers. Ils peuvent utiliser tous les combustibles, bois, charbon, coke, sarments, etc.

Les claies sont à fond uni, en toile métallique étamée. Mais pour le séchage des fruits à noyaux, il est préférable de prendre des claies à fond ondulé. Les prix varient de 180 à 300 francs.

Le fourneau des séchoirs pour *moyennes exploitations* est formé d'un corps de foyer en fonte à ailettes, qui augmentent la surface de chauffe, et d'une double enveloppe en amiante, pour éviter les pertes de chaleur.

Le tirant d'air se produit sous le foyer au-dessus duquel est fixé une sorte d'entonnoir plein de sable, qui reçoit directement la chaleur du foyer et la tamise avant de pénétrer dans la chambre de séchage. La partie supérieure de cet entonnoir est munie d'un régulateur de chaleur et d'un thermomètre. Les châssis en fer sont à fond plat ou ondulé. Les prix varient de 380 à 950 francs, suivant les modèles.

La maison Vermorel construit, aussi, un *grand séchoir à chauffage direct*, pour grande exploitation ou entreprise industrielle. Il peut développer 40, 80 et 100 mètres carrés de surface de dessiccation.

Les quatre chambres de séchage sont chauffées au moyen d'un appareil à vapeur placé au milieu de l'installation et qui peut recevoir des claies pour le traitement des produits à sécher.

Avec ce séchoir, dit le constructeur, il est possible de sécher, dans chacune des quatre chambres, des produits différents, sans qu'ils soient atteints ou influencés les uns par les autres dans leurs qualités propres.

Aucune maçonnerie n'est nécessaire pour l'installation de l'appareil.

(1) Les prix que nous citons ici et ailleurs sont de simples indications pour éclairer le lecteur. On comprend qu'ils soient variables. Se renseigner auprès des constructeurs.

« APPAREIL UNIVERSEL » TRITSCHLER. — Les claies sont en bois, ce qui diminue les pertes de calorique. Quel que soit le nombre des claies, on peut aisément isoler celle que l'on désire, à l'aide d'un petit treuil. L'extrémité du tuyau du calorifère se recourbe pour pénétrer dans la partie supérieure de la chambre. Il en résulte que la chaleur ainsi fournie par la paroi du tuyau augmente la vitesse du courant d'air à sa sortie et l'empêche de se saturer de vapeur d'eau au moment où il traverse les claies supérieures.

La disposition des claies, groupées par deux ou trois dans des tiroirs superposés, est telle que le courant d'air chaud, au lieu de s'élever directement dans le sens vertical, ne le fait qu'en parcourant

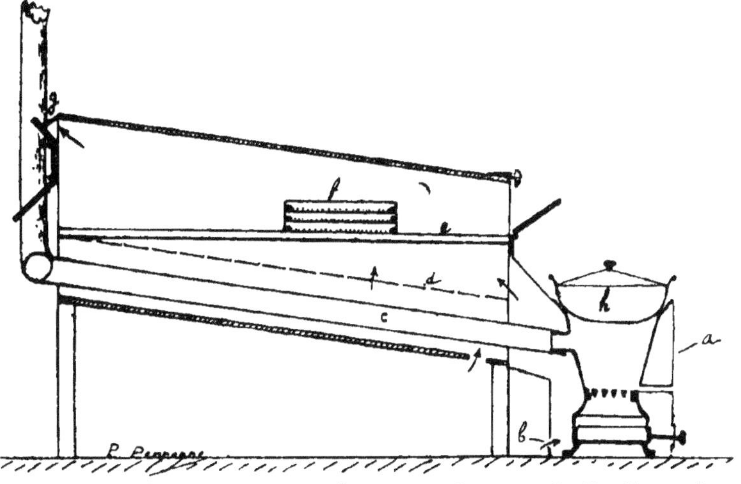

Fig. 4. — Évaporateur de l'École d'agriculture de Berthonval.

un chemin sinueux. En somme, l'*Universel* est un évaporateur à courant vertical un peu modifié.

Il y a plusieurs modèles de ce système.

Il existe également un modèle avec *courant d'air oblique* (premier évaporateur construit en France).

SÉCHEUR VERTICAL FOUCHÉ. — Le *cuiseur-sécheur* vertical Fouché, pour légumes et autres produits, est construit de façon à recevoir les chariots du *séchoir méthodique à chariots*, du même constructeur.

APPAREIL DE L'ÉCOLE D'AGRICULTURE DE BERTHONVAL (Pas-de-Calais). — Cet appareil est surtout destiné à la dessiccation des *légumes*.

M. Malpeaux, ayant reconnu l'inconvénient qui résulte de la superposition d'un grand nombre de claies chargées de légumes seule-

2.

ment ressuyés après le bain de blanchiment, imagina cet appareil à *courant d'air oblique*, simple, peu coûteux, pouvant être construit dans toute exploitation agricole par un menuisier et un forgeron de village. « Nous voulions, dit l'inventeur, que le calorifère pût, aussi, produire l'eau chaude nécessaire au traitement des légumes, combinaison qui évite la dépense d'entretien d'un second foyer. » On appréciera, certainement, dans le monde agricole, tous les avantages que présente cet évaporateur. Voici, d'ailleurs, comment le décrit M. Malpeaux (1) :

« Nous avons pris un petit poêle ordinaire, au charbon de terre, que nous avons fait entourer d'une chemise en tôle *a*. C'est entre cette tôle et le foyer que s'échauffe l'air introduit inférieurement en *b*, il est conduit dans la chambre de séchage par un prolongement de l'enveloppe en tôle emprisonnant complètement le tuyau de fumée.

« La chambre de séchage est constituée par une caisse longue, inclinée suivant une pente de 0^m,15 par mètre, et divisée dans toute sa longueur en deux compartiments superposés ; l'inférieur est à section trapézoïdale et ne renferme en son milieu que le tuyau de fumée *c* ; l'air qu'il contient s'échauffe au contact de ce tuyau et s'élève dans le compartiment supérieur par une série de trous percés suivant trois rangées dans la paroi séparatrice en tôle *d*.

« Le compartiment supérieur est à section rectangulaire ; à l'intérieur sont cloués sur les parois verticales, horizontalement et à la même hauteur, deux liteaux *c*, servant de glissières aux claies.

« Celles-ci *f*, ouvertes à leurs extrémités, sont introduites, une seule à la fois ; on les dispose en piles de 2 ou 3, et une simple poussée de la main suffit pour les faire avancer dans un sens ou dans l'autre.

« Des portes à l'entrée et à la sortie de la caisse permettent d'y retenir l'air chaud ; il ne s'échappe, lorsqu'il s'est chargé d'humidité, que par une ouverture *g*, située au point le plus élevé de l'appareil ; cette ouverture peut, aussi, être tenue plus ou moins fermée ; c'est de cette façon qu'on règle la vitesse du courant d'air.

« Lorsqu'on a besoin d'eau bouillante, un chaudron *h* peut être placé sur le calorifère, plongeant dans le foyer même.

« Cet appareil pourrait, sans doute, recevoir des modifications avantageuses ; notamment pour augmenter la surface de chauffe du calorifère, et peut-être aussi la surface des claies ; néanmoins, tel qu'il est, son fonctionnement nous donne toute satisfaction ; quand le foyer porte l'eau à l'ébullition, la température de l'air, au moment de son entrée dans le compartiment du séchage, oscille entre 80° et 95° ; rarement ce dernier chiffre se trouve dépassé ; d'ailleurs, une clef placée sur le tuyau de fumée permet de modérer ou d'augmenter le tirage.

« Nous n'avons jamais constaté, même en y introduisant des légumes encore très mouillés, aucun dépôt de buée sur les claies se

____

(1) MALPEAUX et PÉRONNE, *Le Séchage des fruits et des légumes.*

trouvant vers la partie la plus élevée ; il est vrai que le parcours du courant d'air n'est que de 2 mètres.

« Contrairement à ce qui se produit dans la plupart des évaporateurs inclinés, ici, ce sont les claies inférieures qui sont séchées les premières, cela nous permet de ne les introduire qu'une à une et de les sortir de même. »

ÉVAPORATEUR RYDER. — L'*évaporateur du D*[r] *Ryder* (prix 170 fr. à 3.540 francs, suivant modèles) se compose d'un foyer à double enveloppe et d'une caisse légèrement inclinée, qui repose sur le foyer par sa partie la plus basse.

Le foyer produit dans son manteau de l'air sec et chaud, qui traverse la caisse et sort par l'ouverture qui se trouve à l'extrémité supérieure de celle-ci. La tendance de l'air chaud à monter est augmentée par l'air frais qui entre continuellement par le bas dans le manteau du foyer. Il se produit, ainsi, un courant d'air continu énergique.

La caisse destinée à recevoir les claies avec les produits à dessécher

Fig. 5. — Séchoir méthodique à chariots Fouché.

est à un ou deux compartiments. La température, dans les deux compartiments, diffère légèrement. Par exemple, avec une température de 100° dans le supérieur, sur le foyer, on a, environ, 80° près de la sortie. Dans le compartiment inférieur la température est plus basse dans la même proportion de 10 à 20°.

Les gaz qui proviennent de la combustion s'échappent par un tuyau latéral et n'entrent pas en contact avec les produits à dessécher.

Les petits modèles n⁰ˢ 0, 1 et 2 peuvent être placés dans n'importe quel endroit, même en plein air, si le temps est sec. On doit veiller à ce que le vent ne repousse pas l'air qui s'échappe de l'appareil.

En cas de montage dans l'intérieur d'une maison, il faut que l'on puisse facilement conduire les gaz dans une bonne cheminée ou directement au dehors.

Les claies qui portent les produits à dessécher sont des cadres en bois auxquels est fixée une boule en fil de fer étamé. La hauteur des claies varie avec les produits à traiter.

L'appareil brûle indifféremment le charbon et le bois.

AÉRO-CONDENSEUR FOUCHÉ.—Les procédés de séchage recommandés par la maison Frédéric Fouché sont basés sur l'emploi de l'*aéro-condenseur*. La dessiccation est opérée par un renouvellement d'air très actif et à une température modérée.

Les résultats, dit l'auteur, sont identiques à ceux que l'on obtient à l'air libre par les belles journées d'été. Il se règle comme on le veut, et on évite ainsi les coups de feu.

Si l'on dispose d'une machine à vapeur, le séchage se fait sans aucune dépense de combustible.

L'*aéro-condenseur*, organe essentiel de l'appareil, se compose d'un ventilateur, qui fait passer un très fort courant d'air sur une batterie de radiateurs ondulés renfermés dans une caisse en tôle. La vapeur qui vient de l'échappement d'une machine, ou directement d'une chaudière, arrive dans la batterie par une tubulure latérale, et l'eau de condensation est extraite par une autre tubulure.

On peut régler la température en donnant plus ou moins d'air frais.

Le courant d'air chaud produit est lancé dans une série de chariots placés les uns à la suite des autres dans un tunnel. Les produits à sécher sont placés dans les chariots sur des grils ou sur des claies de forme convenable. Lorsque le contenu du chariot qui est le plus près du ventilateur est sec à point, on retire ce chariot latéralement, on fait avancer le train de chariots de telle manière que le chariot suivant vienne prendre près du ventilateur la place de celui que l'on a retiré. Le chariot retiré, une fois rechargé, est amené à la queue du train.

Les chariots roulent sur deux voies parallèles réunies à leurs extrémités par deux voies transversales.

ÉTUVEUSE MAYFARTH. — Il est très utile, dans beaucoup de cas, d'étuver les fruits, les légumes, etc., avant de les passer au séchoir. La dessiccation en est d'autant abrégée. La qualité des produits y gagne aussi.

La maison Ph. Mayfarth livre un appareil de ce genre, qui se compose d'un générateur et de la caisse qui doit contenir les produits à étuver. Les claies nécessaires pour porter les fruits peuvent être empruntées à certains modèles de l'évaporateur du Dr Ryder de la même maison.

Un tuyau conduit les vapeurs du générateur à l'étuveur, d'où elles sortent par une ouverture spéciale. Il va sans dire que l'étuveur est fermé hermétiquement durant l'opération.

Enfin, la caisse, seule, peut être jointe à tout générateur de vapeur.

Citons encore, parmi les évaporateurs à courant d'air vertical, les appareils Reynold, Alden, Schilde, Brière, Sursée, etc., et, parmi ceux qui sont à courant d'air horizontal, les appareils Cozens, californien, Buttner, etc.

M. G. Warcollier, directeur de la Station pomologique de Caen, a fait des essais avec quelques-uns de ces appareils et donné son appréciation personnelle sur leur fonctionnement.

De même, MM. Malpeaux et Péronne, directeur et professeur de l'École d'agriculture de Berthonval (Pas-de-Calais), ont publié dans une brochure les résultats intéressants de leurs essais. M. Rabaté, professeur départemental du Lot-et-Garonne, a écrit une étude très documentée sur la matière, à l'occasion du *Concours d'étuves de Villeneuve-sur-Lot*, en 1910. Nous aurons l'occasion de faire de larges emprunts à ces travaux.

Appréciations sur les évaporateurs. — MM. Nanot et Tritschler (1) disent qu' « un bon appareil doit se plier à toutes les exigences. On doit pouvoir faire varier à volonté et facilement la température et la vitesse du courant ; puis, condition de la plus haute importance, on doit pouvoir, aisément, maintenir un régime stable, une fois l'appareil réglé, c'est-à-dire conserver à la température un degré fixe, à la circulation une vitesse constante.

« En général, l'air saturé d'humidité ne doit pas séjourner sur les fruits, mais rapidement s'échapper au dehors. Cette règle pourrait peut-être souffrir quelques exceptions, mais la suivante ne doit jamais en avoir.

« La marche de l'air à travers la chambre de séchage devra toujours se faire sans rebroussement ni remous. Si cette condition n'est pas remplie, il se produira, fatalement, des condensations de vapeur préjudiciables à la qualité et à la bonne conservation des fruits. Cet accident est fréquent dans les évaporateurs à caisse verticale. »

MM. Malpeaux et Péronne indiquent les conditions suivantes auxquelles doit satisfaire un évaporateur :

« 1° Utiliser convenablement toute la chaleur produite par le foyer, de façon à diminuer le plus possible la dépense de combustible ;

« 2° Produire un courant d'air dont la température et la vitesse puissent être réglées et maintenues assez constantes. Cela est nécessaire pour assurer à l'opération une marche régulière ;

« 3° Provoquer, sur chaque claie considérée séparément, une évaporation uniforme intéressant toute la surface, condition difficile à obtenir, mais indispensable pour que tous les produits soient desséchés dans un même temps ;

« 4° Éviter aux produits en voie de dessiccation tout contact avec l'air saturé d'humidité. Ce contact amènerait, en effet, la condensation d'une partie de la vapeur d'eau et le séchage se trouverait constamment retardé ;

« 5° Enfin, l'appareil du petit cultivateur doit encore être peu encombrant, transportable, simple, facile à conduire. »

M. Huillard, dans la description qu'il donne de son appareil de séchage des produits destinés à l'alimentation des animaux (tour cylindrique en maçonnerie de briques, comportant à son intérieur

(1) NANOT ET TRITSCHLER, *Traité pratique du séchage des fruits et des légumes.*

trois ou quatre étages de plateaux en fonte perforée), dit : « Les gaz déjà chargés de vapeur d'eau traversant la couche supérieure de la matière soumise au séchage, couche très humide et très froide, laissent se condenser une partie de cette vapeur, qu'ils emportent ensuite à l'état d'eau vésiculaire. De ce fait, se trouve réalisée la double utilisation d'une partie des calories, puisque la chaleur latente de condensation restituée assure l'échauffement de la matière.

Malgré tout, il est recommandé, dans les évaporateurs pour légumes et fruits, de ne pas superposer dans l'appareil un trop grand nombre de claies. L'air chaud qui se déplace se sature de plus en plus de vapeur d'eau en s'approchant de l'ouverture de sortie, en même temps qu'il se refroidit. Comme il se rapproche dès lors de son point de saturation, il peut laisser déposer de l'humidité sur les fruits. En somme, quand il quitte la dernière claie, il ne doit pas encore être complètement saturé.

Toute condensation, par exemple celle qui se produit toujours sur les claies froides au moment de leur introduction, entraîne, ensuite, une dépense supplémentaire de chaleur pour revaporiser la partie liquide qui avait été d'abord enlevée aux produits des claies inférieures. Enfin, l'opération est retardée d'autant.

On a recommandé, pour éviter cet inconvénient, de réchauffer d'abord la claie chargée de produits frais jusqu'à la même température que l'air au sortir de l'évaporateur.

Dans les grands appareils, le calorique plus élevé entraîné par le courant d'air contribue à réchauffer la partie supérieure de l'appareil et atténue l'inconvénient que nous venons de signaler.

On reproche aux évaporateurs à courant d'air vertical, en général, d'avoir une circulation d'air plus rapide sur les parois de la chambre de dessiccation qu'au centre, et il conviendrait, alors, de charger plus abondamment les claies à la périphérie qu'au centre.

Quant aux évaporateurs à courant d'air oblique, on comprend que l'air chaud, plus léger, se tienne, de préférence contre la paroi supérieure. Il se produit, alors, une dessiccation irrégulière sur les claies. Cela entraîne le triage des fruits ou légumes après chaque opération. La régularité parfaite de la dessiccation est l'écueil général à éviter. Souvent, sur la même claie, on rencontre des produits à demi secs, et, plus loin, d'autres à demi brûlés. Il importe de disposer d'un bon système de réglage. Quelques constructeurs ont cherché à remédier à ces divers inconvénients.

Conduite de l'Évaporateur.

La conduite d'un évaporateur demande quelques soins. Quand on a allumé le foyer et fermé l'orifice par où l'air chaud arrivera dans la chambre de séchage, on laisse la température dans la chambre du calorifère atteindre le point favorable, ce que l'on constate sur le thermomètre. Cette température, en général, ne doit pas dépasser 70° pour les légumes et 90° pour les fruits, car la cuisson altérerait le goût. A ce moment-là, on admet l'air dans le second compartiment, en réglant le courant de façon qu'à sa sortie les gaz aient la température de 85 à 90°, pour le cas des fruits.

On introduit, alors, les claies chargées de produits. Nous avons dit plus haut (p. 27) comment on calcule le temps que chaque claie doit mettre pour arriver jusqu'à la partie la plus chaude de la chambre, en suivant une marche inverse de celle de l'air chaud, de façon que ce dernier, se chargeant d'humidité, passe sur des produits de moins en moins secs, aussi.

« Au moment de leur introduction dans l'évaporateur, disent MM. Nanot et Tritschler, les fruits rencontrent une atmosphère chaude et humide qui conserve à leur épiderme la souplesse nécessaire pour que l'humidité intérieure trouve une issue facile. A mesure qu'ils perdent cette humidité, ils avancent et trouvent de l'air toujours plus sec et plus chaud jusqu'au moment où, complètement desséchés, ils sortent de l'appareil.

« S'il en était autrement, si les fruits se trouvaient immédiatement en contact avec de l'air très sec et très chaud, il se formerait à leur surface, comme cela arrive dans le séchage au four, une croûte ferme et résistante qui empêcherait l'évaporation de l'eau.

« Il ne faut jamais perdre de vue que les produits conserveront d'autant mieux leur arome, leur goût et tout ce qui fait leur qualité, que le séchage aura été *plus rapide*.

« Le pouvoir dessiccateur de l'air croît beaucoup avec la température. Donc, plus l'air s'échappe à une haute température, plus rapide sera la dessiccation. Il faut, sans atteindre 100°, se rapprocher de ce chiffre autant que le permet la nature du produit.

« La rapidité du séchage dépend encore de la vitesse du courant d'air. Le volume d'air qui traverse l'appareil croît, évidemment, avec la vitesse du courant, et, comme chaque mètre cube d'air enlève une portion fixe d'humidité, plus il passera de mètres cubes en un temps donné, plus vite aura disparu l'eau que doit perdre la matière. »

M. Warcollier a remarqué dans des évaporateurs verticaux qu'en général « le calorifère n'utilise qu'imparfaitement la chaleur fournie, d'où perte sensible des calories produites et rendement défectueux des appareils. En outre, le courant d'air n'a pas une vitesse suffisante pour enlever rapidement la vapeur d'eau. »

L'expérimentateur pense que, pour obtenir une dessiccation rapide, il faudrait :

« 1º Avoir recours à des appareils de chaleur à rendement élevé ; 2º Activer la vitesse du courant d'air à l'aide d'appareils spéciaux, soit *ventilateurs-aspirateurs* d'air saturé de vapeur d'eau placés à la sortie de l'appareil, ou *ventilateurs soufflants* et *aspirants* d'air chaud et sec placés à l'entrée. »

CHAPITRE IV

EMPLOI DE LA CHALEUR

La *cuisson* des aliments peut leur assurer une conservation prolongée, puisque nous savons qu'un degré de calorique suffisant est capable d'anéantir tous les germes d'altération. Nous rappellerons que par ce procédé on ne détruit pas les produits toxiques élaborés par ces derniers, et, aussi, que la cuisson altère plus ou moins les propriétés natives des aliments.

Déjà, à 70°, température de la *pasteurisation*, la plupart des microbes adultes sont tués. Pasteur a ainsi proposé de traiter les liquides, vins, lait, etc. Ordinairement, on ne dépasse pas ici la température de 80°.

Certaines espèces microbiennes, comme le *Bacillus subtilis*, par exemple, et, d'une façon générale, les *spores*, sont très résistantes à la chaleur, puisqu'il faut les chauffer jusqu'à 160-170°, dans un milieu sec, pour les tuer (les spores du *Bacillus filiformis* sont remarquables à ce point de vue).

La *chaleur sèche* est moins efficace. Dans un milieu humide et, aussi, acide, les microbes sont plus facilement détruits. En somme, une température voisine de 110-115° est nécessaire pour assurer une parfaite *stérilisation* des matières alimentaires.

Mais on peut se contenter d'un degré moindre de calorique si on le laisse agir plus longtemps. Tout dépend, d'ailleurs, de la durée de conservation que l'on désire.

Dans un liquide en ébullition à l'air libre, on ne peut dépasser une température déterminée, la chaleur du foyer étant employée, dès que se produit l'*ébullition*, à transformer le liquide en vapeur (lois de l'ébullition). Ainsi, avec l'eau, on ne saurait dépasser, dans les conditions ordinaires de pression de l'air et de pureté du liquide, 100°.

Mais si l'on y ajoute un cmatière soluble, on peut la forcer

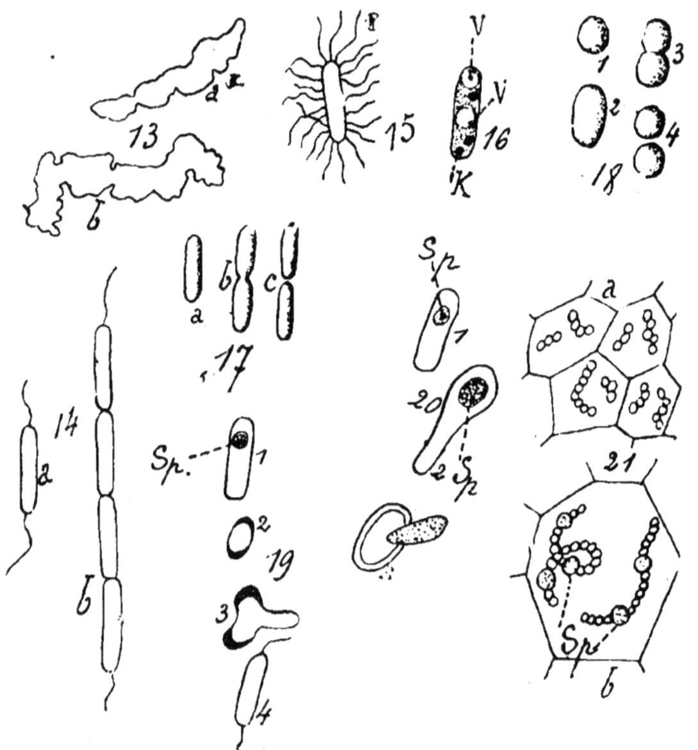

Fig. 6. — *Bacillus subtilis* (Delacroix).
C'est l'agent de fermentation le plus fréquent des boîtes de conserves.

13. *a*, *b*, formes d'involution du *Bacillus subtilis* ; 14. *Bacillus subtilis* : *a*, un élément isolé, avec ses deux cils vibratiles ; *b*, une chaîne d'éléments avec les deux cils terminaux ; 15. une forme bacille multiciliée (genre *Pseudomonas* Migula) ; 16. un bacille, élément isolé montrant des vacuoles *v*, et des granulations *k* ; 17. phases successives de la scissiparité dans un bacille ; 18. les mêmes, pour un microcoque ; 19. formation de la spore chez le *Bacillus subtilis* : 1, apparition de la spore *Sp* dans l'élément ; 2, la spore isolée ; 3, sa germination ; 4, l'élément jeune, bicilié, prêt à se diviser ; 20. formation de la spore du *Bacillus amylobacter* : 1, la spore *Sp* encore jeune ; 2, la spore adulte ; 3, germination de la spore ; 21. formation des arthrospores du *Leuconostoc mesenteroides* : *a*, plusieurs zooglées, à l'état végétatif ; *b*, une zooglée, dans laquelle on voit se former des arthrospores.

à bouillir à une température supérieure. Ainsi, en ajoutant par litre 404 grammes environ de sel de cuisine à l'eau, son point d'ébullition est porté à plus de 108°.

On comprend que si l'on plonge dans une pareille solution une bouteille bien bouchée (avec le bouchon ficelé) contenant du lait, par exemple, celui-ci sera porté, lui aussi, à une température supérieure à 100°, quand l'eau se mettra à bouillir sans atteindre, cependant, les 108° dont nous parlons plus haut, car le verre, le liquide intérieur lui-même, offrent une certaine résistance à la propagation du calorique. Ce dernier toutefois se répartirait mieux dans la masse si par un moyen quelconque on pouvait maintenir la bouteille en agitation.

Remarquons que lorsqu'on chauffe du lait à l'air libre il ne bout qu'à 102°, environ.

C'est Favre qui, en 1850, conseilla d'ajouter à l'eau du *bain-marie* (1) du sel marin. A la même époque, Collin eut l'idée d'employer le *chlorure de calcium*, qui permet d'atteindre des températures élevées (179°,5).

On peut utiliser d'autres produits que le sel marin et le chlorure de calcium. Par exemple, l'eau saturée de cristaux de *carbonate de soude* ne bout qu'à 104°,6 ; avec du nitrate de potasse, qu'à 116°. Dans les fermes, on met à profit certains engrais chimiques, comme le nitrate de soude, le chlorure de potassium, etc.

On a intérêt à chauffer les produits à conserver à une haute température, toutes considérations observées en ce qui concerne la qualité des produits, pour abréger la durée de l'opération.

Il est donc utile, dans certains cas, on pourrait même dire dans la généralité des cas, de mettre à contribution la *marmite de Papin* qui, plus ou moins modifiée, porte aujourd'hui le nom d'*autoclave*, et dont nous parlerons plus loin (p. 46).

Les substances à traiter sont, le plus souvent, placées dans des récipients, bouteilles, boîtes, etc. Nous remarquerons que, lorsque ce sont des matières solides, la propagation de la chaleur de l'eau du bain ou de la vapeur se fait d'autant mieux que les matières en question baignent elles-mêmes dans un liquide. Dans le cas contraire, la température sera moins efficace. La texture, l'homogénéité du produit, la nature du liquide qui l'imbibe dans le récipient, enfin son volume, la nature même de l'enveloppe, verre, poterie, fer-blanc, exercent aussi une action retardatrice plus ou moins marquée. Ce sont là des faits qu'il faut prendre en considération dans la pratique.

(1) Mode de chauffage attribué à Marie la Juive, que l'on croit avoir vécu au IIIe ou au IVe siècle de notre ère.

On peut dire, en résumé, que, lorsqu'il s'agit de stériliser des m -
tières alimentaires à conserver par la cuisson, l'opérateur est, pour
ainsi dire, maître du degré de calorique à appliquer.

Toutefois, il est des substances délicates qui supportent mal des
températures trop élevées. Ainsi traitées, elles perdent de leurs qualités; leur couleur, leur saveur, leur consistance, leur composition,
leur aspect sont altérés.

Ce fait est à retenir, surtout quand on destine les produits à la vente.
On n'oubliera pas, le cas échéant, que la durée d'action de la chaleur
peut suppléer au défaut d'intensité de celle-ci. Par exemple, un
chauffage d'une heure à une heure et demie à 100° dans un bain-
marie peut être aussi efficace qu'un chauffage à 110-115° à l'autoclave durant un quart d'heure à vingt minutes.

TYNDALLISATION. — Plusieurs chauffes successives, et à des températures inférieures à celles que l'on applique d'ordinaire pour la
stérilisation immédiate, tuent les *bactéries adultes*. Durant l'intervalle
compris entre deux chauffes successives, les *spores* germent, sont
affaiblies par la chaleur, puis sont tuées à leur tour. C'est la méthode
de Tyndall ou *tyndallisation*. Rosensthiel l'a appliquée à la conservation des matières alimentaires. Elle est longue et ne convient
guère à la consommation ménagère. Elle a, cependant, l'avantage de
moins dénaturer certains aliments délicats, le lait par exemple, sensibles à l'action d'un calorique trop élevé. De même, appliqué aux
viandes, le procédé Rosensthiel leur laisse un aspect plus voisin de
celui de la viande fraîche, alors que la stérilisation à 120° coagule
l'albumine. La chose a son importance quand il s'agit de la vente.
Malgré tout, la méthode en question n'est guère entrée, que nous
sachions, dans la pratique courante. Elle exige un travail très compliqué.

Les substances à conserver sont enfermées dans des *vases clo*
que l'on chauffe à des intervalles de douze à quarante-huit heures. Le
nombre des chauffes dépend de la température à laquelle on opère.
Celle-ci, de son côté, doit être appropriée à l'aliment à traiter.

Trois ou quatre chauffes suffisent, entre 70° et 90°, six entre 60°
et 70°; six à douze entre 53° et 60°. La durée de la chauffe est de une
heure, comptée à partir du moment où l'intérieur de la masse est arrivé
au degré de calorique voulu.

MÉTHODE APPERT

La mise à contribution de la chaleur pour la préparation des *conserves alimentaires* est réellement entrée dans le domaine de la pratique le jour où *Nicolas Appert* fit connaître son procédé, en 1804,
dans sa fabrique installée à Massy (Seine-et-Oise). En réalité, ses
premiers essais remontent à 1796.

Si le procédé par cuisson et conservation en vase clos était déjà connu des ménagères et employé pour certaines préparations spéciales, Appert a, du moins, le mérite de l'avoir généralisé, mis à la portée de tous et adapté aux différents produits, viandes, fruits, légumes, etc.

La méthode en questisn constitue, de nos jonrs, la base d'une industrie de premier ordre, qui a pris un énorme développement au grand avantage de la production agricole.

C'est grâce à Appert, a-t-on dit, que l'on peut « mettre les saisons en bouteilles ». En présence des résultats obtenus par l'inventeur, le Gouvernement d'alors lui accorda, en 1804, une récompense de 12 000 fr.

M. X. Rocques estime à 120 millions le nombre de boîtes de conserves fabriquées par an en France par la méthode Appert.

Si l'on met à part la région de Nantes, centre de la production des conserves de sardines, Bordeaux doit être signalé en deuxième ligne. Là, les légumes occupent une place importante. La région parisienne viendrait ensuite. Elle produirait environ 8 millions de boîtes de légumes, fruits, champignons, etc. Le pays du Mans prépare 5 millions de boîtes. Le Midi est intéressant par ses tomates, le Périgord par ses truffes, l'Est par ses conserves de viande, de foie.

La France, pendant longtemps, écoula ses *conserves* dans toute l'Europe et en Amérique. Mais depuis 1892 des traités protectionnistes ont frappé nos produits de droits importants.

Principe de la méthode. — Appert plaçait dans des bocaux ou des bouteilles la substance à traiter. Après avoir fermé soigneusement ces vases, de façon à en assurer la parfaite herméticité, il les plongeait dans un bain-marie et les laissait ainsi soumis à l'action de l'eau bouillante un temps plus ou moins long, suivant la nature et le volume du contenu. « De la sorte, les aliments renfermés dans les flacons sont à l'abri de tous les germes pouvant venir de l'air extérieur et, d'autre part, ceux qu'ils pouvaient contenir déjà sont détruits par l'action du bain-marie. »

Perfectionnements. — Comme il reste toujours une certaine quantité d'air emprisonné, il peut arriver que la stérilisation soit imparfaite et que des décompositions se produisent, probablement sous l'action de l'oxygène.

Fastier, commerçant parisien, eut alors l'idée, en 1839, de mettre en pratique une conception d'Appert lui-même, en pratiquant une *ouverture* dans le *couvercle* du récipient.

Quand l'air et les gaz accompagnés de vapeur d'eau sont expulsés sous l'action de la température du bain, l'ouverture est obturée.

Certains récipients permettent la sortie et la fermeture automatique.

A une époque où l'oxygène de l'air était regardé comme le principal agent d'altération des matières alimentaires et où l'on n'employait guère que le bain-marie à 100° pour le chauffage des récipients, cette modification avait plus d'importance qu'aujourd'hui. Ce n'est guère que pour les boîtes de viande préparées par l'industrie et destinées à une assez longue conservation qu'on la fait intervenir. A la ferme et dans l'économie domestique, on n'en tient pas compte, à moins d'avoir de ces vases spéciaux, que livre le commerce, et agencés à cet effet, sans aucune manipulation spéciale (p. 64).

Parmi les autres modifications qui furent apportées à la méthode, rappelons l'emploi du sel marin pour le bain-marie (Favre, 1850), du chlorure de calcium (Collin, même époque). Mais en élevant ainsi la température de l'eau à plus de 100°, il fallait songer à trouver une

Fig. 7. — Appareil à étages et marmite avec thermomètre, système Weck.

fermeture des vases assez résistante pour empêcher à son tour l'eau de ces derniers de bouillir et, par suite, profiter de l'élévation de température du bain lui-même. C'est dans ce but que Collin substitua, en 1850, les vases en fer-blanc aux récipients en verre. Enfin, les boîtes à couvercle soudé maintenues ainsi à 110° dans le bain salé se déformaient beaucoup et risquaient d'éclater.

On employa alors l'*autoclave*, dans lequel les récipients sont chauffés sous *pression*. Chevalier Appert, en 1852, et Martin de Lignac, en 1854, firent de nombreuses recherches qui contribuèrent beaucoup à l'adoption de cet appareil.

Dans les ménages et pour la conservation familiale, les produits, légumes et fruits, sont, le plus souvent, introduits dans les vases sans autres précautions que celles qui sont dictées par la propreté.

Pour les conserves destinées à la vente, les légumes et, parfois, les fruits sont *ébouillantés* ou *blanchis* puis raffermis dans l'eau fraîche.

Par ce traitement, on opère déjà une stérilisation partielle qui permet d'abréger la durée de la cuisson proprement dite.

GÉNÉRALITÉS SUR LA PRATIQUE DES CONSERVES APPERT

En étudiant d'abord les principaux appareils de chauffage, on comprendra mieux ensuite l'agencement des divers *récipients* du commerce, ou les manipulations qu'on leur fait subir.

La conduite d'un bain-marie. — Dans les fermes, un chaudron, la petite lessiveuse, la chaudière à cuire les aliments du bétail, servent de bain-marie.

Les constructeurs vendent aussi de petits dispositifs pour le chauffage de leurs bocaux à fermeture perfectionnée (fig. 7.)

Le verre des récipients ne doit pas être directement en con-

Fig. 8. — Bain-marie pour flacons et stérilisateur domestique.

tact avec le fond du chaudron (inégale dilatation du verre et casse). On doit donc disposer au fond une toile grossière, du foin, de la paille hachés, etc.

Les bouteilles seront placées droites, et ce n'est qu'*après* que l'on versera l'*eau froide* sans les couvrir. Si le bouchon était submergé, on devrait, après la cuisson et pendant le

refroidissement, enlever de l'eau car le liquide pourrait pénétrer.

Entre les flacons, glisser de la paille pour éviter qu'ils ne
s'entre-choquent pendant l'ébullition, ou bien recouvrir
chaque bouteille d'un paillon, etc.

Enfin, mettre en place le couvercle du chaudron.

On chauffe ensuite lentement pour laisser au verre le

Fig. 9. — Chaudière à bain-marie chauffée à la vapeur.

temps de se dilater régulièrement. Il faut une demi-heure,
environ, avant d'arriver à l'ébullition. Les débutants feront
bien de se servir d'un thermomètre pour chauffer sans à-
coups. Il serait préférable de ne pas arriver jusqu'à l'ébullition, et de rester à 95° pour éviter les mouvements du liquide.
La chose n'est pas aisée avec le chauffage à feu nu. On
compte le temps de la stérilisation du moment où le liquide
est arrivé à la température efficace.

L'industrie livre des bains-marie à double fond, pour chauffage à la vapeur, beaucoup plus faciles à conduire. Il y a, même,

pour la petite production, des appareils avec chauffage au gaz, au pétrole, etc.

La *cuisson terminée*, on laisse le liquide se refroidir jusqu'à 20-30°, puis on sort les flacons. Mais il est préférable de refroidir immédiatement et énergiquement à basse température, ce qui n'est pas possible avec un simple chaudron.

.Dans les appareils industriels les vases sont placés dans des paniers métalliques ou des plateaux que l'on peut introduire facilement dans la chaudière ou, au contraire, les retirer avec un système de *levage* à potence approprié.

Quoi qu'il en soit, quand les bouteilles sont encore chaudes on doit bien se garder de les poser sur un corps froid (marbre, métal), dans un courant d'air, et, surtout, de les ouvrir. Quand le bouchon est refroidi (bouchon qui a été ficelé, comme on le verra plus loin, p. 58) on coule dessus de la paraffine ou de la cire. Toutefois, s'il y a du liquide dans la bouteille et que le bouchon soit de bonne qualité, il suffit de garder les flacons couchés dans un endroit sec, s'il ne s'agit pas d'une trop longue conservation.

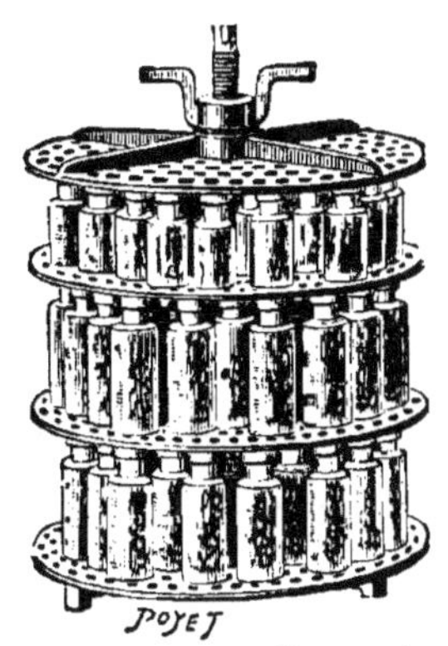

Fig. 10. — Support à flacons.

Pour ce qui concerne les récipients à *fermeture perfectionnée*, on n'a qu'à se conformer, pour toutes ces opérations dans le bain-marie, aux instructions données par les vendeurs.

S'il s'agit de *boîtes métalliques* à couvercle soudé, les précautions que nous avons indiquées dans tout ce chapitre ne sont pas de rigueur. Une fois dans l'eau, il suffit de les charger de poids, si besoin est, pour les empêcher de monter à la surface.

Le *four* de la ferme sert aussi pour la stérilisation des bouteilles et boîtes pleines de conserves. Les bouteilles, ayant leur bouchon bien ficelé, sont placées dans le four après la cuisson du pain. On étend, au préalable une couche de paille sur la sole du four et les bouteilles doivent y être rangées sans se toucher. Le four est fermé et, au bout d'une journée, on retire les récipients.

Autoclaves. — Dans les ménages, les petites exploitations agri-

coles, les coopératives, on peut fort bien se servir, pour le chauffage
des vases, d'un autoclave. Il en existe de tous les modèles, dont quelques-uns, même, se placent sur un fourneau de cuisine, par exemple.

Toutefois, nous devons ajouter que l'autoclave est plutôt un appareil industriel dont la conduite réclame quelques précautions, comme
on va le voir.

Papin a montré que, dans une marmite close spéciale, qui porte
son nom, la vapeur formée à la surface de l'eau, ne pouvant s'échapper,

Fig. 11. — Mise des boîtes au bain-marie à la ferme.

acquiert une force expansive de plus en plus grande à mesure que
s'élève la température, et empêche ou retarde l'ébullition.

La marmite en question a été modifiée sous la forme d'*autoclave*,
qui, du laboratoire, est passée dans le domaine de l'industrie, par
exemple pour la stérilisation des conserves alimentaires.

Un *autoclave* se compose, en principe, d'un récipient métallique résistant, ordinairement cylindrique, pouvant supporter, en général, une pression de 1 kilo par centimètre carré.

Un couvercle en assure la fermeture complète, à l'aide de boulons à vis et d'écrous de serrage. D'ailleurs, pour faciliter la parfaite herméticité et empêcher tout dégagement de vapeur, on interpose entre le couvercle et la chaudière une couronne en plomb, en caoutchouc, ou encore en étoupe.

Le couvercle présente plusieurs ouvertures munies d'appareils qui permettent de suivre la marche de la température et celle de la pression : *thermomètre, manomètre* ou *thermomanomètre, soupape de sûreté, robinet d'échappement.* Le thermomanomètre indique à la fois la température et la pression correspondante. Le chiffre 0 correspond à 100°, 1 atmosphère à 120°, 1 atmosphère et demi à 127°, 2 atmosphères à 134°. L'atmosphère correspond sensiblement au kilo. Dans

l'industrie on utilise aussi d'autres appareils comme le *manomètre enregistreur Richard,* qui indique, pour chaque opération, l'heure, la durée, la pression ou la température la plus basse et le sens des variations de la température.

Quelquefois, à la place des chiffres ci-dessus, il y a des signes conventionnels, dont la signification n'est donnée par les constructeurs qu'aux acheteurs, et qu'il faut parfaitement connaître.

Souvent un trait rouge tracé sur le cadran indique la limite de pression qu'il en faut pas dépasser.

Cette dernière correspond, d'ailleurs, également à la limite d'action de la soupape de sûreté. Il n'est pas prudent de charger celle-ci, à moins

Fig. 12. — Autoclave de ménage sur fourneau de cuisine.

que la chaudière n'ait été éprouvée à une pression bien supérieure.

Suivant les types d'autoclaves, la partie inférieure du stérilisateur est pourvue d'un nombre variable de robinets, clapets, soupapes, tubes, etc., pour la vapeur, l'eau, le trop-plein, la décharge, etc.

A l'intérieur est un panier métallique perforé dans lequel on met les récipients à conserves. Parfois, le panier est remplacé par un plateau que l'on peut arrêter à la hauteur voulue.

Dans certains appareils la chaudière est munie, extérieurement, d'une enveloppe en bois maintenue par des cercles métalliques, ou en feutre, qui la protègent contre la déperdition de calorique.

Les autoclaves sont soit à vapeur sèche, soit à eau. Dans ce dernier cas, on met au fond de la chaudière une certaine quantité de ce liquide que l'on chauffe ensuite à l'aide d'un foyer extérieur.

On a donc ici un ensemble complet, comprenant à lui seul à la fois le foyer, la chaudière et le stérilisateur proprement dit, ce qui est un avantage pour les petites exploitations.

On construit des appareils de tous modèles à des prix très variables aussi.

Parfois l'eau emplit la plus grande partie de la chaudière et les ré-

Fig. 13. — Autoclave à feu nu monté sur fourneau en tôle.

cipients baignent alors dans le liquide, qui les couvre à peine mais qui se dilate ensuite. Avec ce dispositif l'appareil est chauffé le plus souvent par un serpentin de vapeur, cette dernière étant produite par un générateur séparé, comme pour les autoclaves à vapeur sèche.

Suivant l'importance du travail, les stérilisateurs à feu nu sont chauffés au bois, au charbon, au coke. Il est bon, dans les petites exploitations, de disposer d'un foyer qui permet de brûler indifféremment, à l'occasion, l'un ou l'autre de ces combustibles. Les chauffages au pétrole, à l'alcool, au gaz, et surtout à la vapeur, sont beaucoup plus faciles à conduire et, par suite, l'élévation de la température est plus régulière.

Conduite de l'autoclave. — Pour faire fonctionner un autoclave à vapeur sèche, on commence par introduire dans le panier les flacons ou boîtes à stériliser. On rabat ensuite le couvercle. Quand celui-ci est trop lourd, on le manœuvre à l'aide d'un palan suspendu à une potence, que le couvercle soit à charnière ou encore qu'il se soulève complètement guidé par des glissières. On serre ensuite les écrous.

A cet effet, les boulons à vis fixés tout autour de la couronne sont articulés et se relèvent verticalement pour venir s'emboîter dans les encoches ménagées dans le rebord du couvercle. Les écrous sont d'ailleurs pourvus d'oreilles, de manettes qui facilitent le serrage.

A défaut, on se sert d'une clef spéciale pour les manœuvrer. Ajoutons que le serrage doit être conduit bien uniformément pour chaque écrou.

Cela fait, on vérifie si la soupape de sûreté fonctionne parfaitement, et, au besoin, si son contre-poids est au cran voulu sur le levier correspondant à la température que l'on désire atteindre et maintenir constante. On s'assure, en outre, que le robinet d'échappement est ouvert, de même que celui du manomètre, s'il y en a un.

On admet, alors, la vapeur. Lorsqu'elle commence à sortir par le robinet d'air, on ferme celui-ci. Il faut, en effet, chasser l'air intérieur avant d'assurer l'occlusion complète, sans quoi ce dernier et la vapeur formeraient un mélange gazeux dont la tension, suivant la température, ne concorderait pas avec les tables de Regnault, qui se rapportent à la vapeur d'eau seule, et d'après lesquelles le manomètre a été gradué.

La température indiquée par ce dernier serait alors bien supérieure à celle du mélange d'air et de vapeur contenu dans l'autoclave. En outre, à l'égalité de pression ne correspondrait pas toujours l'égalité de température qui pourrait être différente en divers points et, de ce fait, la stérilisation serait aléatoire. Il est donc préférable de laisser le robinet d'air légèrement ouvert.

Il faut mettre environ quinze à vingt minutes avant d'atteindre la température de 115°.

Un chauffage trop précipité ne laisse pas aux produits contenus dans les récipients le temps suffisant pour se mettre en équilibre de température avec le milieu ambiant, et les dilatations inégales qui en résultent peuvent amener la rupture du verre.

L'idéal serait de maintenir ceux-ci en agitation continue, de façon à mieux répartir le calorique dans toute la masse.

Nous avons déjà dit qu'à ce dernier point de vue la propagation de la chaleur se fait moins facilement quand les conserves ne baignent pas dans un liquide. La *graisse* et les *os* exercent, aussi, une influence retardatrice.

Quand le thermomètre et le manomètre ont atteint le degré voulu, on conduit la chauffe de façon à conserver la température le temps suffisant. Nous avons dit encore que l'on pouvait maintenir un chiffre un peu plus faible, mais en laissant agir plus longtemps. Ainsi 103-104° durant trois quarts d'heure à une heure, au lieu de 110 à 115° durant vingt à trente minutes.

On le voit, ces manipulations réclament des ouvriers intelligents, très bien exercés à la pratique de la stérilisation.

Ainsi, on diminuera l'arrivée de la vapeur de façon à ce que l'aiguille du manomètre reste fixe, ce à quoi on arrive assez facilement avec un peu d'habitude. On s'aidera, au besoin, du robinet purgeur qui, très légèrement ouvert, laissera sortir un jet d'eau de condensation mêlé de vapeur.

Mieux vaut, encore, régler la soupape de sûreté qui se soulèvera d'elle-même au moment voulu et assurera, ainsi, le maintien de la pression intérieure.

A cet effet, certains appareils sont pourvus d'une valve, d'une soupape régulatrice spéciale.

La stérilisation étant terminée, on ferme complètement l'arrivée de la vapeur et, s'il y a lieu, les autres robinets que l'on avait pu ouvrir pour laisser sortir l'excès. On laisse ainsi tomber la pression d'elle-même. C'est là un point important.

Il ne faut pas, en effet, se hâter d'ouvrir le robinet d'échappement, ce qui amènerait une brusque dépression dans la chaudière, capable de faire éclater les flacons. Si ces derniers n'étaient fermés que par un tampon d'ouate, comme on le fait quelquefois, le liquide se mettrait brusquement à bouillir et s'épancherait en grande partie à l'extérieur du vase.

On n'ouvrira le robinet d'échappement que lorsque l'aiguille du manomètre sera revenue sur le zéro. On enlève alors le couvercle et on sort le panier, ou, plus simplement, les flacons, surtout si l'on a à compléter leur fermeture. Comme le verre est encore très chaud, on peut se servir d'un gant spécial.

Si l'on veut ouvrir un flacon hermétiquement bouché, il ne faut le faire que lorsqu'il est tout à fait refroidi, sans quoi la brusque dépression qui se produirait à la surface du liquide amènerait la vapeur sous pression dissoute à le chasser violemment hors du récipient.

Enfin, nous avons déjà dit qu'il ne faut pas poser les bouteilles chaudes sur un corps froid.

La conduite des opérations est la même quand l'autoclave est à eau.

On s'assure, au préalable, si celle-ci est en quantité suffisante. Il n'en faut pas trop mettre, ce qui prolongerait outre mesure la durée de chauffe et occasionnerait une dépense inutile de combustible.

Quand on chauffe au gaz, il faut avoir soin de placer l'allumette enflammée sur la rampe, sur les orifices de sortie de celui-ci, avant de tourner le robinet à gaz. Dans le cas contraire, le mélange d'air et de gaz détone à l'approche de la flamme, ce qui peut occasionner des accidents.

Quand on emploie le bois, le coke, le charbon, il est moins commode de régler l'intensité du foyer, principalement lorsqu'on a atteint la température voulue. C'est surtout dans ce cas qu'il importe de bien régler la soupape de sûreté.

Dans certains autoclaves, les récipients à conserves baignent complètement dans l'eau. La mise en marche est alors un peu plus longue, quoique facile.

Ce dispositif est d'ailleurs employé pour quelques systèmes spéciaux de fermeture des flacons, et les constructeurs donnent toujours tous les renseignements nécessaires pour assurer le bon fonctionnement de leur autoclave.

Quand on le peut, il faut refroidir énergiquement et rapidement les récipients à conserves, au moins pour les conserves à liquides. Ce n'est pas toujours facile avec les bains-marie ordinaires. On introduit le panier qui contient les récipients dans un bac d'eau tiède, s'il s'agit de verre, eau tiède que l'on remplace, peu à peu, en la faisant arriver par le bas, par de l'eau froide. On a conseillé, encore, les bouteilles étant hors de la chaudière, de pulvériser dessus de l'eau froide.

Dans certains autoclaves, on amène l'eau froide dans le fond à l'aide d'une vanne appropriée, alors que l'eau chaude déplacée s'écoule par un trop-plein supérieur.

On voit que la conduite d'un autoclave est chose très délicate, à laquelle il n'est pas trop d'apporter toute son attention. C'est pour cette raison que nous n'avons pas craint d'insister un peu longuement sur son fonctionnement.

On ne doit, sous aucun prétexte, abandonner l'appareil quand il est sous pression. Il faut, nous le répétons, surveiller, au contraire, attentivement le thermomètre et le manomètre, et s'assurer de leur concordance, surtout avec le chauffage au gaz, car il peut se produire des variations de pression de ce dernier, qui entraînent des changements de température, et, si la soupape fonctionne mal, il peut y avoir explosion. Il peut en être de même avec les combustibles ordinaires.

Étuves. — Quand on ne veut chauffer que dans un courant de vapeur sans pression, il suffit de rabattre le couvercle de l'autoclave sans serrer les écrous et de laisser ouvert le robinet d'échappement.

Dans ce cas, on emploie souvent, de préférence, les étuves indépendantes, dites à chaleur sèche, sortes d'armoires à compartiments, pourvues de portes fermant hermétiquement, et dans lesquelles les récipients à conserves sont rangés sur des étagères métalliques perforées. Bien que la vapeur puisse s'échapper de l'étuve, il ne s'établit pas moins à l'intérieur une légère pression qui porte la température un peu au-dessus de 100°. D'ailleurs, si l'on fait sortir la vapeur par un tube dont l'ouverture baigne dans l'eau, on élève le calorique à 103-104°.

Verrerie pour autoclaves. — Les flacons employés pour la cuisson des conserves dans l'autoclave sont, en général, en verre *recuit*, c'est-à-dire soumis à deux ou trois cuissons successives.

Si l'on traite des liquides, le goulot de la bouteille ne doit pas faire de coude brusque.

Les parois seront d'épaisseur homogène pour ne pas amener des inégalités de dilatation qui entraîneraient la rupture. A ce point de vue, les inscriptions directes dans le verre en creux ou en relief sont défavorables.

Température à appliquer et durée d'action.

La *température* à laquelle on doit porter les récipients à conserves et la durée d'action de cette température varient avec plusieurs facteurs, aussi peut-elle être efficace après quelques minutes de chauffage ou seulement après plusieurs heures.

La nature de la conserve, le traitement qu'elle a pu subir avant son introduction dans les boîtes, flacons, etc., la matière de ces derniers (le métal, par exemple, est meilleur conducteur de la chaleur que le verre), le volume du récipient, l'agitation, etc., exercent leur action.

Nous avons déjà dit que les produits liquides se laissent mieux pénétrer par le calorique, à cause

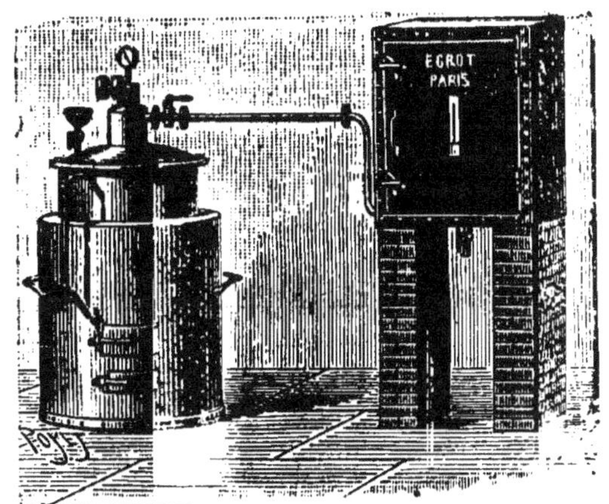

Fig. 14. — Armoire à conserves à vapeur.

de la mobilité des molécules, etc. A propos de chaque produit étudié plus loin, nous donnerons les chiffres utiles. Mais nous pouvons déjà inscrire ces quelques données générales.

On ne pourrait connaître exactement la température de l'intérieur des vases qu'en plaçant dans l'un d'eux un thermomètre à maxima qui, par exemple, traverserait le bouchon du flacon, et dont le réservoir s'arrêterait à peu près au centre de la masse interne.

Il est certain qu'au point de vue où nous nous plaçons, les petits récipients sont préférables aux gros, de même que les boîtes en métal, comparativement aux pots en verre, poterie ou autre matière.

Nous rappellerons à ce sujet que le Dr Vaillard a trouvé que ce n'est qu'après une heure et demie de chauffage à 120° que la température au centre des boîtes contenant du lait atteignait 116°.

On sait aussi que les spores du *Bacillus filiformis*, par exemple, ne sont tuées qu'à 120° en milieu sec.

Nous avons dit que, d'une manière générale, et quand on le peut, il est préférable d'adopter une température assez élevée. De la sorte on abrège la durée de l'opération, ce qui est économique.

En ce qui concerne plus particulièrement les boîtes, une haute température permet de mieux éprouver le métal.

BOITES DE 1 LITRE : *pois*, 20 minutes à 115°, ou 30 minutes à 112°, ou une heure à 105° ;

Flageolets, 25 minutes à 115° ;

Haricots verts, 10 minutes à 115°, ou 15 minutes à 110°, ou 30 minutes à 105° ;

Sauce tomate, 30 minutes à 115°, 40 minutes à 110° ;

Viande (conservation un an), 1 h. 1/4 à 115° ou 2 heures à 112° ;

Viande (plus longue conservation), 1 h. 1/4 à 118 à 120°.

BOITES OU FLACONS DE 1 LITRE : *fruits*, 30 à 45 minutes à 100° ; *lait*, 15 minutes à 102-105°, ou 10 minutes à 108°.

Efficacité du procédé Appert.

Pour pouvoir compter sur la bonne conservation des produits préparés il faut être assuré de la température à laquelle on les a portés (thermomètre) et de l'étanchéité des vases. La moindre fuite est funeste à l'aliment et, par suite, au consommateur. En somme, des négligences peuvent compromettre le succès de la méthode.

Dans les fermes on est bien moins armé, à ce point de vue, que dans l'industrie. Mais nous verrons plus loin divers systèmes de fermetures des récipients qui facilitent les opérations (p. 62).

La stérilisation des fruits et des légumes est relativement facile à obtenir, aussi est-il très rare que l'on ait adressé à ces conserves les reproches que l'on fait, parfois, à celles de viande, crustacés, poissons, qui ont occasionné des accidents chez les consommateurs.

D'abord les produits employés sont toujours frais, et il paraît difficile de manipuler des légumes gâtés, qui présenteraient pour les consommateurs un aspect peu engageant. A peu près les seules altérations qui puissent faire bomber la boîte sont dues au développement des ferments acidifiants. Or, l'on ne connaît que de bien rares cas d'accidents provoqués par de telles conserves.

RÉCIPIENTS POUR CONSERVES APPERT

§ I. — Verrerie et Poterie.

Dans les *ménages*, les récipients en verre sont, en général, préférés aux boîtes. On utilise, à cet effet, les bouteilles ordinaires, mais on prend alors quelques précautions dans le chauffage, qu'il faut conduire bien régulièrement.

On doit rechercher les verres sans défaut et d'une épaisseur uniforme pour l'égalité de la dilatation durant le chauffage, sans inscription en creux ni en relief, par conséquent, à col évasé et non à coude brusque, qui met obstacle à la dilatation du produit intérieur. La couleur importe peu, mais comme volume il faut préférer les petits flacons de 1/3 à 1/2 litre, qui facilitent la stérilisation en même temps que la consommation. Pour la vente, on adopte encore le litre et, parfois, la bouteille de 2 litres. Dans ce dernier cas aussi on doit choisir le verre blanc et les bocaux de choix.

Pour les matières solides ayant quelque volume, comme les *fruits entiers*, les *champignons*, les *artichauts*, on choisira de larges goulots. Pour les *pois*, les *purées*, de simples bouteilles à goulot ordinaire suffiront.

Le commerce livre des bouteilles d'un demi-litre en verre blanc pour 10 à 15 centimes; des bocaux ordinaires à large ouverture, de la même contenance, pour 20 à 25 centimes.

Dans les ménages, les bouteilles à champagne, limonade gazeuse, qui sont à parois épaisses conviennent particulièrement.

Il y a moins de risques de casse pour les bouteilles ordinaires si l'on adopte le procédé qui consiste à percer une ouverture dans le bouchon, que l'on obstrue ensuite, car la pression, durant le chauffage, est alors la même à l'intérieur qu'à l'extérieur.

Si les récipients en verre présentent quelques inconvénients, comparativement aux boîtes en fer-blanc (fragilité, poids, conductibilité plus faible pour la chaleur, fermeture malaisée), ils ont aussi des avantages : le verre laisse voir la matière conservée, ce qui est à considérer pour la vente des fruits et des légumes de choix ; le système de bouchage n'est pas, quoi qu'on en ait dit, très compliqué ; le verre ne peut altérer les produits conservés, les *acides* des fruits rouges, au contraire, *attaquent le métal.*

Les récipients ne doivent pas être complètement remplis, car il faut tenir compte de la dilatation du produit.

Bouchage. — L'emploi du bon bouchon ordinaire est le système de fermeture le plus simple et le plus économique.

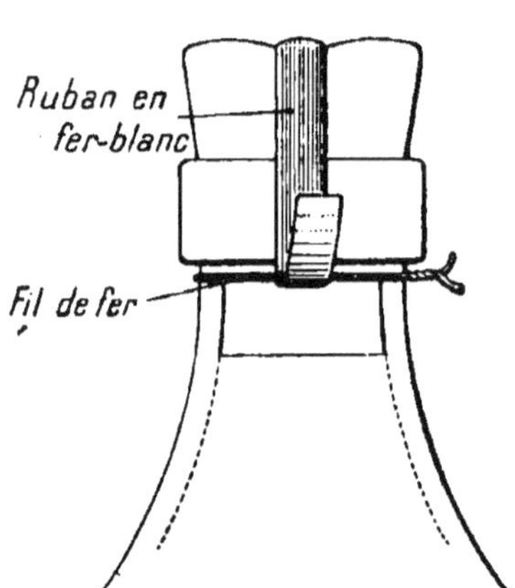

Fig. 15. — Ruban en fer-blanc pour fixer le bouchon.

Il faut choisir des bouchons de bonne qualité, souples, à grain fin, homogène. On les met à tremper dans l'eau bouillante, qui les stérilise en partie, puis on les enfonce encore mouillés, car ainsi ils glissent mieux, après les avoir battus ou écrasés avec une machine spéciale à mâchoires appropriées. On s'aide, au besoin, d'une massue en bois, après avoir placé la bouteille sur une planche ou, mieux, sur une masse de liège.

Si l'on veut permettre la sortie de l'air, on fait, avant, une entaille longitudinale sur le côté, ou bien on met une petite gouttière entre le bouchon et la paroi, que l'on enlèvera après le chauffage au bain-marie.

On sait qu'il existe des *appareils simples* à main et des *machines* pour le bouchage rapide. Mais il faut retenir qu'il est préférable de laisser le bouchon dépasser le goulot de quelques millimètres, pour mieux fixer la ficelle.

Cette dernière opération peut se pratiquer avec de la ficelle, que l'on disposera *en croix*, sinon la force expansive des gaz intérieurs serait assez forte pour couper le bouchon en deux. On peut remédier à cet inconvénient en plaçant sur le bouchon une rondelle métallique qui protégera le liège.

 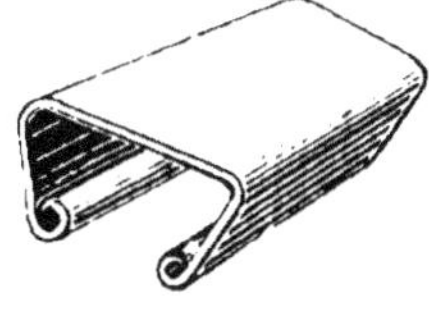 

Fig. 16.—Capsule Phénix.   Fig. 17. — Fixe-bouchon Gasquet.

Les quincailliers vendent aussi du fil de fer galvanisé coupé et tordu à la longueur voulue pour croiser sur le bouchon. On utilise encore des rubans en fer-blanc, que l'on met à cheval sur le bouchon pour engager les deux extrémités dans l'anneau en fil de fer qui entoure le goulot. On relève ensuite les deux bouts (genre de fermeture de certaines bouteilles de limonade gazeuse).

Les *bouchons* employés possèdent parfois un goût caractéristique, provenant de moisissures ou autres microrganismes qui occasionnent la *maladie du liège*. M. Bordas a préconisé le procédé suivant de stérilisation, de façon à détruire totalement les *spores* contenues dans le liège. On chauffe les bouchons à 120° dans l'autoclave, puis avec une pompe on fait le vide à fond, de manière à extraire la totalité de l'air contenu dans les cellules du liège. On introduit, alors, de la vapeur d'eau dans l'appareil et l'on porte la température à 130°, jusqu'à parfaite stérilisation.

Pour préparer des bouchons qui ferment bien hermétiquement et qui résistent aux actions chimiques des liquides, on a recommandé, entre autres procédés, de les traiter de la façon suivante. Les battre au marteau jusqu'à ce qu'ils soient devenus mous et élastiques. Les mettre ensuite dans un morceau de mousseline replié formant sac. On les plonge dans de la paraffine chauffée et les y laisse quelque temps, jusqu'à ce que les bulles d'air chassées par la paraffine, qui pénètre dans le liège, n'apparaissent plus. On retire, alors, le sac et le vide sur une assiette pour les laisser se refroidir.

On a parlé, en Amérique, de bouchons fabriqués avec des rognures de papier, qui seraient supérieurs à ceux en liège, car ils ne se laisseraient attaquer ni par les acides ni par les matières grasses.

Fermeture au coton. — Elle consiste dans l'emploi, en guise de bouchon, d'un simple tampon de ouate. C'est ainsi que l'on opère dans les laboratoires de bactériologie, quand on veut mettre à l'abri des germes de l'atmosphère un produit stérilisé, tout en le laissant en contact avec l'oxygène de l'air, ou quand on veut, simplement, garantir les tubes, flacons, ou encore pour empêcher les microrganismes de passer d'un milieu dans un autre. On trouve, en technologie agricole, quelques applications de ce dispositif. On sait que le coton stérilisé est employé en guise de filtre pour recueillir et étudier les germes de l'air.

Appliqué au cas qui nous occupe, le tampon de coton (coton cardé de première ou de deuxième qualité) enfoncé dans le goulot du flacon n'a pas d'autre but que de préserver le contenu, dont on a tué les germes par la chaleur. Ce mode de fermeture exige beaucoup de précautions et une grande surveillance au bain-marie. Or, à la ferme on ne dispose pas toujours d'une chaudière qui permette de tenir les flacons bien droits, côte à côte, pour empêcher l'eau de trop imbiber le coton. Lors des manipulations, les bouchons peuvent aussi être tirés hors du goulot, etc.

Voici, d'ailleurs, la façon de procéder indiquée par l'auteur, M. le Dr F. Porchet, chimiste de la station viticole de Lausanne.

Fig. 18. — Bouchage au coton.

« Pour la stérilisation des petits fruits, pour lesquels on utilise des récipients à petite ouverture, on fait un bouchon très serré en roulant soigneusement le coton arrangé préalablement en une petite plaque d'épaisseur régulière. Pendant l'enroulement on rabat à l'intérieur les bords de la ouate, de façon que, le bouchon terminé, les parties supérieure et inférieure de celui-ci soient aussi serrées que le centre. La bouteille étant remplie de fruits, on essuie soigneusement le goulot et l'on bouche avec ce tampon de coton, qui doit être enfoncé de 3 à 4 centimètres.

« Pour les bocaux à gros fruits, dont l'ouverture dépasse 3 à 4 centimètres, il serait difficile et coûteux de faire un tampon d'un tel diamètre. On procède alors comme suit : on découpe dans une feuille de coton cardé, d'au moins 2 centimètres d'épaisseur, un disque de dimension en rapport avec celle de l'ouverture du bocal. On place au centre un bouchon quelconque, liège ou bois, un peu trop petit pour le bocal, puis on relève de tous côtés la ouate en l'appliquant contre le bouchon. On a ainsi un gros tampon de coton à peu de frais.

« La fermeture de la ouate, exécutée comme nous l'avons dit, exige en outre les deux précautions suivantes, qui sont de toute importance : en premier lieu, que le tampon soit fortement serré contre les parois du col et ne présente pas de plis au contact du verre, car ces plis forment de petits canaux par lesquels les germes peuvent pénétrer. En second lieu, éviter que la ouate entre en contact, ne fût-ce qu'un instant, avec le liquide ou les fruits contenus dans le bocal. En effet, si le coton est humecté en un point par le liquide sucré, les moisissures pourront germer sur le tampon et, de là, faire passer leurs filaments jusqu'à l'intérieur.

« Ces précautions étant prises, les flacons bouchés au coton sont stérilisés comme les autres ; il sera bon, cependant, de les recouvrir d'un capuchon de papier de journal pour que, pendant l'opération, la ouate ne soit pas trop mouillée par la vapeur d'eau. La stérilisation opérée, on laisse refroidir *dans* l'ustensile qui a servi à l'opération et sans autre préparation, on place les bocaux dans un endroit sec et obscur.

« Lorsqu'on emploie des flacons à col peu rétréci, c'est-à-dire pour lesquels le goulot est presque aussi large que le bocal lui-même, il peut se produire, à travers le coton, une évaporation assez sensible, surtout dans les locaux secs. On peut l'éviter en attachant simplement sur le bouchon de coton un capuchon de papier, ou mieux encore de la feuille d'étain qui entoure les plaques de chocolat.

« Quels sont les avantages de ce mode de fermeture ? En premier lieu, et c'est le principal, il permet d'utiliser des récipients quelconques, il suffit que leur ouverture ne soit pas trop irrégulière. Nous croyons cependant qu'il est préférable d'utiliser les bocaux en verre qui, moins épais que ceux de terre ou de grès, sont stérilisés plus rapidement et, en outre, permettent de surveiller les conserves, ce qui est précieux. Et c'est précisément cette possibilité de l'utilisation de bocaux quelconques en verre qui fait que la fermeture au coton est réellement économique.

« Voici, à titre d'exemple, quelques prix de revient de bocaux prêts à être utilisés pour la stérilisation (nous avons compté 5 centimes de ouate par bocal, c'est trop, car avec une livre de coton cardé coûtant 2 francs ou 1 fr. 50, suivant la qualité, on peut faire plus de quarante tampons ; il n'y a pas à tenir compte du bouchon puisque celui-ci peut être déjà usagé ou même remplacé par n'importe quel autre remplissage) :

« Bocaux fermés au caoutchouc avec ressort coudé, un demi-litre, 0 fr. 85 ; 1 litre, 1 fr. ; 2 litres, 1 fr. 30 ; bocaux système Weck, d'un demi-litre, 1 fr. 35 ; 1 litre, 1 fr. 45 ; 2 litres, 2 fr. 35 ; bocaux en fer émaillé, un demi-litre, 1 fr. 52 ; 1 litre, 1 fr. 72 ; 2 litres, 2 fr. 56 ;

bocaux en verre blanc fermés au coton, un demi-litre, 0 fr. 30 ; 1 litre, 0 fr. 45 ; 2 litres, 0 fr. 65 ; les mêmes en verre ordinaire, 2 litres, 0 fr. 55.

« L'économie est donc très sensible. En outre, la pratique de la stérilisation est simplifiée. En effet, l'air pouvant passer au travers du coton, il ne se produit pas de pression pendant le chauffage des bocaux, donc pas d'accident de casse à craindre de ce côté. Inversement, l'air pouvant pénétrer, lors du refroidissement, il ne se produit pas ce vide d'air qui, dans beaucoup de fermetures hermétiques, rend les couvercles si adhérents que souvent on les casse en voulant les soulever.

« Enfin, et ceci est un avantage considérable, le fait que la pression reste toujours la même dans le bocal permet d'employer pour ceux-ci du verre mince qui résiste beaucoup plus facilement que le verre épais aux variations brusques de la température.

« Et maintenant, il y a lieu de répondre à la question la plus importante : par cette fermeture la conservation des fruits et légumes est-elle réellement assurée ? Nous avons vu que, théoriquement, c'était le cas.

« Quant à l'expérience, elle est absolument concluante. Voici deux ans que nous pratiquons cette fermeture pour les conserves ménagères et nous n'avons eu aucune non-réussite.

« Inutile de dire que ces conserves, faites sans aucune addition de sucre, se sont maintenues absolument intactes.

« Nous sommes persuadé que les personnes qui voudront essayer cette fermeture obtiendront les mêmes résultats, pour autant que l'opération de la stérilisation est conduite convenablement, tout en faisant une économie de 50 p. 100 au moins sur le prix de revient du matériel nécessaire à la stérilisation des fruits. »

Systèmes perfectionnés de fermeture. — On a dit qu'aucun des *systèmes perfectionnés de fermeture* que les inventeurs ont adaptés aux bouteilles et bocaux pour conserves n'est parfait. Le mieux, pour certains, serait de trouver un bon procédé de soudure du métal sur le verre.

Il est bien entendu que le prix des récipients auxquels il est fait allusion doit entrer en considération dans les ménages, puisque, en moyenne, il est de 0 fr. 65 à 1 fr. 35 pour un litre, suivant les systèmes. Ce n'est, après tout, qu'une avance d'argent, car ces vases servent plusieurs fois, quelques-uns, même, indéfiniment, pour ainsi dire, puisqu'il suffit de remplacer, quand besoin est, les pièces usées.

Une condition qui paraît essentielle, c'est que le système de bouchage soit facile à enlever pour le consommateur, qu'il n'exige pas d'outil spécial.

Décrire ici tous les types serait bien long. Les catalogues envoyés gratuitement par les maisons de vente donnent tous les détails utiles.

On désigne sous le nom général de *bouchage pneumatique* les systèmes dans lesquels le bouchon laisse sortir les gaz, et même le trop-
plein du liquide dilaté durant le chauffage. Par refroidissement, la
vapeur se condense, la pression intérieure diminue et l'air extérieur
maintient le bouchon. Le couvercle peut être en verre, en métal, etc.,
mais avec interposition de caoutchouc, qui facilite la fermeture. Nous
avons déjà dit que lorsqu'il s'agit de fruits acides rouges, la couleur

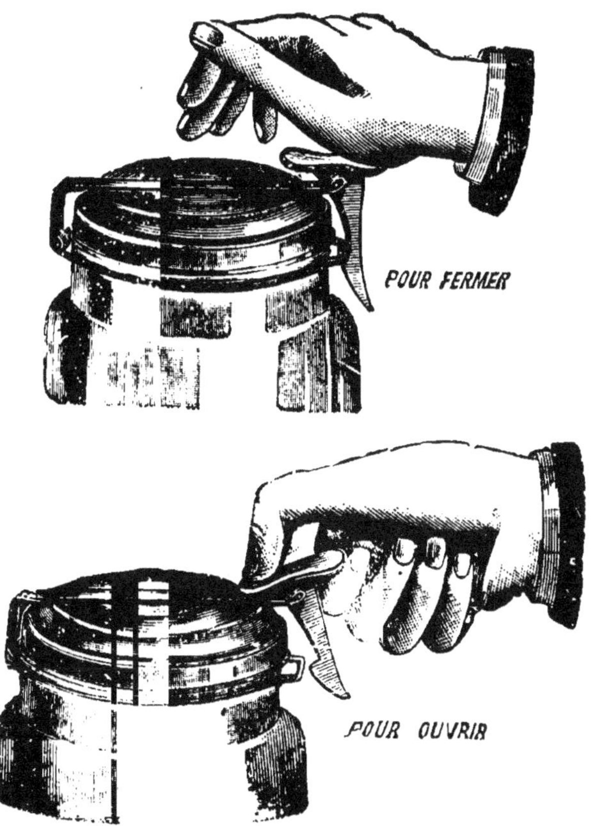

Fig. 19. — Fermeture « Eureka ».

et la saveur du produit peuvent être altérées par le contact du
métal.

Avec ces systèmes, les risques de casse sont moins à craindre
qu'avec une fermeture hermétique. Mais dans un bain-marie salé,
la température intérieure ne sera pas celle du bain, car le liquide
intérieur est, en général, plus pur.

Avec les bocaux en question un ressort doit maintenir le couvercle durant le chauffage. Ce ressort est indépendant et se fixe avant

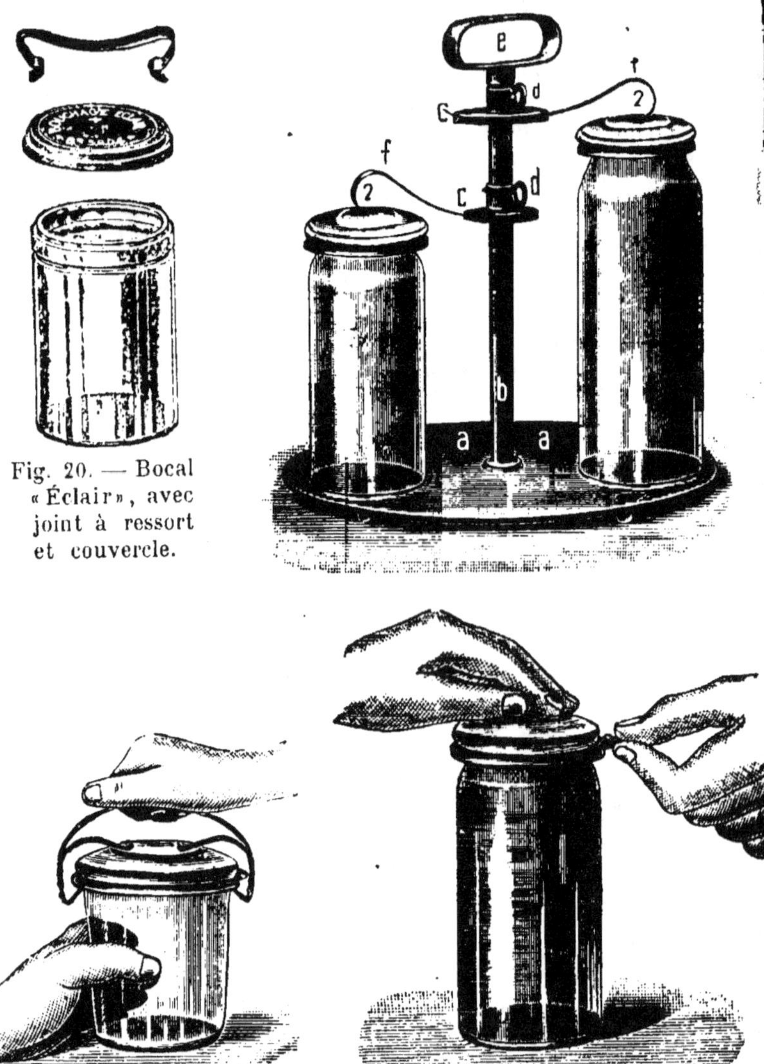

Fig. 20. — Bocal
« Éclair », avec
joint à ressort
et couvercle.

Fig. 21. — Systèmes de fermeture des bocaux Weck (Façon d'ouvrir
le flacon en tirant sur l'oreille du joint en caoutchouc).

la mise au bain, ou bien c'est le couvercle ou autre, de la chaudière
spéciale qui est pourvu lui-même d'un dispositif *ad hoc.* Dans tous les

cas, le système doit être laissé en place jusqu'après complet refroidissement, soit environ vingt-quatre heures. Si, alors, on remarque que les couvercles n'adhèrent pas sur leur siège, c'est que l'air a pénétré, et il faut consommer le produit à bref délai.

Pour ouvrir, on fait pression sur le caoutchouc, en introduisant un bout de bois, la pointe d'un couteau, pour laisser pénétrer l'air.

Avec les couvercles en métal, il suffit, parfois, de percer un trou au centre par où entre l'air.

Dans quelques systèmes, *Borde* par exemple, le couvercle est pourvu d'un tube capillaire, en étain, que l'on peut comprimer fortement avec une pince, une fois la stérilisation terminée, le récipient étant encore *sous l'eau*. Enfin il existe d'autres

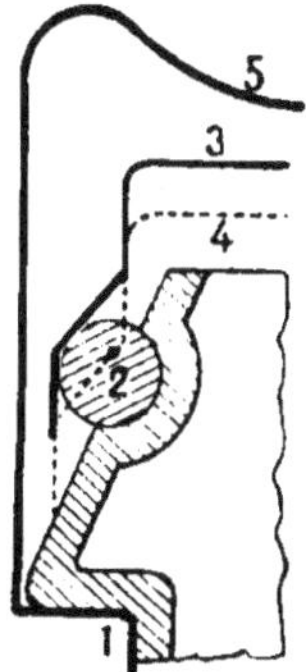

Fig. 22.— Bouchage « auto-pneumatique » : 1. Goulot; 2. Bague en caoutchouc; 3. Couvercle avant stérilisation ; 4. Couvercle après stérilisation ; 5. Ressort.

Fig. 23. — Bouchage auto-pneumatique Bing.

Manière de poser le caoutchouc: 1° caoutchouc tenu par le pouce et l'index entourant à moitié le goulot ; 2° tirer avec l'index de la main droite sur le côté B du caoutchouc, de manière à l'amener dans cette position qui permettra, par une seule pression, de le mettre autour du goulot ; 3° manière de placer et d'enlever le ressort.

genres de fermeture qui ne laissent pas sortir l'air, mais dans lesquels le bouchon est suffisamment comprimé pour assurer l'herméticité nécessaire, grâce à la présence d'un joint en tension, liège, caoutchouc, cordelette, feutre, etc. .

Quelques-uns sont assez simples pour ne pas exiger d'outil spécial, soit pour fixer le couvercle, soit pour l'enlever, et la pression est obtenue en vissant fortement celui-ci.

Dans le bouchage *Phénix*, on applique sur le goulot, rodé à l'émeri, une feuille en étain, puis une rondelle en liège et, par-dessus, une capsule métallique sertie à la machine. La capsule est maintenue par un collier-agrafe, qui servira plus tard à ouvrir le flacon (fig. 16).

Les systèmes de fermeture *Berthoud*, *Petit*, *Philippe*, sont analogues.

On ne saurait trop recommander de ne pas employer de verre trop fragile, surtout en ce qui concerne les arêtes du goulot.

On a signalé des accidents occasionnés chez des consommateurs par des éclats de verre détachés sous la pression des couvercles à vis.

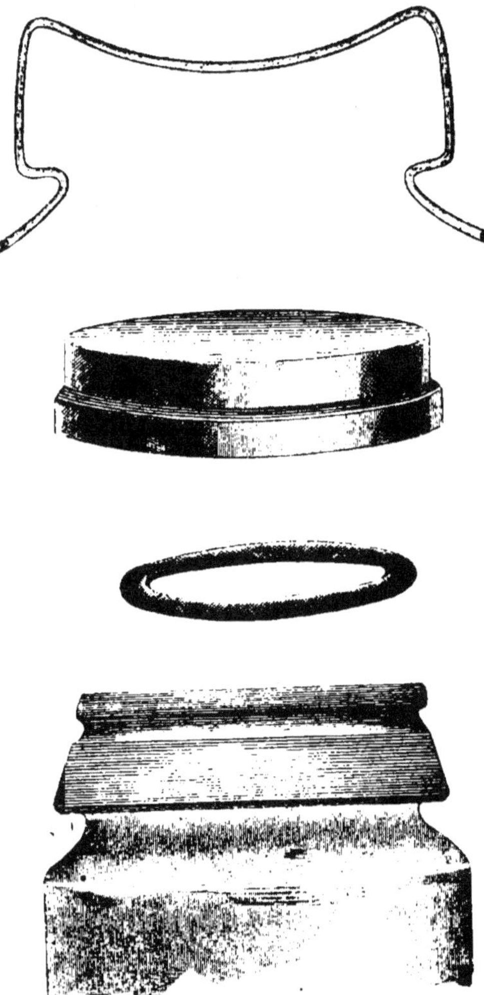

Fig. 24. — Bouchage auto-pneumatique, détail du couvercle.

§ II. — Boîtes pour Conserves.

Les *boîtes métalliques* sont moins fragiles que les bouteilles, meilleures conductrices de la chaleur ; par la soudure on assure mieux la parfaite herméticité, etc. Par contre, le métal peut se laisser attaquer par l'acidité des fruits rouges (fraises, groseilles, cassis, cerises, framboises) et il exige alors un vernis qui n'est pas toujours parfait.

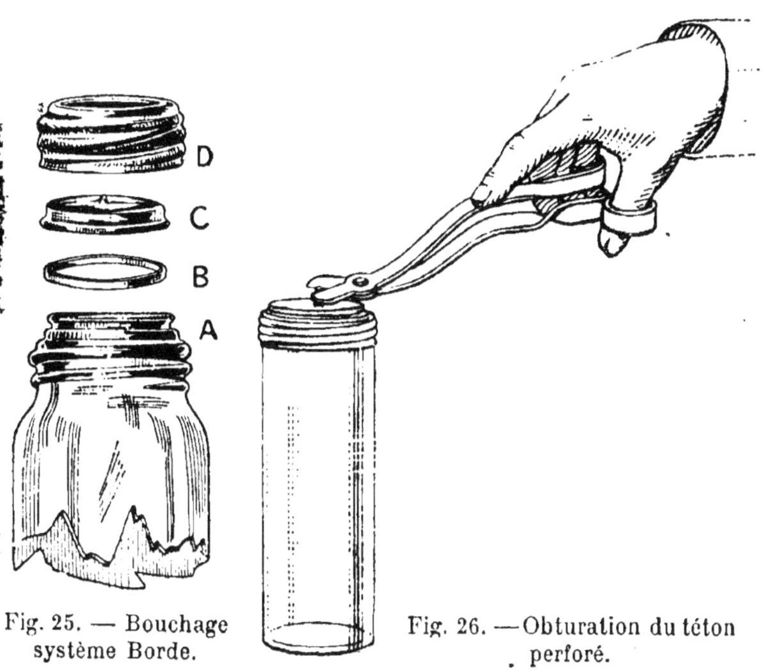

Fig. 25. — Bouchage système Borde.

Fig. 26. —Obturation du téton perforé.

Il faut trouver un enduit qui adhère bien sur la paroi, qui ne se dissolve pas dans les liquides, qui ne se détache pas par écailles. On doit tenir compte que, pendant la stérilisation à l'autoclave, les boîtes sont soumises à des températures qui s'élèvent jusqu'à 110 à 120°. Le côté économique est aussi à considérer et, de ce fait, il faudrait rejeter l'argenture si, par elle-même elle n'avait pas déjà donné de mauvais résultats.

Le plus souvent on emploie, en attendant que l'on ait découvert le vernis idéal, un produit à base de gommes-résines.

Pour les préparations ménagères, les boîtes sont d'un emploi moins commode, car elles exigent un soudeur, et, aussi, moins économiques, car elles ne servent qu'une fois. Il est vrai que l'on peut avoir la patience de les ouvrir en se servant de charbons rouges pour ne pas endommager le couvercle qui, alors, peut encore être employé. Les charbons rouges sont laissés un temps suffisant, puis on soulève le couvercle avec la pointe d'un couteau.

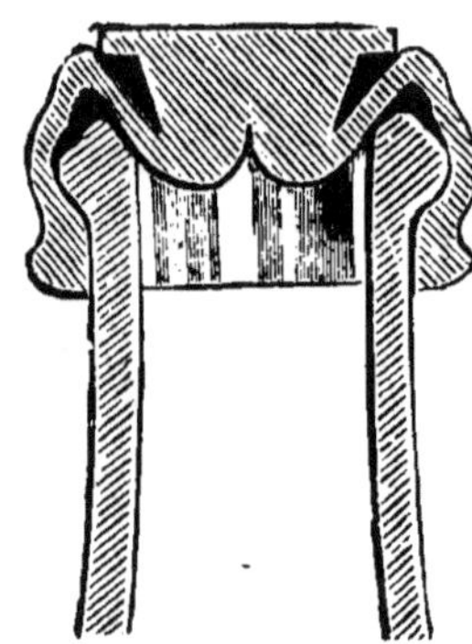

Fig. 27. — Bouchon en caoutchouc « Eureka » pour bouteilles (*après la stérilisation*).

Les boîtes sont les récipients adoptés généralement par les industriels. On a dit que la production annuelle des boîtes de conserves se chiffre, en France, par plus de 120 millions, contre 700 millions en Amérique. Joseph Colin, de Nantes, en proposant la boîte métallique, donna un nouvel essor à l'industrie des conserves par le procédé Appert. On l'utilisa d'abord pour les sardines.

On emploie le plus souvent, pour la viande, les boîtes cylindriques de 1 kilogramme qui sont les plus pratiques, mais pour les préparations familiales il les faut plus petites. On comprend que la qualité du métal soit à considérer ici. L'épaisseur est, en moyenne, de $0^{mm},37$, mesurée au *Palmer*. L'étamage doit être fait à l'étain fin.

Les coopératives ont intérêt à acheter les boîtes par quantités. En gros, le type demi-litre se paie 8 à 10 francs le cent, le litre 12 à 18 francs. Quelques industriels annexent à leurs usines un atelier de fabrication des boîtes. Mais on trouve des ateliers de fabrication dans tous les grands centres de préparation des conserves.

A la ferme, dans les ménages, on achète au détail 15 à 20 centimes le litre. Il faut compter 10 centimes pour la soudure.

Fabrication des boîtes. — Il est des machines qui font automatiquement les boîtes. En réalité, leur emploi n'est utile que lorsque l'on doit en produire une très grande quantité, d'un modèle unique. Dans le cas contraire, il vaut mieux utiliser plusieurs machines différentes, qui font chacune un travail simple : découpage ou estampage

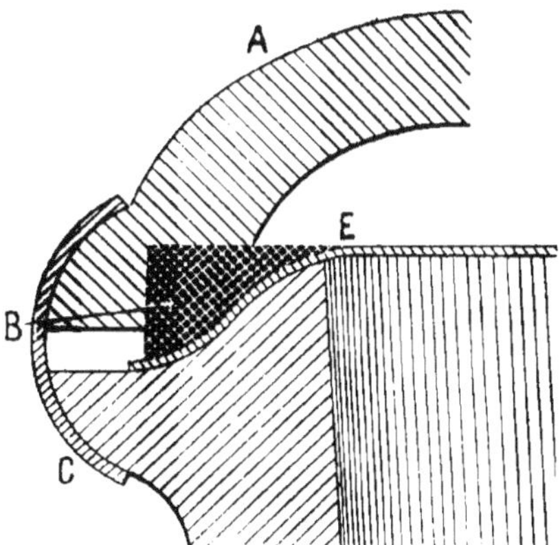

Fig. 28. — Fermeture « Phénix »
pour terrines.
A, couvercle en poterie ; B, rondelle en
caoutchouc feutré ; C, Bague en fer-blanc ;
E, capsule en étain.

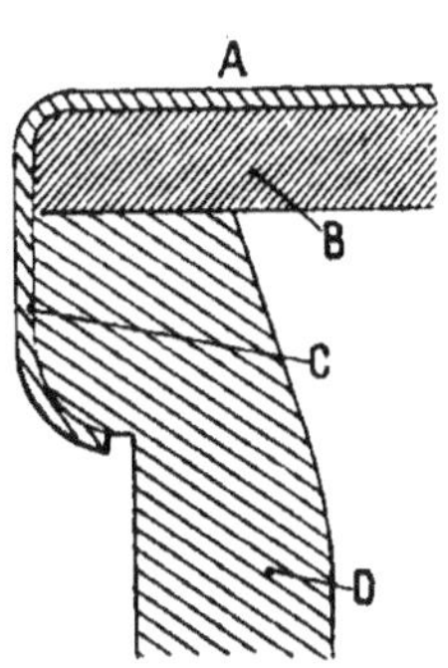

Fig. 29. — Fermeture
Berthoud à couvercle
serti.
A, capsule en fer-blanc ;
B, disque en liège.

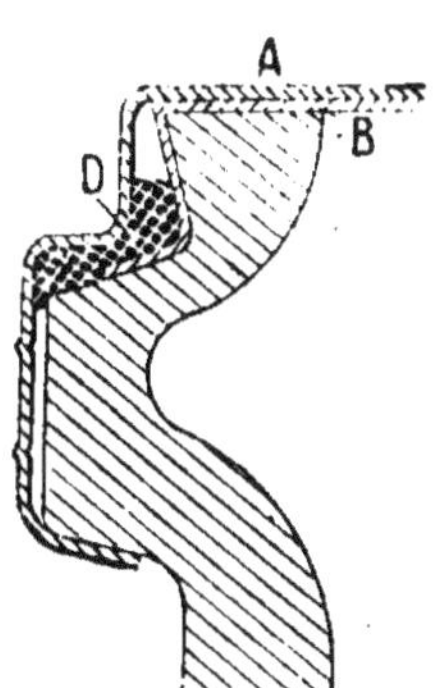

Fig. 30. — Fermeture
Petit à couvercle serti.
A, capsule en fer-
blanc ; B, feuille en
étain ; D, rondelle en
caoutchouc feutré.
La capsule porte une
bandelette que l'on dé-
roule avec une clef.

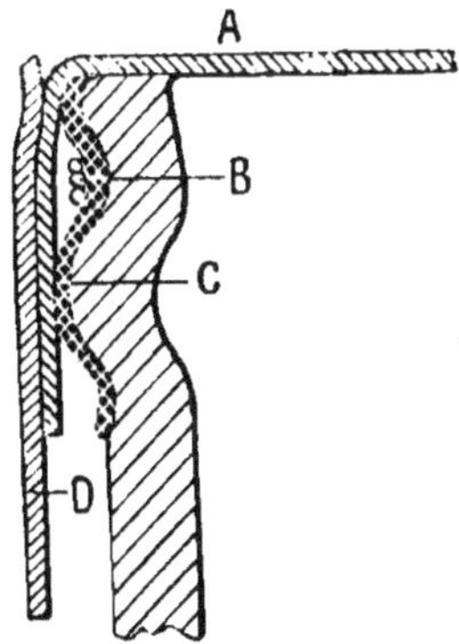

Fig. 31. — Fermeture
Philippe.
A, Capsule en étain ; B,
fil écru ; C, bague en caoutchouc élastique ; D, bague
en fer blanc. Les couvercles
doivent être maintenus par
une cage à vis de pression
durant l'ébullition.

des fonds ; découpage des corps de boîtes ; cintrage de ces corps ;

préparation des agrafes de corps ; serrage de ces agrafes ; soudage des corps ; sertissage des fonds. Toutes ces opérations sont conduites avec le souci d'assurer une étanchéité parfaite du récipient.

Nous avons pu suivre, dans la manufacture de M. Maximin Biscarrat, à Cavaillon (Vaucluse), les diverses phases de la fabrication des

Phot. A. Rolet.

Fig. 32. — Cisailles pour découper les corps et les fonds.

boîtes avec une série de machines-outils dont la plupart sortent de la maison anglaise Rhodes. Nous reproduisons les photographies que nous avons prises.

Avec les *cisailles à pédales*, on découpe le rectangle de fer-blanc qui formera le corps de la boîte. L'*échancreuse* supprime les angles, qui après le rabattement dont il est parlé plus loin feraient une trop grande épaisseur. L'appareil à *timbrer* creuse la rainure sur l'un des deux bords à réunir, rainure dans laquelle se logera la soudure. La pièce passe alors dans la machine à rouler ou *cintrer* les corps. On *soude* les deux bords avec un *fer* à main pourvu d'un chalumeau à gaz d'éclairage et air. Le cylindre ainsi obtenu passe ensuite à la machine *à relever les bords* libres correspondant aux fonds. Ces derniers sont découpés dans une feuille rectangulaire (préparée avec la cisaille dont il est parlé au début) par la *presse à découper et à emboutir* les fonds.

Phot. A. Rolet.

Fig. 33. — Machine à échancrer (à couper les angles des corps de boîtes).

La *presse à poser les joints* colle sur le pourtour du fond une couronne d'un composé spécial qui formera joint étanche avec le bord relevé du cylindre. Enfin la *machine à sertir* (Leroy, Paris) fixe le fond sur ce dernier.

Une société américaine, les *Niagara machine and Tool Works*, de Buffalo (U. S. A.) construit une machine qui permet de fabriquer 300 corps cylindriques de boîtes de conserves à l'heure. C'est dix fois plus que ne peut faire l'ouvrier le plus exercé.

Les feuilles en fer-blanc, coupées aux dimensions voulues, sont débitées à la machine par une chaîne sans fin à avancement intermittent. Durant un arrêt, les bords opposés, destinés à former la couture, sont repliés en sens inverse, de manière à pouvoir s'accrocher. Deux barres à mouvement vertical appuient ensuite la feuille contre un mandrin horizontal, sur lequel la feuille se replie, les deux rebords débordant l'un sur l'autre. A ce moment les barres s'écartent et les

Phot. A. Rolet.

Fig. 34. — Machine à cintrer (à gauche) et machine à timbrer, (à droite) les corps de boîte.

bords s'accrochent. Le cylindre ainsi formé se suspend à un plus petit mandrin. Sur celui-ci vient passer une roulette qui serre les deux rebords l'un contre l'autre et les unit définitivement.

Quant à la soudure, on la fait plus tard, soit à la manière ordinaire, soit à l'aide de la même machine. A cet effet, elle porte une rangée de chalumeaux qui élèvent le joint à la température voulue, tandis que la soudure fondue tombe goutte à goutte sur celui-ci.

Remplissage des boîtes. — On peut remplir (1) plus complètement les boîtes que les bouteilles. Mais il faut, cependant, tenir compte de la hauteur à laisser libre au-dessous du bord supérieur, pour pouvoir appliquer la soudure à la fermeture.

En général, comme dans tout récipient à conserve, il faut

Phot. A. Rolet.

Fig. 35. — La soudure (fers chauffés au chalumeau.

presser le plus possible la matière pour laisser le moins de vide dans la masse ; on se sert alors d'un mandrin, et même de moules, à moins qu'il ne s'agisse de fruits, légumes, à ne pas déformer.

Fermeture. — La *soudure* du couvercle est le procédé le plus courant, et l'on peut dire aussi le plus ancien, car elle

(1) Il est bien entendu qu'avant de les employer, les boîtes et les flacons doivent être bien nettoyés avec de l'eau de cristaux, puis rafraîchis à l'eau froide, et séchés.

assure une étanchéité parfaite, facile à obtenir. Toutefois, elle tend à être supplantée, dans l'industrie, par le *sertissage*, plus économique et plus rapide.

Dans les fermes, c'est ordinairement le ferblantier du village que l'on charge du soin de souder les boîtes à stériliser. On l'avertit du jour où il doit venir, c'est-à-dire au moment

Photo A. Rolet.

Fig. 36. — Machine à relever les bords (à gauche) et machine à sertir les fonds (à droite).

même de la stérilisation. Il faut retenir en effet que, dans beaucoup de cas, la stérilisation des boîtes doit suivre immédiatement le remplissage, par exemple avec les légumes et les fruits juteux, etc.

Les intéressés qui sont groupés dans un rayon limité s'entendent pour employer un soudeur qui viendrait d'un lieu éloigné. En général, ce dernier demande 10 à 15 centimes par

boîte de un kilogramme, ce qui met celle-ci à environ 30 à
35 centimes.

Mais pour de grandes quantités, comme le cas se produit
dans les coopératives, le prix de revient est de 2 francs les
100 boîtes, quand on fournit charbon et soudure, et 4 fr. 50
à 5 francs dans le cas contraire. Autre combinaison : le prix

Fig. 37. — Presse à découper et à emboutir les fonds.

de la fermeture peut être compris dans le prix de vente des
boîtes et le fabricant envoie, alors, un soudeur chez l'industriel.

Le maniement du fer à souder ne présente pas de difficultés
telles qu'il faille être spécialiste pour s'en servir avec succès.
Sans rechercher la finesse dans le travail, le simple petit pro-

ducteur à la ferme peut arriver, après quelques essais sur du métal sans valeur, à appliquer convenablement la soudure pour fermer hermétiquement la boîte.

Quelques heures d'observation et de pratique chez un ferblantier sont très utiles à ce point de vue.

Comme *matériel*, il suffit d'un simple réchaud à charbon,

Photo A. Rolet.

Fig. 38. — Presse à poser les joints.

d'un ou, mieux, de deux fers à souder (il y en a ainsi toujours un de prêt sur le feu), d'un morceau de sel ammoniac pour le fer, de poudre (ou un composé liquide) de résine pour frotter sur l'endroit à souder et d'un bâton de soudure. L'acide chlorhydrique, ou esprit de sel, n'est pas indispensable. On vend, d'ailleurs, chez les quincailliers, des nécessaires com-

plets comprenant ce petit outillage à un prix modique (depuis
4 à 5 francs). Nous signalerons aussi le *fer à souder* qui porte
avec lui un réservoir à essence, et qui dispense, par conséquent,
de tout réchaud pour être tenu constamment à la température
voulue. Nous avons cité également le fer à chalumeau.

Deux modes de *soudure* des boîtes sont généralement adoptés. Ils

Photo A. Rolet.

Fig. 39. — Les soudeurs à la ferme.

sont représentés par les figures 40 et 41. L'un est celui qui est employé
le plus souvent en France ; l'autre, en Amérique. Ces figures montrent
suffisamment, sans qu'il soit besoin d'insister, comment on obtient
une occlusion complète entre le couvercle de la boîte et le corps cylindrique de celle-ci.

On a imaginé des machines à souder, telle la *machine Besse et
Lubin*. Le métal qui sert à souder est déposé mécaniquement à l'avance
sur la boîte. Une fois sur la machine, un mouvement de rotation amène
le couvercle de la boîte au-dessous du fer à souder, qui s'y applique
exactement.

La *soudure mécanique* se décompose en plusieurs opérations distinctes : 1° dépôt d'une mince couche de soudure sur le bord de l'une des deux pièces à souder ; 2° rapprochement et serrage de ces pièces l'une contre l'autre ; 3° contact sur les bords de la boîte d'une masse métallique chaude, qui fond la soudure destinée à faire joint. Une *machine à souder Besse et Lubin*, par exemple, peut fermer par heure, 1.000 boîtes. Avec sept hommes et une femme elle exécute le même travail que 15 soudeurs.

Pour faciliter le travail de la *soudure à la main*, la boîte est fixée sur un tourniquet, sorte de plateau horizontal qu'un ouvrier fait

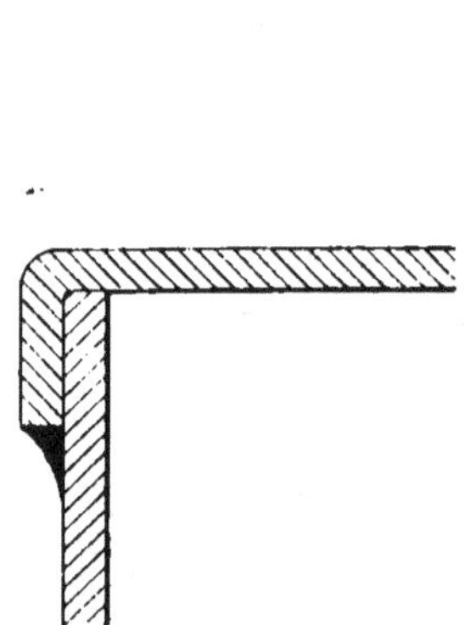 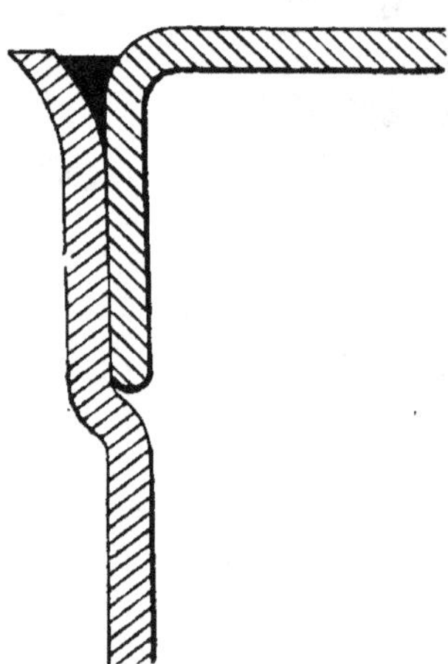

Fig. 40. — Mode de soudure des boîtes le plus courant en Amérique.

Fig. 41. — Mode de soudure des boîtes le plus courant en France.

mouvoir avec le pied pour déplacer la boîte au fur et à mesure qu'avance le travail. D'une main il tient le bâton de soudure, de l'autre le fer à souder. Il fait ainsi couler le métal dans la rainure ménagée entre le corps de la boîte et le fond.

Dans le procédé de soudure à la main, sans tourniquet, un ouvrier peut fermer par heure 50 à 60 boîtes pleines du type 1 kilogramme. Le nombre est bien plus élevé si un aide met d'abord le couvercle en place.

D'après MM. Besse et Lubin, la soudure à la main de 1.000 boîtes cylindriques du type dit « demi-pois » serait de 66 fr. 20. Mais ce prix s'abaisse de plus de moitié, à 25 fr. 20, quand on soude mécaniquement ; c'est, sensiblement, le prix de revient du sertissage (28 fr. 40).

L'ÉTAIN ET LA SOUDURE DES BOITES. — L'*étamage* des boîtes doit être fait à l'étain fin (Ordonnance de police du 31 décembre 1890). Le bain d'étamage ou de rétamage contiendra au moins 97 p. 100

d'étain dosé à l'état d'acide métastannique, moins de 0,5 p. 100 de plomb et moins de 0,01 p. 100 d'arsenic (Comité consultatif d'hygiène du 27 janvier 1890). Le décret du 19 décembre 1910 interdit l'étain contenant plus de 0,5 p. 100 de plomb et 3 p. 100 de tout autre métal (art. 26). Le Conseil d'hygiène avait fixé le taux maximum de plomb à 5 p. 100. On comprend que le plomb et l'arsenic soient de nature à nuire aux consommateurs. D'après M. Pouchet

Photo A. Rolet.

Fig. 42. — Sertisseuse J. Boillat.

on a observé, en Russie, des accidents dus à l'arsenic contenu dans l'étain employé à l'étamage d'ustensiles de cuisine.

MM. Schutzenberger et Boutmy, qui ont examiné 16 boîtes de conserves de viande de la marine, ont obtenu les résultats suivants. Le métal employé pour l'étamage renfermait 5,93 à 20,13 p. 100 de plomb (12 p. 100 en moyenne). La viande en contact avec un tel revêtement contenait 8 à 143 milligrammes de plomb par 100 grammes de viande.

MM. A. Gautier et Pouchet ont analysé des boîtes de conserves de poissons à l'huile dans lesquelles les soudures intérieures avaient été faites avec de l'étain plombifère. Ils ont trouvé jusqu'à 168 milligrammes de plomb par kilogramme d'huile et 49 milligrammes par kilogramme de poisson. Pour les soudures intérieures, on ne doit employer que l'étain fin (Circulaires des 31 mai 1880 et 12 août 1889). Quant aux soudures au plomb, elles doivent être employées uniquement à l'extérieur. Il arrive, aussi, que la couche d'étain qui tapisse le fer est tellement mince que ce dernier métal peut être attaqué par les liquides contenus dans la conserve. Dans une analyse, Doremus a trouvé que les gaz qui gonflaient des boîtes ainsi dépourvues, par places intérieures, d'enduit protecteur et où, d'ailleurs, on constatait une corrosion, jusqu'à 80 p. 100 d'hydrogène.

Sertissage des boîtes. — On reproche à la soudure son prix de revient et pour la grande production on lui préfère le *sertissage*. Celui-ci ne peut se faire qu'à l'aide d'une machine spéciale, et en dehors des industriels le procédé ne convient guère qu'aux coopératives. Il consiste à serrer fortement et à relier à la fois le bord du couvercle et celui du corps de la boîte. Les figures 43 montrent suffisamment les diverses phases de cette opération obtenues à l'aide de molettes à profils différents. Au préalable, on interpose entre les deux lames une matière suffisamment malléable pour qu'en remplissant tous les interstices elle assure une étanchéité parfaite.

La substance employée est, soit un ruban d'étain pur, soit un composé à base de caoutchouc associé à des fibres de chanvre et à une matière minérale. Devant l'interdiction de la Société d'hygiène (24 mai 1894), on a dû renoncer à l'oxyde de plomb employé à cet effet (30 à 40 p. 100) et adopter, notamment, l'oxyde de fer. Les joints à base de caoutchouc contenant du plomb sont placés sous le rebord du corps de la boîte. Ceux à base de caoutchouc et sans plomb, de même que l'étain, sont mis sous le rebord du couvercle. On a encore proposé les joints en amiante, mais, pas plus que ceux en étain, ils n'ont pu détrôner encore le caoutchouc. Ce dernier a pourtant l'inconvénient de ne pouvoir être employé pour les conserves à l'huile qui l'attaque.

Les fabricants ont trouvé des composés dont les constituants sont tenus secrets, mais qui seraient suffisamment insolubles dans l'eau et dans l'huile, même aux températures élevées de 110° à 115°.

Le sertissage se fait quelquefois par agrafage. On procède ensuite à un contre soudage du rebord.

Les petits producteurs peuvent se servir d'une petite sertisseuse qui marche à la main et au pied.

Vérification de l'étanchéité des boîtes. — Pour vérifier, après remplissage et fermeture, l'étanchéité des boîtes, on les recouvre, dans une chaudière, d'environ 30 centimètres d'eau bouillante, où on les laisse un quart d'heure. Si l'on constate que des bulles d'air s'échappent de quelques boîtes, on met celles-ci de côté (boîtes fuitées) (1). Ces boîtes, après

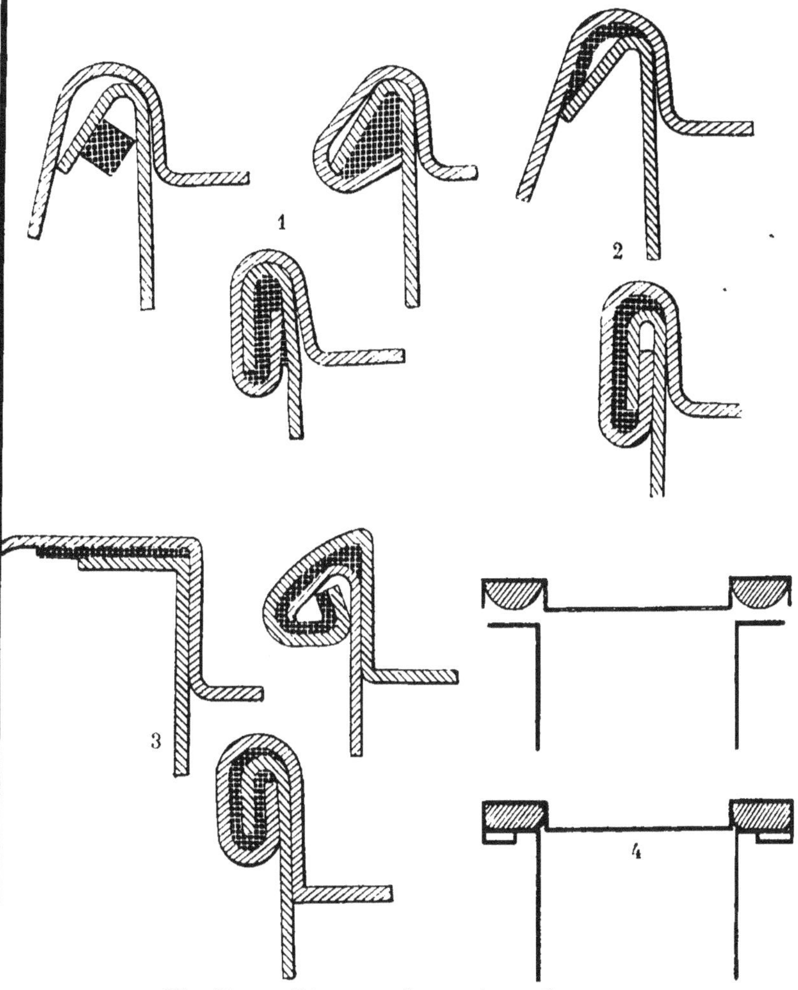

Fig. 43. — Diverses phases du sertissage
1. avec bracelet en composition caoutchoutée ; 2. avec ruban
caoutchouté; 3. avec ruban d'étain ; 4. autre système.

la stérilisation et une fois sorties du bain et inclinées dans
tous les sens, laissent échapper un jet de liquide.

(1) Les fabricants de boîtes vérifient l'étanchéité des récipients
vides en se servant de l'air sous pression.

M. Marvin Hutchings a inventé pour l'industrie un *appareil spécial*. Il se compose d'un grand cylindre en tôle disposé horizontalement, et dans lequel on fait entrer un chariot chargé de boîtes à essayer. La porte, placée sur l'un des fonds, ferme hermétiquement. Le cylindre est muni d'un manomètre et d'une soupape de sûreté.

Quand les boîtes de conserves sont ainsi enfermées dans le cylindre, on comprime l'air dans cet espace au moyen d'une pompe pneumatique. L'air pénètre peu à peu dans les boîtes mal soudées qui se trouvent, dès lors, comprimées intérieurement et extérieurement. On laisse les choses dans cet état pendant quelques minutes, puis on lâche brusquement l'air comprimé. Au moment où se produit cette décompression, l'air qui avait pénétré dans les boîtes mal soudées ne peut pas sortir instantanément par les imperceptibles orifices de la soudure. Il en résulte que ces boîtes éclatent et on les sépare des autres.

INDICES D'UNE BONNE STÉRILISATION. — Dans le bain-marie, pendant la stérilisation des boîtes pleines, les couvercles se *bombent*. Il en est de même à la sortie de l'autoclave, car la pression intérieure est supérieure à la pression extérieure.

Par le refroidissement, il se produit, ensuite, un vide partiel (le volume de la matière a diminué, l'oxygène est également absorbé par celle-ci). Les fonds des couvercles s'affaissent alors, se déforment, au moins sous la pression du doigt. C'est là l'indice d'une herméticité parfaite qui assurera la conservation désirée, si la température a été suffisante.

Il ne faudrait pas, cependant, que les parois latérales des boîtes cylindriques fussent déformées, bosselées. Les vases présenteraient, ainsi, moins bien à la vente. Leur emballage serait, d'ailleurs, plus difficile. Cette particularité peut provenir d'un remplissage insuffisant ou de l'épaisseur trop faible du fer-blanc. Dans tous les cas, il faut manipuler les récipients sans trop les presser.

Les boîtes dites *flocheuses* ont des fonds qui cèdent alternativement l'un et l'autre, quand on appuie dessus avec les doigts. Mais ce fait tient plutôt au manque de résistance ou d'élasticité du métal qu'à une mauvaise stérilisation. Dans tous les cas, ces boîtes ne peuvent convenir pour la vente.

Il est, d'ailleurs, toujours prudent de vérifier si cette imperfection ne vient pas d'une conservation imparfaite. A cet effet, on pique un des fonds et fait sortir une portion de liquide, que l'on examine. *S'il n'y a pas* d'altération, on ferme le trou avec une goutte de soudure et stérilise à nouveau

Quand la boîte a été trop remplie, ou qu'après refroidissement le produit s'est figé, les fonds peuvent ne pas présenter cette *concavité* que l'on recherche, et rester, même, légèrement

bombés. Mais si, par la suite, ce caractère s'accentuait, c'est que la boîte aurait été mal réussie. Ou la stérilisation incomplète n'a pas empêché la fermentation, ou celle-ci s'est produite par suite de

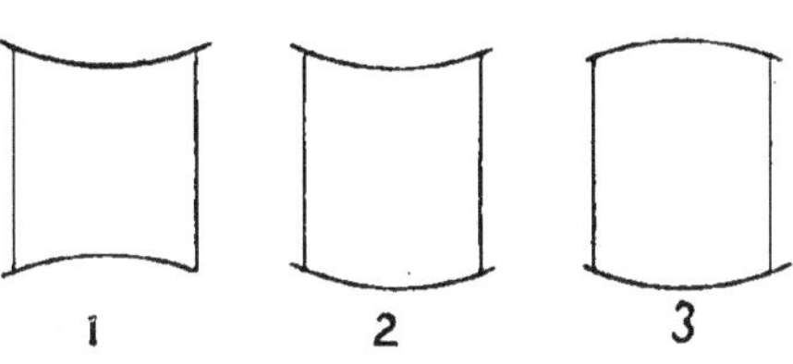

Fig. 44. — Boîtes après la stérilisation.
1. Bonne ; 2. flocheuse ; 3. mauvaise,

l'introduction de germes d'altération à la faveur d'une fuite. On ne doit pas constater plus de 1 p. 100 de ces *boîtes-fuitées* qu'il faut rejeter *irrémédiablement.*

On ne saurait, en effet, approuver l'opération qui consiste à percer le fond des boîtes *bombées* pour laisser échapper les gaz provenant de fermentations, puis à reboucher le trou avec une goutte de soudure pour procéder à une nouvelle stérilisation et obtenir, ainsi, des conserves dites *représervées.* La deuxième stérilisation peut bien tuer les microbes qui n'avaient pas été anéantis par la première, sans altérer leurs toxines, les poisons.

Enfin, faisons remarquer que le *bombage* des boîtes, qui est un signe d'altération, n'est pas le seul. Des boîtes non bombées peuvent être, aussi, incomplètement stérilisées. Si des microbes *aérobies* ont conservé leur vitalité, ils se développeront quand le récipient sera ouvert au moment d'utiliser son contenu.

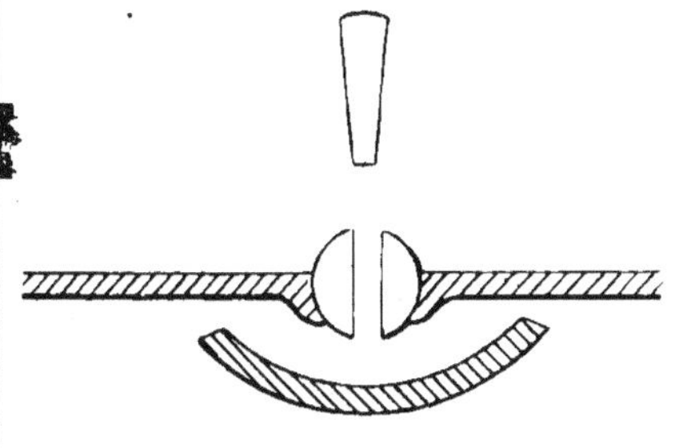

Fig. 45. — Ouverture sur le couvercle.

Trou dans le couvercle des boîtes. — Dans les boîtes comme dans les flacons il peut être utile, bien que la chose ne soit pas indispensable, de laisser une ouverture sur le couvercle.

Le trou en question a l'avantage de faciliter la soudure du cou-

Fig. 46. — Ciseaux pour ouvrir les boîtes à conserves.

vercle. L'air, dilaté sous l'influence du fer chaud, a pu s'échapper, sans chasser la soudure sur les bords. C'est par l'ouverture, aussi, que l'on introduit l'huile sous pression dans les boîtes de sardines ou le jus dans les conserves de viande.

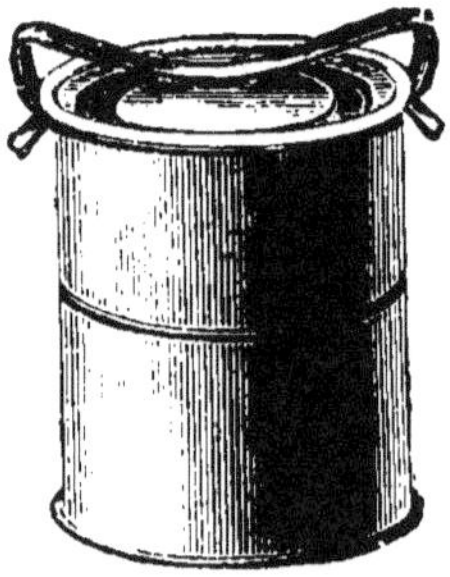

Apprêt des boîtes. — Pour la consommation familiale, les boîtes en fer-blanc sont conservées telles quelles, avec leur couleur, leur aspect naturels. Pour la vente, il faut appliquer une peinture et agrémenter d'ornements ou attributs divers, ce qui se fait, d'ordinaire, lors de la fabrication des boîtes. Les boîtes de conserves pour l'armée sont enduites d'une peinture à base d'ocre rouge, d'huile de lin et de vernis siccatif.

Fig. 47. — Boîte à fermeture *Éclair.*

A propos des récipients métalliques à confitures, on a reproché à certains enduits de peinture grossiers, appliqués pour garantir le métal de l'oxydation, de laisser tomber des particules sèches dans l'aliment, au moment de l'ouverture des boîtes.

Fermeture mécanique. — Comme pour les bocaux en poterie ou en verre, les industriels livrent des systèmes de fermeture mécanique pour les boîtes, qui dispensent, ainsi, de les souder ou de les sertir. Pour les conserves préparées dans les ménages cette modification a son importance.

CHAPITRE V

LE FROID

« Lorsque des cadavres d'hommes ou d'animaux sont enfouis dans la neige ou dans la glace, ils s'y conservent, pour ainsi dire, indéfiniment à l'état de fraîcheur.

« A diverses époques, on a trouvé dans les glaces de la Sibérie des mammouths si bien conservés que les chairs n'étaient point corrompues, et cependant ces animaux ont disparu de la surface du globe depuis des milliers d'années.

« En Suisse on cite plusieurs exemples de voyageurs tombés dans les crevasses des glaciers et dont les corps, découverts quarante ans après, présentaient un tel aspect qu'on eût dit que l'accident venait d'avoir lieu. »

Nous ne nous étendrons pas sur le rôle que joue *le froid naturel* dans la conservation de nos aliments, la chose est trop connue. Il restait à trouver un moyen de corriger « l'excès de chaleur » qui accompagne certaines saisons par ce même *froid* que nous redoutons en hiver.

En somme, *le froid*, agent de conservation, n'a, en réalité, commencé à forcer l'attention des hygiénistes, savants, industriels, que du jour où l'on a pu produire *mécaniquement*, à volonté, et d'une façon économique, le *froid industriel*. Ainsi dompté et asservi, le froid a permis de construire des dispositifs appropriés comme des *chambres froides*, installées, soit à demeure (*frigorifiques*), soit dans des wagons (*wagons réfrigérants*) ou des navires (*cales frigorifiques*), pour y entreposer *les denrées périssables* en toutes saisons (1).

Charles Tellier. — Sans nous attarder à la partie historique de cette découverte du *froid industriel*, nous nous en voudrions de ne pas citer ici le nom d'un ingénieur français, *Charles Tellier*, un peu trop oublié peut-être, appelé à juste titre *le père du froid*.

C'est lui qui entrevit le premier, sans doute, quel puissant facteur de l'activité économique pouvait être *le froid*, en assurant la conservation des denrées alimentaires, et en leur facilitant la conquête des débouchés.

(1) Pour plus de détails, consulter : Lallié, *Le froid industriel*, 1912, 1 vol. in-18 (Encyclopédie industrielle).

Déjà, en 1874, il installait à Auteuil une usine *frigorifique*, où le froid recevait de nombreuses applications.

La relation qu'il a faite du voyage de son navire *Le Frigorifique* qui, en 1876, alla en Amérique du Sud avec un chargement de viandes fraîches, est restée classique. Malgré le succès de cette entreprise, nous ne sûmes pas, en France, en tirer parti. Mais l'étranger fut plus avisé que nous.

Tellier a rappelé à ce sujet, dans son ouvrage (1), « tous ses déboires d'inventeur, l'indifférence du public, la jalousie et l'indifférence des industriels, le scepticisme des savants.

Devant les merveilleux résultats obtenus en Angleterre et en Amérique, on a fini, cependant, par comprendre que notre savant compatriote a doté l'humanité d'une industrie précieuse pour tous, producteurs, intermédiaires et consommateurs, à n'envisager que la production agricole.

La vulgarisation des modes d'emploi du froid. — Le champ d'action que peuvent embrasser les applications du froid artificiel est, en effet, des plus vastes. On n'a qu'à lire, pour s'en convaincre, la littérature spéciale qui s'occupe de ce sujet. Elle s'enrichit chaque jour de faits nouveaux.

Des *Congrès du froid* sont tenus, des journaux techniques se créent, des conférences sont données pour vanter les bienfaits de l'agent en question.

Une *Association internationale du froid* s'est créée pour solliciter des énergies nouvelles, grouper les bonnes volontés, faire naître des initiatives. Elle est représentée chez nous par l'*Association française du froid* (10, rue Denis-Poisson, à Paris), sorte d'office de renseignements pour tout ce qui concerne le froid. Sa raison d'être, a-t-on dit, c'est « le retard, très préjudiciable à ses intérêts industriels, agricoles, commerciaux, où est la France dans l'art d'employer le froid ».

Les agriculteurs, en particulier, sont assurés de trouver parmi les dirigeants de cette société les meilleurs des conseillers.

L'Association a, dans nombre de départements, des comités locaux, dont quelques-uns font preuve d'une grande activité.

Ajoutons qu'il existe un *Syndicat général de l'industrie frigorifique* (163, rue Saint-Honoré, à Paris), un *Syndicat de propagande pour l'emploi du froid industriel* (7, rue Mogador, à Paris), que l'*Association française du froid*, dont nous venons de parler, a créé des cours (9, avenue Carnot, à Paris) pour la délivrance d'un diplôme d'*ingénieur frigoriste*.

Comment agit le froid. — Une basse température n'anéantit pas les *microbes*, agents d'altération, mais elle ralentit leur vitalité. De même, le *froid*, judicieusement appliqué, ne tue pas les cellules des tissus, mais il atténue les phénomènes physiologiques et les transformations chimiques dont elles sont le siège. En un mot, le froid, en

____

(1) Tellier, *Le Frigorifique.*

plongeant les matières dans une sorte de « sommeil organique », de « vie latente », assure pour un certain temps leur conservation, sans altérer en rien leurs propriétés. A ce dernier titre, le froid doit être placé, comme nous l'avons vu, en tête des *agents de conservation*.

Mais il est certain que, pour en obtenir tout le profit désirable, il doit être appliqué avec mesure. Toutes les matières alimentaires ne demandent pas à être tenues à la même température, et réclament un degré d'humidité déterminé.

D'une façon générale, il ne faut pas que le froid désorganise, déchire, les tissus, car les sucs cellulaires ainsi dégagés favoriseraient alors singulièrement la décomposition du produit quand celui-ci ne serait plus soumis à son action.

A part quelques cas particuliers, comme pour la *viande* et quand il s'agit d'une très longue conservation, la *congélation* doit être écartée, et il faut lui préférer la simple *réfrigération* au voisinage de 0°. Dans ces conditions, la viande, par exemple, est plus tendre, plus savoureuse.

Il va sans dire que l'efficacité du froid est encore plus grande, si les aliments ont déjà subi certaines préparations avant d'être soumis à son action. C'est ainsi que l'on tient en réserve les boîtes de conserves préparées par le procédé Appert, les salaisons, etc., dans des chambres froides.

ARTICLE PREMIER

DES DIVERS MODES D'UTILISATION DU FROID

Le *froid* naturel peut être mis à contribution à la ferme dans des *caves*, un *fruitier*. Mais il est parfois nécessaire d'abriter les récoltes contre un abaissement de température trop considérable. On les garde alors dans des *silos*, etc.

LA GLACE

Inconvénients de la glace. — L'emploi de la *glace* pour la conservation des aliments est loin d'avoir contribué à l'essor que devait prendre le froid *industriel*.

Elle présente le grave inconvénient de donner de l'eau en fondant. Or, nous le savons, l'*humidité* favorise beaucoup les germes d'altération, les *moisissures*, principalement. Ce fait, bien connu, avait trop pénétré les esprits pour que l'on n'accusât pas, d'avance, le froid artificiel.

Il est à peine besoin d'ajouter qu'avec la glace, qui fond

à 0°, on ne peut compter refroidir une atmosphère confinée au-dessous de + 5° à + 8°. Ces chiffres peuvent être dépassés, sans doute, en mettant les produits à conserver en contact direct avec des morceaux de glace, comme on le fait parfois pour le poisson, mais les inconvénients dus à l'eau de fusion sont alors plus à craindre.

Si la glace est tenue dans un réservoir métallique, la vapeur d'eau de l'air venant se condenser sur la paroi, c'est encore de l'humidité préjudiciable qui intervient.

Supposons que l'air soit à la température de 28° et contienne 78 p. 100 d'humidité, ou 21 grammes d'eau par mètre cube. Si la glace abaisse sa température à + 3°, comme à cette température il ne peut plus dissoudre que 5^{gr},68 d'eau, une partie devra, forcément, se déposer, tandis que l'atmosphère restera saturée.

La glace, surtout la *glace naturelle*, récoltée sur les cours d'eau, peut emporter avec elle des *germes d'altération*, qu'elle transmettra aux corps avec lesquels on la mettra en contact.

La glace « volant de froid ». — Malgré tout, la glace constitue un *volant* de froid plus énergique, par exemple, que la *saumure incongélable* des machines frigorifiques. Un kilogramme de glace, qui fond à 0°, absorbe près de 80 calories (une calorie est la quantité de chaleur qu'il faut enlever à 1 kilogramme d'eau pour abaisser sa température de 1°), ou, pour parler le langage technique, produit 80 *frigories*. Or, 1 kilogramme de saumure passant de — 10° à 0° n'en donne que 7 à 8.

On s'explique mieux, après cela, l'*efficacité* des *armoires-glacières* qu'emploient les bouchers, par exemple.

§ I. — La Glace naturelle.

Dans les régions où l'on peut se procurer de la glace à bon compte, il est facile d'en faire, à la ferme, une certaine provision pour l'été. Nous rappellerons qu'à moins d'être emmagasinée en grande proportion, les pertes par fusion peuvent atteindre jusqu'à 50 p. 100.

Il est à peine besoin de dire que l'on doit prélever la glace dans les eaux les plus pures, les moins souillées. Les hautes

altitudes remplissent, à ce point de vue, les meilleures conditions.

La récolte s'opère pendant les jours les plus froids, quand
la couche a au moins 0^m,10 d'épaisseur.

On coupe la glace directement avec une hache-scie ou bien
on la concasse avec une massue.

On utilise aussi la neige que l'on tasse fortement dans un
lieu approprié.

§ II. — Glacières d'approvisionnement.

Dans l'est de la France, on se contente parfois, pour conserver
la glace, de la disposer en *tas* en la stratifiant avec de la sciure de
bois.

On peut utiliser, aussi, une *grotte*, une carrière. On en ferme soigneusement l'entrée avec une double porte, devant laquelle on

Fig. 48. — Conservation de la glace en silo.

amoncellera de la paille, une fois la glace emmagasinée. Sur le sol,
on aura creusé une rigole pour l'évacuation de l'eau de fusion. S'il est
possible, on pratiquera une ouverture dans la voûte, pour y introduire
les blocs.

Une *cave* peut servir de la même façon, en isolant, au besoin, la glace
des parois à l'aide de planches.

Une grande *caisse* enfouie dans le sol, et entourée de paille, puis
recouverte de terre, avec une porte ménagée au nord et une rampe
d'accès, est un dispositif facile à établir.

Voici encore quelques autres types d'installations simples. Celle-ci
est signalée par M. Tellier.

« Cette glacière se compose d'un tonneau, porté sur quelques
briques, de manière à l'élever de 25 à 30 centimètres du sol.

« Le fond supérieur de ce tonneau est enlevé, et, dans son intérieur,
on place un autre tonneau, plus petit, lequel est supporté par trois
briques de champ,

« Les capacités de chaque tonneau doivent être calculées pour qu'un espace de 10 centimètres environ soit laissé libre entre eux.

« Cet espace est rempli d'un corps isolant. A la campagne, le meilleur de tous à employer est la *balle d'avoine*.

« A défaut, on peut utiliser de la *paille hachée*, mais en ce cas il faut, autant que possible, ne pas prendre la paille passée à la machine, mais celle battue au fléau.

« Voici la raison de cette distinction :

« Un corps isolant n'est bon, qu'à la condition de renfermer de l'air en petites fractions, de manière à ce que cet air ne puisse circuler. C'est lui, ainsi emprisonné, qui est le véritable isolant.

« La balle d'avoine, avec sa forme en coquille, conserve de l'air dans chaque concavité. C'est pour cela que ce corps est un bon isolant.

« La paille passée à la machine est aplatie. Elle ne renferme que peu d'air. Au contraire, celle battue au

Fig. 49. — Conservation de la glace dans une grotte.

fléau reste à l'état de fragments de tuyaux. Ceux-ci contiennent de l'air. Ils constituent donc aussi un très bon isolant.

« Il y a bien d'autres corps qu'on peut utiliser, particulièrement la poudre de liège, celle de charbon et surtout de braise, les cendres de bois, etc. Mais ces corps ne sont pas sous la main des agriculteurs, comme ceux dont nous venons de parler.

« Deux organes achèveront notre glacière.

« Le premier est un petit tube, que nous voyons au fond du tonneau intérieur. Il est y fixé à demeure et traverse librement le fond du tonneau extérieur. Cela n'a aucun inconvénient, puisque ce dernier ne contient que de la paille. Le but de ce tuyau est de permettre le départ de l'eau de fusion. Il importe, en effet, pour la bonne conservation de la glace, de ne pas la laisser séjourner. Elle est un corps bon conducteur du calorique, qui aide à la fusion, tandis que l'air, au contraire, l'enveloppe d'une couche isolante.

« Le second organe est un coussin de toile forte, qu'on remplit avec la même paille.

« Il sert à fermer l'appareil et à isoler sa partie supérieure. Cette fermeture, on le voit, est bien simple à établir.

« La glace, dans une semblable glacière, peut se conserver une huitaine de jours.

« Or, il est peu d'endroits maintenant, où l'on ne puisse, les jours de marché, par exemple, prendre de la glace et la ramener à la ferme.

« On aura donc, sous la main, un précieux auxiliaire, qui permettra, en bien des cas, d'agir utilement, particulièrement dans la conservation du beurre, du lait, des fruits, des légumes, etc., en attendant le jour de les porter au marché.

« Le fermier, la fermière, quand ils auront ce moyen à leur disposition, sauront vite en tirer parti.

« Ajoutons qu'il sera un précieux adjuvant pour conserver les aliments, la viande surtout, qu'en bien des localités on ne peut acheter qu'une fois par semaine. Or, on pourra la conserver aisément ce temps, sur la glace, dans des paniers.

« On pourrait disposer des rayons dans la glacière ou la diviser perpendiculairement par quelques barreaux en bois, mais cela compliquerait sa construction. Il est plus simple de déposer les objets à conserver dans des paniers, des bourriches, ce qui offre de grandes facilités et évite le contact immédiat de la glace.

« Ce ne seront pas seulement les fermiers, qui bénéficieront de la glacière rustique que nous venons de décrire, mais bien des maisons de campagne, même des châteaux, qui se trouvent éloignés des centres d'approvisionnements. »

Si l'on ne craint pas la dépense, on peut installer une vraie construction dans le sol, avec parois inclinées, pour faciliter l'entassement des blocs de glace. Celles-ci sont construites en pierres ou, mieux, en briques, avec mortier hydraulique. En arrière du mur, un mélange de mâchefer ou de pierres cassées et de tan constituera un bon isolant contre l'humidité. Au fond, une grille en bois vert de chêne, laissera passer l'eau de fusion dans un réservoir, où on pourra la puiser ou la conduire au dehors.

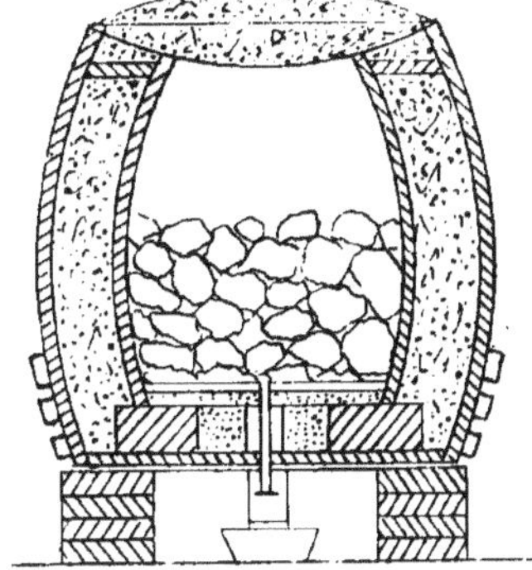

Fig. 50. — Dispositif pour conserver la glace.

Pour que la glace ne soit pas en contact direct avec le mur on placera contre celui-ci une claire-voie en bois vert de chêne.

La toiture sera faite d'une épaisseur de chaume tassé, de 30 à 40 centimètres.

Du côté nord, on ménagera la porte, qui donnera d'abord sur un couloir enterré, couvert également de chaume, couloir limité par une deuxième porte matelassée. Cette sorte de chambre froide peut servir à conserver des produits divers, œufs, beurre, etc.

D'après M. Grandvoinet, on adopte généralement, pour une glacière établie dans le sol, la forme cubique, avec une hauteur double du diamètre. Pour une contenance de 8 mètres cubes de glace, les dimensions intérieures seraient 2^m,20 × 4^m,5 ; pour 27 mètres cubes (15 à 16.000 kilogrammes de glace) 3^m,10 × 5^m,7.

La capacité doit être, au moins, de 5 mètres cubes. Il est préférable d'avoir deux petites glacières qu'une grande. Avec un bon tassement on peut emmagasiner 500 à 600 kilogrammes de glace par mètre cube. Le tas de glace doit être recouvert, si possible, d'une matière isolante, comme la paille, sur laquelle on disposera des planches chargées de pierres.

La sciure de bois, mise entre les blocs, pour remplir les vides, a l'inconvénient de retenir l'eau de fusion ; mieux vaut la paille, ou encore la glace concassée. Une fois les blocs entassés, arroser d'eau froide, qui, en se congelant, soudera le tout.

Enterrer la glacière dans le sol, n'est pas ce qu'il y a de mieux pour la bonne conservation de la glace. A une très faible profondeur, la température est supérieure à 0°. La terre conduit facilement le calorique. Si le sol n'est pas sain, on a à craindre

Fig. 51. — Glacière et sa toiture en paille.

les infiltrations d'eau dans la glacière. Choisir le penchant d'un coteau.

De nos jours, on préfère établir la glacière à la surface du sol, mais en l'isolant suffisamment de l'air extérieur à l'aide de matériaux appropriés, comme on le verra pus loin à propos des *frigorifiques*.

La glacière dite *américaine* est construite sur ce principe.

Transport de la glace. — En *été*, quand on doit transporter de la *glace*, il faut la garantir contre la chaleur extérieure. On emploie, en général, comme isolant, la *laine*. Mais, comme elle s'imbibe d'eau, elle devient, alors, plus apte à conduire la chaleur.

« Parmi les corps mauvais conducteurs, dit Ch. Tellier, le *liège* joue un très grand rôle, et il mérite la préférence. D'abord, parce que sa texture spongieuse lui permet d'emmagasiner de l'air, l'isolant par excellence, comme l'on sait. Ensuite, parce qu'il est presque imputrescible. »

L'auteur recommande les *barils en liège* imaginés, dit-il, par M. Mounaud, avocat à Guelma. Ces barils sont résistants et d'une légèreté

Fig. 52. — Glacière avec petite chambre frigorifique (Wanner).

incomparable. Ils maintiennent les liquides à l'abri de la chaleur. Enfin, ils sont facilement maniables.

Nous signalerons encore, parmi les matières isolantes, la sciure de bois, le tan, le charbon en paillettes (charcoal) (1), les balles de céréales, la mousse sèche, le feutre, la cellulose.

Armoires-glacières. — Quand on veut employer la glace pour la conservation des aliments, nous avons dit qu'il faut se garder de mettre ceux-ci directement en contact avec l'agent conservateur.

A cet effet, dans les glacières d'approvisionnement, il est

(1) Charcoal, cartvale. Paisley (Écosse).

possible de ménager une chambre froide attenante, pour ainsi dire, à la glacière, chambre dans laquelle on placera les produits à conserver.

Dans cette hypothèse, la construction de la glacière réclame quelques modifications.

Quand on ne craint pas la dépense, on peut suivre les indications ci-après fournies par M. L. Bouant (fig. 53).

« Dans un coin de la cave, sur une aire de forme carrée, ayant 1^m,90 de côté, on établit d'abord un massif de béton de 15 à 20 centimètres de profondeur, destiné à soutenir la construction. Sur ce ce massif de béton, on élève, en briques sur plat, assemblées au ciment, un mur ayant la forme et les dimensions indiquées par le dessin ci-contre. Ce mur est monté jusqu'à une hauteur de 1^m,20 sauf en D D, et K où il a seulement 1^m,10. C'est dans l'espace B que va être établi le réservoir à glace, et que seront ménagés les rayons destinés à recevoir les aliments qu'on veut rafraîchir.

« Pour faire comprendre les dispositions à donner à cet espace B, représentons-en l'ouverture large de 0^m,40 et haute de 1^m,15, qui permet d'y pénétrer. On ferme cette ouverture, jusqu'à une hauteur de 0^m,20, par un mur en briques sur plat. Au-dessus de ce mur, on laisse une ouverture béante, haute de 0^m,36, et on ferme de nouveau jusqu'en haut. Dès lors l'ouverture se trouve réduite à l'espace E F C D. Pour établir le mur de fermeture, qui va de E F à P Q, on met à la hauteur E F des barres de fer plat sur lesquelles repose la construction. Ces barres, longues de 0^m,60 au moins, sont noyées à leurs extrémités E E′ et F F′ dans les briques de droite et de gauche.

« Ces barres occupent, d'avant en arrière, une largeur de 0^m,18, allant de M N à M′ N′. Ce mur de fermeture supporté par ces barres de fer est en briques sur champ ; il a donc seulement 5 centimètres d'épaisseur. A 8 centimètres en arrière, on en élève un autre semblable au premier, de telle sorte qu'ils laissent entre eux un espace vide C, de 7 à 8 centimètres de largeur.

« C'est dans la région supérieure E F P Q que sera le réservoir à glace, tandis que les matières alimentaires à rafraîchir seront dans l'espace C D E F.

« Ce dernier espace forme un placard large de 0^m,40, profond de 0^m,75, haut de 0^m,36. En réalité sa profondeur sera réduite à 0^m,58 par la nécessité de le munir d'une porte d'une grande épaisseur, qui ira de M N à M′ N′.

« Ce placard doit recevoir des rayons en planches. Ces rayons seront soutenus par les briques de la construction elle-même. A cet effet, on élève les deux murs parallèles marqués D D D..., de façon à ce que les rangées de briques qui les constituent soient alternativement en retrait et en saillie, comme il est indiqué en pointillé. Ce mode de construction n'est adopté qu'entre les lignes C D et E F.

« La maçonnerie est alors terminée.

« Le réservoir sera formé d'une caisse sans couvercle, dont les dimensions de base seront : 0^m,55 et 0^m,33 et la hauteur 0^m,48. Ce réservoir sera en tôle galvanisée un peu forte, qu'on passera à trois couches de minium sur sa surface extérieure. Il sera muni par-dessous d'une ouverture pour la vidange de l'eau de fusion. Cette ouverture sera pourvue d'un petit robinet droit placé verticalement.

« Pour soutenir ce réservoir, on pose deux planchettes, longues de 0^m,40 et larges de 0^m,10, sur les saillies supérieures E F, et sur ces planchettes on pose le réservoir.

« Des planchettes de même longueur et de même largeur que les précédentes, prises en nombre suffisant, reposent sur les saillies du bas, et forment les rayons du placard. Ces planchettes doivent être enlevées, remises, déplacées, de telle sorte qu'il soit possible de faire varier, suivant les circonstances, la disposition intérieure du placard.

« Sur la saillie inférieure CD repose un plancher également mobile qui s'avance, lui, jusqu'au mur de devant M N.

« Enfin le placard est fermé par une porte sans charnières. Cette porte sera en bois blanc, ayant exactement les dimensions de l'ouverture à boucher, C D E F ; on l'enfonce

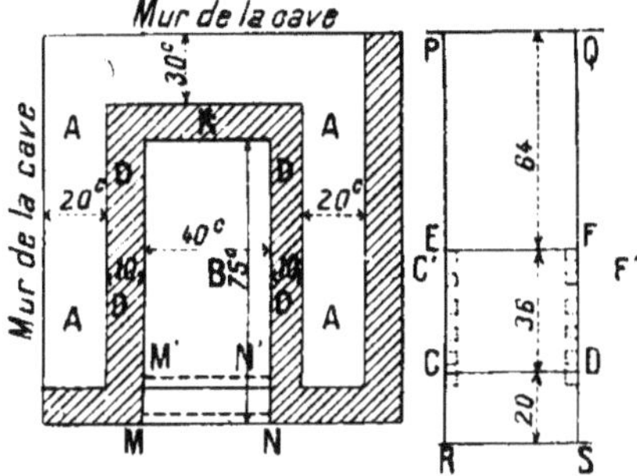

Fig. 53. — Plan d'une glacière pour contenir 50 kilogrammes de glace.

jusqu'au niveau M' N'. Elle laisse donc, quand elle est en place, un espace de 0^m,15 derrière elle, allant de M' N' à M N.

« *Usage de la glacière.* — Pendant la saison froide on ne laisse à la cave que la maçonnerie. Le réservoir en tôle, les planchettes, le plancher, la porte sont enlevés et conservés dans un endroit sec. De même les substances isolantes dont nous allons parler sont enlevées.

« Arrive la saison chaude ; on remplit l'espace A A A... d'une part, et l'espace C d'autre part, ainsi que l'espace C D R S, compris dans le plancher sans charnière, couvercle qu'on recouvre de balles sur une épaisseur de 0^m,20.

« Les aliments étant mis dans le placard, on bouche l'ouverture avec la porte, et on remplit l'espace M' N' M N compris derrière la porte par un matelas de balles épais de 0^m,15. Chaque fois qu'on doit prendre ou mettre quelque chose dans le placard, il faut le faire aussi rapidement que possible, et refermer immédiatement.

« Les bouteilles de vin, d'eau, de lait, sont mises horizontalement sur le rayon inférieur. Les viandes, crèmes, etc., sur les autres rayons.

« Chaque matin on fait couler l'eau de fusion, par le robinet, dans un arrosoir.

« Si on a soin de mesurer cette eau, on se rend compte exactement des progrès de la fusion de la glace.

« *Dépenses.* — Avec les dimensions ci-dessus, et une cave qui ne soit pas trop chaude, 50 kilogrammes de glace dureront une dizaine de jours, pourvu qu'on n'ouvre pas le placard plus de trois ou quatre fois par jour, et qu'on n'y mette pas à rafraîchir plus de sept à huit bouteilles chaque jour.

« Or les fabriques livrent actuellement 50 kilos au prix de 2 fr. 75 à 3 francs. Les frais de correspondance et de port (pour une distance d'à peu près 50 kilomètres) sont inférieurs à 2 francs. Soit une dépense totale de 5 francs pour dix jours, c'est-à-dire 0 fr. 50 par jour.

« Tels sont, du moins, les résultats que j'ai obtenus avec la glacière que j'ai fait construire dans les dimensions et les dispositions ci-dessus.

« Quant au prix d'établissement de la glacière, il est nécessairement variable d'une localité à l'autre. Mais il sera toujours compris, pour le modèle décrit ici, entre 50 et 70 francs. »

Le même auteur a encore décrit un dispositif beaucoup plus simple. Il suffit de faire construire par le menuisier deux caisses en planches minces en bois de sapin.

« Une première, pourvue d'un couvercle à charnières, sans serrure, mesurera, par exemple, $0^m,55 \times 0^m,40$, pour $0^m,78$ de hauteur.

« Une seconde, plus petite et sans couvercle, aura pour dimensions intérieures à la base $0^m,45$ et $0^m,30$ avec $0^m,68$ de hauteur.

« La grande caisse aura quatre petits pieds destinés à la maintenir élevée à quelques centimètres au-dessus du sol. Dans l'intérieur de cette même caisse, quatre petites colonnes seront clouées, longues chacune de $0^m,05$, destinées à supporter la caisse plus petite. De telle sorte qu'il y ait partout, entre les deux caisses, un espace vide de $0^m,05$ à peu près. Espace vide qu'on garnira de laine cardée, de qualité inférieure, modérément tassée. Quatre petites planchettes, de longueur et de largeur convenables, formeront, à la partie supérieure, l'espace occupé par la laine.

« Le ferblantier, d'autre part, fera un réservoir en zinc assez fort capable d'entrer exactement, mais sans trop de frottement, dans la caisse intérieure. En haut, les bords supérieurs du réservoir seront rabattus horizontalement sur une longueur de 3 ou 4 centimètres.

« On fermera ce réservoir par un couvercle sans charnières. Ce couvercle sera formé d'une planche de $0^m,50$ sur $0^m,35$, supportant une caissette de $0^m,04$ de hauteur avec des dimensions latérales qui lui permettent d'entrer exactement, en le fermant, dans le réservoir de zinc. Cette caissette sera remplie de laine et doublée d'une feuille de zinc sur la face intérieure.

« Le réservoir de zinc portera intérieurement des supports en fer galvanisé soudés à la paroi, capables de maintenir deux petites planchettes, l'une à $0^m,38$ au-dessus du fond, l'autre $0^m,12$ plus haut. Chacune de ces planchettes, en sapin mince, sera percée de plusieurs trous assez grands pour assurer la libre circulation de l'air intérieur. Chacune, également, sera munie de légères poignées verticales, en gros fil de fer, permettant de la soulever aisément sans enlever les objets dont elle est chargée.

« Le compartiment inférieur, haut de $0^m,38$, peut recevoir neuf bouteilles d'un litre remplies de vin, d'eau, de bouillon gras, de lait et, en outre, un bloc de glace pesant de 3 à 5 kilogrammes.

« Sur les planchettes supérieures, on mettra les aliments cuits ou crus dont on veut assurer la conservation pendant deux ou trois jours.

« Le bloc de glace, placé le matin, fondra lentement et maintiendra la fraîcheur pendant vingt-quatre heures. Il faut donc renouveler

Fig. 54. — Armoire-glacière.

la charge chaque jour. Avec les dimensions indiquées, trois kilogrammes suffiront si la glacière est placée dans un endroit relativement frais et si l'on ne remplace pas la provision des bouteilles plusieurs fois dans la journée.

« Si la température est plus élevée, si les bouteilles à rafraîchir sont changées à deux ou trois reprises dans le courant de la journée, il devient indispensable de mettre 4 ou 5 kilogrammes de glace.

« Chaque matin, on enlève l'eau de fusion avec une éponge. La menuiserie de la glacière peinte à deux couches sera établie aisément, surtout à la campagne, pour 12 francs ; le réservoir en zinc coûtera 6 à 7 francs.

« En ajoutant le prix de la laine, fort peu élevé, la dépense totale n'excédera pas 20 francs.

« Quant à l'usage, les dépenses en sont réglées par le prix de la glace. Il est, selon les villes, compris entre 0 fr.03 et 0 fr. 10 le kilogramme. Pour 3 kilogrammes, la dépense par jour est donc de 0 fr. 15 à 0 fr. 30.

« Il va de soi qu'on peut, selon les besoins de la famille, modifier à son gré les dimensions, y ajouter, par exemple, un robinet de vidange qui dispense de l'usage de l'éponge un peu incommode. »

On trouve dans le commerce des *armoires glacières* de toutes dimensions à double paroi avec matière isolante (poudre de liège, sciure de bois, laine minérale, cellulose, feutre, tan, etc.) dans lesquelles la glace est isolée dans un réservoir muni d'un tube d'évacuation pour l'eau de fusion.

Frigidifère. — Un météorologiste des États-Unis, M. Willes L. Moore, a imaginé une sorte de poêle à glace pour rafraîchir les locaux. C'est une colonne partagée en deux parties par un treillage métallique. La partie supérieure contient de la glace concassée ; l'air qui y circule, une fois refroidi, devient plus lourd et il tend à descendre vers le bas. Mais les morceaux de glace se ressoudent par le phénomène du *regel*, et dans cet état le bloc interromprait la circulation de l'air. Pour parer à cet inconvénient, l'espace occupé par la glace est traversé par un certain nombre de tuyaux en toile métallique qui aboutissent au grillage inférieur. Au-dessous, à quelque distance de ce dernier, est une sorte de plat qui reçoit les eaux de condensation d'où elles s'écoulent au dehors par un conduit central.

La partie inférieure de l'appareil est aussi traversée, dans le même sens de la longueur, par une série de tubes noyés dans un mélange réfrigérant (glace pilée et sel). L'air froid, après avoir traversé cette seconde série de tuyaux, sort à la base de l'appareil par une grosse tubulure. Comme l'air froid tend toujours à descendre, il faut placer cet appareil le plus haut possible, ou même au-dessus du plafond, ce dernier laissant arriver l'air froid par des ouvertures. Remarquons qu'il s'agit encore ici du froid humide.

LE FROID ARTIFICIEL

Mélanges réfrigérants. — On peut produire *artificiellement* du froid par divers procédés. Par exemple, quand un corps se dissout dans un liquide sans l'intervention d'un foyer quelconque, il n'exige pas moins de la chaleur, qu'il prend au liquide et aux corps en contact avec ce dernier.

C'est là le principe des *mélanges réfrigérants*, dont le type le plus économique est constitué par de la glace pilée et du sel marin (on trouve dans les ouvrages de physique et de chimie de nombreux exemples de mélanges réfrigérants). On a imaginé plusieurs appareils qui permettent d'utiliser commodément le froid produit dans ces conditions, soit pour congeler certains produits, soit pour fabriquer de la glace ; mais ils ne nous intéressent pas suffisamment ici pour que nous nous y arrêtions.

Froid produit par l'évaporation. — Pour se transformer en vapeur, se vaporiser, un liquide réclame encore de la chaleur. Si on ne la lui fournit pas, il l'emprunte à sa propre masse et aux corps qui sont en son contact, se refroidissant ainsi lui-même (exemples de l'alcarazas, du corps en sueur, de l'arrosage des rues, etc.). On apprend en physique que si l'on diminue la pression que l'air atmosphérique exerce sur le liquide, comme sur tous les autres corps, d'ailleurs, l'évaporation se produit avec plus d'intensité et le refroidissement est plus énergique.

Rappelons que l'évaporation complète d'un kilogramme d'eau à $0°$ absorbe 606 calories (chaleur de vaporisation), c'est-à-dire fournit plus de *frigories* que la fusion de 7 kilogrammes de glace.

En mettant à contribution les courants d'air dans certaines grottes ou autres lieux propices, on peut ainsi préparer de la glace à bon marché.

A Optima, près Trieste, par exemple, on appliquerait industriellement ce procédé en utilisant l'action de la *bora*, ou vent du nord froid et sec. On a cité encore, à ce sujet, le Bengale.

C'est ce refroidissement dû à l'évaporation des liquides qui est la vraie source du *froid* produit mécaniquement, ou *froid industriel*.

Depuis longtemps déjà on connaît les appareils Carré (congélateur à acide sulfurique et réfrigérant à ammoniaque, décrits dans les ouvrages de physique et de chimie pour *frapper* une carafe d'eau ou congeler des *sorbets*.

Mais arrivons aux *machines à glace à grand travail*, si l'on peut dire, qui, en *fabriquant* du froid *économiquement*, ont permis de vulgariser ses applications.

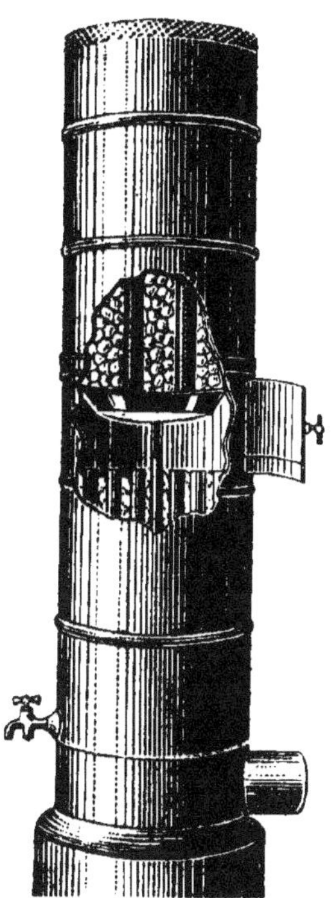

Fig. 55. — Frigidifère W. L Moore, ou poêle à rafraîchir.

I

PRINCIPE DES MACHINES A FROID

On divise les *machines à glace* en deux grands groupes principaux :
1º Les *machines à affinité* ou à *absorption* ;
• 2º Les *machines à compression* et *liquéfaction* des gaz par la force motrice.

Dans les *machines à absorption* ou à ammoniaque, qui fonctionnent, en somme, d'après le principe de l'appareil Carré, on fait se dégager par la chaleur le *gaz ammoniac* de sa solution aqueuse, ou ammoniaque. Le gaz comprimé se liquéfie, puis, aspiré par des pompes, il se vaporise en absorbant une grande quantité de chaleur (phase utile). De nouveau gazéifié, il va se redissoudre dans l'eau de la chaudière qu'il avait abandonnée, pour recommencer le même trajet.

On utilise donc, ici, la grande solubilité du gaz dans l'eau, sa facile liquéfaction, et sa grande chaleur de vaporisation (4.400 calories) quand il est à l'état de liquide anhydre.

Dans les *machines à compression*, on emploie un liquide facilement vaporisable, ou, comme l'on dit, dont les vapeurs ont une faible tension, liquide qui, autant que possible, bout à une température inférieure à 0º. C'est le cas des liquides obtenus par liquéfaction préalable d'un corps gazeux à la température ordinaire.

On active encore la vaporisation, comme nous l'avons dit, en faisant le vide, en pompant les vapeurs.

Par exemple, du gaz sulfureux liquéfié versé à l'air se vaporise en produisant un froid de — 10º; mais si dans un espace clos on fait le vide à sa surface, l'évaporation étant beaucoup plus énergique, la température s'abaisse à — 60º.

Les liquides employés dans les machines à compression sont : *le gaz carbonique* liquide (machines Hall et de Windhausend) ; *le chlorure de méthyle* (éther de l'alcool de bois, éther méthylchlorhydrique) (Douane, etc.) ; *le gaz ammoniac* liquide (Linde, Hignette, Lebrun, Quiri, Le Soufaché, etc.) ; *le gaz sulfureux liquide* (Pictet et Quiri) ; *le sulfure de carbone*, etc.

Voici quelques caractéristiques de ces liquides, au point de vue de la production du froid :

Gaz carbonique liquide : un kilogramme à 0º exige pour se vaporiser 88 calories ; sa neige produit un froid de — 50º, auquel on ne peut, par conséquent, atteindre ;

Chlorure de méthyle liquide : chaleur de vaporisation à 0º, 79 calories, bout à — 23º, produit, en se vaporisant sous la pression ordinaire, un froid de — 55º ;

Gaz ammoniac anhydre : bout à — 33º ; chaleur de vaporisation à 0º, 331 calories ;

Gaz sulfureux liquéfié : chaleur de vaporisation à 0º, 93 calorie ; bout à — 10º sous la pression atmosphérique.

Sulfure de carbone : en s'évaporant dans le vide peut produire une
température de — 60°.

Avec les gaz difficilement liquéfiables, on obtient de très basses

Fig. 56. — Machine à affinité (Hignette).

températures. Ainsi l'oxygène et l'azote (air liquide) peuvent donner
une température de — 192°.

Remarquons que l'eau est également employée dans certaines machines (Leblanc).

On l'additionne alors de sel pour empêcher sa solidification à 0°.

Nous avons dit que la chaleur de vaporisation de l'eau, à cette dernière température, est de 606 calories (1 kilogramme pour se transformer complètement en vapeur). Mais il faut ici produire un très grand vide correspondant à la tension de la vapeur aux basses températures désirées. Or, à —10° la tension maximum est de 2 millimètres seulement, ce qui complique beaucoup l'agencement des organes de la machine, un peu différente des autres types.

Comparaison entre les machines à absorption et les machines à compression. — Les machines à *absorption* sont beaucoup moins répandues que les machines à compression. Elles paraissent, cependant, jouir de plus de faveur en Amérique qu'en Europe.

Au premier abord, il semblerait qu'elles dussent être d'un emploi plus avantageux. Les machines du second groupe exigent, en effet, de puissantes pompes de compression, d'où dépense de force supplémentaire. Le moteur qui actionne ces pompes a aussi un coefficient de rendement. Si l'on multiplie entre eux les deux rendements, on voit que l'effet utile est diminué dans une certaine proportion.

Les machines à affinité ont été beaucoup améliorées. A certains types on a adjoint, par exemple, des organes supplémentaires. Citons le *rectificateur*, qui empêche la déperdition de vapeur d'eau, qui accompagne le gaz ammoniac, quand il se dégage de la solution aqueuse, ce qui exige une dépense supplémentaire de combustible. En outre, cette vapeur, en se condensant avec le gaz ammoniac, donne un produit liquéfié moins pur. La modification des anciens réfrigérants permet une dissolution plus facile et plus complète de l'ammoniac gazéifié qui, après détente, retourne à la chaudière.

Dans ces conditions, on prétend que le *rendement* des machines à condensation perfectionnées serait supérieur à celui des machines à compression.

Comparaison entre les liquides employés dans les machines à compression. — Les liquides adoptés pour les machines à compression se réduisent à trois ou quatre : le *gaz carbonique*, le *chlorure de méthyle*, l'*ammoniac anhydre* et le *gaz sulfureux*. Chacun d'eux a ses avantages et aussi, semble-t-il, ses inconvénients, suivant la destination des machines et les conditions de milieu où elles fonctionnent. Il faut considérer ici le prix, le rendement, la facilité de conduite, qui a son importance dans les exploitations agricoles, mais qu'il nous est difficile de bien apprécier.

On reproche à l'*ammoniac* son odeur, en cas de fuite, qui peut nuire aux personnes comme aux produits à conserver (lait, beurre, viande, etc.). Ce défaut, disent les uns, a son bon côté, car il permet de reconnaître la fuite. Mais, répond-on, d'autre part, une fuite de quelque importance est suffisamment révélée par la chute de pression au manomètre et par un relèvement de température.

On accuse encore l'ammoniac de saponifier les graisses lubréfiantes de la machine et d'attaquer leurs organes en cuivre.

Liquéfié, il bout à — 35°, il a une grande chaleur de vaporisation,

321 calories, et à cette température il refroidit rapidement et énergiquement. Mais comme la tension de ses vapeurs est assez élevée, il faut les comprimer assez fortement aussi pour les liquéfier. Ainsi, quand, à la compression, la température est de 27°, la tension du gaz est de 7 atmosphères; c'est aussi la pression que, théoriquement, doit exercer le compresseur.

L'*ammoniac* offre, par rapport à l'anhydride carbonique, l'avantage d'avoir une chaleur de vaporisation beaucoup plus élevée, à température égale et au-dessus de 0°, avec, en plus, des tensions de vapeur beaucoup plus faibles. Il nécessite, en somme, des pressions moindres que le gaz carbonique pour une température de liquéfaction donnée. Par contre, l'élévation des tensions maxima de ce dernier gaz peut compenser l'infériorité de sa chaleur de vaporisation, au point de vue de la production du froid, grâce à la possibilité de faire plus de détente.

En résumé, les avantages que nous venons de signaler font regarder, par certains, l'ammoniac liquide non seulement comme « le meilleur médium réfrigérant », mais encore comme « le plus facile à régler, et celui avec lequel on peut obtenir les meilleurs résultats ».

Le *gaz carbonique* est inerte, inodore; il bout à — 78°, mais comme il se solidifie en neige à — 50°, on ne peut arriver à ce degré de froid. La tension de ses vapeurs à + 30°, par exemple (point critique + 31°), est de 76 atmosphères, pression que doit, par conséquent, exercer, théoriquement, le compresseur, si cette température ne peut être abaissée au moment de la compression. Il convient moins pour les pays chauds, car sa chaleur de vaporisation diminue rapidement avec l'élévation de la température. Si l'on se base sur le fait que, pour produire un effet frigorifique déterminé, il faut un volume moindre de gaz que pour l'ammoniac et l'anhydride sulfureux, la machine exigerait des organes de dimensions plus réduites qu'avec l'ammo-

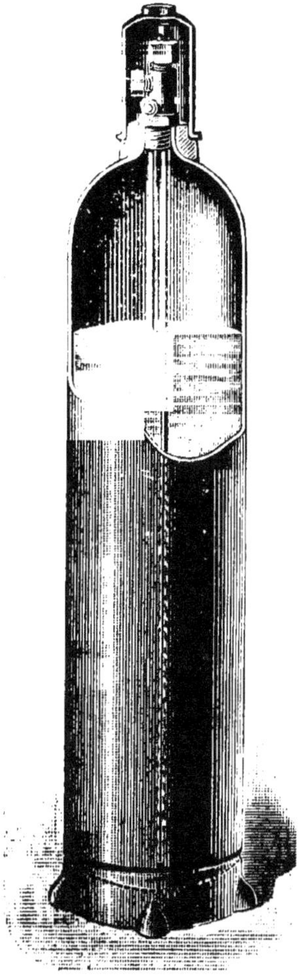

Fig. 57. — Type de cylindre à chlorure de méthyle.

niaque et, surtout, le gaz sulfureux. Il s'ensuivrait un plus faible espace d'encombrement et un meilleur rendement organique.

L'installation des machines à gaz carbonique ne nécessiterait pas l'enquête de *commodo et incommodo* qu'exigeraient celles à ammoniac et à anhydride sulfureux.

Il est plus facile, dit-on, de se procurer des bouteilles d'anhydride carbonique liquide (la bouteille en fer forgé d'une contenance de 8 kilogrammes représente 3.500 litres de gaz mesuré à la pression ordinaire), qui coûte environ 80 centimes le litre, que l'acide sulfureux, l'ammoniac et, surtout, le chlorure de méthyle.

L'*anhydride sulfureux* liquide a contre lui son odeur ; il n'est pas inflammable ; il n'attaque pas les métaux, il serait, même, lubréfiant, mais dans le cas d'entrée d'air humide dans les appareils, il donne de l'acide sulfurique. Il bout à — 10°, sous la pression atmosphérique et à — 25° sous la pression d'une demi-atmosphère ; il suffit donc de produire ce degré de vide dans la machine pour obtenir cette température, mais avec un vide plus complet encore, on peut atteindre — 68°. Les machines marchent à une basse pression. Ainsi, à + 25° la tension de ses vapeurs n'est que de 4 atmosphères, pression que devra exercer le compresseur si la liquéfaction se fait à + 25°.

On accuse le *chlorure de méthyle* d'être inflammable, mais peu en réalité, et il ne présente, pour ainsi dire, pas de danger. Il bout à 23° sous la pression atmosphérique. Il n'attaque pas les métaux et serait, même, lubréfiant ; sa chaleur de vaporisation est environ de 79 calories. A 30° la tension maximum de ses vapeurs est de 6 atmosphères, 5, pression que doit, théoriquement, exercer le compresseur pour le liquéfier à cette température.

En résumé, le chlorure de méthyle aurait, au point de vue où nous nous plaçons ici, des caractéristiques qui le classeraient entre l'ammoniac et le gaz sulfureux.

11

PRINCIPAUX ORGANES D'UNE MACHINE A FROID

En *principe*, une machine à froid se compose d'une *pompe aspirante* et *foulante* à simple ou double effet, le plus souvent verticale, pour tenir moins de place. Cette pompe aspire les vapeurs du liquide à vaporiser, puis les refoule pour les comprimer et les liquéfier à nouveau.

Le liquide qui se gazéifie sous l'influence du vide partiel produit par la pompe se trouve, alors, dans un *serpentin* ou un appareil analogue, c'est-à-dire présentant une grande surface, quelquefois à ailettes et en métal bon conducteur (sauf le cuivre pour l'ammoniaque). Le serpentin est noyé dans un liquide qui se refroidit sous l'influence de la *détente des gaz*. Cet ensemble constitue le *congélateur*, appelé encore *détenteur, évaporateur, frigorifère, réfrigérant*, etc.

Les vapeurs aspirées par la pompe de compression sont *refoulées,* au retour du piston, dans un deuxième serpentin où elles se compriment et se liquéfient sous l'influence de la pression. Les serpentins, ou les corps tubulaires, sont, en général, de forme circulaire, mais on peut avoir avantage à

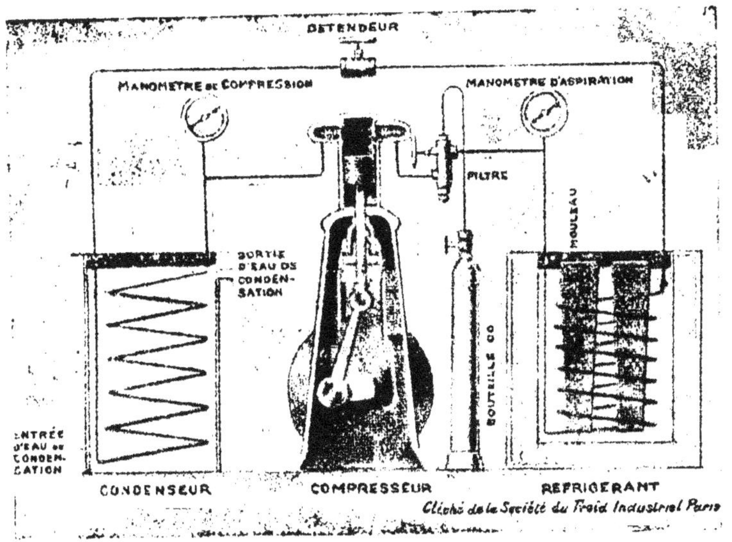

Fig. 58. — Schéma d'une machine frigorifique à compression.

leur donner la forme parallélipipédique, quand on veut loger plus commodément l'appareil contre un mur, par exemple.

Les gaz comprimés dégagent, comme l'on sait (pompe de bicyclette tenue dans la main) de la chaleur équivalant au travail produit par la compression. Or, ce calorique retarderait la liquéfaction du gaz, si l'on ne refroidissait le serpentin où se fait la condensation par un courant d'eau. Rarement le serpentin est laissé à demeure dans l'eau (condenseur submergé), on l'installe, le plus souvent, à l'air, sur un toit, ordinairement, et on laisse couler dessus une nappe d'eau (*condenseur atmosphérique ou à ruissellement*).

Ce troisième organe de la machine à froid est appelé *condenseur sous pression*, ou encore *liquéfacteur*.

Les trois organes *congélateur, pompe* et *condenseur* sont souvent groupés sur le même bâti.

Le *condenseur* communique avec le *congélateur* par un robinet qui laisse passer à volonté le gaz liquéfié dans le congélateur.

Comme il y a différence de température et, par suite, de

Fig. 59.—Vue schématique en coupe d'une machine frigorifique Pictet.

A, Pompe de compression ; B, piston compresseur ; C, tuyau d'aspiration de l'anhydride sulfureux ; D, tuyau de refoulement de l'anhydride sulfureux ; E, réfrigérant incongelable ; F, cuve de congélation ; G, hélice pour agiter le bain incongelable ; H, moules à glace ; I, condenseur vertical ; K, robinet de réglage ; L, robinet d'arrivée de l'eau de condensation ; M, sortie de l'eau de condensation ; P, tuyau de retour de l'anhydride liquide ; R, manomètre d'aspiration ; S, manomètre de compression.

pression dans les deux serpentins, le liquide se précipite vers le congélateur où les vapeurs aspirées se *détendent* à nouveau. On comprend qu'en réglant le débit du robinet de communication on puisse, du même coup, régler aussi la production du froid.

Le liquide parcourt donc un cycle fermé, sans subir d'autre perte que les fuites par les joints. Ces pertes sont plus ou moins sensibles, suivant les types de machine, et l'on n'a qu'à ajouter, de temps en temps, une certaine quantité d'agent actif dans l'appareil.

Comme organes accessoires, nous signalerons le presse-étoupe du compresseur, qui s'oppose à la sortie des vapeurs par la gaîne de la tige du piston. Un bourrage trop serré échauffe cette dernière et l'use rapidement, tout en absorbant inutilement une partie de la force motrice.

Les soupapes et robinets avec leurs joints, les segments du piston, et aussi les régulateurs, les séparateurs d'huile, tamis,

Fig. 60. — Condenseur à ruissellement Atlas.

filtres, etc., la facilité de conduite qui en dépend, sont à considérer quand on fait l'acquisition d'une machine de ce genre.

D'ailleurs, les constructeurs cherchent à perfectionner le plus possible leurs appareils pour améliorer les *rendements*, c'est-à-dire employer le moins de force, le moins de dépense en énergie pour produire un froid donné.

Nous ne dirons rien du *moteur* proprement dit qui actionne les pompes et autres organes ; il ne présente rien de particulier, qu'il soit à vapeur, à gaz d'éclairage, à gaz pauvre, à essence, ou que ce soit, encore, un moteur électrique ou hydrau-lique. Il est même de petites machines qui fonctionnent à bras.

Une force de 2 à 3 chevaux est plus que suffisante pour une machine qui produit 10 à 14 kilogrammes de glace, ou l'équi-valent en froid.

La machine *rotative à glace* le *frigorigène Audiffren* diffère, par l'agencement de ses organes, des autres types de machines à froid. Le tout forme un ensemble complètement clos. Par un dispositif original, dans les détails duquel nous ne pouvons entrer ici, le mécanisme compresseur fonctionne dans l'atmosphère même du gaz comprimé à l'intérieur d'une enceinte hermétiquement close, et le moteur imprime à tout l'ensemble un mouvement de rotation.

Ce dispositif ne comporte ni bielle, ni clapet d'aspiration, ni tiroirs, ni segments, ni presse-étoupe, organes qui, on le sait, sont la cause principale des arrêts et des accidents.

Quant au fonctionnement, il est en tous points conforme à celui des machines à cycle fermé. Tous les principaux gaz liquéfiables, anhydride sulfureux, chlorure de méthyle, ammoniac, anhydride carbonique, peuvent être utilisés, mais plus particulièrement l'anhydride sulfureux. Suivant les numéros, la machine peut préparer de 2 à 50 kilogrammes de glace à l'heure, avec une puissance nécessaire de 1/4 à 2 chevaux.

Puissance d'une machine à froid. — La *puissance* d'une machine à froid s'exprime par la quantité de *frigories* qu'elle peut produire dans une heure. Nous avons dit qu'une *frigorie* correspond à une *calorie*, en rappelant aussi ce qu'est cette unité de chaleur.

Pour faire passer, par exemple, 10 litres ou 10 kilos d'eau de 12° à 20°, il faut lui fournir

$$10 \times (20 - 12) = 80 \text{ calories.}$$

Quand cette eau à 20° reprend, en se refroidissant, la température de 12°, elle abandonne les 80 calories. Si c'est une machine à froid qui amène cet abaissement de température, on dit qu'elle a produit 80 *frigories*.

Remarquons qu'un kilo de glace qui fond à 0° réclame 79°,5 (chaleur de fusion). Ce poids de glace est donc capable de produire 80 *frigories* environ.

Il est des *machines à froid* d'une puissance frigorifique qui atteint jusqu'à 300.000 frigories à l'heure. On cite même un compresseur double qui peut donner 1.300.000 frigories.

Voici un exemple qui se rapporte à une brasserie.

La machine à glace fournit 1.300.000 frigories par heure. Elle est actionnée par 4 machines à vapeur de 750 chevaux. Elle comprend

7 compresseurs et condenseurs qui, à eux seuls, représentent 6.000 mètres de tubes. Le système de répartition du froid consiste en 18 kilomètres de tubes réfrigérants.

III

COMMENT ON UTILISE LE FROID PRODUIT
PAR LA MACHINE

L'eau qui entoure le serpentin du congélateur peut être amenée à la température que l'on veut et ainsi utilisée encore à l'état liquide dans certaines industries, la laiterie, par exemple, pour garnir les réfrigérants, etc. Dans ce cas, on

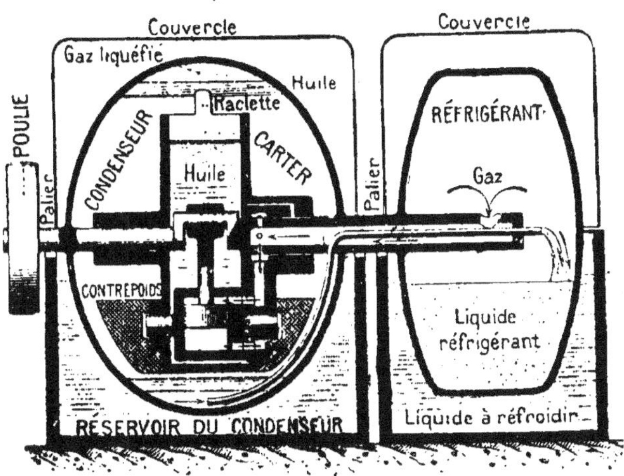

Fig. 61. — Coupe schématique du frigorigène A. S.

construit, en général, le *congélateur* avec réservoirs spéciaux (type Atlas, par exemple).

La présence seule de ce bac à eau froide dans une pièce ordinaire peut abaisser suffisamment la température de l'air. La paroi du bac n'est pas alors isolante.

Saumure ou liquide incongelable. — Mais si l'on veut disposer d'une température inférieure à 0°, on comprend que la chose soit ici malaisée, car dans le bac du congélateur l'eau se solidifierait.

On ajoute alors à cette eau du *sel marin*, du *chlorure de calcium*, ou du *chlorure de magnésium*, qui, en proportion suffisante, s'opposent à la solidification du liquide. On accuse le chlorure de sodium d'attaquer les métaux.

Avec 33 parties de *chlorure de calcium* dans 100 parties d'eau (35° au pèse-sel Baumé), le point de congélation est abaissé à — 31°8 ; avec la proportion de 18 p. 100 (20° Baumé), à — 15°,2 ; avec 9 p. 100 (10° Baumé), à — 5°,1.

Cette *solution*, qui porte le nom de *saumure incongelable*, ou simplement saumure, emmagasine donc, pour ainsi dire, les *frigories* produites par la machine ; elle constitue un *volant de froid* plus facile à utiliser, que l'on peut transporter même par circulation du liquide. Remarquons qu'un agitateur brasse la masse et qu'une enveloppe isolante, qui entoure le bac, s'oppose à la pénétration du calorique extérieur.

Cet ensemble constitue un *congélateur à saumure*.

Fabrication de la glace. — Si l'on fait baigner dans la saumure des récipients étroits, cylindriques (*mouleaux*) ou autres, pleins d'eau, il est certain que l'on obtiendra ainsi des blocs de glace. C'est le mode de fabrication ordinaire de la glace artificielle, dont le prix de revient est de 6 à 10 francs la tonne, alors que la glace naturelle qui nous vient de Norvège se vend 16 à 20 francs.

Le prix de vente de la glace artificielle est relativement élevé (15 à 45 francs la tonne), car nous avons en France peu de machines à glace. Nous sommes, à ce point de vue, bien inférieurs aux États-Unis par exemple (les 1.320 fabriques de glace de ce pays, ayant coûté à établir 332.500.000 francs, ont vendu en 1905, 11 millions de tonnes pour 175 millions de francs, soit à 15 fr. 90 la tonne ; en 1906, il s'est vendu pour plus de 200 millions de francs de glace mécanique).

Glace pure. — On emploie l'eau de condensation des machines à vapeur quand on veut de la *glace pure*. Mais M. Bordas a fait remarquer que l'on pourrait obtenir de la glace pure, même avec de l'eau peuplée de germes microbiens. On constate que, dans les *mouleaux*, le liquide commence à se solidifier d'abord sur les parois, puis la congélation gagne peu à peu le centre. Durant la production de ce phénomène, toutes les impuretés dissoutes ou en suspension sont chassées vers le centre avec la partie liquide. Il suffit donc de ne pas attendre la congélation complète et de rejeter l'eau du noyau central non encore solidifiée.

Le deuxième *Congrès de l'Aliment pur*, tenu à Genève en octobre 1909, a adopté le texte suivant :

« La glace destinée aux usages alimentaires, ou devant être eu contact immédiat avec les substances alimentaires, doit être pure. Il y a deux sortes de glace pure : 1° La glace fabriquée ou artificielle ; les fabricants sont tenus d'employer, pour cette fabrication, soit de l'eau stérilisée, soit de l'eau de distribution publique ; 2° la glace naturelle,

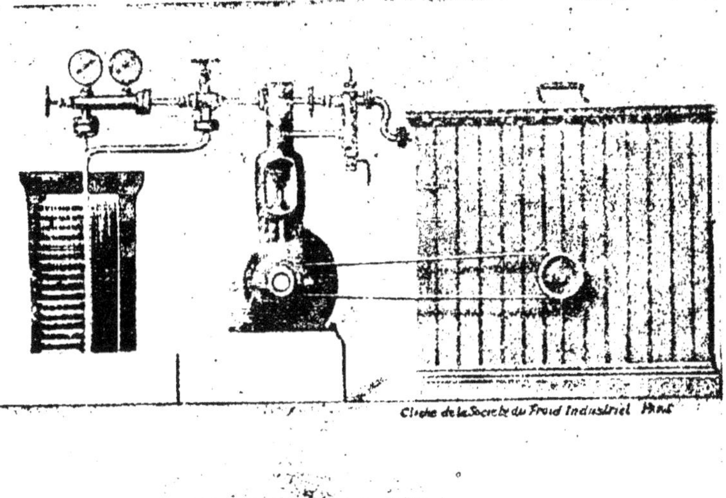

Fig. 62. — Machine frigorifique Lilliput (Société du froid industriel). A gauche, le condenseur à ruissellement ; au milieu, le compresseur ; à droite, le congélateur dans un bac isolant plein de saumure incongelable, où baignent les mouleaux à glace.

obtenue pure sur les rivières, pièces d'eau, canaux, lacs, etc., recueillie, transportée et conservée dans les conditions empêchant les contaminations extérieures et soumises au contrôle permanent et efficace des services sanitaires, soit sur les lieux de production, soit à l'entrée dans les pays d'importation. »

Réfrigération par circulation de saumure. — Nous avons parlé des *inconvénients* de l'emploi direct de la glace pour la conservation des matières alimentaires.

L'inconvénient est moindre si l'on *transporte* le froid, par

ROLET. — Conserves de Fruits et de Légumes.   7

l'intermédiaire de la *saumure* elle-même, dans des tuyaux, jusqu'aux *faisceaux frigorifiques* installés sur les parois de la chambre à refroidir. La canalisation jusqu'à l'arrivée dans cette dernière doit être revêtue d'une matière *isolante*.

Au contact des parois des faisceaux frigorifiques, placés, de préférence, au plafond, l'air de la chambre se refroidit, devient plus lourd, descend, tandis que l'air chaud va se refroidir à son tour, en cédant ses calories à la saumure. Celle-ci, sous l'impulsion des pompes, retourne au *congélateur* où elle cède à son tour ses calories pour retourner encore à la chambre froide.

Ce procédé, comparé au mode de refroidissement par détente directe, que nous allons examiner, a l'avantage d'éviter les fuites possibles de gaz mal odorants dans la salle où sont entreposés les produits. En outre, la masse de la saumure constitue un *volant de froid* plus puissant que celui que donnent les gaz.

Mais, entre autres reproches, on lui adresse ceux-ci. Quand la machine génératrice de froid s'arrête, il faut ensuite un certain temps avant de refroidir la saumure, et la constance de la température dans la chambre à réfrigérer en souffre.

En outre, il faut un bac pour la saumure au congélateur et aussi des pompes.

Malgré tout, ce procédé est préférable quand on a besoin de glace.

Réfrigération par détente directe. — Ici le serpentin congélateur, ou le dispositif qui en tient lieu, est installé dans la chambre même, et la détente des gaz aspirés qui s'y produit, refroidit directement l'air. On économise donc, dans ce cas, la saumure, le bac, les pompes pour la circulation du liquide, et supprime du coup, aussi, les inconvénients que peut entraîner le fonctionnement de ces appareils. De plus, à la mise en marche de la machine, la température désirée est plus rapidement obtenue. Par contre, le volant de froid est moins puissant, et l'on peut craindre les fuites de gaz mal odorants.

Dans les installations où les quantités de froid et de glace nécessaires sont réglées à l'avance, il semble préférable d'adopter la détente directe et d'avoir un congélateur à glace répondant aux besoins.

Frigorifère radiateur. — Les tuyaux froids, au lieu d'être directement fixés au plafond ou sur les parois verticales de la salle, peuvent être logés dans une petite chambre spéciale ménagée au-dessus du plafond, et qui communique avec la salle inférieure à réfrigérer par des ouvertures de pénétration de l'air chaud, qui va se refroidir, et de l'air froid, plus lourd, qui descend.

Avec ce dispositif, on emploie surtout les machines à ammoniac.

Inconvénients des tuyaux froids. — Nous avons déjà dit (p. 86) que l'air, au contact d'une paroi froide, laisse déposer une partie de son humidité (pour la température de la paroi, la tension maximum de la vapeur est telle qu'elle correspond à une quantité plus faible

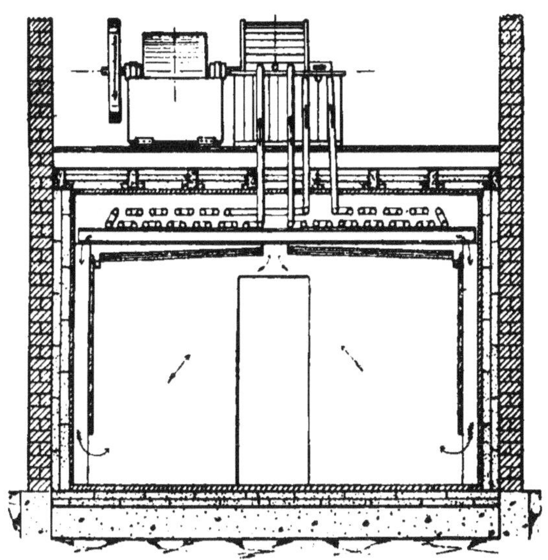

Fig. 63. — Chambre frigorifique avec tuyaux à saumure et double circulation d'air. (Société d'application frigorifique.

dans un même volume d'air, comparativement à la température du milieu; nous avons donné à ce sujet un exemple de calcul (p. 86).

L'humidité, ainsi déposée sur les parois extérieures des tuyaux froids, s'y congèle sous forme de givre, constituant, pour ainsi dire, un revêtement isolant, qui diminue le rendement de la machine. On peut, il est vrai, arrêter durant quelque temps celle-ci pour laisser fondre l'enveloppe glacée, mais l'eau qui en résulte, bien qu'entraînée au dehors par des gouttières placées *ad hoc*, n'entretient pas moins une humidité nuisible à la bonne conservation des produits, humidité qu'il serait possible d'atténuer, dans certains cas, avec du chlorure de calcum.

En outre, bien que l'air froid, plus lourd, tombe, sa circulation dans la salle peut être défectueuse et l'uniformité de la température en souffrir, à moins d'installer un ventilateur énergique.

Réfrigérant d'air. — L'introduction et la circulation *d'air sec et froid* dans la chambre à réfrigérer donne de meilleurs résultats que le transport du froid, dans cette même chambre, par des tuyaux à saumure ou à détente directe. C'est le procédé qui tend à se généraliser.

On a donc été amené à faire passer l'air qui doit se rendre dans la salle, ou qui en revient après avoir absorbé les calories des produits à conserver, dans un dispositif spécial, où il se *refroidit*, se *dessèche* en partie, et même se *purifie*.

Dans cet appareil, appelé *frigorifère, avant-frigorifique* ou *réfrigérant d'air*, la saumure venant du congélateur, froide, par conséquent, tombe en pluie, ou coule sur des plaques en tôle perforée, ou autre agencement (frigorifère à ruissellement). Ou bien, la saumure non refroidie tombe sur le serpentin même du *congélateur* dans lequel se détendent les gaz. Dans certains types encore, on ne fait pas intervenir la saumure, et l'air se trouve en contact direct avec les tuyaux froids.

Quoi qu'il en soit, l'air entraîné par un ventilateur se refroidit, en cédant, comme nous l'avons dit, une partie de son humidité qui entraîne, du même coup, une certaine quantité de germes et de gaz condensables mal odorants.

En sortant du frigorifère, l'air se trouve à un état hygrométrique tel qu'il peut mieux assurer ainsi la conservation des produits.

Prenons un exemple. Supposons que la saumure, à la température de — 12 à 15° — ramène l'air à — 1°. Celui-ci ne peut plus alors contenir que 4^{gr},4 d'eau par mètre cube; l'excès se condense. Mais dans la canalisation qui le conduit dans la chambre froide, il absorbe une certaine quantité de calorique, et se trouve ramené, en arrivant dans celle-ci, à + 3°. Or, à cette température il lui faut 5^{gr},68 d'humidité pour être saturé. Par conséquent, à mesure que sa température augmentera au contact des denrées à conserver, il prendra plutôt de l'humidité à ces dernières qu'il ne leur en enlèvera.

Au sortir du frigorifère, l'air remplit donc toutes les conditions recherchées.

Ozonateur. — Certaines installations font encore intervenir l'électricité pour compléter l'œuvre d'épuration de l'air. Dans l'*ozonateur*, des décharges électriques condensent l'oxygène de l'air et donnent l'ozone qui est un microbicide puissant.

L'air est puisé dans les chambres par des dispositifs variés : bouches s'ouvrant dans le plancher, dans les parties inférieures des parois, dans

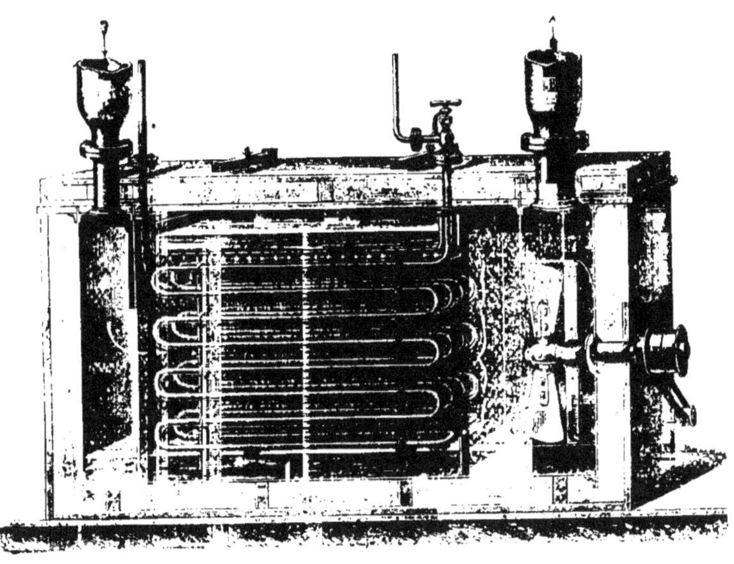

Fig. 64. — Frigorifère à ruissellement et à détente directe.

des gaines latérales ou au plafond. Il est aspiré par des ventilateurs à hélice, refoulé dans la saumure, et renvoyé de nouveau dans les chambres où il est distribué par des gaines horizontales percées d'ouvertures et accrochées au plafond.

L'emploi de l'*ozone* pour la purification de l'air des salles de conservation des matières alimentaires attire d'ailleurs de plus en plus l'attention des spécialistes.

M. Hermelin (de Mulhouse) nous communique, à ce sujet, une note de M. Lodewig, architecte de la maison Christen, de Bâle, dont nous extrayons quelques passages.

« L'installation de ventilation à l'ozone dans les frigorifiques, caves, bureaux, etc., se compose des organes suivants : le filtre d'air servant à nettoyer l'air des impuretés qu'il charrie ; le ventilateur centrifuge avec son moteur à courant triphasé de 1/2 cheval; trois générateurs d'ozone munis chacun de son transformateur à haute tension ; les conduites en tôle galvanisée de 100 à 500 millimètres de diamètre. On a adopté la disposition dans la tuyauterie de façon à pouvoir ozoniser séparément, grâce à des clapets posés dans les conduites, les frigorifiques, les vestibules des caves, ainsi que les bureaux et le magasin de vente.

« La consommation d'énergie électrique s'élève, lorsque toute l'installation est en marche, à 950 watts horaires, dont 350 sont employés pour l'ozonisation de l'air.

« Les recherches faites avec du papier réactif dans les cellules froides ont démontré que l'air ozoné pénétrait jusque dans les coins les plus éloignés à travers la marchandise emmagasinée d'une façon absolument égale.

« L'air se trouve être, dans les chambres frigorifiques, les caves et bureaux, ainsi que dans le magasin de vente, pur et frais.

« Les caves les plus profondes, ventilées à l'ozone, se trouvent à environ 18 mètres au-dessous du sol ; une citerne, d'une profondeur de 8 mètres, est installée à l'endroit le plus bas des caves, et sert à recevoir les eaux de celles-ci. Cette eau renferme tous les détritus possibles : du sang, des poils, des écailles de poisson, des débris de viande, qui proviennent du local servant au dépeçage de la marchandise, etc. De temps en temps, il est nécessaire de vider cette citerne, et le contenu est sorti dans des récipients par l'ascenseur. Ces vidanges provoquaient, naturellement, des odeurs insupportables très intenses. Lors de la dernière vidange, au mois de mars, les appareils à ozone ont été mis en marche pendant l'opération, et nous avons fait la constatation qu'aucune odeur de putréfaction ne pouvait être remarquée, même *au-dessus de la citerne*, la désodorisation de l'air était parfaite.

« Les conditions du cahier de charges sont remplies de la façon suivante :

« 1° Les marchandises ne prennent pas le goût de l'ozone ;

« 2° Grâce au réglage uniforme des appareils, aucune action nuisible de l'ozone n'a pu être constatée sur les organes de la respiration ;

« 3° L'ozone se répartit d'une façon très égale dans tous les locaux ;

« 4° Le changement prévu de l'air est constaté ;

« 5° Depuis le montage de l'appareil réfrigérant dans le conduit d'air, aucune perte de froid n'a pu être constatée dans les chambres frigorifiques. »

Concentration de la saumure. — La saumure, qui dans le frigorifère à air se charge d'humidité, se dilue de plus en plus. On peut déverser au ruisseau le trop-plein et ajouter du sel au reste, ou bien concentrer cette saumure, en l'exposant à l'air par exemple, ou se servir d'appareils spéciaux.

ACCUMULATEUR FRIGORIFIQUE. — La variation de température dans la chambre froide entraînait un dépôt d'humidité nuisible à la bonne conservation des denrées. La constance de la température est, avons-nous dit, plus facile à obtenir avec le refroidissement par tuyaux à saumure que par détente directe du gaz. Malgré tout, la machine peut s'arrêter de fonctionner pour une raison ou pour une autre, et si, par exemple, le liquide incongelable était, à ce moment-là, à — 10° et qu'il remonte à 0°, il ne produirait plus que 7 à 8 frigories par kilo.

Dans cette prévision, on installe une deuxième machine à froid. Ou bien encore, on place dans la chambre froide de grands réservoirs à saumure pour accumuler du froid, former une masse plus puissante que le volume, relativement faible, du liquide qui circule dans la tuyauterie.

Les constructeurs ont également imaginé d'autres combinaisons.

Fig. 65. — Ozonateur.

Ainsi, M. Douane utilise deux liquides dans son accumulateur frigorifique : de la saumure incongelable et une autre solution congelable à 5 ou 6° au-dessous de 0. L'appareil est calculé de façon à produire, pendant la durée de son fonctionnement, le froid nécessaire en vingt-quatre heures, et l'on refroidit en même temps les deux saumures. A l'arrêt, la partie congelée maintient l'autre saumure à basse température.

Avec ces procédés de refroidissement, complétés par une installation rationnelle de la chambre à conservation (voir p. 116), cette dernière ne présente plus cet aspect de cave humide, sombre, à plafond trop élevé, à température peu constante, que l'on connaissait aux anciennes installations, d'où se dégageait une odeur fadasse de décomposition. Les *frigorifiques* actuels sont autrement perfectionnés.

Voici quelques adresses de constructeurs de machines à froid ;

Société Dyle et Bacalan, système E. Hall à gaz carbonique, 15 avenue Matignon, Paris ;

Machines Fixary (ammoniac, gaz carbonique), 135, rue de la Convention, Paris ;

Grimaud, Le Soufaché et Félix (ammoniac), 66, quai Jemmapes, Paris ;

Raoul Pictet (gaz sulfureux), 28, rue de Grammont, Paris ;

Delion et Lepeu (gaz sulfureux), Prés-Saint-Gervais, près Paris ;

B. Lebrun (ammoniac), 44, rue Lafayette, Paris ;

Société du froid industriel (gaz carbonique), 29, rue de la Chaussée-d'Antin, Paris ;

Hignette (ammoniac), 162, boulevard Voltaire, Paris ;

Douane (chlorure de méthyle), 23, avenue Parmentier, Paris ;

Machines Atlas (ammoniac et gaz carbonique), 10, rue de Laborde, Paris ;

Cie de constructions mécaniques, 155, rue de la Croix-Nivert, Paris ;

Escher Wyss et Cie (gaz carbonique), Zurich (Suisse).

Société d'applications frigorifiques (établissements Singrün), 24, rue d'Aumale, à Paris, et à Épinal.

LE FRIGORIFIQUE

La chambre froide de conservation doit être établie dans certaines conditions pour utiliser le mieux possible les *frigories* produites par la machine à froid. Il faut pouvoir y assurer la température constante recherchée, en dehors d'une ventilation suffisante.

Avant tout, la salle doit être bien *isolée*, c'est-à-dire construite avec des matériaux qui ne laisseront pénétrer que difficilement le calorique extérieur ; qui ne se lézarderont pas ; qui ne courront pas le risque de se laisser imprégner par l'humidité ascendante du sol, car alors ils seraient meilleurs conducteurs de la chaleur.

Tout ce que nous avons dit sur ce sujet à propos de l'installation d'une glacière (p. 90) pourrait être réédité ici. On s'inspirera de tout cela quand, à la ferme, on voudra installer une chambre froide.

Nous avons fait remarquer qu'aujourd'hui on n'enterre plus ces sortes de constructions dans le sol, la terre, surtout humide, absorbant une certaine quantité de froid aux parois.

Avec les moyens d'*isolation* dont on dispose, il est plus rationnel de les établir à la surface du sol, et, si l'on peut, sur une cave.

Les figures ci-jointes montrent suffisamment comment les parois sont agencées.

Ailleurs (p. 91) nous avons cité quelques *matières isolantes* d'un emploi économique.

Nous ajouterons que l'air est encore le meilleur isolant,

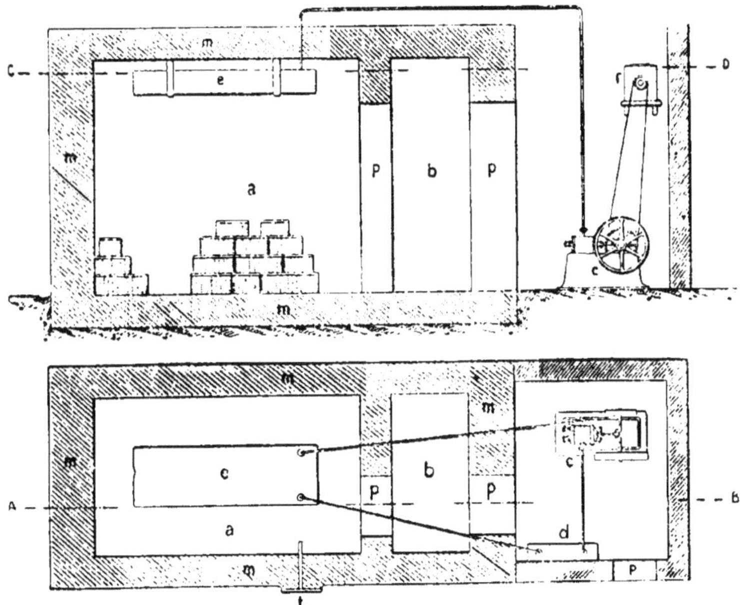

Fig. 66. — Chambre froide.
Coupe verticale suivant AB. Coupe horizontale suivant CD.

a, Chambre de conservation ; *b*, Sas d'air pour entrée et sortie ; *c*, Compresseur de la machine frigorifique ; *d*, Condenseur ; *e*, Réfrigérant détenteur breveté, accumulateur de froid et absorbeur d'humidité ; *f*, Moteur ; *m*, Parois isolées ; *p*, Portes ; *t*, Thermomètre à lecture extérieure et à sonnerie d'avertissement.

quand il est immobilisé; c'est à lui que doivent leur propriété calorifuge les matières pulvérulentes ou analogues. On emploie surtout aujourd'hui le *liège*, soit à l'état de briques ou agglomérés, soit à l'état de poudre granulée. Mais ces matières perdent beaucoup de leur pouvoir isolant quand elles sont imprégnées d'humidité. A ce point de vue, l'établissement du plancher de la chambre doit retenir particulièrement l'attention.

Les *fenêtres* établies au nord et à l'est seront doubles, avec deux rangées de verres. On sait que la lumière solaire jouit d'un certain pouvoir microbicide. Les verres spéciaux employés

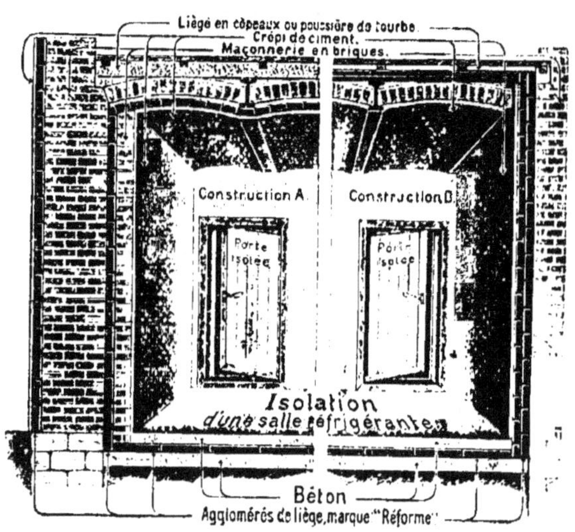

Fig. 67. — Modèle d'isolation pour chambre frigorifique.

sont des verres creux soufflés, qui laissent surtout passer les rayons lumineux et arrêtent la majeure partie des rayons calorifiques. Malgré tout, il se perd encore un peu de froid avec ce dispositif. On emploie aussi la lumière électrique.

Les portes seront doubles également. Elles donneront sur un couloir, un sas ou *chambre* de transition, où on laisse quelque temps les produits à leur entrée ou à leur sortie. On sait, en effet, que les brusques variations de température entraînent la condensation de la vapeur d'eau (dépôt de rosée) sur les denrées.

Il est utile d'installer un *ventilateur mécanique* dans le frigorifique, quand le refroidissement est produit par des tuyaux (p. 109).

Avec la réfrigération par *détente directe*, on doit, autant que possible, éviter les joints sur la canalisation dans la chambre ; placer les brides de raccordement des serpentins aux tuyaux d'entrée et de sortie des gaz à l'extérieur de la salle (fuite de gaz). Mettre le robinet de détente ou de circulation de la saumure à l'entrée de celle-ci. On est ainsi mieux maître du froid, et l'on évite les déperditions par les parois, déperditions souvent importantes, surtout quand on emploie la saumure.

Fig. 68. — Ventilateur à hélice.

Des *thermomètres* installés en divers points de la pièce faciliteront le contrôle de la température (thermomètre avertisseur, thermomètre enregistreur, thermomètre à maxima, thermomètre à minima). Un hygromètre permettra de vérifier le degré d'humidité de l'air.

Sauf quelques cas particuliers, dont nous avons parlé (p. 107), la *machine à froid* est installée dans un local spécial, ainsi que le moteur. Quand il n'est pas possible de réunir ces deux appareils, que l'on n'a à sa disposition que de petites salles, la machine à froid peut être en plusieurs pièces, que l'on installe, alors, séparément et plus facilement.

La distribution du froid à domicile.

L'achat, l'installation et le fonctionnement d'une machine à froid ne sont pas sans présenter, à la ferme, des difficultés d'ordre pécuniaire ou matériel.

En particulier, il n'est pas toujours commode d'assurer le fonctionnement des appareils pendant la nuit.

Mais l'aménagement, l'isolation d'une chambre quelconque sont, en somme, faciles à réaliser, et une fois pour toutes, pour y conserver lait, beurre, fromage, œufs, volailles, fruits, légumes.

Autrement dit, si l'on estime qu'il serait très utile, en maintes circonstances, de pouvoir disposer d'une *source continue* de froid, on n'est pas toujours disposé à la produire soi-même.

La *distribution du froid à domicile* rendrait, sinon autant de services que la distribution de l'électricité, du gaz d'éclairage, mais mettrait

Fig. 69. — Thermomètre métallique avertisseur électrique.

certainement à la portée des petits producteurs un facteur économique de premier ordre.

Si la réalisation de ce desideratum se heurte à des difficultés dans les fermes éloignées des grands centres, il n'en est pas de même dans les villes. L'exemple nous est donné, d'ailleurs, par l'Amérique. Les villes de Boston, New-York, Philadelphie, Baltimore, Los Angeles, Kansas-City, Santa-Barbara, Atlantic-City, Norfolk, etc., posséderaient des *Stations centrales frigorifiques*, qui envoient des *courants de froid* à domicile, dans des canalisations souterraines. L'abonné n'a qu'à ouvrir un robinet pour rendre disponibles les frigories.

Des deux méthodes de distribution, celle par circulation de saumure, et celle à détente directe de l'ammoniac, c'est cette dernière qui serait préférée.

Un exemple de frigorifique. Le Frigorifique de Châteaurenard.

L'installation d'une *station expérimentale du froid*, comme celle de Châteaurenard, avait été réclamée au *Congrès international de Berne* pour les chemins de fer et au *Congrès national* de Lyon pour l'*Association française du froid*. Celle-ci en décida la création devant les résultats obtenus au frigorifique coopératif de Condrieu (Rhône).

En nous servant des renseignements et des documents qu'a bien voulu nous donner, fort aimablement, M. Saint-Père, directeur, nous allons décrire sommairement ce frigorifique, établi avec tous les perfectionnements modernes.

Châteaurenard est au centre d'une région de production intensive de primeurs, fruits et légumes.

On ne pouvait mieux choisir pour étudier et répandre les moyens de conservation et de transport des produits de la basse Durance. Cette ville est un grand marché, qui centralise toutes les primeurs du Combat Venaissin et de la région provençale qu'irriguent le cours inférieur de la Durance ou ses canaux. Elle expédie, pendant la saison, près de 400.000 colis en France, Angleterre, Suisse, Belgique, Allemagne, Danemark, Autriche-Hongrie. Pendant une certaine période de l'année 1909, 140 wagons de primeurs quittaient tous les jours cette gare. Celle-ci se classe, ainsi, immédiatement après Paris-Bercy par son tonnage en grande vitesse.

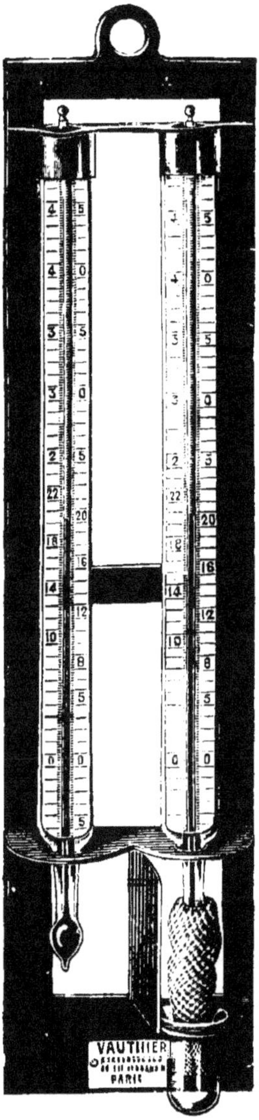

Située à une très petite distance d'Avignon, à 9 kilomètres de la grande ligne P.-L.-M., avec laquelle elle est raccordée à Barbentane, Châteaurenard est desservie par la ligne secondaire appartenant à la Compagnie des chemins

Fig. 70. — Psychromètre pour vérifier le degré d'humidité

de fer départementaux. Grâce à des subventions et à des prêts divers, d'industriels, sociétés de chemins de fer et de navigation, sociétés d'agriculture, etc., etc., la station, qui représente une valeur de plus de 75.000 francs, n'a rien coûté à édifier (constructions diverses 15.000 francs ; isolation 1.000 francs ; machines à froid 22.000 francs ; moteurs et accessoires 15.000 francs ; embranchement de la voie 7.500 francs; divers 6.000 francs). On peut voir, sur le plan d'ensemble, la disposition des locaux.

Nous signalerons, comme caractérisant spécialement ce frigo, une

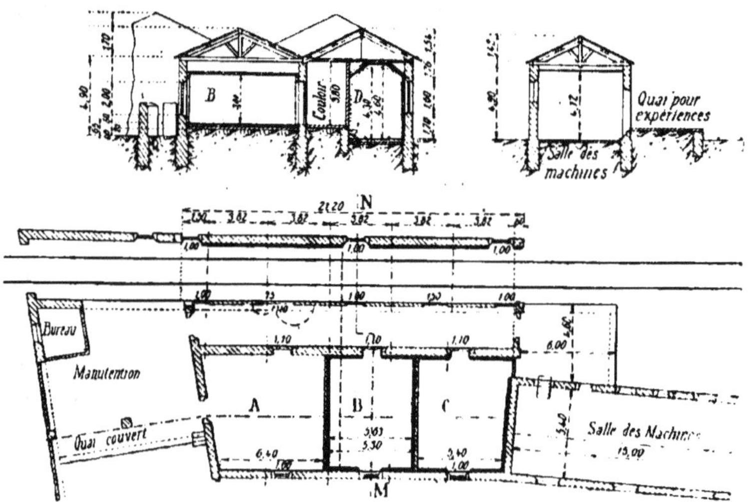

Fig. 71. — Plan et coupe en travers du frigorifique de Châteaurenard.

remise (p. 143) artificiellement refroidie, précédée d'une antichambre non refroidie. Ce dispositif est unique en Europe. Les parois de cette remise, qui peut refroidir deux wagons à la fois, ont été isolées à l'aide d'une couche de *charcoal* (1) de 20 centimètres, placée entre deux parois de briques, dont la face intérieure a été enduite de *brai* inodore. Sur le sol, entre les madriers supportant les rails, on a établi une couche de panneaux en liège de 14 centimètres, recouverts par 3 centimètres de ciment. La porte du nord, qui reçoit le violent mistral, est constituée par un rideau en feutre, se levant à la façon des rideaux en fer des devantures des magasins, et maintenu par des barres métalliques. Une couche de bois imbriqué recouvre les deux faces. Un pinçage de feutre entre deux volets assure l'étanchéité. Au midi, il y a une porte

(1) Le charcoal, ou charbon de bois en paillettes, est le produit de la combustion lente en vase clos de déchets de bois tendre. C'est un excellent isolant.

isolante ordinaire, munie de galets à chemins de roulement. M. Saint-Père a ajouté un trappillon qui, une fois la porte fermée, vient faire joint étanche sur la coupure du battement de porte occasionné par les rails.

Les *chambres froides* (A, B, C) s'ouvrent sur un corridor qui longe la remise. Le sol de ces chambres froides et du couloir, qui est à la hauteur du plancher des wagons, est constitué par 10 centimètres de pierres cassées ; 20 centimètres béton ; une couche de carton bitumé hydrofuge ; 15 centimètres d'isolant en liège ; 20 centimètres de béton de mâchefer ; 25 centimètres de chape cimentée. Au milieu de chaque chambre est une bouche d'égout siphoïde (huile minérale imputrescible, inodore, incongelable). Les murs en maçonnerie ont 44 centimètres d'épaisseur. La toiture est faite d'un coffrage perdu en briques creuses très minces (système Poyet), montées avec fils de fer et ciment. Le tout est lié intimement au ciment armé par les queues d'aronde

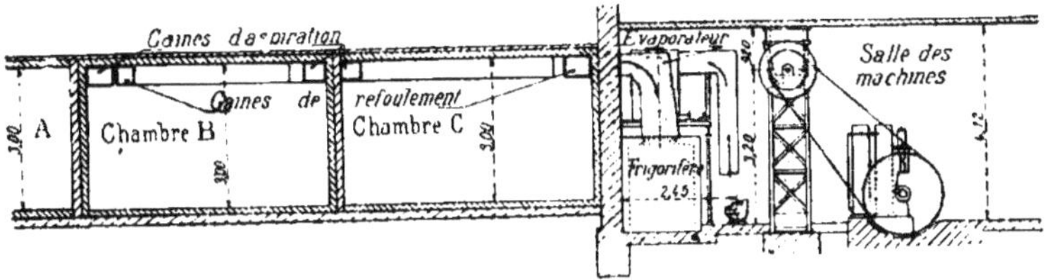

Fig. 72. — Coupe de la salle des machines et des chambres du frigorifique de Châteaurenard.

des briques. Ces dernières sont moins bonnes conductrices de la chaleur que le ciment armé.

Le sol de la station est isolé par une couche de 15 centimètres de panneaux en liège, surmontés de 20 centimètres de béton. Sur les briques des murs on a placé des panneaux en liège de 15 centimètres, et sur ce liège un enduit en ciment. Les soubassements des murs sont garnis, à l'intérieur, de carreaux de Saint-Gobain.

L'*air froid* est amené par des conduites, ou gaines, fixées au plafond. Arrivé sur le sol, il reprend de nouveau le chemin du frigorifère, comme on le verra plus loin. Une partie des gaines est en fibro-ciment, matière n'absorbant ni l'humidité ni les odeurs. Toutes sont enduites de paraffine, peu favorable au développement des moisissures.

L'*éclairage* est assuré par des baies garnies de briques en verre Falconnier ; il est donné, la nuit, par l'électricité.

Des étagères mobiles sont installées dans les chambres froides. Au moment de notre visite les fruits et primeurs dont elles étaient garnies étaient soumis, pendant six à sept heures, à une température de + 2°, dans un air à 80 p. 100 d'humidité.

La *salle de manutention* est destinée au déchargement et au triage. Elle contient le bureau, placé de façon à pouvoir surveiller toutes les opérations de l'établissement. Plus tard, la station sera à même de mettre à la disposition des expéditeurs des pièces artificiellement rafraîchies, comme celles qui, à San-Remo, ont donné de bons résultats en horticulture pour le triage des fleurs.

La salle des machines abrite un *moteur à gaz pauvre* de 32/35 chevaux-vapeur. Il a été prévu l'adjonction d'un second groupe frigorigène. La *machine à froid* est à acide carbonique de la société Dyle et Bacalan. *La dynamo*, à courant continu de 110 volts, est actionnée par un *moteur à pétrole* lampant de 2 chevaux.

Une importante innovation de l'installation consiste dans l'*ozonisation de l'air* qui purifie celui des chambres froides et dispense de le renouveler trop fréquemment (l'air ozonisé étant stérilisé, la conservation des denrées est d'autant facilitée). L'*ozonateur* Simonet se compose, en principe, des organes suivants : caisse en bois de teck, avec, à la partie inférieure, un filtre en ouate ; ventilateur intérieur aspirant l'air extérieur à travers le filtre et le refoulant à travers une batterie d'électrodes ; transformateur à haute tension dans la caisse. La dépense d'énergie n'est que de 200 watts à l'heure.

Le *réfrigérant* à serpentins de la machine à froid est à la partie supérieure du frigorifère, et la saumure descend par gravité dans le *frigorifère*, système Dyle et Bacalan. Là, l'air refoulé à refroidir circule entre des séries de tôles verticales sur lesquelles ruisselle la saumure au chlorure de calcium, en couche très mince, qui ne cède aucune gouttelette. L'air froid est alors chassé dans les chambres. Quand il a produit son effet utile, il revient au frigorifère pour recommencer son circuit. Une pompe centrifuge reprend la saumure à la partie inférieure du frigorifère, et la refoule aux évaporateurs. La solution devant toujours avoir un même degré de concentration, les pompes l'envoient sur les toits de l'édifice, où elle perd l'excès d'eau qu'elle a absorbée sous l'action de la chaleur solaire.

En résumé, par les recherches variées, non seulement sur les primeurs, mais aussi sur la viande, la volaille, le gibier, les œufs, les vins, les moûts, l'agencement des wagons, soit réfrigérants, soit simplement isolés, soit de simples fourgons, ces derniers toujours plus faciles à se procurer par les expéditeurs aux moments voulus, la *Station expérimentale de Châteaurenard* constitue un véritable laboratoire scientifique, d'où sortiront, il faut l'espérer, des indications précieuses sur la matière, qui serviront de guide pour l'établissement de pareils entrepôts dans les régions appropriées.

Les syndicats agricoles et le frigorifique de Châteaurenard. — Comprenant toute l'importance, au point de vue agricole, que peuvent avoir les expériences poursuivies au frigorifique de Châteaurenard, bon nombre de cultivateurs ont décidé de favoriser les recherches des savants qui les dirigent.

C'est ainsi que l'*Union des syndicats des Alpes et de Provence* s'est mise en relation avec les diverses *Unions* de France pour que chacune d'elles veuille bien recevoir sur l'une des halles de sa région un colis postal de fruits préalablement réfrigérés. Ce colis sera vendu par les soins de cette Union, ou l'un de ses correspondants.

De son côté, chaque syndicat affilié à l'Union des Alpes et de Provence a été invité à confectionner de son mieux un colis postal et à l'envoyer à Châteaurenard.

Voici ce que dit, à ce sujet, M. Bontoux, correspondant de la *Coopérative agricole des Alpes et de Provence* :

« Mon rôle consiste à recevoir les colis postaux, à les confier à la station du froid, à les diriger, ensuite, sur le marché d'une ville française ou étrangère, et à me tenir en relations avec celui qui opérera la vente du colis à lui expédié. Finalement, je transmettrai à chaque syndicat le prix de vente que j'aurai reçu.

« Cette participation aux expériences frigorifiques occasionnera à chaque syndicat une dépense de 3 fr. 50 qui se fractionne ainsi qu'il suit :

Envoi du colis à Châteaurenard (à mon adresse) 1.25
Réexpédition de ce colis à la ville où il sera vendu 1.25
Manutention du colis de la gare à la station du froid, correspondances avec le syndicat expéditeur et le vendeur 1
Soit, comme il est dit plus haut 3.50

« En me faisant connaître son intention de participer aux expériences frigorifiques, chaque syndicat voudra bien me faire parvenir la somme de 2 fr. 25, montant des dépenses énumérées aux deux derniers articles ci-dessus.

« De plus, dans sa première lettre, — et il me la faudrait au plus tôt, — chaque groupe expéditeur m'informera de la qualité des fruits qu'il pense envoyer (pommes, poires, raisins...), et de l'époque approximative à laquelle il compte faire son envoi.

« Si l'expédition est bien faite et les fruits bien présentés, les 3 fr. 50 d'avances ainsi exposés, seront largement compensés par le prix de la vente du colis.

« Pour tous renseignements complémentaires, je me tiens à la disposition des intéressés. »

V

ROLE DU FROID INDUSTRIEL DANS LA CONSERVATION ET LA VENTE DES PRODUITS AGRICOLES

On comprendra mieux le rôle qu'est appelé à jouer le froid industriel dans la conservation et la vente des produits agricoles quand on aura lu la deuxième partie de cet ouvrage.

D'après ce que nous avons déjà dit, le froid est l'agent idéal de conservation pour garder aux denrées alimentaires toutes leurs qualités naturelles et faciliter leur écoulement sur les marchés.

Grâce à une conservation plus ou moins prolongée, le producteur ne sera plus à la merci de l'instabilité des cours et marchés qui résulte, le plus souvent, de l'abondance ou de la rareté de la marchandise. Les agriculteurs pourront même, ainsi, mieux lutter contre des accaparements à bon marché, que cherchent à faire certains spéculateurs en s'aidant aussi de la conservation par le froid. Par le simple jeu des emmagasinements et des sorties des frigorifiques, ces derniers créent des hausses et des baisses fictives. Nous dirons, à ce propos, qu'aux États-Unis, où la conservation des denrées par le froid est très développée, on a été forcé de limiter la durée du séjour dans le frigorifique, et on a obligé les négociants à déclarer aux consommateurs la date de la mise en chambre froide de certains produits.

En bonne règle, ces derniers ne doivent être mis en chambre froide que pour y subir une attente provisoire, une ou deux semaines, par exemple, pour empêcher l'effondrement des cours.

En régularisant les apports sur les lieux de vente, la conservation par le froid peut contribuer aussi à abaisser les prix trop élevés.

En somme, l'entrepôt frigorifique peut être considéré comme le volant de la consommation.

Le froid peut permettre encore aux producteurs de mieux traverser les périodes difficiles qui résultent des grèves du personnel des entreprises et transports.

L'inverse peut se produire, et alors le ravitaillement est assuré par les stocks des entrepôts.

Ce ne serait qu'exceptionnellement, et pour certains produits, œufs, beurre, par exemple, que l'on pourrait chercher, aux époques de grande production, à faire des réserves pour les périodes où ces denrées, étant plus rares, se vendent aussi bien plus cher. Il faut cependant remarquer que, dans ces longs mois d'attente, le capital reste improductif et qu'il se produit toujours des pertes, des déchets.

Le refroidissement des denrées pendant la durée des transports ou avant leur chargement dans les wagons (préréfrigération) est de nature à assurer leur conservation à l'arrivée sur les marchés et à faciliter leur vente. De ce fait, certains produits peuvent être transportés très loin de leurs centres de production, alors qu'il n'y fallait point songer avant l'intervention du froid artificiel.

En un mot, ce dernier est appelé à donner plus de sécurité à la production agricole, et par conséquent plus de profit aux cultivateurs.

VI

LES FRIGORIFIQUES COOPÉRATIFS AGRICOLES

Si les petits producteurs isolés ne peuvent songer à installer chez eux, avec toutes les règles voulues, un *frigorifique* pour les besoins de leur exploitation, ils savent que, s'ils se groupent en syndicats et en coopératives, ils surmonteront mieux les difficultés et jouiront des facilités qui sont accordées à ces genres d'institution (caisse de crédit agricole, part contributive de l'État, etc.). Nous leur donnerons, comme exemple à imiter, ce qui a été fait en la matière par les agriculteurs de la région de Condrieu et d'Ampuis (Rhône).

Mais, à défaut de *frigorifique coopératif*, il semble que les cultivateurs aient intérêt à recourir aux frigorifiques privés, quand ils le peuvent.

A ce sujet, il est à souhaiter de voir établir par les industriels ou leurs correspondants, ou par les intermédiaires et acheteurs en gros, des chambres froides auprès des gares d'expédition des chemins de fer, comme on l'a fait à Châteaurenard, et aussi des entrepôts frigorifiques à l'arrivée.

En somme, il faudrait pouvoir coordonner, dans un même but pratique, la production, le transport et la réception. On arriverait mieux, ainsi, à cette réalisation de l'*industrialisation* de l'agriculture.

§ 1. — Le Frigorifique coopératif agricole de Condrieu.

Le frigorifique coopératif agricole de Condrieu (Rhône) est le premier établissement coopératif de ce genre qui ait été établi.

Voici les renseignements essentiels qui ont été donnés par MM. E. et G. Bouvier, qui dirigent avec habileté cette installation.

« Le Frigorifique de Condrieu, ainsi qu'il résulte de l'article 3 des statuts de la société coopérative qui l'a fondé, est « un frigorifique d'essai destiné à étudier par l'expérience toutes les questions se rapportant à la conservation, par le froid, des *fruits* et de tous les produits agricoles quels qu'ils soient ». Son but, comme l'indique le même article, est « de déterminer la possibilité et les conditions d'établissement d'un grand frigorifique pouvant être utilisé par tous les cultivateurs de Condrieu et des communes limitrophes. La création d'entrepôts frigorifiques sur les lieux de production est des plus intéressantes ; il est beaucoup plus logique, en effet, de pratiquer la conservation par le froid sur des denrées dans les régions où elles sont produites et avant qu'elles aient subi aucune détérioration, que de l'appliquer, dans les lieux de consommation, à des produits qui, ayant voyagé dans de mauvaises conditions, ont déjà perdu une grande partie de leurs qualités.

« On se demandera s'il n'était pas possible de trouver des renseignements assez précis pour éviter les dépenses résultant de l'installation et du fonctionnement d'un frigorifique d'essai. Ces renseignements, nous avons cherché à les recueillir, mais nous ne les avons pas trouvés, les résultats d'expérience en France faisant complètement défaut et les quelques techniciens que nous avons consultés n'ayant pu nous garantir la réussite. Il aurait fallu, d'ailleurs, se rendre compte du fonctionnement d'un frigorifique agricole et de la façon de l'installer pour pouvoir être dirigé par des agriculteurs. En effet, les frigorifiques situés dans les grands centres de consommation ont la sécurité de marche qui leur est si nécessaire, du fait qu'ils sont conduits par des ouvriers spécialistes, employés à poste fixe, faciles à recruter dans les grandes villes. Il n'en est pas de même pour un frigorifique agricole, pour lequel les réparations courantes et le bon entretien sont plus difficilement assurés. D'autre part, il ne fallait pas perdre de vue que, la réussite d'une industrie nouvelle est due souvent moins à la perfection du matériel qu'à l'acquisition d'un certain nombre de données pratiques qui ne peuvent s'obtenir que par l'expérience. Il fallait aussi apprendre comment il convient d'emballer les fruits. Pour éviter de graves mécomptes, des essais méthodiques s'imposaient donc avant l'installation d'un frigorique définitif.

« Une entreprise d'essais semblable ne peut évidemment pas produire de bénéfices. Dans le cas présent, il fallait compter sur une dépense de 8.800 francs, somme qui a été dépassée (9.000) et en partie couverte par une subvention que M. le Ministre de l'Agriculture a bien voulu accorder, grâce à l'intervention de M. Normand, député, initiateur de l'entreprise. Moyennant cette subvention, l'entreprise devait rendre publics les résultats de ses essais, en renonçant par là aux bénéfices personnels que la possession des renseignements et de l'expérience ainsi acquis pouvait lui assurer.

« *Description.* — L'installation du frigorifique a été faite dans deux pièces du rez-de-chaussée d'une maison inhabitée qu'il a fallu naturellement aménager en vue de sa nouvelle destination. Une des pièces a servi de chambre des machines. On a dû établir un puits instantané en enfonçant un tube dans le sol. Il aurait été préférable, sans être plus coûteux, de creuser un puits ; mais le Rhône était trop haut au moment des travaux pour permettre un creusement dans de bonnes conditions.

« La chambre frigorifique mesure en nombres ronds 6 × 6 mètres ; elle a une hauteur de 2m,60, c'est le maximum qui a pu être donné, attendu que, sans les isolations, le local n'avait que 2m,80 de hauteur.

« La chambre froide a été établie en appliquant sur toutes les parois, murs, plafond et sol, d'abord un revêtement en bois, sur ce revêtement en bois un autre formé de deux briques de liège de 0m,04 d'épaisseur croisées et jointes à l'asphalte et, sur le liège, un autre revêtement en bois.

« En défalquant les passages nécessaires, on a réalisé un volume utilisable de 32 mètres cubes pouvant contenir 8.000 kilogrammes de fruits emballés.

« Comme il s'agissait de conserver des fruits, la lumière du jour a dû être atténuée ; aussi, l'un des côtés du frigorifique est-il muni de deux fenêtres, qui ont cependant été isolées de façon à réduire la déperdition de froid au minimum.

« Le matériel frigorifique est du système Quiri-Rau, construit par la maison Quiri et Compagnie, de Schiltigheim (Alsace). Son fonctionnement est basé sur la liquéfaction et la gazéification successives de l'acide sulfureux anhydre. Ce matériel comprend un compresseur et un réfrigérant constitué par une série de tubes à ailettes. Le réfrigérant est placé dans la chambre froide.

« Vu les dimensions restreintes de l'installation, on a choisi la détente directe comme mode de refroidissement. Cette détente directe a lieu dans des frigorifères ou radiateurs, qui ont été montés contre l'un des quatre murs et qui sont entourés d'un placard en bois se composant de plusieurs panneaux amovibles, donnant libre accès aux radiateurs.

« Dans la partie inférieure, on a pratiqué une large ouverture dans ce placard. C'est par cette ouverture que l'air du local, appelé par le jeu d'un ventilateur, se rend aux radiateurs dans le haut du placard. Un ventilateur, commandé directement par la machine, aspire l'air réfrigéré et assaini et le refoule dans la gaine, d'où il s'écoule dans le local par une série d'orifices se trouvant à la hauteur du plafond. Le débit du ventilateur et les sections des gaines ont été choisis de façon à faire circuler de grandes quantités d'air à une très faible vitesse.

« La gaine de refoulement est munie d'un saturateur qui permet de maintenir l'état hygrométrique de l'air au degré convenable pour la conservation des fruits.

« La force motrice nécessaire est produite par un moteur à essence de 5 chevaux nominaux qui, outre le compresseur, actionne une pompe élevant l'eau d'un puits pour le refroidissement du gaz comprimé et le ventilateur dont il vient d'être parlé. La puissance frigorifique de ce matériel est de 6.000 frigories-heure environ. La dépense pour essence et huile est d'environ 0 fr. 90 l'heure.

« Ainsi qu'il a été dit, l'isolement de la chambre froide a été constitué par des cloisons de bois et liège. Comme l'installation n'est que provisoire, il n'a pas été possible d'employer un isolement aussi parfait que dans une installation définitive. En tenant compte des heures journalières de fonctionnement de la machine, lorsqu'il n'y a pas entrée de marchandises, on peut déterminer très approximativement la valeur de cet isolement, c'est-à-dire la quantité de chaleur qu'il laisse pénétrer. Cette quantité varie, bien entendu, avec la température extérieure, mais non pas avec la température d'une seule journée. On constate, en effet, que les variations de température extérieure influent sur la température de la chambre froide seulement si elles se prolongent pendant plusieurs jours, si elles durent assez longtemps pour avoir eu le temps de pénétrer la masse des murs et du sol.

« Pour que la température soit égale dans toutes les parties de la salle, il faut une salle vaste dans laquelle les emballages ne soient pas serrés et où l'air froid circule facilement.

« Il y aurait un grand avantage à avoir de puissants accumulateurs de froid, donnant une température plus régulière, évitant la marche de nuit, diminuant le réchauffement pendant les pannes.

Le Frigorifique de Condrieu a fonctionné du 1er au 20 juin pour un essai de conservation de cerises et de fraises. La durée journalière moyenne de marche, pendant cette période, a été de trois heures quarante minutes. La température moyenne des fruits renfermés pendant ce temps dans la chambre froide peut être évaluée à 5° 1/2.

« Depuis le 14 juillet, le frigorifique fonctionna sans interruption pour expérimenter la conservation des diverses variétés de pêches, des abricots, des prunes, des tomates, des haricots verts et des raisins. Les quantités de fruits placés dans la chambre froide se sont élevées jusqu'à 6.500 kilogrammes. La durée journalière moyenne de marche, qui était de douze heures en juillet et en août, a été en octobre de six à sept heures. La température moyenne des fruits conservés a été, pendant les premiers jours, de 6° ; elle est descendue ensuite à 4°,5. Malgré ces températures relativement élevées, on a obtenu des résultats satisfaisants.

« Des constatations minutieuses faites au Frigorifique de Condrieu, il résulte que les températures indiquées par les thermomètres placés dans l'air de la chambre froide d'un frigorifique sont, si ce n'est après un arrêt de fonctionnement d'au moins douze heures, toujours différentes des températures réelles des produits emmagasinés. On a relevé des différences de température allant jusqu'à 4°.

« Il en est de même pour la mesure de l'état hygrométrique de l'air de la chambre froide. L'humidité de l'air, mesurée par l'hygromètre, n'indique nullement le degré d'humidité réel de l'intérieur des colis de fruits, même si ces colis sont constitués par des cageots à claire-voie.

« On peut conclure de là que, dans la conduite d'un frigorifique agricole conservant des fruits et des légumes, il ne faut pas se fier uniquement aux indications des thermomètres et des hygromètres. C'est que, comme le disent très justement les Américains, *les fruits sont des produits vivants*. Cette vie du fruit est seulement ralentie par le froid ; mais elle subsiste toujours. Le ralentissement de cette vie du fruit ne sera certainement pas égal pour tous les fruits placés en même temps dans une chambre froide, et soumis simultanément à des mêmes conditions de température et d'humidité. Il ne sera pas égal parce que, au moment ou commencera la réfrigération, ces fruits ne seront pas dans des conditions de vie identiques, suivant leur degré de maturité, suivant la température à laquelle ils auront été cueillis, suivant surtout le laps de temps qui se sera écoulé entre la cueillette et le commencement de la réfrigération.

« En un mot, pour que les fruits puissent être conservés par le froid, il ne suffit pas qu'ils soient soumis à une température et à une humidité déterminées, il faut encore et surtout qu'ils remplissent les conditions voulues pour subir normalement les effets du milieu dans lequel ils seront placés.

« La dépense de conservation, en dehors de l'intérêt du capital immobilisé, se réduisant à une dépense de force motrice, il faut employer les moteurs les plus économiques, et réduire les frais généraux en cherchant à trouver des ressources accessoires (fabrication de la glace, distribution d'eau d'irrigation, etc.)

« Dans une installation pouvant conserver 60.000 kilogrammes et employant un moteur à gaz pauvre dépensant 0 fr. 05 par cheval-heure et une machine frigorifique plus puissante et, par suite, plus économique (3.000 à 3.500 frigories par cheval-heure au lieu de 2.000), le coût de conservation en force motrice et main-d'œuvre serait de 450 francs pour vingt jours, soit 0 fr. 75 par 100 kilogrammes.

« On peut même affirmer que, dans un grand frigorifique agricole ayant une source de force motrice économique, le *coût de conservation, en force motrice et main-d'œuvre* (non compris les frais généraux, variables pour chaque installation), *ne dépassera pas 5 centimes par jour et par 100 kilogrammes*. Enfin, toutes les fois qu'on ne cherchera pas à dépasser des durées de conservation de quarante à cinquante jours, les conditions à remplir sont à la portée de tous les agriculteurs soigneux. »

Le bel exemple donné par les agriculteurs de Condrieu et Ampuis, et les résultats obtenus dans leur frigorifique, méritent que l'on étudie sérieusement cette question de l'installation de *frigorifiques agricoles* dans les centres de production.

Il appartient aux syndicats agricoles de provoquer les groupements de producteurs et d'expéditeurs, lorsqu'ils pourront bénéficier des prêts consentis par l'État, au moyen des caisses mutuelles agricoles. Par exemple, avec une somme de 15.000 francs souscrite par les agriculteurs, on peut disposer de 60.000 francs.

Les départements de Vaucluse, des Bouches-du-Rhône, Var, Alpes-Maritimes, la Drôme, qui produisent de beaux et excellents fruits, ne devront pas rester insensibles à la démonstration faite par les producteurs de Condrieu, qui s'organisent, actuellement, pour la construction d'un frigorifique dont le coût s'élèvera à environ 75.000 à 80.000 francs.

D'après un devis prévu, chaque chambre d'un frigorifique de ce prix peut contenir 25.000 kilogrammes de produits, soit, pour les 4 chambres, 100.000 kilogrammes. Cette quantité peut se renouveler dix fois pendant la saison. Au total, on peut donc traiter un million de kilogrammes.

La redevance a été fixée en principe, à Condrieu, à 10 centimes par 100 kilogrammes et par jour, soit une recette de 10.000 francs, pour le poids ci-dessus : c'est suffisant pour assurer les frais d'exploitation du frigorifique et le service des intérêts (amortissement compris).

A Wiesbaden (Allemagne), à l'usine centrale de la maison Luïde, l'ingénieur B. C. A. Banfield est d'avis, en ce qui concerne la conservation des fruits et légumes, qu'il faut, comme aux États-Unis, en emmagasiner de grandes quantités pour pouvoir amortir les frais de premier établissement et obtenir un réel bénéfice. Ainsi s'explique pourquoi, jusqu'ici, en Europe, la conservation des fruits et légumes n'est encore, pour ainsi dire, qu'un accessoire de la conservation des autres substances alimentaires (viandes, gibier, poisson, œufs, etc.) et de la fabrication de la glace.

§ II. — Installations pour petits producteurs.

Les constructeurs mettent à la portée des petits producteurs et des consommateurs des dispositifs qui, sans être aussi complets et aussi volumineux que les vrais frigorifiques, peuvent rendre de grands services.

Ainsi nous avons déjà dit que le congélateur de la machine même peut être installé dans la chambre à refroidir. Ce réfrigérant n'est plus alors à parois isolantes. Le réservoir ne contient que de l'eau ordinaire, dont la température reste au voisinage de 4 à 5°. Une petite machine suffit, dans ces conditions, et même on ne la fait fonctionner que quelques heures par jour : ce sont les installations les plus faciles et les plus économiques.

« *Atlas* » a un dispositif qui consiste en augets remplis d'eau salée et munis d'un système de tuyaux d'évaporation. Ces augets sont généralement suspendus au plafond. Ils assurent une réserve de froid qui agit longtemps après que la machine a cessé de fonctionner.

La maison *Delion et Lepeu* construit une machine à glace « l'Idéale », à gaz sulfureux, qui marche à bras ou au moteur et donne 1^{kg},5 à 5 kilogrammes de glace à l'heure, ou 30 à 80 litres d'eau fraîche. La force motrice nécessaire est de 3/4 de cheval, prix 1.600 à 2.000 francs, suivant le numéro. La maison *Douane* a aussi un modèle n° 00, mû à bras ou au moteur, produisant en une heure 1^{kg},200 à 1^{kg},600 de glace, du prix de 800 francs.

Fig. 73.— Machine à glace marchant à bras.

La *Société Dyle et Bacalan* exécute des installations frigorifiques complètes à forfait depuis 3.000 francs. Sa machine frigorifique n° 00 peut servir à réfrigérer, par détente directe, une chambre isolée de 12 à 15 mètres cubes (prix 1.700 francs). Réunie à un bac à glace, elle peut produire 6 à 7 kilogrammes de glace à l'heure.

Les armoires et meubles frigorifiques sont de toutes formes. Il ne faut pas les confondre avec les armoires glacières ou à réservoir de glace. Ce sont de petits *frigorifiques* en miniature avec leur chambre isolée et leur machine, refroidissant, le plus souvent, par détente directe. On adjoint, parfois, un bac générateur de glace.

Citons, par exemple, l'armoire frigorifique de la maison *Grimault, Le Soufaché, et C*ⁱᵉ, *du prix de* 1.625 francs.

Le *frigorifère alvéolaire Douane* est une armoire frigorifique

Fig. 74. — Machine frigorifique à gaz carbonique, comprenant, sous un très petit volume, compresseur, condenseur, congélateur, etc.

avec compartiments isolés, comme son nom l'indique ; on le construit de toutes dimensions.

Voici un devis fourni à la demande de la Société d'agriculture de Meaux, il y a quelques années.

« Une armoire frigorifique pour la conservation des viandes, lait et dérivés, avec appareil producteur de froid extracteur de 200 *calories* à l'heure (équivalant à 15 kilogrammes de glace pour dix heures de

marche), soit 1.390 francs. Tuyauterie en cuivre reliant l'armoire à
l'appareil frigorifique, soit 40 francs. On peut placer l'appareil producteur de froid à une certaine distance de l'armoire si l'installation
l'exige. Il y a dans ce cas prix à débattre pour les tuyauteries. Un
cylindre en acier pour provision de chlorure de méthyle, pouvant en
contenir 1^{kg},500, soit 40 francs. Cette quantité de chlorure de méthyle
(1^{kg},500) à 5 francs le kilogramme, représente 7 fr. 50. Il faut en
outre : 15 kilogrammes de chlorure de calcium, à 0 fr. 30 le kilogramme,
soit 4 fr. 50 ; glycérine pure à 30° Baumé, 5 kilogrammes, à 2 fr. 80 le

Fig. 75. — Armoire frigorifique (groupe frigorifique Lilliput).

kilogramme, soit 14 francs. Un bidon à glycérine de 5 francs. Enfin,
l'emballage ordinaire peut être évalué à 55 francs environ. Au total
1.556 francs.

« En dehors de ce prix, il faut, naturellement, compter ceux du
moteur, des courroies de transmission, des canalisations d'eau et du
montage ; cependant, ces documents permettent déjà de se rendre
compte de la possibilité de réalisation du principe et des dépenses qu'il
peut entraîner. M. Biez a jugé utile de faire connaître, en outre, l'importance de la force à appliquer pour faire fonctionner cet appareil.

Doit-elle agir d'une façon intermittente ou permanente ? La force permanente paraît être un obstacle, eu égard à la durée assez longue pendant laquelle souvent les produits doivent être conservés. On pouvait supposer qu'il devait être possible de mettre l'appareil producteur du froid en mouvement, d'abord pendant le temps nécessaire à l'abaissement de température au degré voulu, l'arrêter, et ne le remettre en marche que lorsque l'on constaterait un certain relèvement de cette température. Il semblait utile aussi de savoir combien de temps était nécessaire pour amener la température à 0°. Cela dépendait, évidemment, du degré de température extérieure, mais il était utile d'être au moins fixé sur la moyenne de ce temps, et pour l'été.

« A ces différentes questions, M. Douane a répondu que : l'appareil frigorifique accouplé à l'appareil ci-dessus peut être actionné par deux hommes tournant la manivelle ou par un manège à un cheval ; en évaluant donc à 1/3 de cheval-vapeur la force nécessaire, on compte largement. Comme il est prévu, cette armoire, avec réserve de saumure glacée dans le bac placé à sa partie supérieure, ne nécessiterait pas une marche de nuit, mais il faudrait, quand l'armoire serait utilisée, que l'on marchât continuellement de jour.

« L'armoire non chargée, pour l'abaisser à 0°, il faut compter quatre à cinq heures de marche environ. Si l'on voulait aller plus vite, il faudrait accoupler l'armoire à un numéro d'appareil plus fort, ce qui augmenterait le prix d'environ 1.200 francs et nécessiterait une force motrice plus grande. »

ARTICLE II

LE TRANSPORT DES DENRÉES PÉRISSABLES

Le colis frigorifique. — Un dispositif spécial, recommandé par M. Tellier, permet de transporter les denrées dans un milieu réfrigéré. En voici la description, d'après l'auteur :

« Il est formé par un solide assemblage en chêne, frêne ou orme, indiqué par les montants a, a, a. Les fonds b et c peuvent se détacher à volonté pour permettre le chargement. Des traverses d, d, d, d, d, d, cadenassées ou plombées, maintiennent solidement ces fonds en position pendant tout le voyage.

« La figure nous montre deux capacités en tôle galvanisée, soit f, g, h, i, j, k, l, m, qui règnent sur toute la surface des côtés latéraux ; ces capacités présentent un évasement supérieur, vu en n, o. Elles sont isolées par les parties p, q. On les remplit complètement de glace, autant que possible de glace en pains. Ensuite on fait le plein jusqu'à la ligne AB, avec de l'eau à 0°.

« Dans ces conditions, on fait travailler toutes les surfaces des récipients latéraux f, g, h, i, j, k, l, m, lesquelles sont suffisantes pour produire une action frigorifique énergique. Cette action est d'autant plus complète que les faces *f*, *h*, *l*, *m* absorbent le calorique venant du dehors et l'empêchent de pénétrer dans l'intérieur, tandis que les surfaces *g*, *i*, *j*, *k* agissent sur les produits à conserver. On pourrait placer la glace à la partie supérieure du colis frigorifique au lieu de l'utiliser latéralement. Mais avec ce genre de conservation, une abondante condensation se fait sur les surfaces refroidissantes, laquelle retomberait sur les denrées à transporter. Avec des légumes l'inconvénient ne serait pas grave ; avec des fruits délicats, comme les fraises, les prunes, le raisin, les pêches, il y aurait danger de les détériorer.

« En résumé, on voit que l'espace *r*, *s*, *t*, *u*, indiqué dans chaque figure, reste libre pour l'emmagasinement des marchandises.

« On peut placer quatre et même six de ces colis sur un wagon-plateau, que l'on recouvre d'une bâche. »

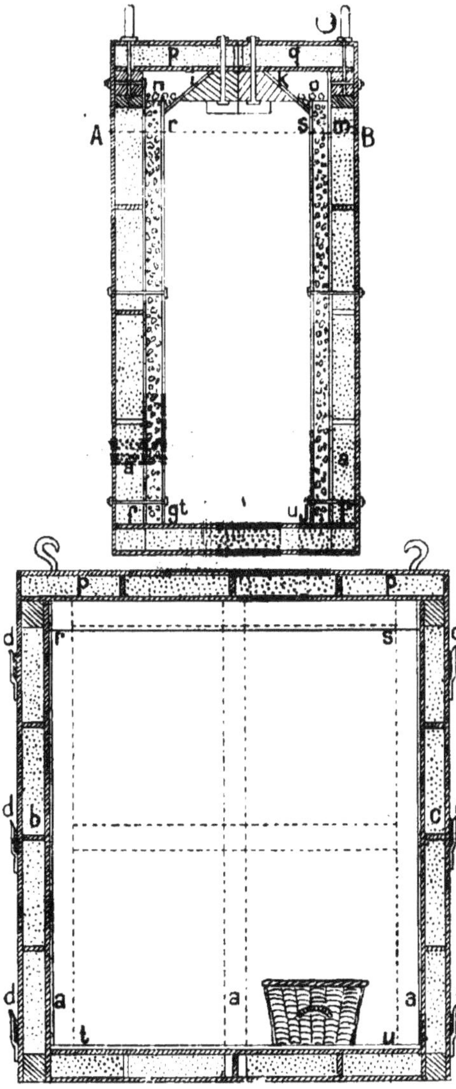

I

LES WAGONS RÉFRIGÉRANTS

On a fait de nombreuses expériences, soit en France, soit à l'étranger (surtout aux États-Unis), pour connaître le meilleur agencement à donner aux wagons dits *réfrigérés*, *réfrigérants*, ou

Fig. 76 et 77. — Le colis frigorifique Tellier.

frigorifiques, dans lesquels les denrées périssables sont transportées dans une atmosphère à basse température (1).

Nous nous sommes inspirés, en France, de ce qui a été fait en Amérique. Mais il a fallu adapter l'agencement des véhicules aux exigences des pays européens. Chez nous, les parcours sont moins longs (c'est la principale raison pour laquelle les wagons en question ont tant tardé à pénétrer en France), et les fruits, par exemple, que nous expédions, sont souvent plus délicats et emballés différemment.

Quel que soit le mode de réfrigération adopté, les parois des véhicules sont, comme les murs des frigorifiques, établis pour empêcher le plus possible la chaleur extérieure de pénétrer à l'intérieur (revêtement imbriqué double, paroi emprisonnant de la sciure, de la laine, etc., ou de l'air ; extérieur peint en blanc au ripolin, à la chaux à l'intérieur). Quand on veut utiliser simplement un wagon ordinaire, on met des plaques de liège de 5 à 6 centimètres d'épaisseur à l'intérieur, entre les panneaux et une cloison intérieure qui double les parois verticales, le plancher et la toiture. La porte, étanche, est distante de la porte roulante extérieure.

Wagons-glacières. — Ils sont pourvus de deux bacs en tôle rivée, maintenus par des équerres d'arrêt à chaque extrémité du wagon, et ils peuvent contenir 800 kilogrammes de glace. Certains préfèrent placer les réservoirs sous le plafond.

L'eau de fusion, ou celle qui provient de la condensation de l'humidité sur les parois des bacs à glace, est conduite au dehors par un système de gouttières à joint hydraulique.

Un tel aménagement de wagon de Compagnie coûte de

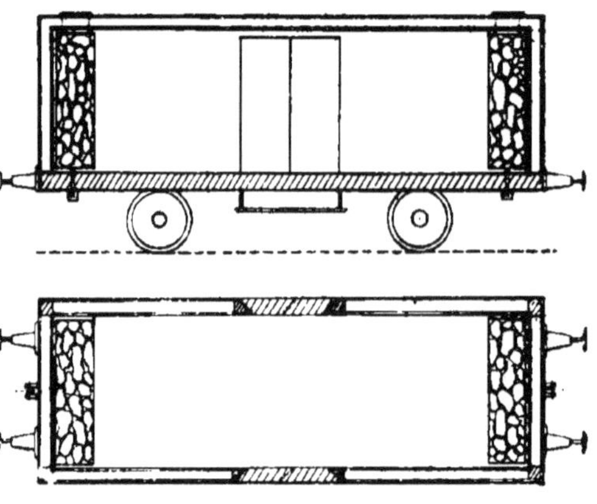

Fig. 78. — Wagon-glacière.

1.200 à 1.400 francs. On a estimé que pour un parcours de 600 à 900 kilomètres, il faut 1.000 kilogrammes de glace ou 400 kilogrammes par journée entière (2). En été, la dépense de glace revient de 16

(1) Voir, en particulier, les études publiées dans le Bulletin de l'Office de renseignements agricoles (Ministère de l'Agriculture), année 1902.

(2) Pour une température de + 32°, il fond trois à quatre tonnes de

à 18 francs. L'inconvénient, pour un très long parcours, c'est d'être obligé de se réapprovisionner en glace dans des stations-glacières.

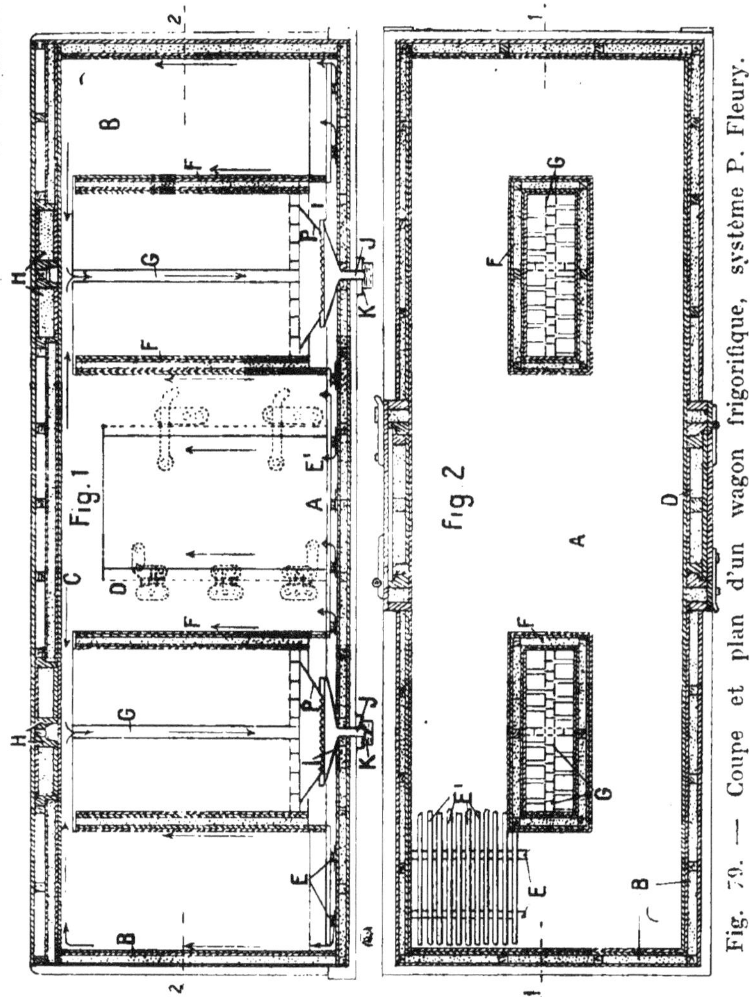

Fig. 79. — Coupe et plan d'un wagon frigorifique, système P. Fleury.

L'air, dans de tels véhicules, se conduit comme dans un frigorifique à refroidissement par tuyaux à saumure ou à détente directe.

glace durant les cinq à six premières heures après le chargement. La glace doit être introduite dans les réservoirs avant le chargement du wagon.

Les figures ci-jointes représentent l'aménagement d'un wagon réfrigérant établi suivant le principe breveté Fleury.

« L'intérieur du wagon montre deux réfrigérants F, F, formés chacun par une caisse à double paroi semblable à celle du wagon lui-même. A l'intérieur sont des barreaux dont l'ensemble forme des canaux verticaux autour desquels se trouve la glace qu'on introduit par des ouvertures correspondantes sur le toit du wagon.

« L'air des canaux verticaux, refroidi par son contact avec la glace, forme une colonne gazeuse d'une densité plus grande qu'une même colonne d'air de l'extérieur de la gaine, il y a donc mouvement d'air

Fig. 80. — Type de wagon réfrigérant circulant sur les réseaux français.

dans le sens indiqué par les flèches ; peu à peu tout l'air du wagon arrive à passer par la gaine et à se refroidir. L'air refroidi passe, vers le fond du wagon, sous les claies E qui servent à supporter la marchandise, il remonte peu à peu pour être à nouveau aspiré à la partie supérieure des gaines. La vapeur d'eau condensée du fait du refroidissement de l'air se mêle à l'eau de fusion de la glace et s'écoule par le bas. Pour éviter que l'air extérieur ne pénètre dans le wagon, le tube J de l'entonnoir débouche dans une petite caisse K pleine d'eau et destinée à former joint hydraulique ; elle laisse seulement écouler l'eau en excès. »

Autrefois on cherchait à n'établir aucune communication avec l'air extérieur, pour parfaire l'isolement. Aujourd'hui quelques constructeurs préfèrent assurer, dans les *wagons aéro-thermiques*, la libre circulation de l'air pendant la marche, car l'atmosphère interne ne doit pas être humide.

Par exemple, en Amérique, on établit des wagons-glacières à circulation forcée. L'air est appelé à la partie inférieure du wagon par un ventilateur qui prend son mouvement au moyen d'un embrayage sur un essieu. Il traverse une longue série de tubes en chicane, immergés dans l'eau de fusion de la glace qui est, par conséquent, à basse température. L'humidité de l'air venu du dehors se condense contre la paroi froide, puis s'écoule, tandis que l'air sec pénètre dans le wagon. Après avoir réfrigéré les marchandises, il s'échappe par une ouverture ménagée à la partie supérieure du wagon. Avec ce système, les réservoirs à glace ou *tanks* n'auraient pas besoin d'être aussi fréquemment

Fig. 81. — Wagon aérothermique à machine frigorifique à détente directe.

rechargés. La température intérieure resterait comprise entre 9 et 12°.

Wagons aéro-thermiques à machines frigorifiques. — On a employé la machine à absorption (ammoniaque) avec refroidissement direct de l'air sur le serpentin. En Amérique, on a conclu que la consommation de glace en poids est triple de celle de l'ammoniaque. Avec ce dernier produit, la température est plus constante, et l'air du wagon a une action plus desséchante.

En France, on a expérimenté le gaz ammoniac anhydre (le compresseur de la machine était actionné par l'essieu du wagon), avec refroidissement par détente directe des gaz, dans un wagon rempli de viande qui fit le trajet de Paris à Montpellier. « Après huit jours, cette viande, dit M. Pourquier, fut trouvée en bon état et se conserva plus de quatre jours après sa sortie du véhicule. »

L'idéal, en la matière, serait ce que l'on a appelé le *train usine*, composé de wagons, dont l'un, inutilisé pour le chargement des marchandises, contiendrait une machine à froid unique, qui alimenterait les autres, avec lesquels il serait en communication grâce à un système de tuyauterie.

Mais ce *train usine* serait difficile à disloquer, et il ne peut être réellement utile que pour les très longs parcours. Même en Amérique, il n'est guère usité. Établi d'après le système Linde, il sert, en Russie, pour le transport du beurre de Sibérie ou du poisson congelé.

REFROIDISSEMENT DE LA SURFACE EXTERNE DU WAGON. — On sait que la vitesse de transmission de la chaleur ou du froid à travers une paroi est proportionnelle à la différence des températures sur les deux faces. Mais les pertes croissent avec la vitesse de déplacement des fluides le long des faces de la paroi isolante.

Les *wagons réfrigérants* subissent, de ce fait, des pertes qui peuvent être considérables.

M. A. Krupsky a eu l'idée de munir les wagons en question d'une enveloppe extérieure poreuse, constamment imprégnée d'eau en cours de route. Le liquide, en s'évaporant alors que le véhicule est en marche, entraîne un abaissement de température de la face extérieure de l'isolant et, par suite, une diminution des pertes de froid à travers les parois.

D'après cet expérimentateur, à l'inverse de ce qui a lieu pour les wagons réfrigérés ordinaires, les pertes seraient d'autant plus faibles que la vitesse du wagon serait plus grande. Remarquons que, seule, la *peinture blanche* passée à l'extérieur amène, en été, un abaissement de température à l'intérieur. La température y est inférieure de 10° à celle d'un wagon ordinaire.

Double destination des wagons isothermes. — Si les wagons à parois isolantes garantissent les produits transportés contre la chaleur extérieure, par contre, l'hiver, ils peuvent aussi les mettre à l'abri d'une trop basse température, qui pourrait les congeler, surtout quand le voyage s'effectue dans les régions septentrionales.

II

LA PRÉRÉFRIGÉRATION

Quand, l'été, un wagon réfrigérant et, *a fortiori*, un wagon ordinaire, viennent de recevoir leur plein chargement de produits, qui sont restés, jusque-là, à la température extérieure, on comprend que la masse, ainsi emmagasinée dans un espace restreint, puisse rester un certain temps à une température assez élevée (on a constaté jusqu'à 28° pendant trois à quatre jours). Il faut tenir compte, d'ailleurs, que le véhicule stationne toujours plus ou moins longtemps dans la gare. D'un autre côté, la glace ne fond que lentement.

Dans ces conditions, il s'établit une sorte de fermentation préjudiciable aux denrées, favorisée encore par l'excès d'humidité.

Cet inconvénient disparaît si, au préalable, et peu de temps avant de la charger dans les wagons, on refroidit la marchandise à + 1 à + 4° (préréfrigération). Les garanties de conservation sont encore plus grandes si l'on a emmagasiné une masse d'air froid et sec dans le véhicule.

Les expériences effectuées à Châteaurenard ont montré l'efficacité

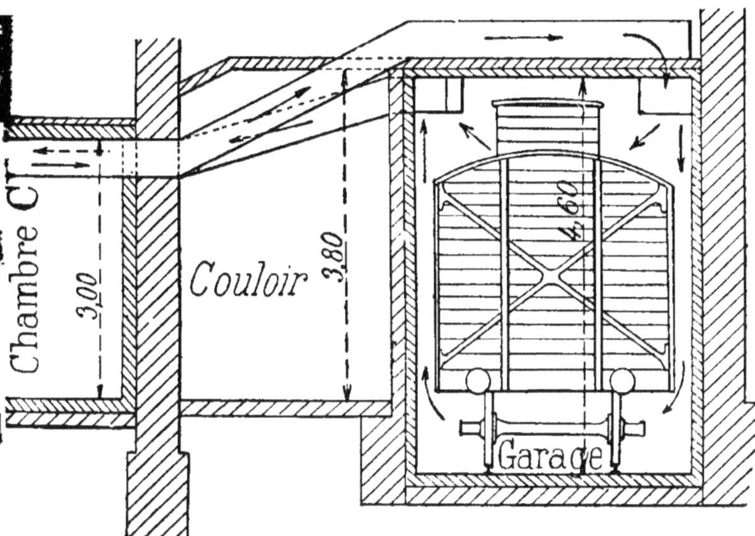

Fig. 82. — Coupe de la remise du frigorifique de Châteaurenard pour la réfrigération des wagons.

de cette façon de procéder, qui permet de simplifier singulièrement l'aménagement des véhicules. Aux États-Unis, on fait d'abord le vide dans les wagons chargés, pour mieux y envoyer l'air froid.

Facilités pour les agriculteurs d'utiliser les wagons réfrigérants. — En France, le réseau de l'État a, seul, quelques wagons réfrigérants (1). Des Compagnies, comme l'Orléans et le P.-L.-M., ont des wagons ventilés dits H. P., pourvus de grandes ouvertures qui assurent dans le véhicule une rapide circulation de l'air.

(1) Voir sur cette question le Rapport au Congrès de Laiterie de Paris, 1905, de M. Dugit-Chesal, inspecteur des services commerciaux aux Chemins de fer du Nord.

En somme, les Compagnies se contentent du rôle de simples entrepreneurs de traction. Pour des raisons spéciales, elles n'ont pas voulu, jusqu'ici, se lancer dans les aléas d'une entreprise dont elles ignoraient la vraie importance. Mais les tarifs qu'elles ont mis en vigueur (tarif P. V. 29, tarif G. V. 121), relatifs au transport par wagons réfrigérants, ne les ont pas engagées pour un long avenir.

Comme l'industrie naissante des wagons réfrigérants était susceptible d'augmenter le trafic de leurs réseaux, elles secondèrent les initiatives privées en admettant, dans les convois, les véhicules en question remplissant, d'ailleurs, les conditions exigées pour la construction de leur matériel roulant et la manutention en cours de route.

Certaines Compagnies offrent les véhicules dont les preneurs ont toute liberté d'aménager l'intérieur.

Les agriculteurs peuvent ainsi profiter des avantages que présente, pour l'écoulement de leurs récoltes, le transport par wagons réfrigérants. Il est certain que les petits producteurs ont tout avantage à se grouper en associations syndicales ou autres, pour répartir les frais que nécessitent l'aménagement et le fonctionnement des véhicules, ou tout au moins pour profiter des avantages qui résultent de l'expédition *par wagons complets.*

Nous citerons comme exemple, l'*Association des laiteries coopératives des Charentes et du Poitou*, qui a aménagé des wagons prêtés par la Compagnie des chemins de fer de l'État pour le transport à Paris du beurre, des œufs, etc.

Enfin, il est aussi des entreprises privées qui, après avoir fait des essais timides, ne voulant pas trop engager leurs capitaux, multiplient aujourd'hui le nombre des véhicules mis à la disposition des expéditeurs.

Citons la Société des magasins et transports frigoriques de France, 5, rue Turbigo, à Paris, et 18 cours Lafayette, à Lyon, des transports frigoriques, J.-B. Rubaud et Cie, à Marseille, et la Société des wagons et entrepôts frigoriques, 30, rue des Halles, Paris.

III

CALES FRIGORIFIQUES

Le transport sur mer des denrées périssables est encore plus délicat que sur terre, à cause de la durée pendant laquelle elles restent emmagasinées.

L'aménagement des *cales frigorifiques* dans les navires a ouvert

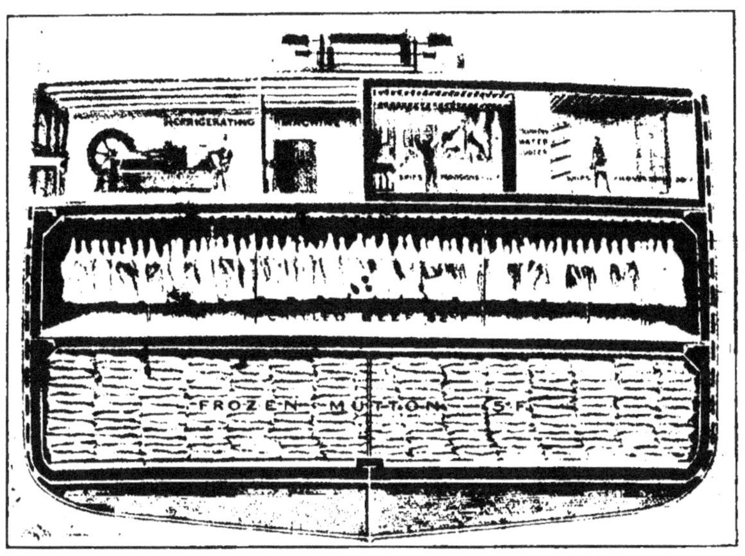

Fig. 83. — Coupe d'un steamer réfrigéré par les machines Hall.

aux produits agricoles coloniaux des débouchés dans toutes les régions du globe et a ainsi permis leur utilisation dans des pays qui ne pourraient s'en procurer autrement, ou qui devraient attendre la production naturelle des saisons.

C'est ainsi que l'on a pu écrire : « L'habitant de Londres peut composer son menu de *beurre* de *Victoria*, d'*œufs* à la coque d'*Australie*, de *saumon* du *Canada*, de *bœuf* de *la Plata*, de *mouton* néo-zélandais, de *volailles* de *Sibérie*, de *fraises* de *Californie* et de *pêches* du *Cap*. »

En 1907 l'Angleterre a reçu 900.000 tonnes de *viandes* (États-Unis, Nouvelle-Zélande, Australie, Uruguay). Le *porc* frais vient des États-Unis ; la Russie envoie de la *volaille* et du *gibier*, l'Australie et la Nouvelle-Zélande des *lapins*.

Rolet. — Conserves de Fruits et de Légumes.   9

En Angleterre le prix des viandes frigorifiées était de 70 à 80 centimes le kilogramme en 1908, cela grâce à la grande facilité d'importer la viande fraîche produite dans la République argentine, principalement, à un prix de revient extrêmement bas.

IV

L'INDUSTRIE DU FROID ARTIFICIEL EN FRANCE

L'industrie du froid artificiel en France est loin d'avoir l'importance qu'elle a prise dans certains pays étrangers. On sait cependant combien notre production agricole aurait à gagner à ce qu'elle se « popularisât » davantage.

Dans certaines industries de la ferme, comme la laiterie, par exemple, les installations frigorifiques ne sont pas aussi répandues que 'exige la fragilité de s produits. Elles sont plus rares encore chez les producteurs de fruits et de légumes des régions spécialisées. On n'a signa lé qu'un *frigorifique coopératif agricole*.

On compte aisément les *frigorifiques publics* dans les grands centres d'expédition, dans les gares, les ports, et dans les lieux de réception et de vente (ports, halles, marchés, etc.).

Les *frigorifiques d'abattoir*, de même que les installations privées chez les commerçants (boucheries, fruiteries, crémeries) ou chez les expéditeurs, sont en nombre trop restreint.

Les *wagons réfrigérants* qui circulent sur nos voies de chemin de fer se chiffraient par 150 à peine dans ces derniers temps.

Quant aux *cales frigorifiques*, notre flotte marchande n'a guère que quelques unités pourvues d'aménagements de ce genre. Mais nous ne possédons que très peu, s'il en existe même, de ces navires frigorifiques destinés presque exclusivement au transport des fruits, viandes, beurres, etc., comme on en trouve à l'étranger.

Et cependant nous comptons dans nos colonies des régions où nous pourrions trouver de la viande à bon marché (mais il y a la question des tarifs) : bœufs de la côte occidentale d'Afrique et de Madagascar, viande de porc de l'Indo-Chine, mouton de l'Algérie et de la Tunisie, poissons de la côte occidentale d'Afrique et de l'Algérie. Il y a aussi les fruits des pays tropicaux, les primeurs de l'Algérie.

D'autre part, nous pourrions fournir à ces mêmes régions, sans compter les autres, beurre, fromages, lait, vins, cidres, pommes de terre, produits qui n'y parviennent, le plus souvent, qu'à l'état de conserves.

On a voulu attribuer la situation préjudiciable que nous venons d'exposer au morcellement de la propriété et à l'esprit trop individualiste des intéressés, qui, au point de vue moral, peut être une qualité, mais qui n'en est certainement pas une quand il s'agit de favoriser l'écoulement des produits de notre agriculture nationale.

L'industrie du froid artificiel à l'étranger. — Si nous voulions dire tout ce qui a été fait dans certains pays étrangers pour favoriser les applications du froid industriel et les résultats qui ont été obtenus dans cette voie, nous n'en finirions pas. Peut-être ce long exposé contribuerait-il à stimuler les énergies, à éveiller des initiatives latentes, à convaincre les hésitants ou à instruire ceux qui ignorent la question. Mais nous sommes obligé de nous borner à l'exposé qui suit.

Les États-Unis, l'Angleterre, l'Argentine, le Danemark, la Hollande, l'Allemagne tiennent la tête pour les industries frigorifiques.

C'est l'*Angleterre* qui attire surtout l'attention des pays exportateurs, car elle importe une grande quantité de produits agricoles. Ainsi, en 1907, elle aurait importé pour plus de 800 millions de denrées frigorifiées.

Ces denrées lui viennent surtout de ses colonies : Canada, le Cap, Australie, et aussi de la République argentine, des États-Unis, de la Nouvelle-Zélande, de la Russie, du Danemark, de l'Allemagne.

Elle reçoit principalement des *viandes*, bœuf, mouton (République argentine, États-Unis, Australie), volailles, lapins (Australie) ; du *beurre* (Australie, Nouvelle-Zélande, États-Unis, Danemark, Russie) ; des *œufs* (Australie, États-Unis, Danemark, Russie) ; des *fruits* (Australie, le Cap, Argentine).

Pour la réception et la vente, l'Angleterre dispose, dans nombre de villes (Liverpool, Manchester, Bristol, Glascow, Cardiff, Newcastle, Sheffield), de frigorifiques (*cold storages warehouses*).

Les pays exportateurs qui alimentent un pareil marché ont dû, naturellement, réaliser de grands progrès dans les applications du froid industriel.

Aux États-Unis ces dernières datent de plus de vingt ans, mais les premiers essais remontent à quarante ans. La valeur totale des produits conservés par le froid dépasserait 12 milliards et demi de francs. On compte, dans ce pays, plus de 2.500 machines frigorifiques ; 1.200 sont installées dans des laiteries ; 9.000 wagons réfrigérants (*refrigerators cars*) circulent sur les voies ferrées. C'est avec eux que l'on transporte, de la Californie vers l'Est (5.000 kilomètres, huit jours) les fruits, les primeurs de cette région. Les wagons se réapprovisionnent de glace en cours de route dans les gares spéciales (*precold storages*) pourvues de machines frigorifiques. Enfin, 500 navires sont à cales réfrigérées.

Entre l'*Australie* et l'*Angleterre* naviguent 40 navires frigorifiques.

L'Australie possède de nombreux entrepôts frigorifiques où la qualité des produits exportés est sévèrement contrôlée (1).

La *République Argentine* est aussi une terre classique des entreprises frigorifiques. On sait que cette région s'est surtout spécialisée en vue de l'exportation de la viande fraîche abattue, dont elle fait un commerce considérable.

(1) Voir un modèle de règlement dans le Bulletin de l'Office de renseignements agricoles, année 1902, p. 1842.

La *Russie* a de nombreux frigorifiques dans les ports d'embarquements pour le beurre et les œufs amenés en wagons réfrigérants de la Sibérie (trains de beurre).

Le *Danemark*, pays du lait et du beurre, est pourvu également de frigorifiques et de navires aménagés de la même façon pour exporter lait, beurre, œufs, salaisons, etc.

En *Allemagne*, sur 800 abattoirs, 300 sont pourvus d'installations frigorifiques. Hambourg reçoit les fruits, les fleurs, etc., dans ses entrepôts frigorifiques.

Chose étonnante, *Bâle*, en Suisse, serait le plus grand entrepôt de *poissons de mer* de l'Europe. La maison Christen, en particulier, est spécialement bien aménagée pour ce genre de commerce.

Enfin, la Chine envoie en Angleterre des milliers de porcs, d'œufs, de canards, de la graisse, conservés dans des chambres frigorifiques.

DEUXIEME PARTIE

LA PRATIQUE DE LA CONSERVATION

I

LES FRUITS

Maturation, blettissement et pourriture. — Tant qu'ils sont verts, les fruits absorbent le gaz carbonique de l'air et rejettent de l'oxygène. Arrivés à une certaine période de leur développement, leur couleur pâlit, leurs tissus se ramollissent ; du *sucre* s'est formé aux dépens des acides et de l'amidon. Puis le fruit n'absorbe plus du gaz carbonique pour rejeter de l'oxygène, mais il prend, au contraire, de l'oxygène dans l'atmosphère pour le rendre à l'état de gaz carbonique. Il se produit alors des phénomènes d'oxydation, qui entraînent la disparition des acides, lesquels favorisent la conservation des fruits, et, en dernier lieu, du sucre.

La *pectine*, matière gommeuse, en isolant les cellules, les met à l'abri de l'oxygène de l'air. Des fermentations intracellulaires entrent en jeu, la fermentation alcoolique détruit le sucre, qui donne, en outre, du gaz carbonique rejeté.

La pulpe des fruits se ramollit de plus en plus et ceux-ci, nèfles, poires, pommes, par exemple, peuvent arriver à cet état particulier que l'on appelle *blettissement*.

Le blettissement, résultat de modifications chimiques, ne doit donc pas être confondu avec la *pourriture* (1), engendrée elle, par des *micro-organismes* divers, dont l'intervention est favorisée par le ramollissement de la chair.

Ainsi donc, dans une première période, le fruit agit sur les gaz de l'atmosphère à la façon des feuilles, et les principes solubles, tanin et autres acides, sucre, pectine, gommes, se forment et leur proportion augmente. Quand le maximum de sucre est atteint, on dit que le fruit est mûr.

(1) Pour les maladies des fruits, voir *Maladies des plantes cultivées,* par Delacroix (Encyclopédie agricole).

Dans une deuxième période, ce dernier n'agit plus sur l'atmosphère comme lorsqu'il était vert ; il absorbe de l'oxygène et donne du gaz carbonique.

Les principes immédiats sont successivement brûlés, le sucre est détruit en dernier lieu. Il en résulte, parfois, le blettissement.

Enfin, les tissus peuvent être envahis par des germes de décomposition.

En principe, donc, pour retarder la maturité *complète*, à laquelle succède la phase d'altération, par conséquent pour *conserver* les fruits, il faut modérer l'activité des phénomènes qui caractérisent la première période dont nous parlons, et, en outre, éviter l'action de l'oxygène qui, dans la deuxième phase, détruit des principes utiles. Or, la *lumière* est l'agent indispensable à l'activité physiologique des tissus verts (absorption du gaz carbonique, fonction chlorophyllienne). D'autre part, les *basses températures* ont une action retardatrice sur les phénomènes chimiques.

On comprend que, chez certains fruits, la maturation puisse se poursuivre sans que leur qualité en souffre, quand ils sont cueillis à un état de leur développement suffisamment avancé. Il est possible alors, d'après ce qui vient d'être dit, de retarder l'arrivée du moment où ils auront acquis toutes les propriétés gustatives qui les font rechercher. Quelques variétés gagnent, même, à cette pratique. D'autres, au contraire, demandent à n'être détachés de l'arbre qu'à un moment propice qu'enseigne l'expérience. Enfin, la généralité, pour donner des produits savoureux, doivent mûrir complètement sur l'arbre.

Le moment de la vraie maturité est, d'ailleurs, assez difficile à indiquer.

Le climat, la nature du sol, les soins culturaux, les maladies, la quantité de fruits que porte l'arbre, son âge, etc., sont autant de facteurs qui entrent en jeu.

Un fruit cueilli trop tôt, non seulement peut perdre de ses qualités, mais encore ne pas donner tout le bénéfice qu'il est possible de réaliser sur le poids, s'il n'a pas atteint son complet développement.

Quand un fruit est mûr, il est ordinairement odorant ; il se colore diversement, suivant l'espèce, et sa chair cède sous une faible pression du pouce près du pédoncule.

Il résulte de tout cela que l'époque de la cueillette des fruits importe beaucoup, suivant la variété, la destination qu'on leur réserve et le moment où on doit les consommer.

De la cueillette. — Au point de vue de leur *conservation*, on divise les fruits en deux catégories principales :

1° Ceux qui doivent être récoltés peu de temps avant d'être consommés, comme les *pêches*, les *abricots*, les *cerises*, les *groseilles*, les *figues*, etc., et qui se conservent difficilement ; 2° ceux qui peuvent achever leur maturation une fois détachés de l'arbre, qui sont de meilleure garde et de transport plus facile, par conséquent, comme les *pommes*, les *poires*, etc.

Pour conserver les premiers, les soins visent surtout à les empêcher de pourrir. On verra plus loin combien la mise à contribution du froid peut rendre service dans ce cas pour les expéditions à une certaine distance.

Quant aux seconds, il faut avant tout retarder leur maturité, soit encore par l'emploi du froid, soit par la mise en réserve dans un *fruitier*.

Les *fruits à pépins*, qui mûrissent en été ou au commencement de l'automne, doivent être *entre-cueillis*, c'est-à-dire récoltés avant qu'ils ne se détachent d'eux-mêmes de l'arbre. Quand on les laisse mûrir entièrement, ils perdent une bonne partie de leur saveur ; ils deviennent pâteux, cotonneux, ou encore ils se blettissent. Cependant quelques variétés de *poires* et de *pommes* peuvent être cueillies plusieurs semaines avant complète maturité.

Les *pêches* doivent être récoltées de quatre à douze jours avant la maturité, suivant les variétés.

Les *prunes*, les *alberges*, les *brugnons*, les *figues*, sont meilleurs quand ils sont cueillis complètement mûrs.

En ce qui concerne le moment de la journée, les fruits à *chair tendre, pêches, abricots*, sont récoltés au moment le plus frais, le matin ou le soir. On diminue ainsi l'échauffement des tissus, qui pourrait amener une rapide fermentation.

En général, les fruits n e doivent pas être récoltés quand ils sont couverts de rosée.

Il est à peine besoin de dire qu'il faut prendre les plus grands soins pour ne pas altérer les fruits en les détachant de l'arbre. La simple pression un peu forte des doigts sur les sujets mous, non seulement laisse une empreinte (fruits poucillés ou talés), mais encore entraîne une rapide altération.

Pour ce qui concerne les *fruits à noyaux* (pêches, abricots), une pression circulaire du pouce et de l'index autour du point d'attache du pédoncule suffit pour les faire tomber dans la main, en évitant de trop les serrer.

A Montreuil, on brosse les *pêches* avec une brosse douce, délicatement et sans les blesser, pour les débarrasser du duvet blanc et épais qui les recouvre. Cette pratique, destinée à aviver le coloris, n'est pas approuvée par tout le monde.

Il faut employer des ciseaux ou un petit sécateur ou, à défaut, se servir des ongles pour cueillir les *cerises*, les *groseilles*, les *framboises*.

Le *transport* se fait dans des paniers larges, peu profonds, garnis de mousse et de papier sur les parois, pour empêcher les baguettes d'osier de blesser les fruits.

Nous verrons que, lorsqu'il s'agit d'expédition, on a tout intérêt à emballer les fruits sur place même, la cueillette étant faite au moment le moins chaud, cela pour éviter les risques d'altération dans les transports ordinaires.

ARTICLE PREMIER

CONSERVATION DES FRUITS PAR LE FROID (1)

Choix des fruits. — Les variétés à peau épaisse et à chair pulpeuse se conservent mieux que celles à peau mince et à chair très aqueuse. Les fruits qui sont riches en azote (sol riche en cet élément), ou encore qui sont frais, humides, sont également de moins bonne garde.

D'après M. Loiseau « les fruits ne doivent pas être trop mûrs, et il faut éviter de les cueillir trop verts; il est important, essentiel, même, pour la *pêche*, qu'elle ait développé sur l'arbre toute sa saveur, toutes ses qualités : qu'elle soit cueillie la veille de sa maturité complète, avant de la placer dans le frigorifique ; ne pas conserver les fruits d'arrière-saison, qui n'ont pas la même succulence que les fruits de saison normale ».

En général, il ne faut conserver que les fruits qui sont de bonne garde au fruitier, et aussi qui sont de bonne qualité. Il est certain que des fruits médiocres ne peuvent se bonifier dans une chambre froide. Il faut donc faire appel aux fruits de choix, soigneusement triés.

Emballage. — Bien que chaque espèce ou variété de fruits se comporte différemment, il est généralement conseillé d'envelopper les sujets de luxe, tout au moins, d'abord dans du *papier de soie*, puis dans du papier parchemin. D'une expérience qui a été faite en Amérique sur des *poires* il est résulté que l'avantage des fruits préalablement enveloppés dans du papier a été dans la proportion de 10 p. 100 pour les poires en barils de 70 kilogrammes, 50 p. 100 en caisses de 18 kilogrammes et 30 p. 100 en demi-caisses de 10 kilogrammes (voyage en wagon réfrigérant, puis en cales frigorifiques à 2°,5).

On les range, ensuite, dans des caisses que l'on place sur les étagères du frigorifique (2).

---

(1) La conservation dans le *fruitier* est étudiée au chapitre concernant les pommes.

Pour la conservation en *silos*, voir la conservation des légumes et l'ouvrage *Pomologie et cidrerie*, WARCOLLIER.

(2) Voir pour le frigorifique, p. 116.

Les emballages, qu'ils soient constitués par des caisses, des paniers, des corbeilles ou des barils, ne doivent pas être d'un volume exagéré, sinon la chaleur interne sortirait difficilement.

Pour les fruits qui mûrissent rapidement, les *caisses* à claire-voie sont préférables. Elles garantissent mieux le contenu contre les variations de température.

Température.— De nombreux essais ont été faits pour déterminer quelles sont les températures les plus favorables. On comprend que les résultats donnés ne soient pas concordants, car les mêmes variétés diffèrent suivant les pays. On peut dire, cependant, qu'en général 0° constitue un minimum à ne pas dépasser, car les fruits ne doivent pas être congelés, et + 4° un maximum. Mais il faut à chaque fruit une marge spéciale pour tenir compte du degré de maturité.

Fig. 84. — Disposition des fruits dans un frigorifique.

Les *pommes* et les *poires* se comportent le mieux. On a pu conserver des pommes en bon état jusqu'à deux années. Les températures ordinairement citées vont de + 1/2 à + 2° (durée 8 à 9 mois) ; *poires*, + 1 à + 4° (3 à 4 mois) ; *prunes*, + 2 à + 4 (2 à 6 semaines) ; *pêches* — on en conserve jusqu'à

9.

2 à 3 mois, — 0 à + 1° (2 à 4 semaines) ; *abricots*, + 2° ;
cerises + 1/2 à + 4° (4 semaines) ; *fraises des quatre saisons*
+ 1 à + 3° (3 semaines) ; *raisins frais*, + 2 à + 4° (6 à 8 semaines); *raisins secs*, — 3 à — 4° ; groseilles + 1 à + 3° (3 semaines); figues + 2 à + 4° (3 à 4 semaines) ; *melons*,
+ 2 à + 5° (2 à 4 semaines).

Quant au *degré d'humidité*, il devrait être de 75 p. 100
pour les fruits à pulpe molle, et de 65 p. 100 pour les autres,
car ils se flétrissent moins facilement

On a tiré les conclusions suivantes de s expériences effectuées à
Condrieu.

« 1° La conservation des cerises, fraises, pêches de toutes variétés,
abricots, ne présente aucune difficulté pour des durées moyennes
de quinze jours. Il suffira de maintenir une température moyenne de
5° ; mais il y a intérêt à maintenir la température la plus basse possible
aux environs de 1° pour éviter la dessiccation. Il n'y a pas de précautions spéciales à prendre pour les emballages. Cependant, les emballages rigides et petits devront être préférés. Les fruits devront être
réemballés et triés avant l'expédition, les fruits tarés pouvant ulté-
rieurement contaminer les autres ;

« 2° La conservation de ces fruits, pour des durées plus longues, est
possible si l'on choisit soigneusement les fruits, si on les emballe avec
précaution dans des emballages rigides, évitant leur tassement ;

« 3° Les fruits doivent être refroidis le plus rapidement et le plus tôt
possible après la cueillette pour éviter un commencement de fermentation dégageant de la chaleur dans le frigorifique et pouvant retarder
le refroidissement de l'intérieur du fruit ;

« 4° Pour satisfaire à cette condition, un frigorifique agricole doit disposer d'un excès de puissance frigorigène ;

« 5° Les fruits sortant du frigorifique ne se réchauffant que très lentement, il semble que, si on a eu soin d'éliminer les fruits tarés, ils
peuvent supporter de plus longs parcours que les fruits fraîchement
cueillis. Si donc on les expédiait en wagons frigorifiques, on pourrait
soit envoyer très loin des fruits mûrs, soit expédier aux distances
ordinaires des fruits cueillis plus mûrs et, par conséquent, plus sains
et plus sapides.

« Les expériences faites à Condrieu sur des colis isolés ont montré que
les fruits frigorifiés supportaient facilement des parcours de 2.300 kilomètres et des durées de transport de six jours. Dans un wagon rempli
de fruits frigorifiés, formant un accumulateur de froid, les résultats
ne pourront être que meilleurs. »

M. Loiseau a écrit à propos de ses essais :

« La température ne s'est jamais abaissée au-dessous de 0°, et elle a
toujours été maintenue entre 0 et 1°. Dans une expérience, *au bout
d'un mois*, 600 *pêches* placées dans l'appareil étaient intactes et

avaient conservé leur parfum. Après trente-cinq et quarante jours, les fruits subirent une détérioration de 10 p. 100 ; du quarantième au cinquantième jour, il y eut un déchet de 20 p. 100, qui alla toujours en augmentant et qui fut de 50 p. 100 deux mois après, pour atteindre 75 p. 100 après un séjour de soixante-quinze à quatre-vingt-dix jours dans l'appareil.

« Les *pêches* enveloppées de papier de soie ou d'ouate n'ont pas montré plus d'endurance que les autres (qui étaient, soit à nu, soit dans de petites boîtes en fer-blanc).

« Les *pommes* expérimentées acquirent toutes une augmentation d'un cinquième de leur valeur et sans perte appréciable. Les *prunes reines-Claude*, placées le 21 août, étaient encore, le 20 novembre, d'un bel aspect et bien sucrées.

« Les dépenses s'élèvent à 1 franc parjour. Il faut éviter d'employer les fruits trop mûrs ou trop verts, de même que les *pêches* d'arrière-saison, qui n'ont pas la saveur des autres. »

Sortie du frigorifique. — Des précautions spéciales doivent être prises pour les fruits délicats, susceptibles de se gâter à leur sortie des locaux frigorifiques, à cause du fendillement possible de l'épiderme, et surtout de l'humidité qui se condense sur leur surface froide. On les laisse séjourner un certain temps à une température intermédiaire Dans un établissement de Cologne, un dispositif a été établi à cet effet. A côté des tubes réfrigérants, dans lesquels circule la solution incongelable, se trouvent d'autres tubes qui reçoivent la vapeur d'eau des chaudières du moteur. On peut, ainsi, régler la température de la chambre et l'élever graduellement de + 3° à + 15°, la circulation d'air sec étant toujours maintenue à l'aide d'un ventilateur aspirateur. Le réchauffement des produits s'opère graduellement en quelques heures, s ans donner lieu à des taches ou à des altérations nuisibles.

M. Bouvier a écrit à ce sujet :
« Il est à noter que les fruits sortant du frigorifique se réchauffent très lentement. Ce réchauffement demande au moins vingt-quatre heures à l'air libre et trois ou quatre jours si les fruits restent emballés. On a remarqué que les fruits frigorifiés se conservent plus longtemps à l'état sain après leur sortie du frigorifique que les fruits fraîchement cueillis. Ainsi des *pêches* ont pu être consommées huit jours après leur sortie de la chambre froide. Du reste, les fruits frigorifiés sont mangeables pendant près de trente heures après leur sortie. Leur saveur et odeur disparaissent momentanément. Elles ne redeviennent

complètes qu'après quarante-huit heures ou plus, suivant la température extérieure. »

La conservation à longue échéance est-elle utile? — On a contesté l'utilité de la conservation des fruits par le froid, s'il s'agit d'obtenir des *produits hors de saison*.

En ce qui concerne la conservation des *pêches* au point de vue commercial, elle ne présenterait pas un bien grand intérêt. En l'espèce, on est obligé de s'adresser à des variétés mûrissant en septembre, pour les revendre en novembre. Mais, alors, le marché est encore chargé de pas mal de fruits de toutes sortes. Devant ces faits, on a pu dire que « les *pêches* qui valent la peine d'être conservées ne le peuvent pas, et celles qui peuvent être conservées n'en valent pas la peine ».

On pourrait invoquer les mêmes arguments pour les autres fruits à pulpe molle, comme les abricots, les prunes, les cerises, les fraises, etc., qui peuvent se conserver en chambre froide un à deux mois après leur maturation.

Pour M. H. Tuzet, inspecteur commercial de la Compagnie d'Orléans, la *conservation des fruits par le froid* ne semble pas présenter non plus de véritables avantages économiques. « La *grande consommation*, la plus intéressante, ne demande pas *hors saison* des quantités de fruits permettant d'assurer des bénéfices appréciables. La vente se limiterait à une clientèle très restreinte.

« Le refroidissement rationnel des fruits *entre la cueillette* et *l'emballage* est une excellente préparation pour assurer le transport et faciliter la bonne tenue des fruits. Mais il reste à savoir si la *chambre froide collective* pourra, en pays de gros trafic, recevoir une application pratique. Certains centres comptent, outre des producteurs qui expédient pour leur compte, des commerçants expéditeurs qui *ramassent* les fruits pour les expédier immédiatement. A ces derniers, il ne faut pas, en pratique, leur demander de venir au frigorifique et d'attendre, pour l'expédition, que le froid ait produit son effet. Le frigorifique, cependant, pourrait être utilisé par un groupe de commerçants ou de producteurs expéditeurs *dont l'entente est à faire.* Mais avant de songer à créer des groupements de producteurs, il serait indispensable de leur donner les moyens de faire vendre leurs produits par des mandataires de leur choix et ayant les mêmes intérêts qu'eux. Quand sera faite cette union pour la vente, se feront ensuite facilement tous les autres groupements des cultivateurs. Sous ces conditions, les *dépôts frigorifiques* sont appelés à rendre quelques services pour la préparation au transport ou une resserre limitée des fruits de grande consommation. »

En considérant seulement ces points de vue, la mise *hors saison* n'étant plus en cause, M. Tuzet fait remarquer que l'on ne doit point compter comme débouchés l'Amérique, les contrées méridionales de l'Europe, qui se suffisent, et amplement, à elles-mêmes. Quant aux contrées septentrionales de l'Europe, et sans aller à 3.000 kilomètres, tout commerçant assez au courant peut se dire qu'en pleine saison les marchés anglais, belges et allemands ont une vente limitée, et, en dehors de la saison, la vente de grandes quantités de fruits à des prix élevés est, comme en France, très limitée. En Russie, Moscou et Saint-Pétersbourg n'absorberaient pas les fruits des vergers et jardins fruitiers des provinces du Sud. En Sibérie et en Mandchourie, la clientèle semble bien incertaine. D'ailleurs, ces pays n'ont-ils pas à leur disposition des centres de production plus rapprochés que la France ?

Les commerçants intéressés déclaraient aux enquêteurs qui instruisaient les tarifs communs Grande Vitesse 114 et 314 pour le transport des produits du sol, que le trafic est limité à la demande de la consommation. Or, celle-ci n'est pas toujours celle résultant du chiffre de la population. Il faut tenir compte de la façon dont s'alimente chaque individu. C'est là un point qu'il faut bien connaître.

« Présentez aux tisseuses du Nord, aux tullistes du Pas-de-Calais, aux passementières de l'Aisne, ou aux hercheuses du bassin de Lens, des voitures pleines de fruits appétissants et d'un prix égal à ceux que vous présenterez aux midinettes de Paris, vous me direz, ensuite, ce qu'il faudra penser de l'aptitude à la consommation d'une clientèle plus rapprochée que celle que l'on signale à 3.000 kilomètres. Cette constatation me semblera suffisante pour que l'on estime peu pratique d'envoyer des wagons de fruits en Poméramie et en Finlande (1). »

Ajoutons que l'auteur préférerait voir s'organiser dans de meilleures conditions la consommation des fruits cuits ou conservés. La solution, à ses yeux, est de faire, avec une méthode pratique, des *confitureries coopératives*.

ARTICLE II

CONSERVATION DES FRUITS
DANS UNE MATIÈRE INERTE OU AUTRE

En gardant les fruits dans des matières inertes, qui les mettent à l'abri de l'humidité, de l'évaporation, du froid extérieur, de l'oxygène de l'air, des germes d'altération, il est possible de les conserver frais un certain temps.

Il est certain que les produits en question doivent être secs, sains, sans mauvaise odeur, et les fruits eux-mêmes indemnes de toute altération.

On utilise ainsi la *tourbe*, le *liège*, le *papier*, les *balles de maïs* ou autres, la *bourre de sarrasin*, *la chaux*, l'*ouate*, la *paille*, le *regain de fourrage*, la *sciure de bois*, la *mousse* et les *feuilles*

____

(1) Pour le *transport* des fruits en wagons réfrigérants, voir p. 136.

sèches, le *sable sec*, le *son*, le *charbon de bois*, le *papier d'étain*, etc. On enrobe aussi certains fruits dans une couche de gomme, de paraffine, etc.

Les fruits, emmagasinés de la sorte dans des tonneaux, des caisses, où ils *ne se touchent pas*, sont tenus dans un endroit frais mais sec, plutôt sur des étagères ou des madriers que sur le sol nu.

Dans des expériences faites avec divers de ces produits, on a tiré les conclusions suivantes :

1º Les fruits recouverts de *poudre de liège* ou enveloppés de *papier de soie* se sont parfaitement conservés jusqu'à la fin de l'expérience : la maturité s'est poursuivie régulièrement, les fruits ont conservé une saveur et une apparence irréprochables ;

2º Dans la *paille de bois*, composée de minces copaux très étroits de sapin ou de peuplier, les *poires* et les *pommes* étaient bien conservées, mais, cependant, étaient bien inférieures à celles du lot précédent ;

3º Dans la *paille d'orge*, le fruit n'avait pas de taches ni de saveur désagréable, mais il avait perdu de sa fraîcheur et sa maturité était moins avancée que dans les lots 1 et 2 ;

4º Les *poires* et les *pommes* conservées dans du *regain de fourrage* possédaient un arrière-goût de foin prononcé ; elles se tachaient et pourrissaient ;

5º La *sciure de bois* donne de très mauvais résultats ; les fruits étaient piqués, flétris, sentaient le bois et étaient, en somme, invendables ;

6º Dans la *menue paille de blé*, les *poires* étaient assez bien conservées : par contre, les pommes étaient flétries ; les unes et les autres avaient pris le goût de moisi ;

7º Dans les *feuilles sèches*, les pommes étaient assez bien conservées, quoique un peu flétries ; les *poires* étaient très tachées et très flétries ;

8º Les fruits qui avaient été abandonnés sur les tablettes d'un fruitier étaient assez bien conservés ; mais le lot placé dans une chambre chauffée est celui qui a le plus souffert de la flétrissure ;

9º Les lots enfouis dans le *sable* étaient moins avancés en maturité que tous les autres lots ; c'est la meilleure méthode lorsqu'on veut conserver des fruits pendant très longtemps ; avant de les enfouir dans le sable, il est préférable de les envelopper dans un double papier de soie avec de la poudre de liège.

Tourbe. — Celle qui a donné les meilleurs résultats à M. Charmeux, c'est la *tourbe jaune* de Hollande, débarrassée des matières étrangères.

On a voulu reconnaître à cette tourbe, fibreuse ou pulvérisée, des propriétés dont l'importance a été peut-être exagérée. Ainsi, la matière en question est inodore, elle absorbe l'humidité, elle garantit les produits qu'elle entoure contre toute condensation hygrométrique. Elle agit sur les insectes comme la poudre de pyrèthre et les tue par asphyxie. Elle possède des propriétés antiseptiques naturelles qui empêchent les fermentations de se produire à l'extérieur et à l'intérieur des fruits.

Pour le professeur Weber, de Brême, et le Dr G. Schweinfurth, la poussière de tourbe (tourbe de Hollande traitée industriellement), constitue un milieu impropre au développement des bactéries.

Il est conseillé d'entourer les fruits de *papier de soie* avant de les emballer dans la tourbe.

Papier. — Le papier de soie, le *papier pelucheux*, est le meilleur que l'on puisse utiliser pour la conservation des fruits, qui gardent ainsi mieux leur saveur et conservent leur beauté et leurs qualités extérieures.

Pour la conservation en chambre froide, on met souvent, par-dessus la première enveloppe de papier parchemin, du papier grossier qui empêche la condensation de l'humidité.

A une question posée par M. Vitry, président de la chambre syndicale des cultivateurs de la Seine, M. Dhers, commissaire spécial des Halles, dit qu'il serait bon, sans qu'il fût nécessaire d'appliquer intégralement les articles 2 et 3 d'une ordonnance de police qui défend 'emploi pour l'emballage des produits comestibles de papiers souillés et maculés, de traiter les fruits de la façon suivante :

« Les fruits durs, tels que pommes, poires, pêches, qu'on pèle généralement avant de les manger, pourront, comme les légumes secs, être enveloppés avec des papiers imprimés, vieux journaux, brochures, ouvrages divers et des registres ou autres manuscrits.

« Pour les fruits humides qui se consomment sans être pelés et s'écrasent facilement, comme les framboises, les cerises, les groseilles, les prunes, les fraises, etc., *il serait bon* de n'employer que des papiers neufs, blancs ou paille. »

Balles de maïs. — Des expériences faites au Cap, au Natal, au Cameroun, avec des *ananas* et des *noix de kola* fraîches, montreraient que les *balles de maïs*, parfaitement séchées, donneraient de meilleurs résultats que la tourbe. Les qualités isolantes et absorbantes de la matière en question, combinées à une forte ventilation, assureraient même, dit-on, un transport plus avantageux que celui en chambre froide.

Bourre de sarrasin. — Un arboriculteur belge emploie, paraît-il, depuis très longtemps, et avec un plein succès, la *bourre de sarrasin* pour conserver les fruits. Ces enveloppes, vidées par le battage, seraient très peu hygroscopiques et non sujettes à moisir.

Sciure. — On a conseillé aussi de placer les *poires* et les *pommes* dans des boîtes contenant une couche de *sciure de bois blanc* mélangée d'environ un huitième de *charbon de bois de hêtre* finement pulvérisé.

Les fruits y sont placés sans se toucher et recouverts, jusqu'aux trois quarts environ de leur hauteur, par la sciure.

La boîte est ensuite recouverte d'une feuille de papier gris collée sur les bords. On la tient dans une armoire fermée.

Liège. — On compte qu'il faut 20 kilogrammes de *liège granulé* pour emballer 400 à 500 kilogrammes de fruits. Nous donnons plus loin quelques détails sur le liège à propos des raisins.

Chaux. — La conservation des fruits dans la *chaux* a été étudiée avec attention par M. Monclar. Voici le procédé de conservation qu'il préconise. Il consiste dans l'emploi de la chaux en poudre, celle qu'on destine au chaulage des terres. D'après les constatations de cet expérimentateur, il est acquis que :

« 1° La chaux n'attaque à aucun degré la peau des fruits soumis à son contact prolongé ;

« 2° Qu'ils ne se dessèchent pas plus dans la chaux qu'ailleurs ;

« 3° Qu'elle ne leur communique pas de goût ;

« 4° Que les fruits ne se gâtent que par suite de leur évolution naturelle, la chaux les mettant à l'abri de toute cause extérieure de pourriture.

« Il reste entendu que cette dernière condition n'est remplie qu'autant que le fruit stratifié n'aura aucun germe de maladie, aucun défaut susceptible de fermentation, causes qui ont, en quelque état qu'on les conserve, déterminé la perte des fruits. Ajoutons enfin que ces fruits se conserveront mieux s'ils ont été cueillis un peu avant maturité et par un temps sec ; qu'une cave assez sèche, à température constante, conviendra mieux pour la conserve qu'un fruitier à température variable.

« Ainsi, des *raisins chasselas* mis en caisse le 13 septembre ont été sortis le 2 mai ; les couches supérieures laissaient un peu à désirer, les autres étaient très bien conservées. Des *coings* mis en caisses le 24 septembre étaient trouvés en parfait état en avril ; la plupart des *pommes reinettes* se trouvaient dans le même cas le 2 mai. Des *poires duchesse*, mises en caisses le 26 septembre, avaient conservé une fraîcheur de peau surprenante, mais la moitié étaient blettes et avaient un goût assez étrange. Des *poires d'hiver* étaient encore à point en mars.

« Quant aux *cerises, groseilles, prunes*, les résultats sont moins bons. Mais le procédé ne s'applique pas seulement aux fruits, les *légumes* s'en trouvent bien aussi ; des oignons ont été gardés du 22 août au 2 mai. Certains entraient en végétation ; des *tomates* incomplètement mûres, mises en caisses le 22 octobre, ont pu être conservées en partie jusqu'au 15 janvier. Des *betteraves* et des *carottes*, extraites le 2 mai, semblaient pour la plupart avoir été arrachées la veille. »

Ouate. — On utilise aussi l'*ouate*. Les fruits, une fois enveloppés, sont rangés dans des boîtes en fer-blanc ou des vases en verre hermétiquement bouchés. Il est utile, pour assurer cette dernière condition, de vernir les bouchons, ainsi que les interstices des boîtes et des couvercles. On comprend que l'on ne puisse conserver ainsi que les fruits de luxe.

Gomme. — M. T. Husnot a proposé d'enrober les fruits dans une mince couche de *gomme arabique*. C'est un procédé qui a quelque analogie avec l'*enrobage* des œufs. Cette enveloppe met le produit à l'abri du contact de l'air.

On choisit des *poires* et des *pommes* saines, non meurtries, et on les plonge dans une solution de gomme arabique obtenue avec 500 grammes de ce produit par litre d'eau. Cette quantité, suffisante pour traiter plusieurs centaines de pommes, coûte environ 3 francs. Il faut préparer cette mixture quelque temps à l'avance, et la remuer plusieurs fois chaque jour pour obtenir un produit bien homogène.

L'appareil suivant, qui mesure 1 mètre de long, permet, ensuite, de placer à demeure deux douzaines de fruits. Il se compose d'un petit cadre rectangulaire formé de règles en bois blanc de 1^{cm},5 à 2 centimètres d'épaisseur, simplement assemblées à l'aide de clous. Sur les deux côtés, représentant la longueur, on enfonce, tous les 8 à 10 centimètres, suivant la grosseur des fruits, deux petites pointes à têtes assez éloignées entre elles pour laisser passer aisément le pédoncule. Tout ce système appuie sur un support par ses deux extrémités. On enfile une épingle dans le pédoncule du fruit, on trempe ce dernier dans la gomme, on le laisse s'égoutter au-dessus du récipient, puis on le suspend l'épingle à cheval sur les deux clous. Si le pédoncule était trop court, on enfilerait un petit fil de fer dans le trou que l'on tournerait en anneau pour l'accrocher à l'un des clous.

Pour recevoir les dernières portions de gomme qui coulent, on place sous l'appareil une feuille de tôle ou de zinc, dont on replie légèrement les bords.

Quand l'enduit est sec, soit après huit à dix heures, on porte les fruits débarrassés de leur épingle dans un fruitier sec, sans les faire toucher.

Comme les *poires* gommées commencent généralement à pourrir par l'œil ou par la queue, ce sont ces points qu'il faut surtout garnir de gomme avec un pinceau deux ou trois semaines après le trempage. Quelquefois deux trempages sont nécessaires à huit à dix heures d'intervalle.

Ainsi traitées, les *poires* très précoces (citron des Carmes, Beurré-Giffard, André Desportes, Cuisse-Madame, etc.) se conserveraient deux à quatre semaines de plus que celles qui ne sont pas gommées.

Les *poires* de fin août et du mois de septembre (William) se conserveraient très bien jusqu'à la fin de novembre, c'est-à-dire au moins deux mois après la maturité des fruits qui n'ont pas été enduits.

Les *cerises* gommées ne se conservent que huit à dix jours de plus que celles qui ne le sont pas.

Les résultats ne sont pas, non plus, satisfaisants avec les *prunes*, les *abricots*, et surtout les *pêches*.

Quant aux *fraises* et aux *groseilles*, le gommage ne leur convient pas du tout.

Azote. — M. Ellwood Cooper, commissaire du Département de l'horticulture en Californie, recommande d'*emballer* les *fruits* dans une atmosphère neutre d'*azote*, qui s'oppose au développement des *germes* et des *moisissures*. Après avoir soumis sa méthode à des épreuves concluantes, il estime qu'elle peut se prêter avec profit à l'expédition des fruits de Californie sur les marchés d'Amérique et d'Europe.

M. E. Cooper emploie des caisses en carton bitumé, imperméables à l'air. On les remplit avec des fruits et on les ferme hermétiquement, à l'exception d'une petite ouverture. On porte une certaine quantité de ces caisses dans un grand récipient en métal où, après avoir fait le vide, on introduit de l'azote pur, qui prend la place de l'air dans les caisses. A l'aide d'un procédé spécial ou cachette, de l'extérieur, l'ouverture que l'on avait réservée. Alors, seulement, on sort les caisses du récipient à azote et on les emballe par quantités dans d'autres caisses en bois et on peut les expédier.

Pour le transport de ces fruits par chemin de fer, on se contente de simples fourgons couverts, au lieu de wagons frigorifiques.

Des *pommes*, *poires*, *raisins*, *cerises*, etc., emballés dans une atmosphère d'azote, d'après ce procédé, se seraient montrés, après cinq

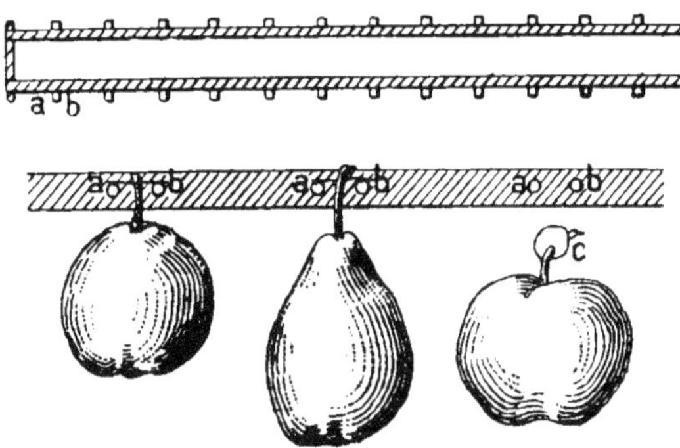

Fig. 85. — Mode de suspension des fruits « gommés ».

mois, parfaitement frais et sans aucune tache de moisissure. Quant aux fruits qui, au moment de l'emballage, avaient commencé à se gâter, la moisissure n'avait pas fait le moindre progrès.

Mais le côté économique peut être reproché à ce mode de conservation.

Influence de la lumière bleue sur la conservation des fruits. — Le « Bulletin » de l'Office des renseignements agricoles publie, à ce sujet, de M. Camille Flammarion :

« Dans les rapports des années 1902 et 1903, nous avons montré :

« 1° Que des châssis vitrés avec des verres bleus peuvent conserver, pendant un certain temps, des fruits à maturité qui s'y trouvent placés ;

« 2° Que ni les châssis bleus, ni les châssis rouges ne conviennent pour des plantes en état de fructification.

« Cette année, nous avons complété ces expériences en comparant l'action des radiations rouges et bleues sur des fruits arrivés à maturité. Un même nombre de *fraisiers*, cultivés à l'air libre, dans des pots, ont été placés, le 7 juin, sous des châssis bleus et rouges, lorsque leurs fruits furent arrivés à maturité. Nous avons eu soin, au préalable, d'enlever tous ceux qui n'étaient pas complètement mûrs. Deux jours après, le 9 juin, les fruits placés sous les châssis rouges étaient complètement gâtés. Ceux placés sous les châssis bleus purent être conservés, au contraire, jusqu'au 14 juin, date à laquelle ils commencèrent à se gâter.

« On peut donc conclure de ces expériences que des fruits arrivés à maturité et placés sous des châssis *bleus* peuvent être conservés pendant un certain temps, alors que, dans les conditions ordinaires, ils se gâteraient. »

ARTICLE III

CONSERVATION DES FRUITS PAR LA DESSICCATION

La *dessiccation* des fruits est un procédé de conservation pratique, avantageux. L'inconstance des saisons, l'irrégularité des récoltes, ont une grande influence sur les cours des marchés. Par le *séchage* on empêche une partie des fruits d'être livrés à vil prix (jusqu'à 2 fr. 50 les 100 kilogrammes), et même de ne pas être totalement perdus, ou de servir simplement à l'alimentation des animaux, comme on l'a fait notamment en 1904.

On sait que les fruits secs ont perdu de 75 à 80 p. 100 de leur poids. Il y a donc réduction des frais de transport, quand on veut les expédier au loin. Nombre de pays, surtout les États-Unis, la Californie, le Canada, nous envoient leurs produits ainsi traités. Pourquoi donc ne les préparerions-nous pas nous-mêmes ? Et puis, n'avons-nous pas des débouchés ? A nos portes, l'Angleterre achète chaque année pour 83.142.750 francs de fruits secs.

En France les régions favorables au développement des cultures fruitières ont tout avantage à sécher pommes, poires, abricots, pêches, prunes, raisins, figues. Nous pourrions alors facilement nous passer des *quartiers* de pommes sèches (schnitzen) que les Allemands nous envoient, à 1 fr. 80 le kilogramme, des pommes analogues, *white fruits* et *chops*, qui nous viennent d'Amérique. Nous fabriquons même chez nous du *cidre* avec des pommes *amirales* qui nous viennent de ce pays.

Les avantages de la *dessiccation* à *l'évaporateur* sont bien connus nous les avons signalés dans un autre chapitre, p. 25) Sous l'influence du courant d'air chaud, l'albumine se coagule ; l'amidon soluble qu'elle contient se combine à l'eau et se transforme en glucose, produit qui favorise la conservation.

Les fruits séchés rapidement ne sont pas chargés de poussières, d'œufs d'insectes, comme parfois ceux qui ont été traités au soleil. Par suite de la perte en eau, les frais d'emmagasinage, de transport, sont diminués d'autant. En ce qui concerne cette réduction de poids, voici quelques chiffres :

Avec un évaporateur Penniman, 100 livres des différents fruits suivants ne pèsent plus que : prunes à pruneaux, 40 livres ; pommes, 13 à 14 ; poires, 14 à 15 ; pêches, 18 à 20 ; abricots, 15 à 16 ; raisins, 40 ; figues, 45.

Un homme, une femme et un enfant suffisent pour peler couper et dessécher 1.000 à 1.200 kilogrammes de fruits en vingt-quatre heures. L'enfant actionne la machine àpeler les fruits, la femme les coupe et les place sur les claies, et l'homme s'occupe de leur dessiccation.

Choix des fruits. — On ne sèche guère que les fruits de *deuxième qualité*, les plus beaux donnent ordinairement plus de bénéfice quand ils sont vendus frais.

On doit choisir les variétés à *pulpe ferme*, à jus consistant. Les fruits très juteux sont d'abord exposés à l'air. S'ils sont *trop aqueux*, il est préférable de les réserver, quand il y a lieu, pour préparer des sirops ou des confitures.

Les fruits *mûrs* sèchent plus vite. Ils ont meilleur goût, plus bel aspect et un coloris plus agréable une fois préparés.

Ceux qui sont insuffisamment mûrs réclament un plus long séjour dans l'appareil ; ils perdent, relativement, plus de poids.

Les *petits fruits*, pour une même variété et un même degré de maturité, sèchent plus vite que les gros.

Enfin, il faut *trier* les fruits par grosseur, pour que la dessiccation sur une même claie soit plus uniforme.

Préparation des fruits. — Pour faciliter la dessiccation, on *pèle* les poires, les pommes, et même les pêches. Pour de grandes quantités, on a intérêt à opérer mécaniquement. Ainsi, pour les *pommes*, on emploie une *machine à peler* qui, en même temps, enlève les pépins. L'appareil à *couper* se compose de neuf lames avec lesquelles on débite les pommes en disques entiers de 7 millimètres d'épaisseur. Un ouvrier peut, ainsi, préparer 15 à 20 kilogrammes de fruits dans une heure.

Il est certains fruits dont la peau contient des principes aromatiques et qu'il ne faut pas peler, les pommes à cidre, par exemple.

On extrait les pépins et noyaux, surtout des fruits de première qualité, car alors ils se conservent mieux, sans compter qu'ils présentent ainsi, un plus bel aspect. Mais il y a, encore ici, des exceptions.

Quand on a à extraire les noyaux, il est bon de laisser, d'abord, sécher, un peu les fruits, car ils deviennent plus maniables.

Ces opérations ne se font bien qu'avec des fruits non entièrement mûrs, fermes. Il ne faut y procéder qu'au moment de les introduire dans l'*évaporateur*, car les fruits ainsi mis à nu, les poires surtout, noircissent sous l'action oxydante de l'air. En attendant, on les plonge dans de l'eau salée (5 grammes par litre).

Mais on peut encore les *blanchir*.

On blanchit ordinairement à l'*anhydride sulfureux*, improprement appelé *vapeur de soufre*. Ainsi, les *abricots* et les *pêches* sont d'abord plongés dans l'eau chaude ou dans une lessive alcaline bouillante, durant quelques secondes, de façon à enlever la peau. Les fruits sont, à cet effet, placés dans un panier en fil de fer ou en tôle galvanisée, percée de trous.

On prépare la lessive en faisant dissoudre $0^{kg},5$ à 1 kilogramme de carbonate de potasse ou 1 kilogramme à $1^{kg},5$ de carbonate de soude dans 10 litres d'eau.

Les fruits sont ensuite rafraîchis dans l'eau froide, ou très souvent renouvelée. On coupe alors en deux ; on dénoyaute les pêches. Les moitiés de fruits ainsi obtenues sont rangées sur des claies et reposent sur le côté plat. On porte les claies ainsi garnies dans une sorte d'armoire ou *boîte à blanchir*. Là, on brûle du soufre (20 grammes par mètre cube) et on laisse agir le gaz sulfureux produit, durant deux à trois heures.

A ce traitement, les *abricots* deviennent transparents. Ils prennent une belle couleur ambrée. C'est alors que l'on porte à l'*évaporateur*, où la température doit être maintenue entre 60 et 70°. On a soin de laisser refroidir les fruits, après chaque période de dessiccation.

Le *Congrès de Paris* et le *décret* du 19 décembre 1910 ont limité à 100 milligrammes par kilogramme la quantité d'acide sulfureux que peuvent renfermer les fruits secs.

Si le *gaz sulfureux* donne une plus belle apparence aux fruits,

s'il écarte même les insectes, il n'en est pas moins vrai que cette préparation donne à tous le même aspect, qu'ils soient bons on mauvais,
mûrs ou non mûrs. Enfin, elle altère un peu l'aliment, surtout quand
elle se prolonge trop ; si la dessiccation se fait ensuite sur le zinc,
l'acide sulfurique formé peut donner du sulfate de zinc.

Étuvage. — La pratique a démontré qu'il est utile, dans beaucoup de cas, d'*étuver* les fruits avant de les introduire dans le séchoir.
On accélère ainsi la dessiccation. Un *étuveur* se compose, en principe,
d'un générateur de vapeur et d'une caisse qui reçoit les fruits où ils
sont exposés à l'action de la vapeur(page 32).

Pour de petites quantités, on peut se contenter d'un chaudron ; on
maintient le panier garni de fruits dans la vapeur d'eau bouillante.
Plus simplement, on trempe le tout dans l'eau.

Durée de la dessiccation. — La dessiccation doit commencer à une température plus basse pour les fruits traités
avec leur peau, comme les prunes, les cerises, les raisins, que
pour ceux qui sont pelés, poires, pommes, ou qui sont préalablement coupés en deux, comme les abricots.

Pour ces derniers, une température plus élevée, au début, les
saisit, et il se forme une pellicule à leur surface qui entrave
peut-être un peu la sortie de la vapeur d'eau, mais qui, par
contre, empêche la coloration brune. Il y a toutefois des
variantes dans cette façon de procéder.

La dessiccation ne doit pas être poussée à l'extrême. Les fruits
perdraient, non seulement en poids, mais aussi en qualité
(moelleux).

La *durée* de la dessiccation varie avec les fruits, leur grosseur, la proportion d'humidité qu'ils renferment, leur état
de division, etc.

La dessiccation doit être lente pour les *poires* riches en sucre,
7 à 9 heures quand elles sont divisées, 12 heures quand elles
sont entières. Pour les *pommes* en tranches, 5 à 6 heures ; en
quartiers, 6 à 7 heures ; entières, 7 à 8 heures.

Pour les *abricots* ouverts sans noyaux, 7 à 8 heures.

Pour les *cerises*, 5 à 6 heures.

Pour les *pêches*, la durée est un peu plus longue que pour les
abricots.

Les *prunes* entières demandent 16 à 20 heures.

Rendements et frais. — D'après M. Durand, 100 kilogrammes de pommes fraîches donnent, en moyenne, 12 kilo-

grammes de fruits secs ; le même poids de poires *bon chrétien William*, 20 kilogrammes ; *duchesse*, 10 kilogrammes ; d'*abricots*, 20 kilogrammes.

M. Tritschler cite les chiffres suivants : *pêches* 16 à 20 p. 100; *prunes*, 25 à 35 p. 100.

En ce qui concerne les *frais*, on a dit qu'avec 0 fr. 50 de charbon, on peut dessécher 60 à 120 kilogrammes de fruits suivant les espèces et les variétés. Une personne seule suffit, en général, pour la conduite d'un petit évaporateur agricole.

Fig. 86. — Évaporateur Tritschler.

D'après M. Tritschler, le prix de revient de la main-d'œuvre avant et pendant la dessiccation, pour 100 kilogrammes de fruits, s'élève à 0 fr. 50 le combustible coûte 0 fr. 60, l'emballage des produits secs se chiffre par 2 francs, soit au total : 3 fr. 10.

Emballage. — Avant d'*emballer* les produits, il est bon de compléter la dessiccation pendant plusieurs jours à l'air. On les expose, à cet effet, dans un local sec et bien aéré.

On trie ensuite très soigneusement, et on emballe.

Les *pommes* et les *poires* s'emballent le plus souvent dans des sacs, ou mieux dans des tonneaux, des caisses.

Les *abricots*, les *pêches*, les *prunes* sont rangés et tassés fortement dans des sacs.

Nous rappellerons que la *présentation* de la marchandise (*papier*, *ornements divers*, *belle apparence* des fruits à l'ouverture du colis) influe beaucoup sur les prix de vente.

Dans l'étude que nous faisons plus loin de chaque fruit nous donnons des détails complémentaires.

Nous ne saurions trop engager les lecteurs à lire les travaux qui ont été écrits sur la dessiccation des fruits et légumes par des expérimentateurs autorisés, notamment par MM. Nanot et Tritschler, Durand,

Malpeaux et Péronne, Warcollier, Rabaté, dont nous rappellerons les ouvrages à l'occasion, travaux que nous avons mis largement à contribution ici.

ARTICLE IV

CONSERVATION DES FRUITS PAR LA CUISSON

La *cuisson* en récipients clos par le *procédé Appert* (p. 40), peut être employée pour conserver tous les fruits. Le plus souvent on combine l'emploi de la chaleur avec celui d'un antiseptique, ordinairement le sucre, en solution concentrée, comme il se trouve, par exemple, dans les confitures.

Mais la cuisson seule en vase clos peut suffire. C'est ainsi que l'on prépare les *pulpes de fruits*.

Au moment de la récolte, on n'a pas toujours le temps nécessaire pour procéder à la confection des confitures. Pour ne pas laisser altérer les fruits, on leur fait alors subir une préparation sommaire qui leur permettra d'attendre le moment propice, en hiver, par exemple.

Les fruits nettoyés, débarrassés de leur noyau et pédoncule, sont mis en boîtes ou en flacons (nous avons dit que les fruits rouges s'altèrent au contact du métal), avec une petite quantité d'eau, quand ils ne sont pas suffisamment juteux, ce qui est l'exception. Les confiseurs eux-mêmes ajoutent un léger sirop.

Après fermeture hermétique, on stérilise au bain-marie (p.43). On obtient ainsi ce que l'on appelle du nom général de *pulpe de fruits*, produit qui servira à préparer la plupart des confitures (1). C'est la façon la plus simple de conserver les fruits par la cuisson.

Cette préparation constitue même une vraie industrie, que peuvent mettre en œuvre les producteurs groupés en *coopératives*, pour livrer ensuite les boîtes aux confiseurs. Nous aurons l'occasion de citer quelques exemples intéressants de cette petite industrie agricole.

---

(1) En général, le blanchiment préalable des fruits leur enlève toujours une partie de leur arome; c'est le cas, surtout, de la pêche.

Cette stérilisation préalable des fruits, avant leur mise en œuvre pour la préparation des confitures, présente quelques inconvénients que nous devons signaler.

Les matières pectiques subissent ici des modifications qui font que les pulpes ne donneront plus des confitures et, surtout, des gelées ayant autant de consistance que celles que l'on obtient avec les fruits frais. Mais on sait qu'il suffit d'ajouter un peu d'acide tartrique (la loi autorise 2 grammes par kilogramme de matière), au moment de la préparation de la confiture, pour remédier en partie à cet inconvénient.

En outre, la couleur n'est plus la même, et pour la vente on est presque obligé d'employer un colorant approprié (voir la législation).

ARTICLE V

CONSERVATION PAR LES ANTISEPTIQUES

On utilise surtout le *sucre* en solution concentrée combiné avec la cuisson. L'*alcool*, le *vinaigre* et même le *sel* sont encore employés.

I

EMPLOI DU FORMOL

Les antiseptiques courants changent complètement la saveur des fruits, mais voici un autre ingrédient proposé, le *formol*, d'un emploi facile et qui permettrait de garder les fruits frais pendant quelques jours.

La méthode, préconisée en Angleterre, à la suite d'expériences effectuées sous la direction du *Jodrell Laboratory*, à Kew, a été signalée par M. Truelle en ces termes :

Le formol est recommandé pour la plupart des fruits : *pommes, cerises, fraises, groseilles à maquereau, poires, raisins, groseilles à grappes rouges, cassis, prunes, bananes.* Ces fruits ont pu être ainsi conservés cinq à dix jours. Ces laps de temps sont ceux durant lesquels les fruits *formolés* se sont maintenus en bon état après que ceux qui, lors des expériences, avaient été pris comme témoins, étaient devenus, sous l'action des moisissures, absolument inutilisables. Il ne faut pas oublier que ces différents genres de fruits ont été soumis aux expériences alors qu'ils avaient non seulement atteint leur maturité complète, mais aussi après avoir été mis en vente, c'est-à-dire exposés à la consommation et que, dans certains cas, ils avaient été plus ou moins meurtris. On peut en conclure que si on les avait traités aussitôt cueillis, le temps durant lequel ils ont conservé les qualités exigées pour la vente, aurait dépassé de beaucoup la période indiquée plus haut. En résumé, on ne devrait mettre les fruits au fruitier qu'après les avoir traités au formol. Les *pommes* ont surtout beaucoup à gagner à ce traitement. Voici la façon de les manipuler, d'après M. Truelle.

On verse 10 gallons d'eau (45^l,43), de l'eau de pluie de préférence, dans un baril ou tout autre récipient *ad hoc*. On y ajoute trois pintes (1^l,704) de solution de formol du commerce à 40 p. 100 et on mélange.

On met alors, dans un filet ou dans un sac à larges mailles, une quantité de pommes telle qu'elles puissent être recouvertes par l'eau. Durant l'immersion, qui dure dix minutes, on a soin d'élever et d'abaisser deux ou trois fois le sac, afin que toutes les parties de son contenu soient bien humectées. On le vide ensuite sur une couche de paille, de foin ou de toute autre substance, sur laquelle les fruits peuvent s'égoutter et sécher. Il n'est pas nécessaire, après avoir retiré les fruits de la solution formolée, de les plonger dans de l'eau ordinaire, quand ils doivent être conservés.

Les fruits à *pulpe tendre, fraises, prunes*, etc., sont placés dans un tamis ou tout autre dispositif qui permette l'immersion.

La force de la solution ne s'affaiblit pas, paraît-il, par l'usa e de sorte que son action stérilisante sur tous les fruits que l'on y plonge successivement reste la même jusqu'à la fin.

Les savants anglais attachent une grande importance à ce procédé de conservation qui, selon eux, permettrait d'importer divers genres de fruits mûris sous les tropiques et qui n'arrivent le plus souvent en Europe que dans un mauvais état. Ils conseillent d'appliquer dans les ports d'embarquement, à toutes les cargaisons de fruits, ce traitement au *formol*, qui, à l'efficacité, à la modicité et à la facilité de l'emploi, joindrait, d'après eux, une entière innocuité.

M. Truelle se demande si l'on ne pourrait pas employer pareil traitement pour les *citrons* et les *oranges*, qui sont souvent attaqués par les moisissures, notamment par le *penicillium glaucum*.

Mais on sait que le *formol* introduit dans les aliments est dangereux pour la santé. L'important serait donc de savoir si les fruits trempés seulement un instant dans cet antiseptique en conservent des traces. D'ailleurs, si le formol est interdit en France, son emploi est toléré en Angleterre.

Les expérimentateurs anglais prétendent que le procédé ne présente aucun danger, parce qu'il ne reste pas de formol sur les fruits.

Il faut remarquer que l'on a décelé la présence de ce corps dans les viandes fumées, les saucisses, jambons, andouilles, poitrines de porc et harengs saurs, en quantité variant de 0,003 à 0,025 p. 100 de matières. On en a rencontré aussi dans la choucroute.

II
FRUITS A L'EAU-DE-VIE

Les *fruits* destinés à être *conservés* dans l'*eau-de-vie*, fruits à noyaux, raisins, oranges, citrons, etc., doivent être cueillis un peu avant complète maturité, même verts pour les oranges. On choisira, naturellement, les plus beaux et absolument sains, sans déchirure ni meurtrissure ou piqûre de vers.

On les nettoiera avec un linge s'ils sont à peau lisse, *poires, cerises, prunes*, etc., ou avec une brosse douce s'il s'agit de fruits à peau duveteuse, comme *pêches, abricots*, etc. Dans les ménages on les met ainsi tout simplement dans de la bonne eau-de-vie. Pour la vente, il est préférable de traiter les produits plus complètement.

Pour les empêcher d'éclater, de se fendiller, on les pique jusqu'au noyau avec une petite tige de la grosseur d'une aiguille à tricoter, mais en os, en buis, etc. Cela fait, on les rafraîchit et les raffermit dans de l'eau très froide, en les y laissant séjourner cinq heures environ. Vient ensuite le *blanchiment*, opération qui a surtout pour but d'empêcher qu'ils ne noircissent dans l'alcool.

Dans une grande bassine plate, aux deux tiers pleine d'eau, on fait bouillir de l'eau. A ce moment, on la retire du feu et l'on y jette les fruits en une seule fois. Après dix minutes, on reporte sur le feu et on chauffe progressivement jusqu'à ce que les fruits viennent surnager. On les retire alors, avec une écumoire, au fur et à mesure qu'ils arrivent à la surface. On les plonge dans l'eau froide, cette dernière étant renouvelée pour la maintenir fraîche. On y ajoute aussi, pour aviver la couleur des fruits à peau délicate, 50 grammes d'alun par hectolitre.

Les fruits ainsi traités sont placés sur un tamis où ils s'égouttent. Ils sont prêts, après cela, à être plongés dans l'eau-de-vie.

Un premier traitement consiste à les laisser durant six semaines environ dans de l'eau-de-vie blanche titrant 53 à 58°. Cette macération doit être faite dans un lieu frais, à basse température. Quand les fruits ont ainsi bien pris l'alcool, on les range avec ordre dans des bocaux en verre pour les noyer ensuite avec l'eau-de-vie précédente, à laquelle on a ajouté 125 à 250 grammes de sucre préalablement dissous dans un peu d'eau. On peut également confire au sucre les fruits avant de les mettre dans l'alcool. Ils sont, ainsi, plus délicats.

Les bocaux, fermés par un bouchon, entourés de papier parchemin, sont conservés dans un endroit obscur à température moyenne.

On trouvera d'autres détails à propos de chaque fruit.

III

FRUITS AU VINAIGRE

On conserve dans le *vinaigre* les *pommes aigres*, les *pêches*, les *abricots*, etc., que l'on sert comme hors-d'œuvre.

On prend de petites *pommes* de la grosseur d'une belle noix. On les met dans une casserole sur un lit de feuilles de vigne.

Après avoir ajouté de l'eau dans laquelle elles baignent entièrement, on cuit sur un feu doux jusqu'à ce que l'on puisse peler facilement les fruits.

Les *abricots* et les *pêches* sont cueillis quand ils ont atteint toute leur grosseur, mais avant leur maturité. On les laisse dans l'eau fortement salée durant trois jours.

Après les avoir essuyés avec un linge fin, on les met dans un pot en grès avec les *pommes* préparées comme il a été dit plus haut, ou séparément.

Enfin, on verse sur ces fruits du vinaigre bouillant, traité comme il sera indiqué à propos du mélange de légumes au vinaigre. On peut préparer ainsi tous les petits fruits verts.

IV

CONFITURES

Dans la préparation des *confitures* on amène, par la cuisson, un mélange de sucre et de fruits à un tel degré de concentration que la masse ne peut plus fermenter.

10.

Le *sucre* joue le rôle d'*antiseptique*, Il nuit au développement des *microorganismes*. Il faut, pour cela, qu'il entre dans le mélange en quantité convenable. La pesée préalable ne suffit pas, car le degré de concentration dans le produit définitivement préparé dépend aussi de l'évaporation durant la cuisson.

La préparation des confitures devrait prendre plus de développement dans nos campagnes. — Suivant une communication de M. Paul Serre à la Société nationale d'agriculture, l'*industrie confiturière* fut créée en France il y a une cinquantaine d'années. Mais, dit l'auteur, beaucoup de ménagères manquent de patience et de minutie, et elles se contentent, le plus souvent, d'une ou deux sortes de marmelades mal sucrées, mal cuites, et qui, par suite, subissent un commencement de fermentation qui altère le goût. Et cependant, quels délicieux desserts ne peut-on pas faire avec les fruits de conservation difficile !

Devant l'infériorité de la production domestique, les confitures industrielles prennent une importance croissante.

Pendant longtemps, les Anglais ont été, en cette matière, les maîtres du marché mondial. Ils étaient favorisés, en cela, par un prix de revient plus bas du sucre de canne, auquel ils substituent, parfois, des sucres exotiques bruts, des glucoses et des cassonades. D'ailleurs, ils s'approvisionnent de fruits chez nous.

Après la convention de Bruxelles, qui réduisit le prix du sucre, nos industriels furent placés en meilleure posture pour rivaliser avec nos voisins. On sait aussi que le gouvernement paie un « drawback » pour le sucre inverti contenu dans les confitures exportées dans nos colonies et à l'étranger. Nous avons donc tout lieu de croire que le procédé dit *à la citrouille*, et qui consiste à additionner de marmelade de potiron les confitures d'abricots et autres, ou d'augmenter la consistance des produits préparés avec de la *colle du Japon*, ou *isinglass*, ne sont plus qu'une légende.

M. Paul Serre ajoute : « Nos confituriers modernes emploient le sucre de betterave cristallisé — on reproche au sucre de canne un léger goût désagréable — et des fruits de bonne qualité. On ne saurait, certes, leur demander d'enlever le cœur des pommes, des poires et des coings, comme on le fait dans un intérieur bourgeois, ou d'épépiner les groseilles comme à Bar-le-Duc, mais j'ai constaté *de visu* qu'ils apportent à la préparation de leurs produits un soin tout particulier et qu'une grande propreté règne dans leurs usines où le cuivre rouge tire l'œil un peu partout. »

Grâce à la faculté qui leur est donnée de récupérer les droits prélevés par l'État français sur les sucres cristallisés ou invertis nos fabricants sont à même d'offrir à la clientèle de travailleurs de nos colonies et de l'étranger une boîte de même contenance que celles des marques bien connues de Milton, Tieleman et Bendel, Crosse et Blackwell, Betty, etc. et qui peut être vendue au détail à un prix moyen de 60 à 65 centimes.

Quant à la clientèle bourgeoise, elle exige des confitures de qualité supérieure pur fruit et pur sucre, logées dans du verre. Mais par contre, elle consent à payer plus cher.

Ce dont devraient se pénétrer ceux qui veulent fabriquer des confitures pour la vente, aussi bien dans la métropole qu'aux colonies, c'est de livrer des produits à bon marché.

Décret du 16 juin 1904.

COMPLÉTANT LE DÉCRET DU 18 SEPTEMBRE 1880 SUR LES SUCRES.

L'article 1er du décret du 18 septembre 1880 est complété ainsi qu'il suit :

« Pour les confitures, gelées et compotes de fruits, n'ayant reçu aucune addition de glucose, ni de raisiné, le sucre cristallisable ajouté donnera lieu à la décharge des obligations d'admission temporaire de sucres bruts, souscrites dans les conditions réglementaires.

« La quantité de sucre admissible à la décharge desdites obligations sera évaluée de la manière suivante :

« Les laboratoires détermineront la proportion de sucre inverti pour 100 (sucre inverti apporté par les fruits et sucre inverti provenant de l'inversion totale du saccharose). De cette proportion, on retranchera 10 (poids du sucre supposé provenir des fruits), et la différence obtenue, multipliée par 0.95, donnera la quantité de sucre à admettre en décharge.

Décret B du 16 avril 1910.

(Journal officiel du 25 avril   1910).

RELATIF A L'EMPLOI EN FRANCHISE DES SUCRES CRISTALLISÉS, MÉLASSES ET GLUCOSES UTILISÉS A LA PRÉPARATION DES PRODUITS INDUSTRIELS.

ARTICLE PREMIER. — Tout industriel qui veut bénéficier de l'exemption des droits sur les sucres cristallisés, les mélasses ou les glucoses qu'il emploie dans son industrie est tenu d'en faire la demande, sur papier timbré, au directeur des contributions indirectes du département dans lequel est située son usine.

Cette demande spécifie :

1o La nature des produits à la préparation desquels les sucres, mélasses ou glucoses sont destinés ;

2o Le procédé qui sera employé pour la mise en œuvre de ces substances ;

3o Le mode qui est proposé pour leur dénaturation ou les motifs qui s'opposeraient à toute dénaturation avec indication, dans ce dernier cas, des garanties offertes pour suppléer à la dénaturation préalable ;

4o Les quantités approximatives de sucres cristallisés, de mélasses ou de glucoses qui seront utilisées annuellement :

La demande est appuyée de l'original ou de la copie certifiée d'une patente applicable à l'industrie aux besoins de laquelle les substances saccharines doivent être employées.

Toute modification apportée aux dispositions mentionnées dans la demande primitive doit, au préalable, faire l'objet d'une demande complémentaire, sur papier timbré, adressée au directeur départemental des contributions indirectes.

Art. 2. — Est interdite et doit être supprimée toute communication intérieure entre les établissements dans lesquels on emploie en franchise à des usages industriels des sucres, mélasses ou glucoses, et les locaux dans lesquels sont emmagasinés, soit des substances de l'espèce destinées à d'autres usages, soit des produits préparés à l'aide de l'une quelconque de ces substances en dehors des conditions prévues par le présent décret.

Art. 3. — Les sucres cristallisés, mélasses ou glucoses destinés à être employés en franchise dans l'industrie doivent être expédiés en suspension du payement des droits et accompagnés d'acquits-à-caution.

Les sucres sont soumis à la formalité du plombage. Les frais de cette opération seront mis à la charge de l'expéditeur, à raison de 3 centimes par plomb, conformément à l'arrêté ministériel du 15 novembre 1879 rendu par application de l'article 20 de la loi du 31 mai 1846.

Les sucres, mélasses et glucoses sont emmagasinés à part et devront être conservés intacts dans leurs emballages d'origine jusqu'au moment de la dénaturation ou de leur mise en œuvre.

Toutefois, pourront être transvasées avant dénaturation ou mise en œuvre les mélasses expédiées par wagons-réservoirs.

Art. 4. — Il est ouvert à l'industriel un compte de produits en nature présentant distinctement, pour chaque espèce de substances saccharines :

A. Aux entrées :

1° Les quantités de sucres cristallisés, de mélasses ou de glucoses régulièrement introduites dans l'établissement ;

2° Les quantités reconnues en excédent à la suite des inventaires.

B. Aux sorties :

1° Les quantités régulièrement dénaturées ou mises en œuvre ;

2° Les manquants constatés aux inventaires.

Ce compte est tenu :

Pour les sucres cristallisés, en poids effectif et en raffiné, d'après le rendement fixé par l'article 18 de la loi du 19 juillet 1880 ;

Pour les mélasses de sucrerie, en poids effectif et en raffiné, sur la base de 5 kilogrammes de raffiné par 100 kilogrammes de mélasses ;

Pour les mélasses de raffinerie et les glucoses, en poids effectif seulement.

Les employés peuvent, lorsqu'ils le jugent utile, arrêter la situation de ce compte et, à cet effet, vérifier par la pesée les quantités existantes.

Si la vérification fait ressortir un excédent, cet excédent est ajouté aux charges.

Si elle fait apparaître un manquant, ce manquant est porté en décharge après avoir été soumis aux droits dont sont passibles les sucres, mélasses ou glucoses.

Tout excédent ou tout manquant supérieur à 5 p. 100 des quantités prises en charge depuis le dernier recensement donne lieu à la rédaction d'un procès-verbal.

Art. 5. — Préalablement à la mise en œuvre, les sucres et glucoses devront, sauf en cas d'impossibilité dûment justifiée par les industriels, être dénaturés, en présence du service, suivant l'un des procédés autorisés par décrets rendus sur l'avis du comité consultatif des arts et manufactures.

Chaque opération de dénaturation sera précédée d'une déclaration indiquant :

1º L'espèce et le poids des produits à dénaturer ainsi que — s'il s'agit de sucres — leur rendement présumé au raffinage et leur poids exprimé en raffiné ;

2º L'espèce et la quantité des substances dénaturantes à employer.

Cette déclaration est faite à la recette buraliste désignée à cet effet par les employés. Ceux-ci font connaître au déclarant les jour et heure auxquels ils peuvent assister à la dénaturation, sans que le délai compris entre le moment où la déclaration est déposée à la recette buraliste et celui auquel aura lieu la dénaturation puisse excéder deux jours pour les localités où il existe un poste d'employé et quatre jours pour celles où il n'en existe pas.

En ce qui concerne les mélasses, la dénaturation effectuée dans les conditions ci-dessus sera facultative et aura pour effet, lorsqu'elle sera pratiquée dans les dix jours de la réception de ces bas produits, de dispenser l'industriel des obligations imposées par les articles 4, 7 et 9 du présent décret.

Art. 6. — Les sucres et glucoses dénaturés font l'objet d'un compte spécial ouvert à l'industriel.

Ils sont suivis à ce compte :

1º Pour leur volume, si les produits sont à l'état liquide, ou pour leur poids, s'ils se trouvent à l'état solide ;

2º Pour la quantité de raffiné représentée par les sucres cristallisés, cette quantité étant déterminée dans les conditions rappelées par l'article 4 du présent décret, ou pour le poids effectif des glucoses.

Ce compte est chargé :

1º Des quantités régulièrement préparées ;

2º Des excédents reconnus à la suite des inventaires.

Il est déchargé :

1º Des quantités régulièrement mises en œuvre ;

2º Des manquants constatés aux inventaires.

Les employés peuvent, lorsqu'ils le jugent utile, arrêter la situation du compte spécial des produits dénaturés et, à cet effet, vérifier le quantités existantes.

Si la vérification fait ressortir un excédent, cet excédent est ajouté aux charges.

Si elle fait apparaître un manquant, ce manquant est porté en décharge et soumis aux droits dont étaient passibles les sucres ou glucoses entrés dans la préparation du produit.

Tout excédent ou tout manquant supérieur à 5 p. 100 des quantités prises en charge depuis le dernier recensement donne lieu à la rédaction d'un procès-verbal.

Art. 7. — Sur un registre fourni par lui, l'industriel inscrit, sans aucun blanc ni aucune décharge ni rature, au fur et à mesure des opérations :

1º Les quantités (volume ou poids, selon que le produit est à l'état liquide ou solide)) de sucres ou de glucoses dénaturés mises en œuvre, ainsi que le poids de raffiné représenté par les sucres cristallisés ou le poids effectif de glucoses contenus dans lesdits produits dénaturés ;

2º Le poids effectif des mélasses en nature mises en fabrication.

Ce registre sera coté et paraphé par les agents de l'administration. Il devra être représenté à toute réquisition du service.

Art. 8. — Chaque fois qu'il le juge convenable, le service des contributions indirectes prélève gratuitement des échantillons sur les sucres, mélasses et glucoses en nature, sur les substances dénaturantes, sur les produits dénaturés, ainsi que sur les produits en cours de fabrication et les produits achevés.

Art. 9. — Avant toute introduction de sucre, de mélasses ou de glucoses dans leurs établissements, les industriels devront présenter une caution solvable et agréée par l'administration, qui s'engagera, conjointement et solidairement à payer avec eux les droits constatés à leur charge ainsi que les frais de surveillance dont ils seront redevables.

Art. 10. — Des dépôts de mélasses en nature, en vue de la livraison ultérieure de ces bas produits aux industriels admis à la franchise, peuvent être autorisés par les directeurs départementaux auxquels une demande sur papier timbré est adressée à cet effet.

Les dépositaires sont soumis aux diverses prescriptions du présent décret.

Il leur est ouvert un compte qui est suivi et réglé dans les conditions fixées par l'article 4 ci-dessus. Les sorties de ce compte sont constituées par :

1º Les quantités régulièrement expédiées en vertu de titres de mouvement ;

2º Les manquants constatés aux inventaires.

L'administration peut, aux conditions qu'elle détermine, autoriser le dépôt, dans un même établissement ou dans des locaux communiquant intérieurement, des mélasses destinées à divers usages.

Art. 11. — Pour la vérification des divers produits, soit à l'arrivée' soit lors des dénaturations, soit au moment des inventaires, les industriels et les dépositaires doivent fournir les ouvriers, de même que les poids et balances et autres ustensiles nécessaires. Ils doivent, en outre, aux cours des recensements, déclarer les espèces et les quantités de produits existant en magasin.

Les industriels dont les opérations devront être soumises à la surveillance permanente du service sont tenus de mettre gratuitement à la disposition des employés, dans l'enceinte de l'usine, un local destiné à servir de bureau et pourvu de tables, de chaises, d'un poêle ou d'une cheminée et d'une armoire fermant à clé.

L'entretien, le chauffage et l'éclairage du bureau sont effectués gratuitement par l'industriel ou, à ses frais, par les soins des employés.

Les industriels dont les opérations ne seront soumises qu'à la surveillance intermittente, mettront gratuitement à la disposition du service, dans leurs ateliers, deux chaises et une table avec tiroir fermant à clé.

Art. 12. — Les établissements employant en franchise des sucres, mélasses ou glucoses sont soumis, ainsi que leurs dépendances, aux visites et aux vérifications du service des contributions indirectes dans les conditions prévues par les articles 235 et 236 de la loi du 28 avril 1816.

Art. 13. — Les industriels qui mettront en œuvre des sucres, des mélasses ou des glucoses avec le bénéfice de la franchise des droits, ainsi que les négociants admis, conformément aux dispositions de l'article 10 du présent décret, à recevoir et à détenir des mélasses non libérées d'impôt, devront acquitter, à la fin de chaque mois et au vu d'un décompte dont il leur sera délivré copie, les frais de surveillance mis à leur charge par application du paragraphe 5 de l'article 40 de la loi de finances du 8 avril 1910.

Art. 14. — Les dispositions du décret du 20 octobre 1904 sont abrogees.

Concours de confitures. — Vers 1904-1905, devant la production considérable, qui dépassa, chez nous, un million de tonnes de sucre, plusieurs sociétés agricoles et d'autres organisations pensèrent qu'en encourageant la fabrication des *confitures*, elles favoriseraient la consommation du sucre, qui n'atteignait alors que 500.000 à 600.000 tonnes. On estimait que ce genre de conserves pouvait utiliser 30.000 à 40.000 tonnes de sucre.

En 1904, eut lieu le concours de Laon; d'autres suivirent bientôt : Paris, Redon, Alger, Compiègne, Douai, Hyères, Meaux, etc.

Ces sortes de compétitions publiques, qui réveillent l'enthousiasme des ménagères, non seulement ont, comme résultat, de favoriser la consommation du sucre, mais encore d'utiliser à la ferme les fruits qu'on laisse souvent perdre dans les années d'abondance, et aussi certains légumes, car on fait de très bonnes confitures, par exemple, avec les carottes, les tomates, les betteraves.

De pareils concours sont donc à encourager, et il y a lieu de les multiplier dans toutes les régions appropriées.

A ceux qui seraient tentés d'en organiser, nous dirions volontiers que, pour profiter de l'expérience acquise par leurs devanciers, ils devraient s'adresser, par exemple, à M. Ratouis de Limay (Société d'agriculture de Châteauroux, Indre), à M. le Dr Vidal, président de la Société d'horticulture d'Hyères, etc.

Ces messieurs leur fourniront certainement tous les éléments d'études préparatoires.

Dans l'examen des fruits et des légumes que nous faisons plus loin il ne nous est pas possible, dans le cadre de cet ouvrage, de citer, pour chaque produit, plus d'une ou deux formules pour chaque espèce de confitures. On sait, cependant, si elles abondent ! Les livres de cuisine, les journaux d'économie domestique ou autres, en lancent à profusion. Et puis, n'y a-t-il pas les comptes rendus des concours dont nous parlons plus haut, avec la liste des lauréates ?

Nous renvoyons donc à ces multiples sources.

Classification. — On peut diviser les confitures en trois groupes principaux : les *confitures* proprement dites, dans lesquelles les fruits sont entiers ou découpés ; les *marmelades* et *compotes*, où ils sont désagrégés et leur pulpe intimement mélangée au sirop de sucre ; enfin les *gelées* et *sirops*, constitués par un mélange de sirop de sucre et de jus de fruits.

Les *véritables confitures* se préparent, ordinairement, en ajoutant les fruits épluchés au sirop de sucre. On fait cuire ensuite suffisamment, tout en remuant très fréquemment.

Les fruits à chair délicate ne peuvent supporter directement une telle cuisson sans se désagréger. Au préalable, on doit les BLANCHIR dans un *sirop perlé*, dans lequel ils laissent une partie de leur jus. Ensuite on les *pêche* avec une écumoire et on ne les remet qu'après concentration du sirop, un peu avant la fin de la cuisson.

Les *marmelades* et les *compotes* sont moins cuites. Si on veut les conserver un certain temps, on les met en boîtes ou en flacons hermétiquement fermés, que l'on stérilise ensuite dans l'eau bouillante (procédé Appert). Les *sirops* se traitent de la même façon (1).

On peut dire que la préparation des *marmelades* constitue la plus grande partie du travail dans l'industrie des confitures.

Les confitures à la ferme. — A la ferme, on peut fabriquer les mêmes produits que les spécialistes, et comme, à la maison, on ne compte ni la main-d'œuvre, ni le chauffage, que l'on supprime aussi les frais d'emballage et de transport, on réduit, du même coup, le

(1) Toutes les confitures peuvent être stérilisées par le procédé Appert (20 à 30 minutes dans l'eau bouillante). Dans ce cas, il n'est pas nécessaire de les sucrer autant, ce qui est à considérer pour certains consommateurs.

prix de revient. La préparation des confitures étant un peu délicate, ce n'est que par la pratique que l'on arrive à les réussir.

Il n'est pas obligatoire d'employer pour ces conserves les fruits de premier choix. On peut utiliser ceux qui sont trop mûrs ou légèrement abîmés. On sait, d'ailleurs, qu'il est toujours préférable de vendre les fruits en nature et de ne convertir en confitures que les excédents de récolte.

Il est à peine besoin de dire qu'il faut, lors de l'épluchage, éliminer toutes les parties avariées. Mais on doit se garder de laisser ainsi trop longtemps les fruits ouverts avant de les faire cuire. Des altérations *diastasiques* des matières *pectiques* seraient à craindre, et les confitures ne « prendraient » pas la consistance gélatineuse.

Ustensiles. — Les vases en cuivre *non étamé* conviennent le mieux pour préparer les *confitures*. Les récipients en faïence, en terre, passent pour communiquer un mauvais goût à l'aliment; avec eux on le « brûlerait » plus facilement. Quant aux vases émaillés, ils peuvent laisser des parcelles d'émail dans le produit. Mais *on ne doit rien laisser refroidir dans les bassines en cuivre*, c'est là un point très important à observer, car, le cas échéant, les acides des fruits peuvent

Fig. 87.—Mélangeur en cuivre (sans manche).

Fig. 88.— Poêlon à bec en cuivre avec manche en bois.

donner avec le métal des sels toxiques. Les confitures sont donc aussitôt transvasées dans des récipients en poterie ou en verre.

Ces récipients en cuivre doivent toujours être entretenus avec la plus grande propreté, même s'ils étaient étamés. Il ne faut pas oublier que, dans ce dernier cas, l'étain altère la couleur et le goût des fruits rouges.

Il est nécessaire encore de disposer d'un tamis en crin et aussi d'une petite presse. Pour filtrer les sirops, liqueurs, etc., on emploie du papier Joseph spécial (papier non collé) ou une sorte d'entonnoir en tissu de feutre ou autre (chausse); on vend un appareil pour pendre l'entonnoir, mais on peut tout simplement attacher celui-ci aux quatre pieds d'une chaise renversée ou d'une petite table. On met ensuite un récipient sous la chausse pour recevoir le liquide.

Quant au papier filtre, on le plisse (on en vend de préparés), puis on le met sur un entonnoir, en verre de préférence, en ayant soin de l'enfoncer suffisamment pour que la pointe appuie bien sur l'ouverture du tube.

Les premiers jets de liquide qui passent, ordinairement troubles, doivent être remis dans l'entonnoir.

Dans les installations importantes, le matériel est plus compliqué : *moulins* à batteurs mécaniques pour séparer la pulpe des fruits ; *bassines* hémisphériques à double fond et à agitateur mécanique placées sous une hotte à tirage énergique ; *bassines* à bec servant à remplir les pots, etc.

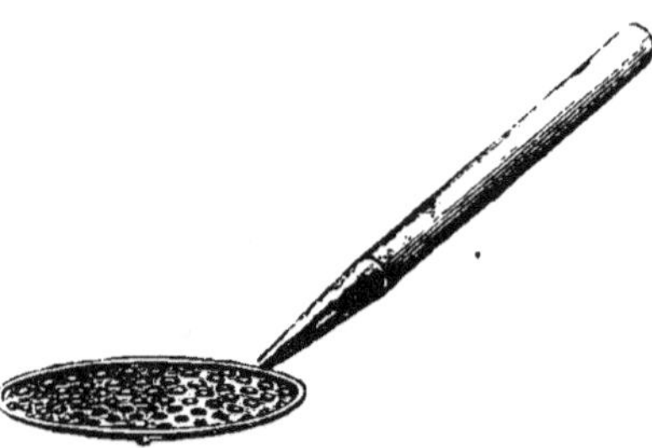

Fig. 89. — Écumoire pour fruits.

Les industriels opèrent parfois la cuisson des confitures dans un vide partiel, avec des chaudières spéciales. Dans ces conditions, les produits ne sont portés qu'à une température de 50 à 60°. Le parfum des fruits est, ainsi, moins altéré ; la confiture, moins colorée aussi, a un plus bel aspect. Peut-être, avec ce faible degré de cuisson, le produit se conserve-t-il moins bien.

Dans le chauffage à feu nu, il est conseillé de maintenir une ébullition bien régulière. La chose est moins facile avec les procédés de chauffage ordinaires que par l'emploi de la vapeur dans un double fond, du gaz, etc.

Pots à confitures. — Quand il s'agit de la consommation intérieure, dans les ménages, il est économique d'acheter, pour conserver les confitures, des récipients qui, ensuite, peuvent être employés à un autre usage. C'est le cas des *chopes* en verre, sans gorge, moulées à la presse, dont le couvercle en fer-blanc et la bague de même métal compriment une plaquette de liège ou une rondelle de caoutchouc ou de feutre. La rondelle de caoutchouc est dispendieuse, mais elle assure parfaitement l'herméticité du récipient.

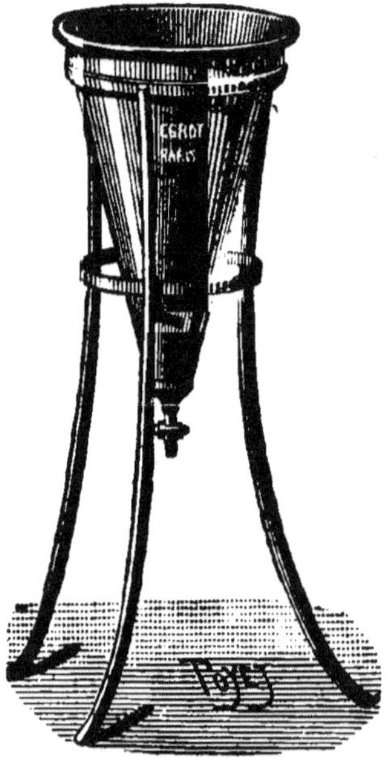

Fig. 90. — Filtre conique en cuivre pour chausse en molleton.

Mais tout vase en verre, poterie, etc., peut convenir : verre à boire ou pot ayant contenu des conserves.

L'industrie emploie aussi les vases métalliques, les boîtes pour le système de préparation Appert.

Nous avons dit que le métal altère la couleur et le goût des fruits rouges.

FRAIS D'INSTALLATION. — Jusqu'ici, sauf erreur de notre part, les coopératives agricoles qui se sont occupées du traitement des fruits pour la confiserie se sont bornées à la préparation de la pulpe.

Un jour, peut-être, viendra où les associations de producteurs des ré-gions où l'on récolte des fruits variés en abon-dance compléteront leur outillage pour préparer les produits divers de la con-fiturerie.

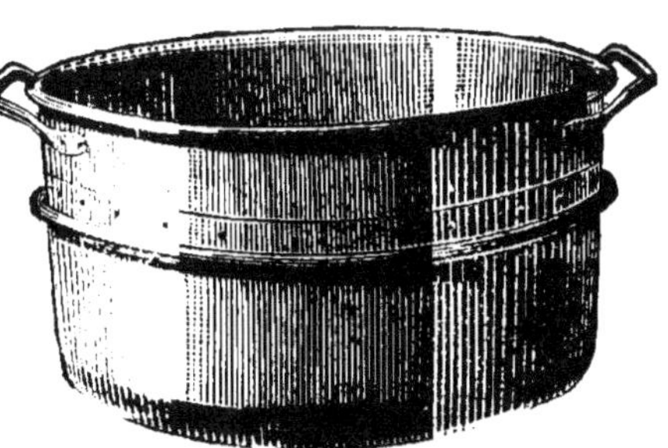

Fig. 91. — Bassine à fond plat en cuivre.

Quand on voit aujourd'hui se constituer des *coopératives agricoles de parfumerie* (1), il n'est pas osé, pensons-nous, de prévoir un tel avenir.

Pour donner une idée des conditions économiques dans lesquelles pourrait être entre-prise une pareille industrie, nous citerons ici quelques renseignements fournis par M. E. Saillard, directeur du laboratoire des fabricants de sucre.

On sait que les agriculteurs trouvent auprès des caisses de *Crédit agricole* et de l'*État* un concours précieux pour la réa-lisation des capitaux néces-saires.

« Pour le coût d'installation d'une confiturerie pouvant produire journellement 2.000 à 3.000 kilogrammes de confi-tures, et qui ne pratique pas la conservation des fruits, on arrive aux chiffres suivants :

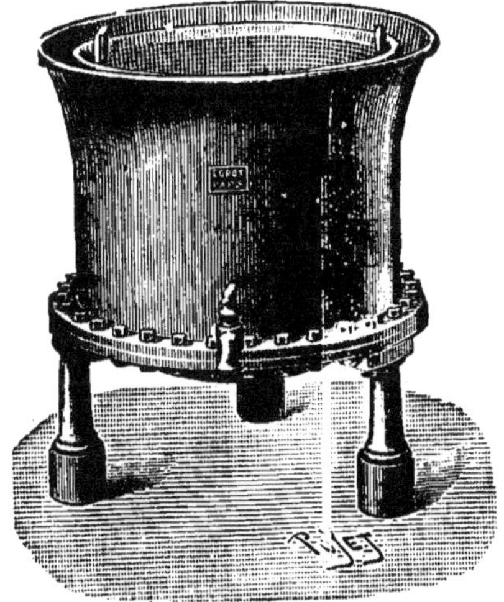

Fig. 92. — Bassine à blanchir à vapeur.

« 1° Bâtiments (non compris le terrain), 20.000 francs.

« 2° Machinerie générale ; générateur de 40 à 50 mètres carrés ;

(1) Voy. notre article : La fleur d'oranger, *Génie civil* du 10 juin 1905.

cheminée ; moteur de 8 à 10 chevaux ; dynamo, accumulateur, 12.000 francs.

« 3° Épulpeurs, passoires, bassines, cuillers, tout le matériel de cuisson et d'empotage, 10.000 francs. Total : 42.000 francs.

« Soit environ 40.000 à 50.000 francs.

« Il faut compter en plus, comme capital de roulement, 50.000 à 70.000 francs, car il faut pouvoir faire les ventes à trente jours.

Fig. 93. — Bassine à vapeur basculante.

« Mais ne croyez pas qu'il soit indispensable de dépenser autant d'argent pour installer une confiturerie.

« Si les quelques appareils que nécessite une confiturerie sont destinés à être mus à la main, ce qui dispense, par conséquent, d'un moteur ; si on ne veut pas faire l'éclairage électrique, les dépenses de matériel se trouvent beaucoup diminuées.

« Elles peuvent ne s'élever qu'à 15.000 francs, environ, au lieu de 22.000 francs.

« On peut, en outre, installer la confiturerie dans un bâtiment déjà existant qu'on achètera d'occasion et qui coûtera moins cher. Il y a mille manières de résoudre le problème en réduisant la somme à dépenser. Passons maintenant au prix de revient des confitures.

« Le prix des fruits varie suivant les années, et s'élève à 0 fr. 20, ou 0 fr. 30, ou 0 fr. 40 le kilogramme.

« Le prix du sucre peut être fixé à 60 francs.

« Pour faire 100 kilogrammes de confitures, il faut environ 60 kilogrammes de sucre et 75 à 90 kilogrammes de fruits. D'après les renseignements qui nous ont été fournis dans une confiturerie à vendre, on dépense par 100 kilogrammes de confitures, pendant la période de fabrication :

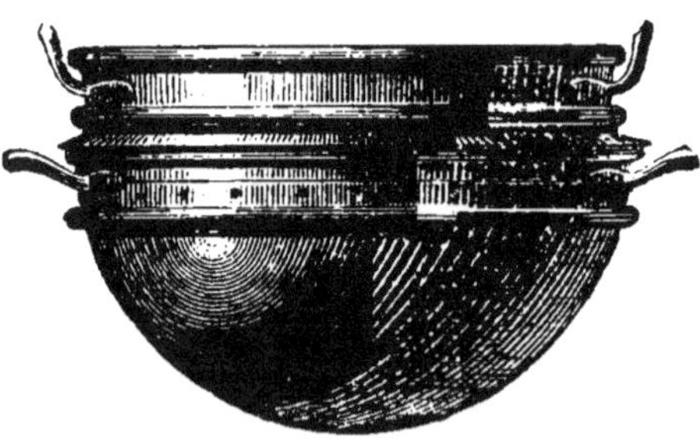

Fig. 94. — Bassine double à fond rond, à bain-marie, en cuivre rouge.

« En charbon, 1 fr. 50 au maximum ; en main-d'œuvre, 3 francs ; en camionnage, 0 fr. 25 ; intérêts et amortissement du capital, 1 fr. 20 ; administration, 0 fr. 65.

« Total des frais : 6 fr. 60.
« On a donc comme prix de revient de 100 kilogrammes de confitures :

	Fruits à 0.20 c. le kilo	Fruits à 0.30 c. le kilo	Fruits à 0.40 c. le kilo
Sucre 60 kilogrammes à 60 francs	36	36	36
Fruits 90 kilogrammes	18	27	36
Frais de fabrication	6.60	6.60	6.60
Total......................	60.60	69.60	78.60
Soit en chiffres ronds................	61	70	80

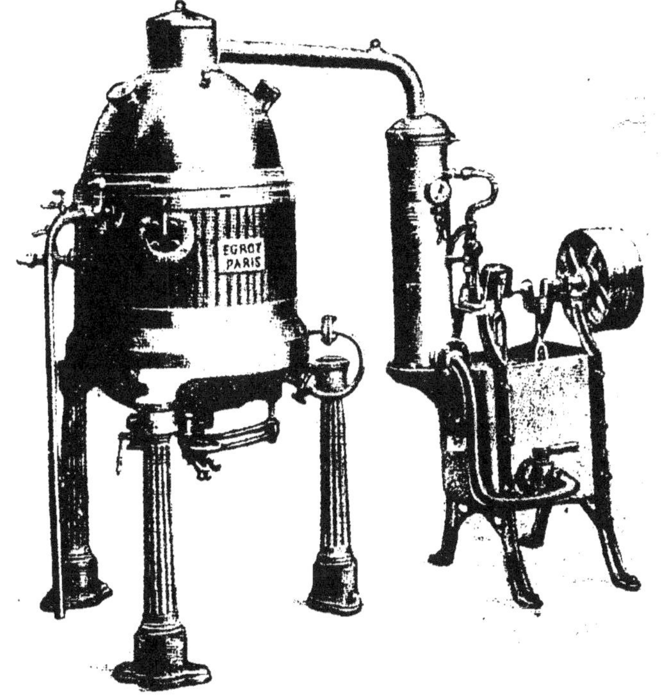

Fig. 95. — Appareil à cuire les confitures dans le vide.

« (Les vases sont pesés avec la confiture et vendus au même prix que
a confiture). »

§ 1. — Gelées et sirops.

Les *gelées* transparentes doivent être bien limpides en même
temps que suffisamment consistantes. On peut les obtenir, soit

en ajoutant du sucre au jus préalablement extrait et clarifié, le tout étant mis à cuire, soit en jetant dans le sirop de sucre concentré (cuit *à la perle*) (p. 192) le jus des fruits. Une autre méthode consiste à ajouter les fruits entiers dans le sirop, puis, finalement, à passer le tout au tamis.

Le *sirop* est plus liquide que la *gelée*.

Le procédé à mettre en œuvre dépend de la nature des fruits employés, de leur saveur, et aussi de la commodité des manipulations. Le premier que nous avons signalé est très simple, mais, on le voit, il exige la préparation préalable du jus. Il faut, dans ce cas, disposer d'une presse avec laquelle on comprime les fruits placés dans un sachet d'étoffe. Le second procédé présente l'avantage de mieux conserver l'arome des fruits. Il ne faut pas oublier, en effet, que les parfums délicats sont altérés ou même détruits par la chaleur d'une longue cuisson.

Quant à la dernière méthode, elle a pour elle la commodité. Sous l'action de la chaleur, les *mucilages* des fruits produisent une sorte de « collage » et le sirop est d'une limpidité parfaite, après un simple passage au tamis. Mais on comprend que la pulpe non utilisée retienne une partie du sucre. Rien n'empêche de consommer celle-ci sous forme de compote, surtout si les pommes et les poires ont été préalablement épluchées.

La prise en gelée. — Elle peut être due, dit Payen : 1º à la réaction de la *pectose* sur la *pectine*, formant des acides *pectosiques* ou *pectiques* ; 2º à la dissolution de l'acide *pectique* dans les sels organiques contenus dans les fruits ; 3º à la décomposition des *pectates* par l'acide libre.

Un fruit à l'état normal, dit le même auteur (*poire, pomme, prune*, avant la maturité ultime), éprouve par la température, graduellement élevée, plusieurs changements. Les acides (malique et citrique, ordinairement) transforment la pectase en pectine mucilagineuse. Une partie de celle-ci est changée en acide (pectosique ou pectique) par la pectase. Cette dernière ne pourrait réagir si la température, rapidement élevée à l'ébullition, l'avait coagulée et rendue inerte.

Si les fruits ne contiennent pas ou ne renferment qu'insuffisamment des matières pectiques, c'est le cas des *cerises*, par exemple, la *gelée* reste à l'état sirupeux. On dit que la confiture ne *prend* pas. Il est alors prudent de mélanger à de tels fruits le quart ou le tiers d'autres fruits plus riches en pectine, comme les *groseilles*. Ou encore, on prépare le sirop avec du *jus de pommes*, ce qui a l'avantage de moins altérer le parfum naturel.

A ce titre, le jus, ou plutôt la purée de pommes est très employée pour la préparation des autres confitures. Elle constitue même la base de la plupart d'entre elles.

La gélification des confitures et sirops peut être obtenue avec des matières étrangères aux fruits. Cette pratique est considérée comme une falsification.

On emploie, à cet effet, la *gélatine blanche*, la *colle de poisson*, la *gélose* ou colle du Japon, ou encore agar-agar, préalablement gonflées dans 3 à 5 p. 100 d'eau. Ces matières peuvent absorber une grande quantité de ce liquide.

On comprend quel parti peut tirer le commerce de tels adjuvants.

Fig. 96. — Installation pour fabrique de confitures.

On fabrique ainsi des gelées de toutes sortes, simplement aromatisées avec un parfum artificiel désiré, fruit ou fleur.

Dans quelques pays, l'emploi de ces produits est autorisé, mais dans certaines conditions (en Belgique, par exemple, 1 kilogramme de gélose par 100 kilogrammes de fruits fabriqués).

Gélose. — La *gélose* s'appelle encore, mais improprement, *isinglass*, *ichthyocolle*. C'est une matière peu altérable que l'on extrait de certaines algues (*algue de Java*, *plocaria lichenoïdes*, *gelidium corneum des mers de Chine, de l'île Maurice*, etc.).

En Chine, on prépare la gélose en coulant dans un vase plat la solution bouillante obtenue avec des algues. Quand elle est prise en gelée, on la découpe à la règle en prismes qui, en prenant beaucoup de retrait à la dessiccation, forment de minces lanières, état sous lequel on vend généralement le produit.

La *gélose* est capable, en se refroidissant, de solidifier environ 500 fois son poids d'eau. A poids égal, elle peut former 10 fois plus de gelée que la meilleure gélatine animale ou la colle de poisson (ichthyocolle). Elle est, d'ailleurs, peu altérable et exempte de toute odeur. C'est plus qu'il n'en fallait pour la faire remarquer par les fabricants de confitures.

Sirop de sucre. — Le *sirop de sucre* forme la base des autres sirops et des confitures.

Pour sa préparation, il faut employer relativement peu d'eau, environ un demi-litre par 2 kilogrammes de sucre, soit un plein verre par kilogramme.

On conduit à grand feu, en remuant de temps à autre. Au bout de vingt à trente minutes de chauffe, on commence à surveiller l'ébullition.

Le sirop est assez cuit quand, prélevé bouillant dans une cuillère et versé sur une assiette, il forme une seule goutte. Si la petite quantité ainsi essayée se subdivise en gouttelettes, il faut continuer la cuisson.

Ou bien on presse une goutte de liquide entre le pouce et l'index. Si les doigts se collent ensemble et si, en les approchant et les éloignant successivement, il se forme un filament résistant, le sirop est assez concentré.

Si on plonge les doigts dans l'eau froide, et que l'on roule la goutte de sirop entre les deux doigts, la boulette obtenue doit être assez dure pour se casser sous la dent et s'y coller.

Clarification. — Il peut être nécessaire de clarifier le sirop. Quand le liquide commence à se soulever et à bouillir, on ajoute un litre d'eau albumineuse (on verse six blancs d'œufs dans un litre d'eau, on bat énergiquement, puis on ajoute 5 litres d'eau). Celle-ci modère l'ébullition durant quelques instants. Quand elle devient plus intense, on ajoute une nouvelle quantité d'eau albumineuse, et ainsi de suite, jusqu'à épuisement·des 6 litres. On enlève l'écume au fur et à mesure qu'elle se forme. On laisse sur le feu jusqu'à ce qu'une prise d'essai, refroidie et pesée à l'aide de l'aréomètre Baumé, marque 32°. Ce point atteint, on verse la matière sur une chausse pour filtrer.

Pour éviter la cristallisation, on ajoute, pendant la cuisson, 10 grammes d'acide citrique par 10 kilogrammes de sucre employé (ou du jus de citron). Le sucre est ainsi *interverti* en glucose et lévulose (voir aussi p. 191).

Sirops de fruits. — On obtient les *sirops de fruits*, en général, en ajoutant au sirop de sucre, quand il marque 32° au pèse-sirop (cuit au perlé), la moitié de jus du fruit tamisé, avant la dernière cuisson.

Pour obtenir le suc des fruits, on opère de la façon suivante :

Les *groseilles*, *framboises*, *fraises*, *cerises*, *mûres*, *raisins*, *airelles*, s'écrasent simplement à la main. Les *oranges*, *citrons*, *grenades*, *pêches*, *abricots*, *prunes*, etc., sont, au préalable, dépouillés de leurs écorces, graines ou noyaux. Les *pommes*, *poires* et *coings*, ces derniers débarrassés de leur duvet, sont réduits en pulpe à la râpe.

On laisse ensuite macérer quelques heures, puis on presse la masse. Le jus obtenu dans les deux fois que l'on a pressuré les fruits est agité, puis laissé au frais pendant deux jours, pour qu'il s'éclaircisse. Ensuite on le filtre au papier.

On peut employer directement le sucre avec ce jus. Ainsi, à 1 litre de ce dernier on ajoute 1.700 grammes de sucre blanc et l'on chauffe. Quand le sirop marque 35°, on retire du feu, filtre et, après refroidissement, met en bouteilles, que l'on bouche parfaitement. On tient dans un endroit sombre et frais.

A propos de chaque fruit, nous reviendrons, s'il y a lieu, sur la fabrication du sirop correspondant.

§ 2. — Fruits confits et fruits glacés.

Après les avoir nettoyés convenablement, pelés au besoin, on blanchit les fruits dans de l'eau maintenue à une température voisine de l'ébullition.

Quand ils remontent à la surface, on les enlève et les plonge dans de l'eau froide.

Les *abricots*, *poires*, *pêches*, etc., perdraient à ce traitement, leur coloration naturelle, si l'on n'avait la précaution d'ajouter dans l'eau froide qui sert à les *rafraîchir* 50 grammes d'alun par hectolitre. S'il s'agit de fruits verts, au lieu de fruits à couleur tendre, comme ceux que nous venons de citer, on fait usage de 20 à 30 grammes de sulfate de cuivre (1).

Quand les produits sont ainsi refroidis, on les plonge dans un sirop simple, et leur fait prendre un premier bouillon. On les retire alors et les laisse s'égoutter (on peut les conserver ainsi quelque temps).

(1) Les industriels décolorent parfois les fruits pour les colorer ensuite uniformément (Voy. Cerises).

On recommence le lendemain et les jours suivants, jusqu'à dix à douze jours, en ayant soin d'employer chaque fois un sirop de plus en plus concentré.

Enfin on conserve quelque temps dans un endroit frais, avant d'emballer.

Les *fruits glacés* ne diffèrent des *fruits confits* que parce qu'ils sont plus secs et recouverts d'une couche de cristaux microscopiques de sucre.

On glace les fruits confits après les avoir mis à l'étuve où on les laisse une heure environ. Ensuite on les fait bouillir dans du sirop, et on les tourne en laissant refroidir jusqu'à ce que le sirop commence à blanchir par suite de la formation de cristaux. On les retire alors, pour les laisser s'égoutter.

En France, nous préférons les fruits simplement confits sauf, peut-être, la cerise, mais l'Angleterre, l'Amérique, demandent le fruit cristallisé.

§ 3. — Le sucre pour confitures.

Qualité et quantité. — Le sucre dit *cristallisé* est tout aussi bon que le *raffiné*, mais il se dissout moins rapidement, ce qui n'a d'ailleurs pas d'importance. Pour la préparation des confitures, la cassonade convient moins bien.

Pour *clarifier* du sucre, on prend un blanc d'œuf par kilogramme. On met ces blancs dans une bassine à confiture avec de l'eau, à raison d'un demi-litre pour chacun d'eux. On bat le tout, et quand il mousse bien, on ajoute le sucre cassé, On met alors sur le feu. On agite durant le chauffage.

On écume de temps en temps, quand le liquide est en ébullition. Si la masse avait tendance à déborder, on ajouterait un peu d'eau froide. Mais quand le sucre est clarifié, ce fait ne se produit plus; une écume légère et blanchâtre s'élève alors à la surface. On retire du feu, puis passe à la chausse, ou à travers une serviette. La liqueur sucrée est ensuite portée au degré *voulu* de concentration (voir, aussi, p. 188).

La quantité de sucre à employer pour la préparation des confitures diffère un peu selon la variété des fruits et leur degré de maturité.

En règle générale, plus ces derniers sont mûrs et secs, ce qui
se produit dans les années chaudes et sèches, moins il en faut.
C'est le contraire avec des produits aqueux, peu sucrés, comme
cela arrive dans les étés pluvieux. Dans ce dernier cas, d'ailleurs, il faut prolonger la
cuisson, si l'on ne veut pas
voir les confitures se moisir.

Mais c'est un mauvais calcul d'économiser le sucre dans
ces genres de préparations.
Si l'élément en question est
insuffisant, le produit est de
moins bonne garde. En outre,
comme la cuisson doit être
alors prolongée, la couleur
naturelle, de même que le
parfum, sont altérés.

Ordinairement, la quantité
que l'on emploie varie des
deux tiers au poids égal des
fruits.

Pour avoir le poids net de
ces derniers, on les pèse avant

Fig. 97.— Bassine à confire pour
fruits.

de les éplucher puis on pèse les épluchures et défalque leur
poids du premier chiffre trouvé.

Contre la cristallisation. — Durant la cuisson, il se produit
quelques réactions chimiques qu'il est bon de retenir. La principale,
c'est que, sous l'influence des acides organiques contenus dans les fruits,
le sucre ordinaire, ou sucre cristallisable, appelé encore *saccharose*,
s'*intervertit*, c'est-à-dire se transforme en un mélange de deux sucres
non *cristallisables*, *glucose* et *lévulose*, que l'on trouve, d'ailleurs, dans
la plupart des fruits.

En bonne règle, donc, les confitures, au cours de leur conservation,
ne devraient jamais présenter de parties cristallisées, qui sont toujours
un inconvénient pour le consommateur. Dans ce cas, ou la cuisson a été
insuffisante, ou la proportion de sucre est trop élevée pour les acides
des fruits.

Pour prévenir ce fait, il est prudent d'ajouter au préalable, au
mélange, avant la première cuisson, du *jus de citron*. On peut même
recuire, dans ces conditions, des confitures qui se seraient cristallisées.

L'cide citrique ainsi apporté dans la masse transf orme le sucre cristallisé comme il a été dit plus haut. Mais il n'est pas nécessaire que cette transformation soit complète. La cristallisation devient, en effet' difficile quand la confiture faite contient des poids égaux de saccharose et de glucose et lévulose.

A défaut du jus de citron, on emploie l'*acide citrique* ou l'*acide tartrique*.

On a encore conseillé de verser sur la confiture, une fois en pots, un peu de gelée de groseille encore chaude à la surface. Mais il est certain que, de cette façon, on n'intéresse pas la masse même du produit.

Pour ce qui côncerne les confitures destinées à la vente, on doit consulter les règlements qui autorisent l'addition de ces produits. Ainsi, on ne doit pas employer plus de 2 grammes d'acide tartrique par kilogramme de produits (voir p. 197).

§ 4. — Degré de cuisson des sirops et confitures.

Le degré de concentration le plus favorable auquel on doive amener une confiture, une gelée, un sirop, est peut-être le plus délicat de la préparation.

Il est difficile de fixer des limites bien précises au temps de chauffe, même pour un fruit donné.

Cela dépend du degré de maturité, de la plus ou moins grande activité du feu, de l'évaporation de l'eau, placée sous une surface plus ou moins grande, selon la forme du vase.

Il faut, malgré tous les conseils, les caractères, les indices que l'on peut fournir sur la matière, la pratique des choses, l'habitude, pour juger cela exactement.

On reconnaît la consistance des confitures et, par conséquent, leur degré de cuisson, en plongeant le récipient dans l'eau froide pour faire une prise d'essai des sirops aux doigts : c'est la *nappe*, le *lissé*, le *perlé*, le *soufflé*. Seuls, les confiseurs de profession acquièrent dans cet art un doigté spécial.

Pour les profanes, il est encore préférable de se servir d'un *pèse-sirop* et d'un *thermomètre*. On se basera, alors, sur les chiffres indiqués plus loin (p. 194).

On reconnaît qu'un sirop est cuit à la *nappe* quand, en y trempant l'écumoire pour la retirer immédiatement, il s'étend en *nappe* à sa surface.

Le sucre est cuit au *petit lissé* quand une goutte de sirop pressée entre le pouce et l'index, que l'on sépare ensuite, il se forme un très mince filet qui se rompt et reste en gouttelette sur le doigt.

Le sirop arrivé au degré de concentration dit *grand lissé* s'étend plus entre les doigts et ne se rompt pas aussi facilement. Quand le petit filet dont nous avons parlé peut se maintenir sans se rompre, on dit que le sirop est cuit au *petit perlé*.

Si l'on continue à chauffer, quand le bouillon qui s'élève forme comme des perles rondes et élevées, on a la cuisson au *grand perlé.* A ce point, le sirop pressé entre les doigts donne un filet très long. Le sirop est dit en *queue de cochon* quand, en retombant, il file en se tortillant.

Le sirop est cuit au *soufflé* quand, après avoir retiré l'écumoire et l'avoir secouée, on fait, en *soufflant* dans les trous de l'ustensile, sortir le sirop adhérent en bulles sur l'autre face, bulles qui forment comme de petits flacons en miniature.

Quand, en continuant la cuisson, l'écumoire étant secouée fortement à l'air, le sirop s'en sépare comme le ferait un duvet léger, il est cuit à *la plume.* S'il tombe sous forme de filasse légère, il est cuit à la *grande plume.*

Lorsque le doigt ayant été trempé dans de l'eau fraîche, puis dans le sirop et la matière refroidie aussitôt dans l'eau, on la rassemble en une boulette molle, on dit que le degré de cuisson est au *petit boulé.* Si la boulette devient ferme en se refroidissant d'elle-même, on dit que la cuisson a atteint le *grand boulé.*

Les indications que fournissent les spécialistes sur ce point délicat de la préparation ne sont pas toujours très claires. Aussi croyons-nous devoir donner cette autre *échelle* des degrés de cuisson des sirops.

« Quand le sirop entre en ébullition, il est dit au *grand lissé* et marque au *pèse-sirop* 30°.

« Quand, peu après il se forme à la surface du liquide des perles rondes et élevées, le sucre est cuit au perlé (33°).

« La concentration se poursuivant, il arrive un moment où, quand on trempe l'écumoire dans la matière pour la retirer aussitôt, si l'on souffle fortement dessus, comme pour forcer le liquide à passer à travers les trous, il se forme des globules sur l'autre face de l'écumoire ; on dit alors que le sirop est cuit au *grand perlé* (35°).

« On laisse cuire encore et si, lorsqu'on souffle à nouveau, les globules se détachent et s'envolent comme des bulles de savon, le sirop est dit au *petit boulé* ou au soufflé (37°).

« Quand les bulles se changent en flocons neigeux, c'est le *grand soufflé* ou à *la plume* (38°).

« Enfin, peu après, le sirop est cuit au *cassé* et au *petit cassé.* Mais à partir du *cassé,* on ne peut plus employer le pèse-sirop et la cuisson devient difficile à surveiller. Un peu après il jaunit et forme le *sucre d'orge.* Enfin, bientôt il brunit et devient du *caramel.* Quelques instants de plus et il brûle. »

Le pèse-sirop. — C'est un appareil qui sert à vérifier le degré de concentration. Nous avons vu que l'emploi de ce petit instrument, encore appelé *saccharomètre de Baumé,* s'il est à recommander, n'est pas indispensable.

C'est un petit flotteur en verre qui s'enfonce verticalement dans le liquide, et d'autant moins que ce dernier est à un degré de concentration plus avancé. On lit tout simplement le chiffre de la graduation qui se trouve au niveau de la surface du liquide.

On utilise aussi le thermomètre, qui indique la température de la masse.

Voici quelques chiffres se rapportant à ces deux appareils :

Petit lissé, 29° au pèse-sirop, degré du thermomètre, 102° C. ;

Lissé, 30° au pèse-sirop, degré du thermomètre, 103° C. ;

Grand lissé, 32° au pèse-sirop, degré du thermomètre, 105° C. ;

Candi, petit et grand perlé, 33°5 à 35° au pèse-sirop, degré du thermomètre, 106 à 107° C. ;

Gros soufflé, 37° au pèse-sirop, degré du thermomètre 111°C. ;

Petit boulé, 40° au pèse-sirop, degré du thermomètre 115° C. ;

Moyen boulé, degré du thermomètre, 117° C. ;

Gros boulé, degré du thermomètre, 120° C. ;

Petit cassé, degré du thermomètre, 125° C. ;

Sucre tiré ou travaillé, degré du thermomètre, 141° C. ;

Grand cassé, degré du thermomètre, 145°C.

Fig. 98.
Pèse-si-
rop.

§ 5. — La mise en pots.

Un grand défaut des confitures, c'est de moisir, par la suite, si elles n'ont pas été suffisamment cuites ou si elles ont été recueillies dans de mauvaises conditions.

Il va sans dire qu'il faut soigneusement nettoyer les pots qui doivent recevoir la confiture et même les *stériliser*. Par exemple, on les laisse longtemps en contact avec de la lessive très chaude. On les rince ensuite avec de l'eau pure. Voici comment conseille d'opérer le Dr Carles. Au moment où les confitures et les gelées sont cuites, on place tous les pots en verre ou en faïence dans une terrine, et les recouvre d'eau à

50-60°. Au bout de quelques minutes, on passe un à un chaque vase dans une bassine pleine d'eau bouillante, où se trouvent déjà des morceaux de papier parchemin destinés à les recouvrir. Après cinq minutes d'immersion, on retire, à l'aide d'une pince, un des pots de l'eau en ébullition ; on le vide et le remplit aussitôt de confiture bouillante et, enfin, on le recouvre avec un des carrés de papier humide et non refroidi que l'on fixe avec une ficelle. On continue ainsi à remplir les autres pots restés le plus chauds possible, toujours avec de la confiture bouillante (1).

En opérant ainsi, avec la moitié d'une bassine de confiture, et en mettant l'autre moitié en pots de la façon habituelle, il est facile de constater les avantages du nouveau procédé. Au bout de six mois, puis d'un an, il y a une petite différence en faveur de confitures stérilisées. Après deux ans, la différence est accentuée, et ces dernières possèdent une délicatesse de goût supérieure et très appréciable. Cette méthode dispense de toute addition de papier imprégné ou non de liquides antiseptiques à la surface des confitures.

Il est recommandé de ne remplir les pots qu'en trois ou quatre fois et complètement, car, après refroidissement, la masse occupe un moindre volume.

Cela fait, on les laisse durant quelques jours dans un endroit aéré et sec, en les garantissant contre la poussière. L'évaporation qui se produit dans ces conditions amène la formation d'une pellicule à la surface de la matière, qui est ainsi protégée contre l'envahissement des moisissures. On étend ensuite, à la surface, une rondelle de papier blanc imbibée d'eau-de-vie, ou mieux de *glycérine*. Enfin on ferme le vase avec des feuilles de papier épais qu'on ligature.

M. Jacques Camescasse a proposé le procédé de fermeture suivant, qui lui permet de ne jamais avoir de confitures gâtées, même en les préparant avec une faible teneur en sucre. On emplit les vases stérilisés, complètement, très haut, pour tenir compte de la baisse du niveau après refroidissement et

(1) Dans la pratique, pour éviter la casse quand on met la confiture très chaude dans le verre, il faut placer le pot dans 3 à 4 centimètres d'eau à la température ordinaire.

contraction du liquide. Immédiatement après, on colle avec du blanc d'œuf, sur les bords des pots, une feuille de papier découpée, au préalable, selon les dimensions convenables. On peut prendre un papier végétal quelconque non préparé spéciale-ment ; on utilisera, par exemple, les empaquetages de gâteaux secs vendus en épicerie.

Toutefois, les pots de confiture ne doivent être fermés hermétiquement que si le bouchage est fait avec toutes les pré-cautions usitées dans les fabriques de conserves, stérilisation par la chaleur ou par le vide, sans quoi la couche d'air qui reste entre le couvercle et la surface des confitures se saturerait de vapeur d'eau, qui favoriserait la multiplication des germes.

Si les pots sont enfermés dans un endroit sec et aéré, les confi-tures peuvent se conserver en bon état pendant plusieurs années.

Le papier imbibé de glycérine ou, à défaut, d'eau-de-vie, que l'on met à la surface des confitures, serait même inutile quand on tient les pots dans un endroit sec. Pour une grande quantité de produits, ce procédé devient coûteux.

Il est prudent d'inscrire la date de la préparation sur le papier du couvercle, ou mieux, sur une étiquette.

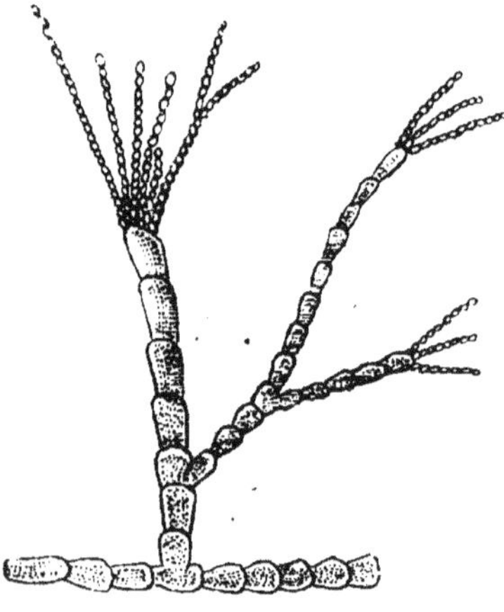

Fig. 99. — *Penicillium glaucum.* Moisissure bleue douée d'une vitalité exceptionnelle, qui se développe sur les confitures.

Contre les altérations des sirops et confitures. — Il arrive souvent que les sirops mis en bouteilles se couvrent de moisissures et, quelquefois, que ces moisissures déterminent un commencement de fermentation On prévient cet accident en prenant les précaution suivan-tes :

1º Les sirops destinés à être conservés doivent marquer 35º à l'aréomètre Baumé, après re-froidissement. C'est le point de concentration convenable ;

2º Laisser refroidir avant de remettre en bouteilles, mais en ayant soin de couvrir le vase qui contient le sirop ;

3º Ne se servir que de bouteilles parfaitement sèches ; emplir aussi exactement que possible et boucher avec des bouchons de premier choix, *secs*, et non trempés dans l'eau-de-vie comme certaines personnes croient utile de le faire, toute humidité favorisant le développement des moisissures ;

4° Enfin, placer les bouteilles couchées dans un endroit sec et bien aéré.

Les confitures elles-mêmes peuvent moisir une fois en pot. Le fait tient, le plus souvent, à l'insuffisance de sucre et au défaut de cuisson.

Le remède préventif est facile à déduire. Quant au remède curatif, il consiste à faire recuire les confitures et à ajouter du sucre si on le juge nécessaire.

La stérilisation par le procédé Appert (p. 40) est certainement à conseiller.

§ 6. — Fraudes et Législation.

Il existe une législation qui se rapporte aux confitures. Elle concerne soit les *matières colorantes* que l'on peut employer pour raviver la couleur naturelle des fruits plus ou moins atténuée ou altérée par la cuisson, soit le *sucre* et produits analogues (glucose, etc.), que l'on emploie et les matières diverses, *essences parfumées*, matières *gommeuses*, *gélatine*, *gélose*, *acide tartrique*, etc.

Nous rappellerons à ce sujet que le *Congrès international de Genève* (1908) a défini la *confiture* « le produit alimentaire qui résulte de la cuisson des fruits ou des jus de fruits avec des sucres de canne ou de betterave, ou encore, de celle des sirops de fruits *pur sucre.* »

Il a défini aussi la *confiture de fantaisie* la « confiture qui contient, outre des sucres, du glucose, du sirop de cristal, du colorant et des acides autorisés (tartrique, citrique, malique), tous autres produits inoffensifs comme colle du Japon, essences, liqueurs, bicarbonate de soude, alun, acide sulfureux, gommes, mélasses, miels » (1).

Le *Décret du 3 avril* 1909, relatif à la répression des fraudes dans la fabrication et la vente des sirops et des liqueurs (*Journal officiel* du 11 avril 1909) dit :

Art. 2. — Il est interdit de détenir ou de transporter en vue de la vente, de mettre en vente ou de vendre, sous les dénominations fixées au présent article, des produits autres que ceux qui ont, aux termes dudit article, un droit exclusif à ces dénominations :

1° La dénomination de *sirop* ou de *sirop de sucre* est réservée aux dissolutions de sucre (saccharose) dans l'eau ;

2° La dénomination de « *sirop* » accompagnée de l'indication des espèces prédominantes de fruits entrant dans la fabrication est réservée aux sirops composés de sucre ou de sirop de sucre et de jus de fruits.

Toutefois, la dénomination de *sirop de citron*, de *limon*, ou d'*orange* peut s'appliquer aux sirops composés de sirop de sucre additionné d'acide citrique et de l'alcool de ces fruits ou de leur essence ;

3° La dénomination de *sirop de grenadine* est réservée au sirop de sucre additionné d'acide citrique ou d'acide tartrique et aromatisé au moyen de substances végétales ;

4° La dénomination de *sirop d'orgeat* est réservée au sirop composé de sucre et de lait d'amandes ;

5° La dénomination de *sirop de moka* ou de *sirop de café* est réservée au sirop de sucre additionné d'extrait de café ;

6° La dénomination de *sirop de gomme* est réservée au sirop de sucre additionné de gomme arabique ou de gomme du Sénégal dans la proportion minimum de 20 grammes par litre.

Art. 3. — Doivent être désignés sous leur nom spécifique suivi du terme *fantaisie*, ou de tout autre qualificatif différenciant le produit de ceux visés à l'article précédent :

1° Les *sirops* dans la proportion desquels le *glucose* est substitué, même partiellement, au sucre (saccharose) ;

2° Les *sirops* additionnés d'*acide tartrique*, autres que le *sirop de grenadine* ;

3° Les *sirops* additionnés d'*acide citrique* autres que les *sirops de citron*, de *limon*, d'*orange* ou de *grenadine*.

Art. 4. — L'emploi, dans la fabrication des liqueurs et des sirops, de *matières colorantes* est autorisé dans les conditions fixées à l'article 7 ci-dessous, sans qu'il soit nécessaire de faire mention de cet emploi dans la dénomination spécifique du produit. Toutefois, lorsque les liqueurs ou les sirops de *cassis*, de *cerises*, de *merises*, de *groseilles* ou de *framboises* ont été additionnés d'une matière colorante, leur dénomination spécifique doit être accompagnée du qualificatif *coloré* ou du terme *fantaisie*.

Art. 5. — Lorsque l'arome des liqueurs ou sirops est obtenu, même partiellement, par addition de produits chimiques dans les conditions fixées à l'art. 7 ci-dessous, les liqueurs et sirops doivent être désignés sous leur nom spécifique accompagné du qualificatif *artificiel*.

Art. 6. — Dans les inscriptions et marques servant à désigner les produits visés au présent décret, la dénomination du produit et le qualificatif qui l'accompagne ou les termes *fantaisie, coloré,* ou *artificiel,* doivent être imprimés en caractères identiques.

Art. 7. — Est interdit l'emploi, dans la fabrication des liqueurs et sirops :

1° De *matières colorantes* autres que celles dont l'usage est déclaré licite par arrêtés pris de concert par les Ministres de l'Intérieur et de l'Agriculture, sur l'avis du Conseil supérieur d'hygiène publique et de l'Académie de médecine ;

2° De produits chimiques aromatiques et de substances amères autres que ceux autorisés dans les conditions ci-dessus et sans préjudice des interdictions spéciales édictées par l'article 2 du décret susvisé du 22 septembre 1908 ;

3° Des produits antiseptiques dont l'emploi ne serait pas déclaré licite dans les formes fixées au paragraphe premier du présent article ;

4° De résines, en ce qui concerne les absinthes et liqueurs similaires.

ART. 8. — Dans les établissements où s'exerce le commerce de détail des liqueurs et sirops, il doit être apposé, d'une manière apparente, sur les récipients, emballages, casiers ou fûts une inscription indiquant la dénomination sous laquelle les liqueurs et sirops sont mis en vente.

Les inscriptions doivent être rédigées sans abréviation et disposées de façon à ne pas dissimuler la dénomination du produit.

ART. 9. — L'emploi de toute indication **ou** signe susceptible de créer dans l'esprit de l'acheteur une confusion sur la nature ou sur l'origine des produits visés au présent décret, lorsque, d'après la convention ou les usages, la désignation de l'origine attribuée à ces produits devra être considérée comme la cause principale de la vente, est interdit en toutes circonstances et sous quelque forme que ce soit, notamment :

1° Sur les récipients et les emballages ;

2° Sur les étiquettes, capsules, bouchons, cachets ou tout autre appareil de fermeture ;

3° Dans les papiers de commerce, factures, catalogues, prospectus, prix courants, enseignes, affiches, tableaux-réclames, annonces, ou tout autre moyen de publicité.

EXTRAITS DU DÉCRET DU 19 DÉCEMBRE 1910

Portant règlement d'administration publique pour l'application de la loi du 1er août 1905 sur la répression des fraudes dans la vente des marchandises et des falsifications des denrées alimentaires et des produits agricoles, en ce qui concerne les produits de la sucrerie, de la confiserie et de la chocolaterie. (Journal officiel du 20 décembre 1910.)

TITRE II. — CONFISERIE.

ART. 8. — Les produits de la confiserie auxquels s'appliquent les dispositions du présent titre comprennent : les fruits confits, les pâtes de fruits et les sucreries.

Sont considérées comme « sucreries » toutes les préparations alimentaires dans lesquelles le sucre constitue l'élément dominant, à l'exclusion des confitures, gelées et marmelades.

ART. 9. — Ne sont pas considérés comme des falsifications, en ce qui concerne les produits visés au présent titre :

1° L'emploi de matières sucrées autres que le saccharose (miel, sucre interverti, glucose massé, glucose cristal, maltose), à condition que rien, dans la dénomination employée ou dans les mentions qui l'accompagnent, ne puisse laisser supposer que les produits ont été préparés exclusivement au sucre ;

2° L'emploi du talc dans la limite de 1 gramme par kilogramme du produit et à la condition que cette substance serve exclusivement à en saupoudrer la surface ;

3º La présence de faibles quantités de cire, de blanc de baleine, d'huiles végétales, de vaseline ou de paraffine pures, de fécule ou d'amidon, par suite de l'emploi de ces substances pour la préparation de la surface des appareils de fabrication en contact avec les produits ;

4º L'emploi, dans la préparation des dragées et pralines, d'amidon, de dextrine ou de matières amylacées, mais dans une proportion inférieure à 4 grammes de dextrine ou d'amidon pour 100 grammes de l'enrobage. Lorsque cette proportion est dépassée, les produits ainsi préparés doivent être désignés sous les dénominations « dragées-farine, pralines-farine, demi-farine, deux tiers farine, trois quarts farines », suivant les proportions de matières amylacées employées dans l'enrobage desdites dragées ou pralines ;

5º La substitution totale ou partielle de gélatine, de gélose, d'empois de fécule ou d'amidon, à la gomme ou au blanc d'œuf, dans les produits fabriqués habituellement avec de la gomme ou du blanc d'œuf, mais à la condition que la dénomination des produits ainsi préparés ne contienne pas le mot « gomme » et soit suivie immédiatement du qualificatif « fantaisie » ;

6º La coloration, dans les conditions fixées par les arrêtés ministériels prévus à l'article 27 du présent décret.

Toutefois, en ce qui concerne les sucreries contenant du suc de réglisse, la partie colorée des produits devra renfermer au moins 4 p. 100 de suc de réglisse ;

7º La décoloration par l'acide sulfureux des fruits destinés à être confits ;

8º L'aromatisation, à l'aide de produits naturels ou synthétiques, dans les conditions fixées par les arrêtés ministériels prévus à l'article 27 du présent décret.

Toutefois, dans le cas où l'aromatisation est obtenue, même partiellement, avec un parfum synthétique, si le nom d'un parfum naturel ou d'un fruit parfumé figure dans la dénomination, celle-ci doit être accompagnée de la mention « arome artificiel ».

Art. 10. — Est autorisé l'emploi de l'or, de l'argent, de l'aluminium purs, pour la métallisation des sucreries.

TITRE III. — Confitures, gelées, marmelades.

Art. 11. — Les dénominations « confiture de... gelée de... marmelade de... », suivies de l'indication d'un nom de fruit, sont réservées aux produits obtenus exclusivement avec du sucre raffiné, du sucre cristallisé, de la cassonade ou du sucre roux et des fruits ou jus de fruits, frais, ou conservés dans les conditions fixées à l'article 15 du présent décret.

Ont seuls droit à la mention « pur fruit et sucre » les produits ainsi définis.

Art. 12. — Ne sont pas considérées comme des falsifications des produits définis à l'article 11 ci-dessus :

1o L'addition d'acide tartrique ou d'acide citrique purs dans la limite de 2 grammes par kilogramme de produit ;

2o L'addition de cochenille en vue d'en aviver la couleur.

Mais les produits qui ont subi ces additions perdent tout droit à l'appellation « confiture pur fruit ».

Leur dénomination peut toutefois être accompagnée de la mention « pur sucre ».

Lorsque l'addition d'acide tartrique ou d'acide citrique purs dépasse la limite de 2 grammes par kilogramme de produit, la dénomination employée doit être immédiatement suivie du mot « fantaisie » ou « acidulé ».

Art. 13. — Ne sont pas considérées comme des falsifications, en ce qui concerne les confitures, gelées et marmelades visées aux articles 11 et 12 ci-dessus :

1o La substitution partielle ou totale au sucre d'une autre matière sucrée alimentaire, mais à la condition que la dénomination soit immédiatement suivie du mot « fantaisie » ou « glucosé », ou de tout autre qualificatif indiquant cette substitution ;

2o La coloration, par d'autres matières colorantes que la cochenille, dans les conditions fixées par les arrêtés ministériel sprévus à l'article 27 du présent décret, mais à la condition que la dénomination soit immédiatement suivie du mot « fantaisie » ou « colorée » ;

3o L'aromatisation, par addition d'essences naturelles ou artificielles, dans les conditions fixées par les arrêtés ministériels prévus à l'article 27 du présent décret, mais à la condition que la dénomination soit immédiatement suivie du mot « fantaisie » ou « arome artificiel » ;

4o L'addition de gélose, de gélatine, de gomme ou d'empois, mais à la condition que la dénomination soit immédiatement suivie de l'indication du produit ajouté.

Toutefois, la dénomination doit être immédiatement suivie du qualificatif « artificiel » lorsque le produit est à la fois acidulé, coloré, aromatisé artificiellement et qu'il a subi l'addition de l'un des produits visés au paragraphe 4 du présent article.

Art. 14. — Il est interdit de détenir ou de transporter en vue de la vente, de mettre en vente ou de vendre, sous les dénominations indiquées aux articles 11 et 12 qui précèdent, des confitures, gelées et marmelades contenant plus de 40 grammes d'eau pour 100 grammes de produit.

Art. 15. — Il est interdit d'employer dans la fabrication des confitures, gelées et marmelades, des fruits, parties de fruits ou jus de fruits conservés par addition d'un produit antiseptique.

Exception est faite pour l'acide sulfureux, qui peut être employé à la conservation des fruits ou parties de fruits desséchés, dans la limite de 100 milligrammes par kilogramme de produit sec.

TITRE VI. — Dispositions générales.

Art. 26. — Il est interdit d'employer, pour les enveloppes, emballages et récipients en contact direct avec les produits visés au présent décret, de l'étain contenant plus de 1/2 p. 100 de plomb au plus, de 3 p. 100 de tout autre métal.

Art. 27. — Est interdit l'emploi, dans la fabrication des produits visés par le règlement :

1º De matières colorantes autres que celles dont l'usage est déclaré licite et dont le mode d'emploi est réglementé par arrêtés pris de concert par les Ministres de l'Agriculture et de l'Intérieur, sur l'avis du Conseil supérieur d'hygiène publique de France et de l'Académie de médecine ;

2º De produits chimiques aromatiques autres que ceux autorisés dans les conditions ci-dessus.

Art. 28. — Dans les établissements où s'exerce le commerce des marchandises visées au présent décret, les produits mis en vente ou les récipients ou emballages qui les contiennent doivent porter une inscription indiquant, en caractères apparents, la dénomination accompagnée des mentions et qualificatifs prévus aux articles 1, 4, 5, 6, 9, 11, 12, 13, 16, 17, 18, 20, 21, 22, 23, 24 et 25 du présent décret, sous laquelle ces produits sont mis en vente.

Ces mentions et qualificatifs doivent être rédigés sans abréviations qui soient de nature à tromper l'acheteur sur leur signification, et inscrits en caractères de dimensions au moins égales à la moitié des dimensions des caractères les plus grands figurant dans l'inscription et de même apparence typographique.

En ce qui concerne les chocolats, ces mentions et qualificatifs, doivent être imprimés par moulage dans la pâte de chacune des tablettes ou divisions de tablettes d'un poids supérieur à 10 grammes, délivrées isolément, sans enveloppe, à l'acheteur au détail.

L'inscription portée sur les récipients ou emballages dans lesquels la marchandise est livrée au consommateur doit indiquer, en caractères apparents, soit le poids net, soit le poids brut et la tare d'usage. Cette inscription n'est pas obligatoire pour les récipients ou emballages contenant exclusivement des produits vendus à la pièce.

Art. 29. — L'emploi de toute indication ou signe susceptible de créer dans l'esprit de l'acheteur une confusion sur la nature ou sur l'origine des produits visés au présent décret lorsque, d'après la convention ou les usages, la désignation de l'origine attribuée à ces produits devra être considérée comme la cause principale de la vente, est interdit en toutes circonstances et sous quelque forme que ce soit, notamment :

1º Sur les récipients et emballages ;

2º Sur les étiquettes, capsules, bouchons, cachets ou tout autre appareil de fermeture ;

3º Dans les papiers de commerce, factures, catalogues, prospectus prix courants, enseignes, affiches, tableaux-réclames, annonces ou tout autre moyen de publicité.

Art. 30. — Un délai de six mois, à dater de la publication du présent règlement, est accordé aux intéressés pour se conformer aux prescriptions de l'article 28 du présent décret.

Ce décret du 19 décembre 1910 est accompagné d'une circulaire explicative n° 16 du même jour (*Officiel* du 20 décembre 1910), adressée aux agents de la répression des fraudes pour l'application du décret ci-dessus.

Il faut retenir, surtout, que n'ont droit à l'appellation de *confitures pur sucre*, celles qui ne contiennent que les fruits et du sucre cristallisé. Les *confitures* dites de *fantaisie* peuvent contenir du glucose, de la gélatine, de la gélose, de l'acide tartrique. Les confitures *artificielles* sont, en outre, aromatisées.

Arrêté du 4 août 1908, concernant les matières colorantes dont l'emploi est autorisé dans la fabrication des liqueurs et sirops. — (*Journal officiel* du 7 août 1908.)

Article premier. — Est autorisé dans la fabrication des liqueurs et sirops l'emploi des matières colorantes ci-après énumérées :

1° Matières colorantes végétales à l'exception de la gomme-gutte et de l'aconit napel ;

2° Matières colorantes dérivées de la houille :

COULEURS ROSES.

Éosine (tétrabromo-fluorescéine).

Érythrosine (dérivés méthylés et éthylés de l'éosine).

Rose bengale-phloxine (dérivés iodés et bromés de la fluorescéine chlorée).

Rouges de Bordeaux. — Ponceau (résultant de l'action des dérivés sulfo-conjugués du naphtol sur les diazoxylines).

Fuchsine acide (sans arsenic et préparée par le procédé Coupier).

COULEURS JAUNES.

Jaune acide, jaune d'or, etc. (dérivés sulfo-conjugués du naphtol).

COULEURS BLEUES.

Bleu de Lyon, bleu lumière, bleu Coupier, etc. (dérivés de la rosaniline triphénylée ou de la diphénylamine).

COULEURS VERTES.

Mélanges de bleu et de jaune ci-dessus.

Vert malachite (éther chlorhydrique du tétraméthyldiamidotriphényl-carbinol).

COULEUR VIOLETTE.

Violet de Paris ou de méthylaniline.

Le Ministre de l'Agriculture a interdit, par arrêté du 4 juillet 1910, l'emploi des dérivés de la houille pour la coloration artificielle des *sirops*. Le nombre des colorants *alimentaires* autorisés est, désormais, limité à 21. Le nombre des *colorants rouges* est limité aux sept qu'avait désignés l'*arrêté du 4 août* 1908. Les *indulines*, dont le *bleu Coupier*, et, parmi les *phtaléines*, la *ploxine*, sont interdites. Par contre, l'arrêté de *juillet 1910* admet l'*orangé* O, l'*auramine* O, le *vert acide* J, le *bleu patenté*, le *violet acide* B. qui n'étaient pas compris dans la liste du 4 août 1904.

ARRÊTÉ DU 19 DÉCEMBRE 1910, *concernant la coloration artificielle des produits de la sucrerie et de la confiserie.* (*Journal officiel* du 20 décembre 1910.)

ARTICLE PREMIER. — Est autorisé, pour la coloration du miel artificiel, des sucreries, fruits confits, pâtes de fruits, confitures, gelées, marmelades, l'emploi de la cochenille et des matières colorantes végétales, à l'exception de la gomme gutte et de l'aconit napel.

ART. 2. — Est autorisé, pour l'azurage des sucres, l'outremer et le bleu d'indanthrène (N-dihydro-anthraquinone-azine).

ART. 3. — A titre exceptionnel, il est permis d'employer, pour la coloration des sucreries, fruits confits et pâtes de fruits, les couleurs ci-après, dérivées des goudrons de houille, en raison de leur emploi restreint ou de la très minime quantité de substance nécessaire à produire leur coloration, mais à la condition que lesdites couleurs soient commercialement pures, ou mélangées à du sucre, de la dextrine, du sel ou du sulfate de soude, et qu'elles ne renferment aucune substance toxique :

COLORANTS ROSES.

1° *Éosine* (tétrabromofluorescéine sodée) ;

2° *Érythrosine* (tétraïodofluorescéine sodée) ;

3° *Rose bengale* (tétraïododichlorofluorescéine sodée).

COLORANTS ROUGES.

4° *Bordeaux B :* α, naphtylamine-azo-β, naphtoldisulfonate de soude. R. (α naphtylène-2, naphtol-3.6. disulfonate de sodium) ;

5° *Ponceau cristallisé :* α, naphtalamine-azo-β, naphtoldisulfonate de soude. G. (α, naphtalène-azo-2. naphtol-6.8. disulfonate de sodium) ;

6° *Bordeaux S :* naphtionique-azo-β, naphtoldisulfonate de soude, R. (4. sulfonate de sodium-α, naphtalène-azo-2. naphtol-3.6. disulfonate de sodium) ;

7° *Nouvelle coccine :* naphtionique-azo-β, naphtoldisulfonate de soude. G. (4. sulfonate de sodium-α, naphtalène-azo-2, naphtol-6.8. disulfonate de sodium) ;

8° *Rouge solide :* naphtionique-azo-β, naphtolmonosulfonate de soude. S. (4. sulfonate de sodium-α. naphtalène-azo-2. naphtol-6. monosulfonate de sodium).

9° *Ponceau R R :* xylidine-azo-β, naphtoldisulfonate de soude. R. (xylène-azo-2. naphtol-3.6. disulfonate de sodium) ;

10° *Écarlate R :* xylidine-azo-β, naphtol-monosulfonate de soude.
S. (xylène-azo-2.naphtol-6.monosulfonate de sodium) ;

11° *Fuchsine acide* (triparaamido-diphényltolylcarbinol-trisulfonate de sodium).

COLORANT ORANGÉ.

12° *Orangé I :* sulfanilique-azo-α.naphtol (4. sulfonate de sodium-benzène-azo-1. naphtol).

COLORANTS JAUNES.

13° *Jaune naphtol S :* dinitro-α, naphtol-monosulfonate de soude (2. 4. dinitro-1. naphtol-7. monosulfonate de sodium) ;

14° *Chrysoïne :* sulfanilique-azo-résorcine (sel de soude) (4. sulfonate de sodium-benzène-azo-résorcine) ;

15° *Auramine O* (chlorhydrate de l'amido-tétraméthyl-paradiamido-diphénylméthane).

COLORANTS VERTS.

16° *Vert malachite* (sulfate de tétraméthyldiparaamido-triphénylcarbinol) ;

17° *Vert acide J* (diéthyl-dibenzyl-diparaamido-triphénylcarbinol-trisulfonate de sodium).

COLORANTS BLEUS.

18° *Bleu à l'eau 6 B* (triphényl-triparaamido-diphényltolycarbinol-trisulfonate de sodium) ;

19° *Bleu patenté* (tétraéthyl-diparaamido-métaoxy-triphénylcarbinoldisulfonate de calcium).

COLORANTS VIOLETS.

20° *Violet de Paris* (mélange de chlorhydrines du pentaméthyl-triparaamido-triphénylcarbinol et de l'hexaméthyl-triparaamido-triphénylcarbinol) ;

21° *Violet acide 6 B* (diéthyl-paraamido-diéthyldibenzyl-diparaamidotriphénylcarbinol-disulfonate de sodium).

ART. 4. — Est autorisé le reverdissage, au moyen de sulfate de cuivre, des fruits naturellement verts destinés à être confits, mais à la condition que la quantité de sel de cuivre employée soit telle que le produit reverdi ne renferme pas plus de 100 milligrammes de cuivre par kilogramme.

A la suite d'une demande d'avis du ministre de l'Intérieur, l'Académie de médecine a estimé que l'introduction dans les produits alimentaires de consommation journalière, tels que pain, viande, charcuterie, beurre, lait, huile, vin, cidre, bière, etc., d'une matière colorante dérivée de la houille ou d'un colorant noir (indulines et nigrosines sulfonés) devait être proscrite. En ce qui concerne la coloration des coquilles d'œufs et la coloration extérieure des fromages, l'Académie a indiqué qu'on peut accepter l'emploi des couleurs de houille ainsi que l'orseille, la cochenille, le carmin et la chicorée. De même, les eaux-de-vie d'industrie, les vinaigres, les cidres et poirés, pourront continuer à être colorés à l'aide de caramel, d'orseille, de cochenille ou de décoction de chicorée.

Un *arrêté ministériel du 26 avril* 1907 (*Journal officiel* du 26 avril 1907), est relatif *aux méthodes* qui devront être employées par les laboratoires agréés pour l'analyse des *confitures, sirops, miels, limonades* et *sucres* (loi du 1er août 1905). L'*arrêté du 19 septembre 1907* fixe les *méthodes d'analyses* pour la recherche des *antiseptiques.*

A propos de fraudes, nous ne pouvons résister au désir de rapporter ici le compte rendu, publié par un grand journal de Paris, d'une assemblée générale tenue par une certaine société fabriquant des conserves qu'elle proclame hygiéniques.

Cette relation montre jusqu'où peut aller l'ingéniosité des fraudeurs.

« *Le Président.* — Messieurs, nous vous avons convoqués en assemblée générale ordinaire, conformément aux statuts, pour soumettre à votre approbation les comptes et bilan de l'exercice 1908. Cet exercice nous a procuré des bénéfices exceptionnels dus, en majeure partie, à la fabrication mécanique du *café* au moyen du matériel perfectionné que nous avons institué dans votre usine, au cours du dernier semestre 1907. Ainsi que vous pouvez vous en rendre compte par la lecture du bilan, ce matériel, qui consiste en presses mécaniques, moules à graver, laminoirs pour la pâte, appareils torréfacteurs, polissoirs, etc., nous a coûté 157.235 francs. Nous n'avons pas lieu de regretter cette dépense qui nous permet de produire par jour environ douze cents kilogrammes de marchandises nous revenant, tous frais compris, à soixante centimes le kilogramme. Au début, nous composions notre *café* avec de la *farine de gland*, mais les grains offraient l'inconvénient de mollir et de perdre leur brillant par la macération dans l'eau, ce qui en décelait l'origine. Aujourd'hui, nous n'employons plus que les farines de *châtaignes* et de *blé* légèrement grillées et réduites en pâtes que nous moulons en forme de grains de café. Ces grains, lustrés à l'aide d'une substance gommeuse, restent durs, luisants et imitent exactement le café naturel, bien torréfié.

Aux produits que nous livrions précédemment au commerce, nous avons adjoint, pendant cet exercice, trois nouveaux articles : le *thé*, les conserves de *tomates* et de fonds d'*artichauts*. Avec notre *thé* de feuilles de troène, coloré à l'indigo, qui n'offre, comme tous nos produits d'ailleurs, aucun danger pour la santé publique, nous espérons concurrencer victorieusement le thé ayant déjà servi et ramassé dans les rues de Shanghaï, que les exportateurs anglais introduisent en France par grandes quantités. Pour nos conserves de fonds d'*artichauts*, nous employons exclusivement des tubercules de *topinambours*. Cette fabrication est des plus simples et peu coûteuse. Avec un emporte-pièce, on découpe, dans les tubercules de topinambours, des rondelles qui ont la même apparence extérieure que les réceptacles d'artichauts et que l'on conserve par les mêmes procédés.

Nos conserves de *tomates* sont faites avec de la pulpe de *potirons* et de la *carotte* de premier choix.

Nous avons le plaisir de vous annoncer que, si nos prévisions se réalisent, comme nous l'espérons, par le résultat des expériences de laboratoire que nous poursuivons actuellement, nous pourrons mettre prochainement en vente un *poivre* artificiel qui ne le cédera en rien au poivre naturel comme goût et qualité et que nous livrerons à nos clients à 50 francs les 100 kilogrammes, alors que le meilleur poivre, celui de Java, auquel il pourrait être comparé sans désavantage, vaut 180 francs les 100 kilogrammes.

Le Conseil d'administration a reçu une lettre signée de trois actionnaires qui demandent que nous fassions des démarches nécessaires pour l'inscription de nos actions à la cote du marché en banque. Tout en reconnaissant les excellentes intentions qui ont dicté cette demande votre conseil ne croit pas qu'il soit dans l'intérêt de la Société d'y donner une suite favorable. Nous devons éviter avec le plus grand soin de donner prise à la malignité publique et nous ne pouvons obtenir ce résultat qu'en observant, sur nos actes sociaux et nos titres, le plus de discrétion possible.

Je tiens à le déclarer ici hautement, Messieurs, notre industrie constitue un progrès certain et incontestable. Elle permet de livrer à la consommation, à des prix extrêmement réduits, des produits sains, nutritifs, hygiéniques, qui donnent aux classes laborieuses l'illusion gustative de comestibles que leur prix élevé met, le plus souvent, au-dessus de leurs moyens. Notre industrie est loyale, car nous ne trompons personne sur l'origine de ces produits ; ils sont tous étiquetés de façon à ne laisser place à aucune équivoque. C'est ainsi, par exemple, que nos conserves de truffes portent, en grosse lettres, sur leurs étiquettes : «Lamelles truffées pour préparations culinaires», et nos caisses d'escargots : « Escargots manufacturés, dits de Bourgogne.... »

Un actionnaire interrompant la lecture du rapport. — Laissez dire les journaux, monsieur le Président, les chiens aboient, mais la caravane passe quand même.

M. le Président. — On peut, en effet, dédaigner les attaques inconsidérées et systématiques, mais il importe que cette déclaration soit faite ici pour l'édification de ceux de nos actionnaires qui ne peuvent assister à nos assemblées.

Puis les commissaires donnèrent lecture de leur rapport établissant que les bénéfices de 1908 permettent de distribuer 80 francs (!) par action de 100 francs, au lieu de 16 francs l'année précédente. »

V

LES VINS DE FRUITS

Quand les fruits abondent, il est possible de les utiliser pour la préparation du vin.

La fabrication de cette sorte de boisson est assez répandue dans les pays septentrionaux, surtout en Allemagne.

On peut employer toutes sortes de fruits à cet usage, à la condition qu'ils soient sains.

Il ne faut pas croire cependant que l'on puisse obtenir un vin de bonne qualité sans quelques précautions.

« Si l'on abandonnait à la fermentation naturelle, dit M. Truelle, les jus qui sortent du pressoir, on n'aurait, le plus souvent, que des produits imbuvables, par suite de leur acidité élevée. Leur conservation serait, également, le plus souvent précaire. »

Le Dr Barth a donné sur ce sujet quelques indications :

	Acidité p. 100			Sucre p. 100		
	Max.	Min.	Moyennes	Max.	Min.	Moyennes.
1. Groseilles à grappes...	2.5	1.5	2	7.7	4.8	6.4
2. Groseilles à maquereaux	2.4	1.0	1.4	8.2	6	7
3. Airelles myrtilles	2	1.3	1.7	5.3	4.8	5
4. Mûres des ronces	1.8	0.8	1.2	»	»	4.4
5. Framboises	2	1	1.4	4.7	2.8	3.9
6. Fraises	1.6	0.5	0.9	9.1	3.1	6.3
7. Canneberges	2.4	2.2	2.3	1.7	1.3	1.5
8. Pêches	1.1	0.6	0.9	11.5	1.5	4.5
9. Prunes (Quetsches)....	0.9	0.7	0.8	6.8	5.3	6.1
10. Cerises	2	0.3	0.9	13	3.4	10.2

En admettant que, dans la préparation du vin, 1 p. 100 de sucre donne, après fermentation, 0,5 p. 100 d'alcool en poids, ou 0,62 en volume, on voit que l'alcool et l'acidité contenus dans ces jus complètement fermentés seraient p. 100 en volume et en poids (Voir le tableau ci-après; pour plus de facilité nous ne mettons que les numéros d'ordre qui dans le tableau précédent accompagnent les noms de fruits).

D'après les chimistes allemands, un vin de fruits n'est agréable que lorsqu'il dose 0,5 à 0,7 p. 100 d'acidité libre et 7 à 8 p. 100 d'alcool.

On est donc amené à étendre d'eau les jus précédents, pour abaisser la proportion d'acidité, mais, d'autre part, on est obligé d'ajouter du sucre si l'on veut un degré d'alcool suffisant dans le vin. Le Dr Barth donne les quantités à ajouter soit d'eau, soit de sucre. Remarquons que, pour ce qui concerne ce dernier, la quantité varie avec chaque genre de fruits et chaque catégorie de vin (vin de ménage, vin de table, vin de liqueur).

	Alcool p. 100	Acidité p. 100	Eau à ajouter p. l. de jus	Eau à ajouter p. k. de fruits
1...................	4	2	2l,4	2l,2
2...................	4,3	1,4	1l,4	1l,3
3...................	3,1	1,7	1l,9	1l,7
4...................	2,7	1,2	1l,1	1l,0
5...................	2,4	1,4	1l,4	1l,3
6...................	3,9	0,9	0l,5	0l,4
7...................	0,9	2,3	3l,0	2l,7
8...................	2,8	0,9	0l,5	0l,4
9...................	3,8	0,8	0l,4	0l,3
10..................	6,3	0,9	0l,5	0l,4

	Poids de sucre en grammes à ajouter par litre de jus.			Poids de sucre en grammes à ajouter par kilo de fruits.	
	Vin de ménage	Vin de table	Vin de liqueur	Vin de ménage	Vin de table	Vin de liqueur
1....	375-450	550-650	800-1000	350-400	500-600	700-900
2....	275-300	400-450	550-700	250-275	350-400	500-650
3....	300-400	450-550	700-800	275-350	400-500	650-750
4....	180-220	280-340	420-520	160-200	250-310	380-470
5....	275-300	400-450	550-700	250-275	350-400	500-650
6....	150-200	250-300	350-450	130-180	220-270	320-400
7....	450-500	650-750	900-1100	400-450	600-700	800-1000
8....	150-200	250-300	350-450	130-180	220-270	320-400
9....	150-200	225-275	300-400	130-180	200-250	300-375
10....	150-200	250-300	350-450	130-180	220-270	320-400

M. Truelle a donné, en outre, les moyens de régulariser la marche de la fermentation et de diminuer les aléas.

Les fruits doivent être mûrs à point, débarrassés, par lavage, de toute impureté. Il faut détacher aussi les parties atteintes de pourriture. Les appareils employés, presses et récipients seront, naturellement, d'une absolue propreté.

Il faut écraser les fruits le plus tôt possible après la récolte. Sinon il y a lieu de craindre l'échauffement de la masse, au détriment de la richesse saccharine.

Le jus ou la pulpe ne séjourneront pas dans des vases en cuivre, en zinc ou en étain, à cause de la formation de sels toxiques.

Quand on n'opère que sur le liquide, on l'introduit dans

une bonbonne ou un tonnelet que l'on remplit jusqu'à quelques centimètres de l'ouverture. On bouche avec une bonde hydraulique ou un purificateur à air, et l'on fait en sorte que la température s'élève à 25-30°. La fermentation se déclare, alors, après un à deux jours, et l'on juge de son intensité d'après la rapidite avec laquelle les bulles de gaz carbonique se dégagent à travers le liquide de la bonde.

La fermentation tumultueuse dure de dix à vingt jours, suivant la variété des fruits, et leur richesse en sucre. Quand les bulles de gaz ne se dégagent plus que lentement, on peut la considérer comme terminée.

On soutire alors, avec un siphon. Si le vin est limpide, on le met en bouteilles à verre épais que l'on ficelle et tient couchées à la cave. Si le liquide est trouble, il faut le laisser au repos pour décanter. Au besoin, on peut filtrer et coller avant l'embouteillage.

Si l'on veut faire fermenter directement les *fruits écrasés*, l'opération est plus délicate. La pulpe, tenue tout d'abord en suspension dans le liquide, s'en trouve séparée bientôt par le gaz carbonique. Elle monte à la surface pour former une sorte de chapeau. Ce dernier, laissé en contact avec l'air, s'acétifie bientôt et le mal gagne le liquide sous-jacent.

Les Allemands évitent ce grave inconvénient en employant des cuves spéciales que l'on trouve dans le commerce local. Leur caractéristique consiste dans une sorte de couvercle percé de trous ou formé de lattes qui laissent entre elles des interstices. Un dispositif maintient ce couvercle à la surface de la mixture des fruits.

Quand la fermentation s'est déclarée, le liquide traverse les trous ou les interstices, sous la pression du gaz carbonique; quant aux matières solides, elles restent au-dessous.

Il faut donc employer un pareil dispositif dans le fût défoncé ou le cuvier ordinairement utilisé chez nous. En outre, on devrait agiter la masse une fois par jour. En un mot, devant toutes ces précautions à prendre, il est préférable, surtout dans les ménages, de faire fermenter le jus plutôt que les fruits écrasés.

Il arrive parfois que la fermentation tarde à se mettre en

train, puis, une fois amorcée, se montre irrégulière ou languissante, principalement avec les *airelles*, les *mûres*, les *fraises* et les *prunes*. Cela tient, le plus souvent, à un manque de *levure*, ou encore à ce que celles qui sont dans la masse n'y trouvent pas la quantité de matières azotées nécessaires à leur alimentation.

Le remède le plus simple consiste dans l'addition de phosphate d'ammoniaque, à raison de 15 grammes par hecto litre (Dr Barth et Kulisch). Si l'on ne constate pas d'amélioration on ajoute alors 100 centimètres cubes de levure de vin blanc par hectolitre, que l'on se procure dans le commerce. A défaut, on peut avoir recours à la levure de bière, ou mieux encore à un levain préparé avec 1 kilogramme de raisins de Corinthe par hectolitre.

Quand la *fermentation tumultueuse* est terminée, on prend la densité du liquide avec un densimètre. Elle doit être de 1.000 à 1.003 pour du vin de ménage destiné à être consommé aussitôt, de 1.005 à 1.008 pour du vin de table, de 1.010 à 1.015 pour du vin de dessert ou de liqueur. Cette prise de densité doit se faire à 15°. Si le chiffre trouvé dépasse les nombres types cités plus haut, on laisse la fermentation continuer. S'il y a coïncidence, ou à peu près, on soutire le vin. On emploie des petits fûts s'il s'agit d'un vin de ménage et des bouteilles en verre épais pour les deux autres cas.

Ces récipients seront parfaitement propres, les fûts méchés (la bonde doit fermer bien hermétiquement sans le secours de linge), ou les bouchons ficelés, puis cachetés ou paraffinés. Le liquide soutiré sera bien limpide au moment de sa mise en bouteilles. Dans le cas contraire, on le filtrera ou le collera.

Procédés simples.

Pour 50 litres d'eau, on ajoute 6 kilogrammes de fruits sans noyaux, 3 kilogrammes de miel ou de sucre, 50 grammes de fleur de sureau, ou un peu d'écorces d'oranges amères ; 100 grammes de baies de genièvre. Les ingrédients suivants ne sont pas indispensables, mais ils donnent une boisson plus généreuse. Au lieu de 6 kilogrammes de fruits on en met 50 et

10 de sucre ou de miel, 250 grammes de crème de tartre ; 50 grammes de sel marin, 50 grammes d'aromates divers.

On laisse fermenter dans un local où la température ne descend pas au-dessous de 15° C. Il est bien entendu que l'on ne doit pas boucher la bonde.

Dès que la fermentation est terminée, on soutire le liquide pour le porter en cave. Si on le met immédiatement en bouteilles, il faut ficeler solidement les bouchons et placer le goulot en bas.

Autre. — Dans 34 litres d'eau, verser 16 litres de fruits très mûrs (cerises, mûres, cormes, prunelles, etc.) écrasés et mêlés ensemble. Ajouter 1^l,5 de bonne eau-de-vie et 50 grammes de sel marin. Quand la fermentation est terminée, soutirer et mettre en bouteilles.

Autre. — Faire cuire 6 kilogrammes de *merises*, 20 kilogrammes d'autres cerises sans les noyaux, 8 kilogrammes de groseilles et 6 kilogrammes de framboises. Tamiser, pressurer les marcs pour en extraire tout le jus. Ajouter enfin de l'eau-de-vie et du sucre.

Autre. — Pour 200 litres de boisson, faire bouillir 2 litres de baies de genièvre dans 6 litres d'eau. Ajouter, après les avoir écrasés, 15 kilogrammes de *cerises* (noyaux et queues) ; 15 kilogrammes de *groseilles blanches* ; 15 kilogrammes de groseilles rouges ; 15 kilogrammes de *cassis*, et aussi 250 grammes de *miel*. Remuer plusieurs fois pour mélanger.

Quand la fermentation est terminée, remplir le tonneau d'eau, en laissant quelques centimètres de vide pour le cas ou une nouvelle fermentation se produirait, et boucher hermétiquement. On peut consommer après deux à trois semaines de repos.

Si l'on ajoute 3 à 4 kilogrammes de sucre par hectolitre d'eau, les mêmes doses peuvent servir pour 100 litres de plus.

Autre. — Écraser et mélanger 50 kilogrammes de sucre, 10 kilogrammes de cerises, 10 de mûres, 10 de cassis, 10 de framboises. Additionner de 100 grammes de sel marin et de quelques litres d'eau-de-vie, et, enfin, de 50 litres d'eau.

Après fermentation, soutirer, presser les marcs, tamiser les jus et laisser au repos quelques mois.

Piquettes. — Remplir à moitié un baril d'environ 50 litres avec des glands ; ajouter de l'eau que l'on renouvellera tous les trois à quatre jours, et cela durant trente jours. Ajouter alors 2 à 3 kilogrammes de fruits secs et 4 à 5 litres d'orge (jus et grains) tout bouillants, puis 3 à 4 litres d'eau par jour.

Quand le tonneau est plein, le bonder fortement. On peut boire quelques jours après.

Autre. — Mettre dans un tonneau les *fruits sauvages* ou tombés que l'on a fait sécher au four en attendant de les utiliser, ou bien frais, mais écrasés tels quels. Les couvrir d'eau jusqu'à 5 à 6 centimètres de la bonde, que l'on ferme hermétiquement. On peut utiliser la boisson vingt à trente jours après. On la remplace à mesure par de l'eau (partie égale). En même temps que, au besoin, on ajoute quelques fruits nouveaux.

3 kilogrammes de sucre par hectolitre de boisson renforcent la piquette.

Autre. — Employer 50 kilogrammes de *groseilles rouges* ; 12^{kg},5 de *groseilles blanches* ; 15 kilogrammes de *merises noires* avec les queues et les noyaux ; 12^k,5 de *framboises* ; 5 kilogrammes de *cerises* ; 1 kilogramme à 1^{kg},5 de *baies sèches de genièvre* ; *deux citrons coupés* en morceaux ; 1 litre d'eau-de-vie. Verser le tout dans un tonneau de 50 litres, et remplir avec de l'eau. Agiter tous les jours pendant une semaine, puis laisser reposer une dizaine de jours. On remplace la boisson soutirée par une égale quantité d'eau.

Autre. — Couper et fendre des *tiges de maïs* encore vertes en morceaux de 10 à 15 centimètres (nœud à nœud). Enlever la première écorce. Mettre ces morceaux dans un tonneau défoncé avec des fruits divers ramassés sous les arbres (*pommes, poires,* etc.) mais nettoyés, ainsi que *mûres noires, épines-vinettes, groseilles, prunes, cerises, framboises, raisins,* etc. Recouvrir d'eau et laisser fermenter. On tire au fur et à mesure des besoins et l'on complète avec de l'eau, de même que l'on continue à ajouter de nouveaux fruits (Houilleux).

Eaux de fruits secs. — Dans 50 litres d'eau on laisse fermenter un des mélanges suivants pendant une semaine, puis on met en bouteilles et, après un mois de repos, on consommera :

4 kilogrammes de pommes sèches, 4 kilogrammes de raisins secs, 5 kilogrammes de sucre.

— 2 livres raisins secs, 2 onces airelles, 25 grammes acide artrique, 1 kilogramme sucre, 8 litres vin.

— 4 kilogrammes pommes sèches, 1 kilogramme raisins secs, 250 grammes fleurs aromatiques, 5 litres son, 25 grammes acide tartrique, 25 grammes tanin, 1^{kg},500 sucre, 100 grammes levure.

Autre. — Dans 15 litres d'eau faire bouillir 2 kilogrammes pommes sèches et 2 kilogrammes raisins secs. A 15 litres d'eau bouillante, ajouter 25 grammes fenouil, 25 grammes coriandre, 125 grammes fleurs houblon.

Mélanger les deux liquides, filtrer et verser dans un fût d'un hectolitre, que l'on achève de remplir avec de l'eau. Ajouter alors 2 kilogrammes de sucre et 50 grammes de levure de bière délayée dans un peu d'eau.

Soutirer et mettre en bouteilles quand la fermentation est terminée.

Ratafia de fruits à noyaux. — Faire 1 kilogramme de pâte en pilant des pêches, abricots, prunes, cerises, etc., noyaux et amandes compris. Laisser macérer le tout dans 1 litre d'eau-de-vie pendant un mois et demi à deux mois. Jeter alors sur un tamis, presser les marcs. Au jus obtenu ajouter 300 grammes de sucre par litre. Filtrer et mettre en bouteilles.

Vin liquoreux de fruits. — Faire cuire les fruits (pêches, cerises, abricots, prunes, raisins, fraises, framboises, groseilles, etc), mais sans dépasser la température de 80°. Porter à la cave pour laisser reposer douze heures. Filtrer et ajouter au liquide assez de sucre pour qu'il marque 20° de densité. Enfin mélanger, en agitant fortement, 1 litre d'eau-de-vie à 50° par 3 litres de jus. Mettre aussitôt en bouteilles et capsuler les bouchons. Après sept à huit mois on peut consommer.

Résidus des fruits. — On peut encore employer, pour faire du vin, les *résidus de fruits* qui proviennent de la fabrication des gelées, comme les *framboises*, les *groseilles*, etc., et que, d'habitude, on laisse perdre.

D'après M. Michaelis, on fait macérer les résidus de fruits, peaux de groseilles, etc., encore frais, dans de l'eau qui contient une certaine quantité de sucre. Un agencement quelconque, comme un treillis en osier, empêche les produits de venir surnager.

Une addition de *coings découpés* ou de *jus de coings* donne au vin de *groseilles* ou de *framboises* un arome particulier.

L'eau sucrée peut être avantageusement remplacée, en tout ou en partie, par du moût de poires.

Si l'on n'utilise pas immédiatement les résidus en question, et que l'on veuille les transporter, on assurera leur conservation en les mettant dans des fûts bien remplis et en ajoutant une dissolution saccharine ou alcoolique assez riche en sucre ou en alcool pour empêcher le fermentation.

Vinaigre de fruits. — Les *résidus des fruits* qui ont servi à faire des gelées peuvent servir à fabriquer du *vinaigre*. Le vin que l'on en tire donnera lui-même du vinaigre par les procédés ordinaires. Ou bien encore, on laisse les résidus frais macérer dans l'eau. On additionne le liquide d'alcool et, finalement, on prépare le vinaigre. Au lieu de commencer par faire macérer les résidus dans l'eau, on peut les traiter d'abord par l'alcool plus ou moins concentré et étendre d'eau le liquide soutiré pour la fabrication du vinaigre. On recommence l'opération jusqu'à épuisement complet des résidus. Ce dernier point une fois obtenu, on les soumet à un lavage pour n'y pas laisser d'alcool. Cette eau de lavage peut servir pour commencer à traiter de nouveaux résidus.

CHAPITRE PREMIER

LES POMMES

Régions de production. — Les principaux départements producteurs de pommes et de poires à couteau sont :

Nord, Seine-et-Oise, Seine-et-Marne, Seine-Inférieure, Loire-Inférieure, Puy-de-Dôme, Aisne, Rhône, Alpes-Maritimes, Drôme, Basses-Alpes, Bouches-du-Rhône, Vaucluse, Var.

Centres pour les *pommes* :

Ardèche, arrondissements de Largentière et de Tournon, 8 à 22 francs les 100 kilogrammes ;

Aveyron : Nant, Saint-Jean-du-Bruel, (reinettes, canada, rambour, etc.), Saint-Sernin, Coupiac, Campriac, Villecomtal, Marcillac ;

Basses-Alpes (vallée de l'Asse aux environs de la Motte-du-Caire jusqu'au Caire et Faucon ; vallée du Jabron, environs de Sisteron ; Peypin, Valonne et environs, la Javie, Castellane). Apt s'approvisionne dans la vallée d'Asse, Reillane, Banon. Aux Mées fabrique de fruits confits. Les pommes dites *Jean Gaillard* viennent de Saint-Estève, Thoard, Barras, Mallemoisson, Aiglun (finesse et conservation). Centres commerciaux : Sisteron, Valonne, la Javie, Digne, Mégal, Castellane.

Cantal : arrondissement de Saint-Flour (Calvinet, Massiac, etc.) ; arrondissement d'Aurillac (Maurs, Boisset, Vieillevie, etc.) ;

Cher (Saint-Martin-d'Auxigny) ;

Drôme : Die, Châtillon-en-Drois, Crest (marchés de Nyons et Buïs-les-Baronnies) ;

Maine-et-Loire : vallée de la Loire, région d'Angers ;

Nord : arrondissement d'Avesnes. A Jolimetz, Prisches, on cultive le *double bon pommier,* appelé aussi pommier de *belle-fleur, pomme de belle-fleur.* Cueillie en septembre et conservée jusqu'en décembre ;

Pyrénées-Orientales : vallée du Tech à partir de Céret, et surtout à Arles-sur-Tech ; vallée de la Têt, de Prades à Olette et vallées perpendiculaires (exportation) ;

Puy-de-Dôme : on y cultive la variété *reinette de Canada,* avec laquelle les confiseurs de *Clermont-Ferrand* préparent des gelées et des pâtes, principalement dans les vallées des affluents de gauche de l'Allier (Saint-Myon, Combronde, Beauregard-Vendon, Gimeaux, Davoyat, Cellule, Euval, Muzac, Riom, etc., etc.) ;

Rhône : arrondissement de Villefranche (Saint-Loup, Pontcharra, Saint-Romain de Poppey), et surtout arrondissement de Lyon (Quincieux, Les Chères, Saint-Germain-au-Mont-d'Or, Limonet, Dardilly, etc., etc.) ;

Sarthe : arrondissements de Mamers et du Mans ;

Somme : la pomme acide variété *court-pendu* est surtout recherchée pour les *confitures et les compotes.* Abbeville compte de nombreuses fabriques qui produisent annuellement 1.000.000 à 1.200.000 kilogrammes.

Cueillette. — En général, les *pommes* de garde gagnent à séjourner longtemps sur pied. Elles continuent ainsi à grossir. En même temps, elles emmagasinent des principes nutritifs et odorants qui facilitent leur conservation, tout en les rendant plus parfumées.

Il ne faut cependant pas les laisser sur l'arbre après la chute des feuilles ou à l'arrivée des gelées.

Les fruits qui sont destinés au *fruitier* seront laissés se ressuyer au moins une dizaine de jours.

Les *pommes d'été* doivent être cueillies dix à quinze jours avant leur maturité. Si celle-ci s'accomplissait sur l'arbre, les fruits risqueraient de blettir, en raison de la température favorable.

Un spécialiste a dit qu'il est erroné de cueillir les *pommes de conserve* aussitôt que les pépins commencent à brunir, car alors elles ne se conservent pas et elles n'acquièrent pas toutes leurs qualités. Pendant le temps que les pépins mettent à se colorer, la pomme gagne encore un quart de sa valeur.

Pommes à cidre. — La récolte des *pommes à cidre* par le *gaulage* a l'inconvénient de donner des fruits meurtris, qui, une fois entassés pour attendre parfois jusqu'en février-mars le broyage ou pilage, sont couverts de *moisissures vulgaires.* Si quelques-uns prétendent que les moisissures en question donnent du *bouquet* au cidre, il faut reconnaître que la boisson a souvent aussi le goût de pourri, et presque toujours une saveur légèrement amère.

En outre, par suite du manque d'acidité et de la présence de diastases oxydantes sécrétées par les moisissures, le cidre noircit souvent par oxydation de ses tannoïdes. Enfin, les champignons en question brûlent une partie du sucre des pommes attaquées, d'où diminution dans le rendement en alcool.

L'examen au microscope des pommes pourries montre aussi la présence, dans les tissus du fruit, de *levures vulgaires (saccharomycès apiculatus),* de *bactéries* de *maladies humaines.*

Il serait préférable, pour éviter les blessures, écorchures de la peau, qui facilitent la pénétration de germes nuisibles, de cueillir les fruits à la main ou de secouer les branches avec des perches terminées par un crochet, et d'étendre une couche de paille sous les arbres.

Fruits tombés. — Quand les *fruits tombent* prématurément, sous l'action de grands vents par exemple, on les met à part, s'il s'agit de pommes et de poires, pour les utiliser le mieux possible.

Ceux qui sont déjà assez avancés en maturité peuvent être consommés cuits ou en *marmelades* ou encore, on les rentre au fruitier. Ceux qui sont trop durs sont broyés, ou bien on les fait cuire, puis les donne au bétail.

Il peut en rester de sains, mais peu avancés. Dans cet état, ils risqueraient de se rider. On les étale alors sur le sol en couche mince, de façon que chacun d'eux puisse absorber, au besoin, un peu de l'humidité de ce dernier. On choisit, à cet effet, un endroit sombre, au nord de bâtiments élevés, ou encore sous des arbres au feuillage touffu. Dans ces conditions, la dessiccation n'est guère à craindre, et la maturation pourra se terminer. Les fruits seront utilisés alors dans la ferme.

S'il s'agit de fruits à cidre, on sépare, d'abord, les poires des pommes. On fait deux lots de ces dernières. Le premier comprend les fruits à *maturité hâtive*. On les rentre dans un cellier, ou les met à couvert sous un hangar.

Quant aux tardives, elles forment le second lot. On les rassemble en tas en plein air, à l'ombre, que l'on recouvre de foin ou de paille, ces derniers étant bien sains.

Conservation en chambre froide (1).— Aux États-Unis on a reconnu que la meilleure température pour la conservation des pommes en chambre froide est voisine de 0°, sans descendre au-dessous ; à + 2° on a pu en conserver deux mois. Il ne faut conserver que des fruits fermes et les porter au frigo aussitôt, sinon il peut y avoir un déchet de 20 à 30 p. 100. On doit les cueillir dès que le pédoncule se détache facilement de la branche, avant complète maturité. Si l'on veut activer la maturité pour les besoins de la vente, on maintient dans la chambre froide la température de + 4°.

On emballe dans des barils que l'on tient couchés, ou des boîtes ou caisses. On n'est pas bien fixé sur l'utilité de l'aération des emballages. Toutefois, les caisses ventilées à claire-voie semblent préférables pour les grosses quantités de fruits, et amener un refroidissement rapide du centre de la masse. On entoure chaque fruit d'un *morceau de papier* qui absorbe l'humidité et l'on met par-dessus du papier paraffiné imperméable. L'ouate donnerait de moins bons résultats.

A 0°, on peut ainsi les conserver près d'une année. Mais la variété influe beaucoup. Le coût de l'entreposage dans les grandes villes est de 0 fr. 50 à 0 fr. 65 par baril et par mois et 2 fr. 5 par saison (novembre à mai).

(1) Pour les procédés de conservation, voy. le mot *pommes* à la table alphabétique, de même pour tous les autres fruits ou légumes.

Transport en cales frigorifiques. — D'après M. Lance, agent commercial de la Nouvelle-Galles du Sud, un débouché important a été ouvert en Allemagne pour les *pommes australiennes*. Des *vapeurs à cales frigorifiques* apportent régulièrement à Brême des chargements de fruits, qui sont ensuite dirigés sur Hambourg, d'où ils sont expédiés dans toutes les parties de l'Allemagne. Les facilités nécessaires pour l'emmagasinage et le triage existent dans les entrepôts sur les quais de Hambourg, quelques-uns d'entre eux étant exclusivement réservés aux fruits. On apporte ainsi des pommes, des poires, des raisins. Quand ces fruits arrivent en bon état, le prix moyen est de 18 fr. 75 par caisse de 40 livres, 18^{kg},125 (en 1904).

Il y a un débouché à Hambourg (pour réexpédition) dans toutes les parties de l'Allemagne) d'environ 2.000 caisses par semaine, du mois de mars au mois de mai. Quelques affaires en transit se font, également, par des cargaisons qui sont débarquées dans le port franc de Hambourg et, de là, réexpédiées en Autriche et même dans certaines parties de la Russie.

Les pommes arrivent au moment où tous les autres fruits sont rares. Au commencement de la saison arrivent aussi des pommes américaines conservées.

Des millions de boisseaux de ces pommes sont emmagasinés dans des entrepôts froids en Californie, depuis septembre jusqu'en février, et alimentent à bas prix les marchés européens.

M. Lance ajoute que la France, bien que produisant beaucoup de fruits, offrirait un débouché important pour les pommes d'Australie. Les paquebots qui transportent ces fruits font escale à Marseille, où des chargements d'essai pourraient être débarqués. Le Havre serait le port qui se prêterait le mieux à cette innovation.

Quant aux autres fruits, l'auteur estime qu'un débouché existe en Allemagne pour les poires, ainsi que pour les raisins et autres fruits aqueux. Ces fruits ont été exportés avec succès de l'Afrique du Sud.

En 1906, les États-Unis ont exporté pour près de 20 millions de francs de *pommes*. Il en a été traité frigorifiquement en tout pour 63 millions et demi.

M. F.-E. Dawley a noté dans *l'American Agriculturist* que, parmi les *pommes* ayant été conservées par le *froid* en 1900, quelques variétés se gâtaient plus facilement que d'autres. Il signale, en particulier, les variétés à peau fine comme *Northern Spy, Spitzenberg, Fameuse Jonathan, Boykin*, et d'autres du même genre. Presque toujours la *pourriture* commence à se manifester sur les pommes présentant une tache de la maladie connue sous le nom de *gale*. Quelquefois, la pourriture a pour centre cette tache. Cette remarque ne s'applique qu'aux pommes qui proviennent des *chambres frigorifiques*.

Les variétés à peau épaisse *Ben Davis, Newton Pippin* et d'autres analogues, conservées dans les mêmes conditions, ne présentent pas trace de pourriture.

Le fait que la pourriture se forme aux places meurtries ou déchirées est connu. Mais il semble que la pourriture qui se développe autour des taches de gale sur les fruits conservés par le froid l'était moins.

Conservation en silo (1). — On peut conserver les pommes en *silo*, sorte de tas que l'on établit comme nous l'indiquerons. Mais voici un procédé cité par le *Petit Jardin*, à qui il a été signalé par un agriculteur normand.

« Creusez une rigole d'un pied de profondeur. Couvrez toute la surface du fond et des côtés avec des touffes d'herbes. Remplissez l'espace libre de pommes, de façon que le tas soit plus haut au centre et aille en diminuant insensiblement vers les côtés. Couvrez les fruits parfaitement de gazon, dont le côté herbeux touche les pommes. Enfin, couvrez le sillon d'un pied de terre pour le préserver de l'air et de la gelée. « Par ce moyen les pommes peuvent se garder jusqu'en avril ou mai. »

Conservation dans des matières diverses. — *Tourbe.* — M. A. Truelle rapporte deux séries d'expériences qui ont été conduites sous la direction de M. E. Junge, inspecteur d'horticulture à la Station expérimentale de l'Institut royal de Geisenheim, sur le Rhin.

Dans ces expériences, on s'est servi de la poussière de Torfmull, c'est-à-dire de la tourbe provenant de la partie supérieure des tourbières. Cette matière était complètement dépourvue d'odeur, très sèche et très fine, une fois criblée. Les fruits, les uns parfaitement sains, les autres plus ou moins meurtris, les uns fraîchement cueillis, les autres détachés de l'arbre depuis quelques semaines, les uns ayant voyagé, les autres non, furent enveloppés dans du papier de soie, entourés de tourbe de manière qu'il n'y eût aucun contact entre eux, et placés, variété par variété, dans des corbeilles ou dans des caissses, une épaisse couche de tourbe formant matelas, non seulement entre chaque rangée, mais entre la rangée supérieure et le couvercle.

La période de garde dura du commencement de novembre au milieu de mai (cinq mois et demi). Sauf pour les variétés *bergamote esperen* et *beurré bretonneau*, qui ne s'étaient bien maintenues que pendant un certain temps, on ne trouva qu'un nombre excessivement faible de mauvais fruits. La *reinette baumann* est la seule qui ait accusé un pourcentage aussi bas que 20 p. 100, car, aussitôt la complète maturité atteinte, elles sont attaquées à l'extérieur. Cette variété serait donc réfractaire à la conservation dans la tourbe. Au contraire, *court-pendu royal*, bien connue pour sa tendance à se flétrir rapidement, s'est comportée tout autrement dans la tourbe.

La saveur de *brauner matapfel*, *schafsnase*, *verte de Stettin*, *Grüner fürstenapfel*, était devenue complètement fade. Elle était suffisante

(1) Il est entendu que nous n'avons pas expérimenté tous les procédés de conservation cités dans cet ouvrage : nous les donnons pour ce qu'ils valent.

chez *roter eiserapfel*, *grosser bohnapfel*, *boikenapfel* ; agréable et presque normale chez *reinette du Canada, belle de boskoop, reinette de Champagne* et *grosse reinette de Cassel.*

Au sortir de la tourbe, ces variétés ont conservé leur bel aspect et leur jolie coloration pendant un temps relativement long et ce n'est qu'après plusieurs jours que le flétrissement s'est déclaré sur *reinette du Canada* et *belle de boskoop*, ce qui s'explique facilement, si l'on se rappelle que dans les conditions normales les fruits nuancés de rouille y sont beaucoup plus sujets que les autres.

Il résulte de ces essais : 1° Que l'emploi de la tourbe est un bon procédé de conservation pour certaines variétés de table, notamment pour celles à maturité tardive ;

2° Qu'il convient mieux aux pommes qu'aux poires ; 3° Que les avantages sont d'autant plus assurés que les fruits sont emballés plus rapidement après leur cueillette et n'ont été que peu manipulés.

Enfin, il est prudent de n'employer que des fruits très sélectionnés et de restreindre la durée de la conservation au laps de temps nécessaire pour en tirer le meilleur parti.

Fleurs de sureau. — Les pommes conservées dans des fleurs de sureau auraient la propriété de contracter le goût d'ananas. On essuie bien les fruits, on les met dans des boîtes en sapin. Vous placez au fond des boîtes un lit de fleurs de sureau, puis un lit de pommes, un deuxième lit de fleurs, un deuxième lit de pommes, ainsi de suite jusqu'à ce que la boîte soit pleine ; il faut avoir soin de remplir de fleurs tous les vides occasionnés par la forme des pommes, en prenant bien garde qu'elles ne se touchent pas.

Votre boîte remplie, le lit de fleurs étant le dernier, vous la fermez et collez du papier sur tous les joints, afin d'éviter que l'air y pénètre par aucun endroit.

Au bout d'un mois à peu près, les pommes ont le goût d'ananas. On peut ainsi les conserver jusqu'en juillet.

Papier. — Faire dissoudre 100 grammes d'acide salicylique dans 1.000 grammes d'alcool à 90°. Tremper dans la liqueur des feuilles de papier de soie. Envelopper chaque fruit dans un morceau de papier et les ranger côte à côte dans une caisse en bois. Dans ces conditions, pommes et poires peuvent s'expédier au loin et se conserver de longs mois.

Enfumage et paille. — On choisit les pommes parfaitement saines, on les porte et on les dépose sur des claies en osier, s'il est possible, en ayant soin que les fruits ne se touchent pas. Aussitôt après, on ferme parfaitement les portes et les fenêtres et on fait du feu avec des sarments, de manière à obtenir beaucoup de fumée et que cette fumée remplisse la pièce. Pendant quatre ou cinq jours, on renouvelle cet enfumage.

On prend ensuite les fruits un à un et on les met dans une caisse avec de la menue paille de froment, toujours en ayant soin qu'ils ne se touchent pas ; on fait une couche sur la première, et ainsi de suite jusqu'à ce que la caisse soit pleine et couverte d'un lit de même paille. Il ne reste plus qu'à fermer la caisse. On reproche aux pommes le goût de « fumée ».

Eau salée. — On se sert en Allemagne d'eau salée dans laquelle les pommes se conservent bonnes pendant près d'une année. On essuie les pommes, on les place dans un tonneau et on les arrose d'eau salée, de manière à les recouvrir complètement. Puis on ferme le tonneau que l'on place dans une glacière si possible, ou au moins dans un lieu frais.

Pour la préparation de l'eau salée, on emploie un verre de sel à raison de 25 litres d'eau qu'on a fait bouillir et qu'on laisse refroidir avant de s'en servir. Certaines personnes, qui aiment à avoir les fruits un peu aigrelets, ajoutent, pour 25 litres de la solution, 1 kilogramme de farine de seigle et de froment. (Perte de matières solubles et goût salé.)

Ce procédé diminuerait la proportion des principes solubles et salerait la chair.

Pommes à cidre. — Notre camarade G. Warcollier, directeur de la Station pomologique de Caen, a essayé d'appliquer aux *pommes à cidre* le procédé de conservation au *formol* préconisé par le *Jodrell Laboratory à Kew* (p. 170). Ces pommes furent soumises à une immersion d'une durée de dix minutes dans une solution à 4 p. 100 de formol (4 litres de formol du commerce à 40 p. 100 dans 100 litres d'eau). Le plancher de la salle de garde avait été lavé quelques jours auparavant avec une solution chaude de formol à 1 p. 100.

M. Warcollier conclut que ses essais ne lui ont donné aucun résultat. «Toutefois, dit-il, il y aurait lieu de les poursuivre sur une large échelle dans des cidreries. »

M. Truelle dit aussi qu'il ne faut pas se hâter de conclure. La différence des résultats ne peut provenir, étant donnée l'autorité des expérimentateurs anglais, que de la nature très différente des variétés de pommes mises en œuvre.

M. Perrier a également proposé l'*eau formolée* à 8 p. 1·000. On enlève le formol par un second lavage à l'eau pure. Le broyage et le pressurage se font ensuite avec des appareils préalablement lavés avec la même solution ou une autre à 4 p. 1.000. Les moûts ainsi obtenus ne fermentent pas. Des échantillons ont subi le voyage de Rennes à Buenos-Ayres, aller et retour, sans fermenter. Les traces de formol qu'ils renferment disparaissent spontanément au bout de quelques jours. Si l'on en trouve, la levure elle-même les détruit.

M. Perrier conclut de ces essais : 1° que le formol permet une stérilisation des fruits, et par suite l'obtention de moûts pratiquement stériles (au point de vue des levures) et sans autre goût que celui des fruits ; 2° que les moûts ainsi obtenus supportent l'exportation ; 3° que ces moûts, qui semblent pouvoir se conserver indéfiniment, mentent régulièrement lorsqu'on les ensemence, et fournissent des cidres de très bonne qualité et complètement exempts de formol.

Sans mettre en doute la valeur du procédé, certains auteurs considèrent le formol comme une substance dangereuse à employer pour la conservation des matières alimentaires.

M. Truelle conseille de conserver *au grenier* les variétés à épiderme gris roux ou roux moins longtemps que les autres. Cela concerne le *ressuage* dont le but est la *concentration* du jus et, par suite, l'augmentation de ses principaux éléments, notamment les sucres. Mais parfois ce but n'est pas atteint, parce qu'il est dépassé, par suite d'une trop grande évaporation. Celle-ci varie, d'ailleurs, avec la constitution des cellules épidermiques. On a constaté que les cellules subéreuses des fruits roux protègent moins ceux-ci contre l'évaporation que ne le font, chez les fruits jaunes et rouges, les cellules contenant une matière grasse. C'est ce qui explique pourquoi le ressuage et l'exsudation visqueuse maintiennent ces deux groupes de pommes gorgées de jus, alors que les rousses, qui en sont dépourvues, se flétrissent et se ratatinent.

En somme, le ressuage n'est utile que s'il ne se prolonge pas trop longtemps. D'après les expériences de l'auteur, sa durée ne doit pas, en moyenne, excéder trois semaines pour les variétés de deuxième saison, et deux mois pour celles de troisième, à part quelques exceptions.

Les fruits de pressoir sont conservés en tas dans trois milieux différents : vergers, hangars, greniers qui ont tous leur raison d'être, à la condition de mettre les fruits à l'abri des intempéries, en même temps que de la chaleur dégagée au milieu d'un tas trop volumineux.

En ce qui concerne la hauteur de ce dernier, on préconise chez nous $0^m,50$ à $0^m,60$, avec un maximum de $0^m,80$ dans les greniers et $1^m,20$ sous les hangars et dans les vergers. En Allemagne, on recommande de n'emmagasiner que 50 centners (2.500 kilogrammes) sur une hauteur de trois pieds ($0^m,86$). En Angleterre, on accorde 18 pouces à deux pieds six pouces ($0^m,45$ à $0^m,75$), tout en préférant dix pouces ($0^m,25$).

En dépassant les limites indiquées, on s'exposera, par suite de l'échauffement, d'abord à un coefficient de déperdition notable, puis à un développement anormal de la pourriture, et enfin à n'obtenir qu'un jus pauvre en sucre et en parfum mais chargé de principes mucilagineux, qui rendront la fermentation lente, la clarification difficile, d'où résultera un cidre inférieur, exposé aux maladies.

Au point de vue de leur conservation, les *pommes à cidre* donnent des résultats divers, suivant les variétés. Les espèces *tannifères*, par exemple, se conservent mieux sans *blondir* ou *bleuir*.

LE FRUITIER

A la ferme, c'est surtout dans le *fruitier* (1) que l'on conserve les fruits, et principalement les *pommes*, les *poires* et les *raisins*.

Établissement du fruitier. — Le fruitier doit remplir des conditions telles que les fruits y auront leur maturité retardée le plus longtemps possible (voy. p. 147) et ne pourront pas être envahis par des germes d'altération : obscurité, air confiné chargé de gaz carbonique, basse température constante (les variations amènent des précipitations de rosée sur les fruits), degré d'humidité juste suffisant pour que les fruits ne se rident pas, garantie contre les gelées possibles ; propreté du matériel et de l'air (mauvaises odeurs) (2).

Toute pièce exposée au nord et remplissant ces conditions peut servir de fruitier.

Si l'on ne regarde pas à la dépense, on peut l'établir dans toutes les conditions voulues en s'inspirant de ce que nous avons déjà dit à propos de la construction des glacières (p. 116) et des chambres frigorifiques. La pièce, en effet, doit être *isolée*, d'abord pour maintenir la température voulue, ensuite pour éviter que les fruits ne gèlent. Si le terrain est humide, il faudra le drainer. On construira les murs avec double paroi, ou bien ils seront très épais. On les fait quelquefois avec un mortier de terre et de paille. On remplace encore le mur intérieur par des planches ou des briques creuses, ou, plus simplement, on tapisse en dedans le mur unique avec des briques en liège.

Les ouvertures seront au nord avec double porte ou volet, si possible, croisées, rideaux (lumière), grillage (insectes). Il y a avantage à n'aérer qu'avec des conduits ou cheminées que l'on ouvre au ferme à volonté.

Installer un double plancher, ou établir le parquet à $0^m,80$ au-dessous du sol, s'il est sain, ou a un niveau supérieur avec plancher, dans le cas contraire. Plafonner et couvrir avec du chaume, ou garnir le grenier de mousse, etc.

Le long des murs, mais ne les touchant pas, installer des étagères de 50 à 60 centimètres de largeur formées de lattes en bois dur espacées de 2 centimètres. Les étagères seront superposées et espacées, dans le sens vertical de 30 à 40 centimètres, l'inférieure à 50 centimètres du sol. Les border avec des lames faisant saillie de 3 centi-

(1) Pour plus de détails, voy. *Arboriculture fruitière* (L. Bussard).

(2) Certains prétendent, au contraire, qu'il faut laisser entrer librement lumière et air, même humide.

mètres. On peut établir semblable installation au milieu de la salle.

Ces tablettes, claies, etc., sont soutenues par des bâtons, des tringles enfoncées dans le mur, des montants pourvus de traverses, etc.

Les plus inférieures seront un peu inclinées en arrière, celles à hau-

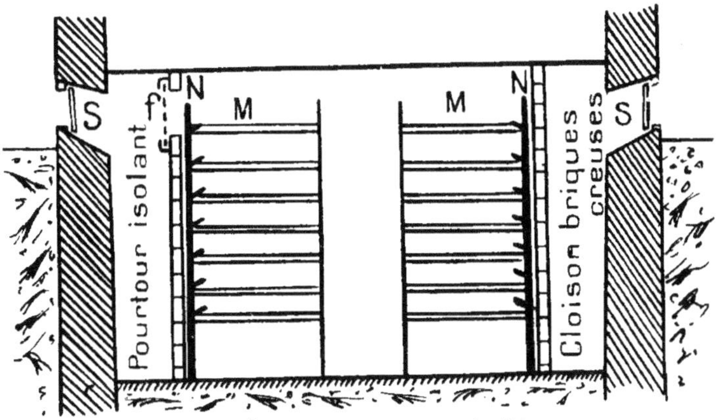

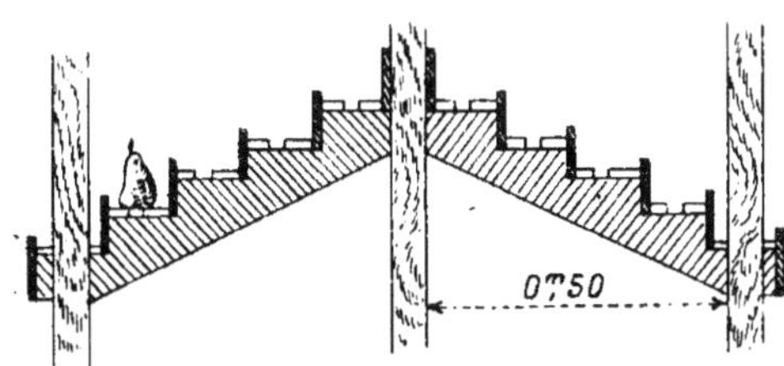

Fig. 100. — Coupe d'un fruitier.

teur des yeux seront horizontales, les plus élevées pencheront en avant. On peut mieux ainsi examiner les fruits.

On trouve d'ailleurs, dans le commerce, des agencements divers.

Les étagères seront garnies de paille, mousse, balles de céréales, feuilles d'arbres, ou simplement de feuilles de papier (1).

On peut aussi se servir, en guise de fruitier, d'un cellier, d'une cave saine, sèche, assez *enterrée* dans le sol pour que la température y soit à peu près invariable et l'obscurité suffisante.

Une pièce au rez-de-chaussée, avec le sol un peu au-dessous du niveau extérieur, s'il est sain, conviendra ; sinon préférer un premier étage. Autant que possible, une seule

Fig. 101. — Modèle d'étagère à deux versants.

porte et une seule fenêtre au nord ou à l'est. Au besoin, un rideau de verdure abritera contre les rayons directs du soleil.

Ne pas faire servir un grenier, où les fruits sont trop exposés aux variations de température.

(1) On accuse ces matières de favoriser la propagation de la pourriture.

13.

Petits dispositifs. — Quand on n'a que de faibles quantités de fruits, l'installation en règle d'un fruitier est superflue. On utilise alors une simple armoire à tiroirs.

Mathieu de Dombasle a proposé l'agencement suivant pour conserver dans un petit espace une assez grande quantité de fruits.

On dispose, dans la pièce choisie à cet effet, des caisses superposées en piles. Elles ont 8 à 12 centimètres de hauteur intérieure, 70 centimètres de longueur et 50 centimètres de largeur. On les fait en planches de sapin ou de peuplier de 18 à 20 millimètres d'épaisseur et sans couvercle, le fond de l'une devant fermer la caisse placée au-dessous.

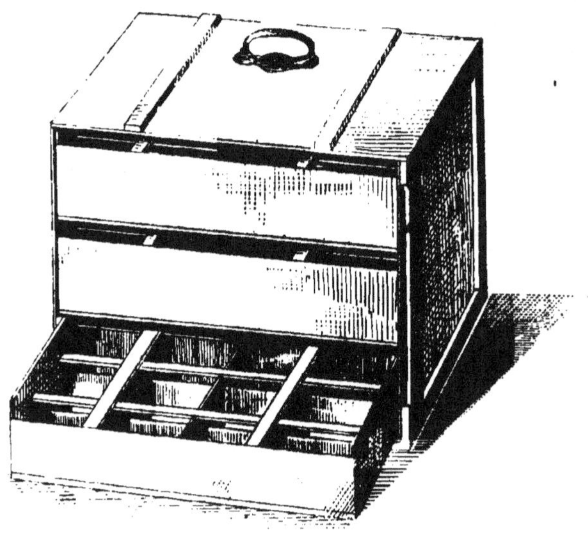

Fig. 102. — Fruitier portatif Chevalier.

Au milieu de chacun des quatre côtés des caisses et près des bords supérieurs, des tasseaux un peu amincis en dedans et dépassant de quelques millimètres les bords supérieurs servent à les manier et à les bien empiler.

Chaque caisse ne doit recevoir qu'un lit de poires, de pommes, de raisins. On en met 5 à 20 les unes au-dessus des autres, et on couvre la dernière seulement d'un couvercle. On tient la pile dans l'angle de la pièce. Il est facile, par température froide, de l'entourer de couvertures. On visite de temps en temps pour enlever les fruits gâtés. La pile démontée est reconstruite à côté.

Il faut reconnaître que cet agencement ne facilite guère la surveillance des fruits.

La chose serait plus aisée par exemple avec un meuble ouvert de tous côtés et formé de claies en bois superposées, le tout, au besoin, entouré de grillage, comme on en trouve dans le commerce.

Désinfection du fruitier. — A l'approche de la saison, balayer et brûler les matières restées sur les étagères, si on ne l'a déjà fait une fois le fruitier vidé. On sait que les germes d'altérations qui peuvent rester dans les poussières sont capables d'altérer les fruits à conserver. Les insectes peuvent même intervenir. Citons, à ce propos, que M. Mangin a attribué l'apparition de taches grises, puis noirâtres, et légèrement creuses (au-dessous chair spongieuse, jaunâtre, amère) qu'ont montrées des *pommes Calville*, cependant apportées saines au fruitier, à des piqûres d'insectes (peut-être des *acariens*).

S'il est difficile de détruire ces derniers, il n'en est pas de même des spores, ou graines des champignons de pourriture ou autres. Après avoir balayé, brossé les étagères, etc., on aère largement pendant plusieurs jours. On blanchit ou mieux pulvérise sur les murs, les étagères, la solution suivante : 100 litres d'eau, 1 2 kilo de lysol et autant de sulfate de cuivre. Il ne faut pas oublier, toutefois, dans le choix de l'antiseptique, que les fruits absorbent les mauvaises odeurs. On s'y prendra donc longtemps à l'avance.

On peut brûler aussi une mèche de soufre par 5 mètres cubes, en tenant tout fermé pendant deux à trois jours. On aère ensuite largement. On a soin de placer au préalable la mèche de soufre en un point assez élevé.

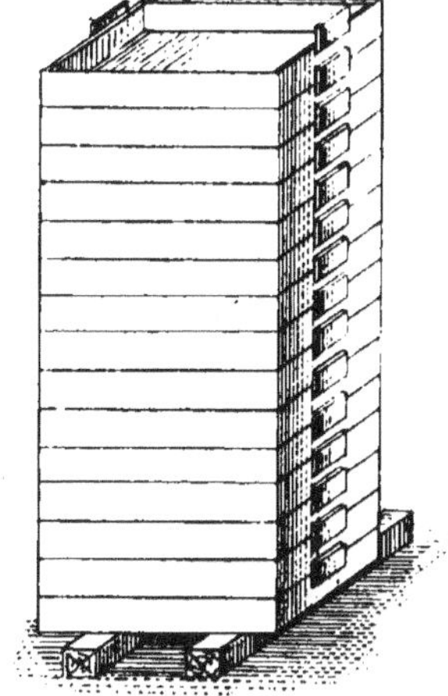

Fig. 103. — Boîtes-fruitier Dombasle.

Fig. 104. — Autre dispositif des boîtes.

L'action du gaz sulfureux est mieux assurée si, avant d'opérer cette désinfection, on a fait bouillir abondamment de l'eau dans le local pour bien imprégner le tout d'humidité. Mais il est entendu que la pièce sera complètement sèche quand on y introduira les fruits.

On a aussi conseillé l'emploi de l'acide phénique, du sublimé corrosif (poison violent).

Mise au fruitier. — Les fruits au moment d'être rangés sur les étagères, doivent être complètement secs. On les laissera, si besoin est, se ressuyer quelque temps dehors ou dans le fruitier, que l'on aérera alors largement pendant quelques jours avant de fermer.

Nous avons vu que l'on a recommandé d'entourer chaque fruit d'une couche imperméable, ou simplement de plonger l'extrémité du pédoncule dans un vernis de cire à cacheter (p. 161).

Il est utile de séparer les variétés, à cause des différences dans l'époque de la maturation. Ce classement rend, en outre, la surveillance plus facile.

On espacera les fruits le plus possible sur les étagères, en les plaçant sur le côté le moins mûr, le moins coloré, le pédoncule en l'air. Cette position permet, par simple pression de l'ongle sur la partie qui l'entoure, de reconnaître quels sont ceux qui doivent être consommés (disposer les fruits à noyaux le pédoncule en bas).

Il est entendu que l'on ne disposera qu'un lit de fruits (cellules altérées par pression). On a dit cependant que les pommes se conservent bien sur la paille, à la condition de ne pas dépasser deux ou trois lits superposés, de façon que l'air puisse circuler aisément dans la masse.

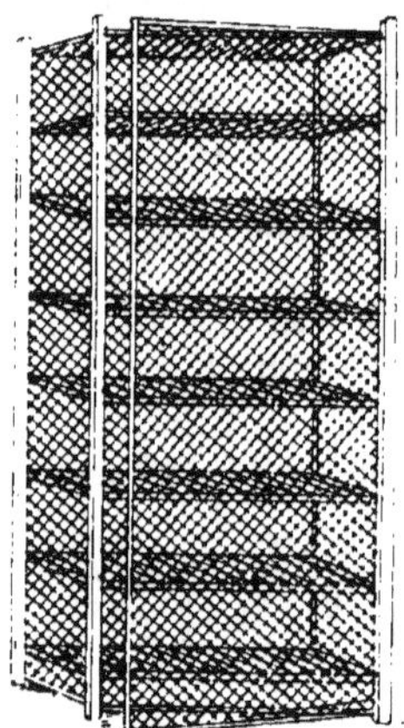

Fig. 105. — Fruitier portatif.

On conseille encore d'envelopper les fruits de luxe, tout au moins, dans du papier de soie.

Température. — Elle doit être constamment entre + 3° et + 7°.

Quand on craint un froid excessif, l'hiver, on calfeutre les ouvertures, place des paillassons, etc. Il peut être même nécessaire de chauffer la salle pour maintenir quelques degrés au-dessus de 0. Pour les grandes installations, on dispose quelquefois des bouches de chaleur. Un simple réchaud, qui fonctionne toutes les deux heures, sera suffisant pour un petit local.

Fruits gelés. — Les fruits gelés ne doivent pas être transportés au chaud. On doit, au contraire, les laisser dégeler lentement, à basse température, par exemple dans de l'eau froide. On doit les consommer immédiatement après qu'ils se seront dégelés. Il est utile de mettre un thermomètre à maxima et minima dans le fruitier.

Humidité. — L'excès d'humidité étant nuisible, il faut la chasser par une aération appropriée. Le *psychromètre* ou l'*hygromètre* devront se tenir aux environs de 70°. On aère, bien entendu, par temps sec et quand la température est convenable. Mais il faut le faire le moins souvent possible, car les fruits doivent rester dans le gaz carbonique qu'ils dégagent (p. 147), et, d'autre part, il faut les soustraire à l'action de la lumière. Il est prudent de ne pas conserver les fruits dans une pièce où l'on séjourne, surtout une chambre à coucher (1).

Les *poires* supportent mieux l'aération que les *pommes*, qui se rident plus rapidement.

La *chaux* en pierre, placée en différents endroits de la pièce, et renouvelée quand elle est réduite en poudre, absorbe l'humidité, mais aussi le gaz carbonique. Le *chlorure de calcium* est préférable (trop de sécheresse ratatine les fruits).

Sur une petite table placée au centre de la pièce on met une feuille de plomb dont les bords sont relevés de quelques centimètres, et l'on ménage une rigole sur l'un des côtés. Dans cette sorte de récipient plat et large, on place du *chlorure de calcium*. À mesure que cet ingrédient se liquéfie, il coule dans un vase en poterie mis au-dessous. On peut, d'ailleurs, employer tout autre dispositif, petits récipients étanches, larges, peu profonds, en faisant en sorte que la matière solide ne baigne pas dans le liquide. Cette dissolution, chauffée, perd son eau et on peut utiliser à nouveau la partie solide qui reste après dessiccation.

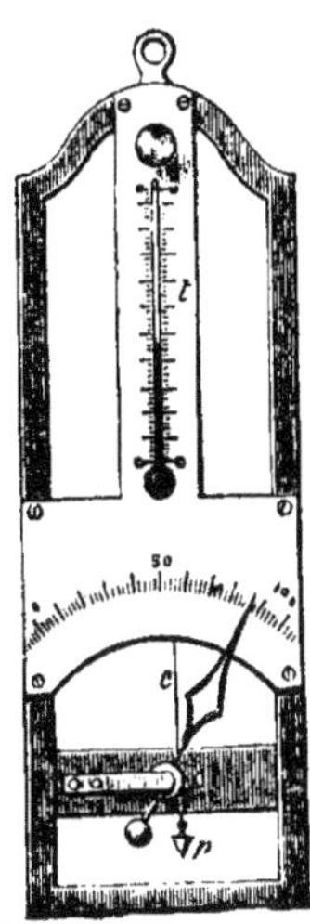

Fig. 106. — Hygromètre à cheveu.

Le chlorure de calcium coûte en moyenne 1 fr. 25 le kilogramme.

Inspection des fruits. — On doit la faire une fois par semaine, sinon deux fois, pour enlever les fruits qui s'altèrent. On en profite pour aérer le local, s'il y a lieu.

Maladies au fruitier. — Les *pommes* et les *poires*, une fois *au fruitier*, peuvent être attaquées par diverses maladies.

L'*éclatement* est dû à des causes mal connues. On suppose qu'il est provoqué par la *tavelure* au début, qui entraîne ensuite des craquelures, fendillements, qui intéressent profondément la chair. Ce défaut est fréquent par les années humides. Sans doute les remèdes préventifs employés contre la *tavelure* (2), comme la pulvérisation au sulfate de cuivre, les fruits étant encore sur l'arbre, produiraient-ils de bons effets au point de vue de l'éclatement.

Le *liège* est un défaut que l'on remarque surtout sur les *pommes Calville blanc*. On voit sur les fruits se former de petites taches spon-

(1) Cependant le gaz carbonique, plus lourd que l'air, descend vers le sol.

(2) Voir *Maladies des plantes cultivées*, par Delacroix.

gieuses, qui ressemblent à des morceaux de liège, et constituées par des cellules mortifiées. Le *gras* se reconnaît aux taches molles, huileuses, qui se forment sur la peau.

On comprend que ces maladies ou défauts déprécient beaucoup les fruits de luxe. Malheureusement, on ne connaît pas de remède.

Pour combattre les maladies au fruitier, on a conseillé d'y produire de la fumée de bois, d'y laisser dégager des vapeurs d'alcool, de sulfure de carbone, de formol, de faire brûler du soufre.

D'après M. F. Sestini, de l'Université de Pise, 1 centimètre cube de sulfure de carbone dans 10 litres d'air a tué nombre d'insectes. Les qualités des fruits, parfum, saveur, couleur, etc , ne sont pas altérées. Les fruits gagneraient, même, à ce traitement (1).

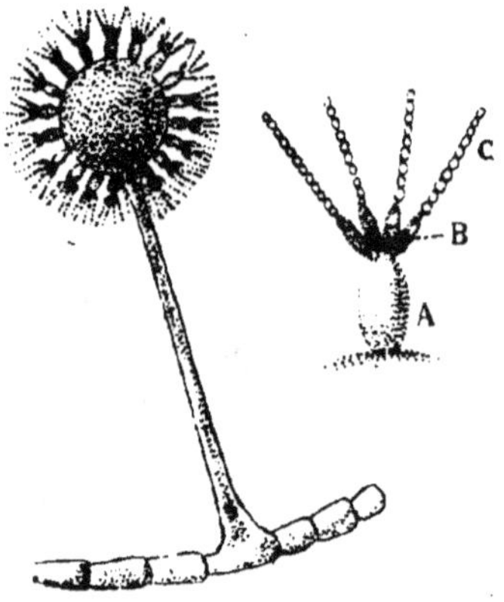

Fig. 107. — *Aspergillus niger.* Moisissure noire qui se développe sur certains fruits, sur les tonneaux dans les caves.

ÉPOQUES DE MATURATION. — Sont bons à consommer :

En *novembre : poires* Beurré Bachelier, Beurré Clairgeau, Beurré Diel, conseiller à la Cour, Doyenné du Comice, Nec plus ultra Meuris ; *pommes* belle fleur jaune, ménagère, Reine des Reinettes, Cox orange ; *nèfles* ;

En *décembre : poires* Beurré Diel, Curé, Doyenné d'Alençon, Passe Colmar, Comtesse de Paris, etc. ; *pommes*, Reine des Reinettes, Calville blanche, Canada blanche, Linneous pipin, Pribston pipin ; *raisins* ;

En *janvier : poires* Doyenné d'hiver, Joséphine de Malines, Comtesse de Paris, Passe Colmar, etc. ; *pommes* Reinette du Canada blanche et grise, Calville blanche ,

En *février : poires* Passe Crassane, Doyenné d'hiver, Bergamote Esperen ; Doyenné d'Alençon ; *pommes* Canada blanche, Calville blanche, reinette grise haute bonté, Court-pendu grise, Châtaignier ;

En *mars : poires* Bergamote Esperen, Olivier de Serres, etc. ; *pommes* reinette grise haute bonté, reinette de Cuzy, Reinette grise du Canada, belle de Pontoise ;

En *avril : poires* Olivier de Serres, Bergamote Esperen, Beurré Bretonneau (pour cuire) ; *pommes* reinette de Caux, reinette de Cuzy, reinette grise haute bonté.

(1) Voir la conservation des raisins (ne pas oublier que le mélange d'air et de vapeurs d'alcool ou de sulfure de carbone est très inflammable et détonnant).

En *mai : poires* belle Angevine et Catillac (pour cuire), Beurré Bretonneau ; *pommes* reinette de Caux, Api rose.

DESSICCATION (1)

Les pommes à dessécher à l'*évaporateur* sont, en général, pelées, débarrassées des cœurs, coupées en tranches. Un

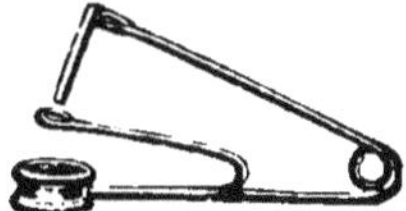

Fig. 108. — Enlève-pépins.

Fig. 109. — Vide-pomme.

ouvrier peut en peler 15 à 20 kilogrammes à l'heure avec la machine spéciale (p. 165), surtout si elles ne sont pas encore complètement mûres et offrent une certaine résistance. Il est des machines qui, à la fois, pèlent, enlèvent les cœurs et découpent en spirales (on n'enlève pas ces parties aux pommes à cidre : parfum, tanin, essences). Quand les fruits ont été seulement pelés à la machine, le cœur peut être enlevé avec un couteau en forme de tube, quelquefois ce couteau est actionné par un petit levier. On coupe ensuite en quartiers avec une machine spéciale.

On ne doit procéder à ces opérations que peu de temps avant d'introduire dans l'évaporateur. En attendant

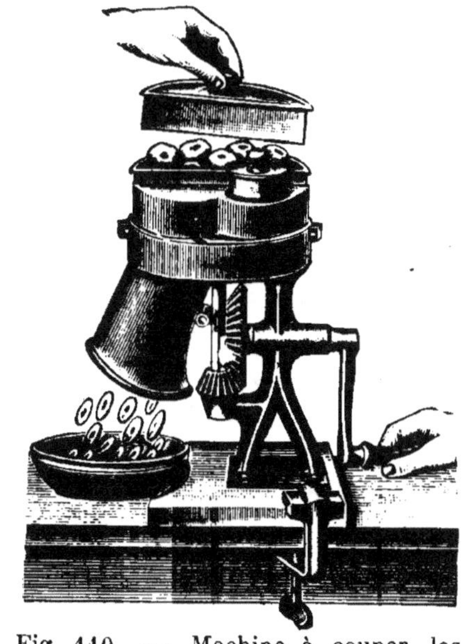

Fig. 110. — Machine à couper les pommes en rondelles (Waas).

(1) Voir p. 22 et 164.

on met dans l'eau (5 grammes de sel par litre). On blanchit aussi au soufre dans la boîte spéciale durant cinq à six minutes.

La conduite des opérations pour le séchage des *pommes* est la même que pour les poires. La température doit s'élever progressivement de 60 à 90°. Les claies sont introduites par la partie la plus chaude de l'appareil.

La durée moyenne de la dessiccation est, d'après M. Malpeaux, de huit heures pour les *pommes* entières percées au centre, sept heures pour les quartiers et six heures pour les rondelles et tranches placées droites.

Les pommes fermes donnent un meilleur produit que les pommes farineuses. On comprend que les fruits mous et juteux exigent plus de soins. Les meilleurs résultats sont obtenus avec les pommes aigres-douces.

On doit toujours choisir les fruits complètement mûrs, mais sans excès. Si l'on veut obtenir un produit à peu près uniforme, on comprend facilement qu'il faille ne mettre en œuvre que des

Fig. 111. — Machine à couper les fruits en quartiers (Waas).

pommes appartenant à la même variété.

On reconnaît que les pommes sont prêtes après la dessiccation quand elles sont cassantes et sonores comme du bois.

Après les avoir sorties de l'évaporateur, on les étend dans un endroit légèrement humide, où elles deviendront souples et bonnes pour la consommation.

Un *évaporateur de famille* Vermorel (voy. p. 27) pour petite et moyenne exploitation peut sécher 100 kilogrammes en douze heures. Avec chauffage au coke le prix de revient ne dépasse pas 0 fr. 75 pour les frais de combustible, plus 2 fr. 50 de main-d'œuvre et 0 fr. 50 d'amortissement du matériel. Au total, 3 fr. 75 par quintal de pommes séchées.

100 kilogrammes de pommes fraîches donnent 12 à 15 kilogrammes de pommes sèches valant, en moyenne, 12 francs,

Fig. 112. — Machine à peler, enlever les cœurs et découper, pour moyenne exploitation (Waas).

ce qui met les fraîches à 7 à 8 francs le quintal. Ce prix n'est pas élevé, il est vrai, mais il n'est même pas atteint dans les années d'abondance.

Avec un *évaporateur à débit moyen*, qui sèche à la température de 80-90°, en trois heures, 150 kilogrammes de fruits frais par jour, on obtient par 100 kilogrammes de ces derniers, 20^{kg},78 de secs.

Le séchage revient de 4 à 5 francs les 100 kilogrammes : main-d'œuvre 3 fr. 50, combustible 0 fr. 80, armortissement des appareils, 0 fr. 70. Le quintal, évalué à 15 francs, fait ressortir à 22 fr. 50 le prix des fruits frais. 150 kilogrammes de ces derniers donnent 30^{kg},420 de fruits secs vendus 39 fr. 55 au prix moyen de 1 fr. 50 le kilogramme. Si l'on tient compte des 22 fr. 50 d'achat et des 5 francs pour le séchage, il reste un bénéfice de 12 francs, soit 0 fr. 40 par kilogramme.

Un *évaporateur à grand débit* peut sécher 350 kilogrammes de fruits par jour. Ils donnent 70 ^{kg}, 980 de pommes sèches. Les frais étant de 61 fr. 60, il reste un bénéfice de 0 fr. 44 par kilogramme.

Dans les séchoirs du Dr Ryder on peut, suivant le débit, sécher de 120 à 250 kilogrammes de pommes fraîches en vingt-quatre heures, à la température de 80 à 90°.

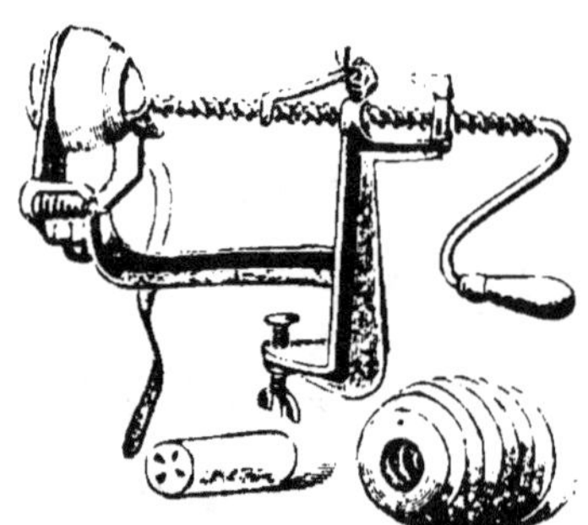

Fig. 113. — Machine à peler, enlever les cœurs et découper pour petite exploitation (Waas).

Les *pommes tapées* et les *poires tapées* sont obtenues le plus souvent en desséchant les fruits au four. A cet effet, on les range sur des plateaux en tôle galvanisée. Cette matière conduisant très bien la chaleur, il se produit brusquement une dessiccation intense de la surface qui forme une sorte de peau artificielle. On presse les fruits avant complet refroidissement, soit entre le pouce et l'index, soit à l'aide de deux petites planchettes réunies par une charnière en cuir. On reporte encore au four, où on laisse cinq à six heures. On comprime une deuxième fois les fruits après ce laps de temps, en réduisant leur épaisseur à 1 centimètre environ. Enfin, on porte au four une troisième et dernière fois. Après refroidissement on trie et met en boîtes.

Pommes à cidre. — La dessiccation n'est pas seulement appliquée avantageusement aux pommes à couteau. Certains pomiculteurs se sont parfois demandé si, dans les années où les *pommes à cidre* sont très abondantes et ne se paient, par exemple, que 40 francs la tonne, il ne serait pas avantageux de transformer aussi ces fruits en *pommes sèches* pour les vendre plus tard le prix habituel de 45 francs les 100 kilogrammes de fruits secs.

M. Truelle a cherché à répondre à cette question d'un intérêt général. Faisant état de documents publiés en Allemagne, se rapportant à la dessiccation de poires non pelées et non débarrassées de leur cœur, comme on doit le faire pour les pommes à cidre, l'auteur arrive à ce résultat que le séchage d'une tonne de pommes fraîches reviendrait à 22 fr. 50. Il ne resterait plus, maintenant, qu'à connaître le rendement qui varie, d'après les analyses de l'auteur, entre 27 et 15 p. 100

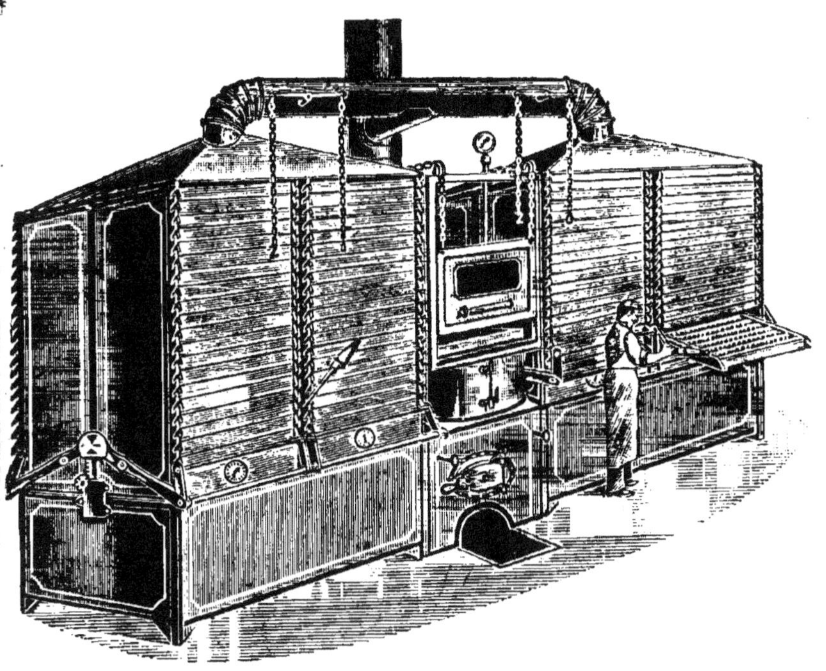

Fig. 114. — Grand séchoir Vermorel à chauffage direct.

pour être fixé sur la réponse du problème, en admettant que la tonne de fruits fr is coûte 40 francs et que les 100 kilogrammes de fruits secs valent 45 francs. Pour les rendements de 25, 20 et 15 p. 100, on arrive successivement aux chiffres de 50 francs, 27 fr. 50 et 5 francs pour le bénéfice par tonne de pommes fraîches ou à 80, 44 et 8 p. 100 de bénéfice net pour 100 du prix de revient de la tonne de pommes fraîches.

Conclusion : la dessiccation des pommes à cidre laisse, selon les variétés, des bénéfices dont les écarts sont entre eux comme 1 est à 10 ; elle est très rémunératrice lorsqu'on y procède dans les années d'abondance et que l'on emploie des variétés dont la teneur en eau est faible ou moyenne.

Ce procédé donnerait donc le moyen de fabriquer à toute époque de l'année un *cidre frais*, dont la saveur répondrait aux exigences de la clientèle des grandes villes. Il nous libérerait de l'étranger qui, par an, nous envoie, en moyenne, plus de 4.000 tonnes de fruits à cidre et à poiré secs.

Notre camarade G. Warcollier, directeur de la Station pomologique de Caen, a fait de nombreux essais de dessiccation avec les principaux types d'évaporateurs vendus par les industriels. Nous conseillons vivement la lecture de la brochure : *Dessiccation des pommes à cidre*, où l'auteur a consigné une foule de judicieuses et instructives observations que les producteurs consulteront avec profit.

Signalons, parmi les appareils examinés, l'installation qu'a faite M. Brière, propriétaire-agriculteur, dans sa ferme au Mesnil-Guillaume (Calvados) et qui est décrite p. 26 de la brochure spéciale.

Cette installation comprend une machine à vapeur mettant en mouvement un ventilateur qui chasse l'air, déjà réchauffé par une chaudière, dans un appareil tubulaire formé de 135 tubes de 50 millimètres de diamètre. Sur une cheminée de 1 mètre de côté et 3 mètres de hauteur, et à chaque angle, sont quatre chaînes sans fin posées sur des tourillons. On étale sur des claies à claire-voie les morceaux de pommes de 5 millimètres environ d'épaisseur, obtenus à l'aide d'un hache-pommes, coupe-racines ordinaire *Le Limaçon*. Ces claies sont placées de haut en bas sur les tourillons de la cheminée. L'air chaud circule à raison de 25 mètres cubes par minute et à une température de 90 à 100°. Au bout de dix minutes, on retire la claie inférieure, dont les pommes sont sèches.

On la remplace, en haut, par une autre claie chargée de fruits frais, et ainsi de suite. Cent kilogrammes de pommes fraîches donnent 25 à 28 kilogrammes de pommes sèches.

En tablant, dit M. Warcollier, sur un prix moyen de dessiccation de 2 fr. 20 par 100 kilogrammes, si la pomme fraîche vaut 1 fr. 25 la *rasière*, soit 45 francs les 1.000 kilogrammes, on peut compter sur un bénéfice net de 0 fr. 54 par rasière de pommes fraîches travaillées, si les pommes sèches peuvent se vendre 37 francs les 100 kilogrammes. Mais on n'a plus intérêt à faire la dessiccation quand la pomme fraîche vaut 1 fr. 65 la rasière, soit 64 francs les 1.000 kilogrammes. Il ne faut pas oublier que dans certaines années la pomme sèche a valu jusqu'à 70 francs.

Ajoutons que pour la dessiccation des pommes à cidre, on peut employer aussi les dessiccateurs ou évaporateurs industriels qui sont plus à la portée des petits producteurs (1).

(1) Pour ce qui concerne la conservation du cidre, nous renvoyons à l'ouvrage de M. Warcollier : *Pomologie et cidrerie*.

LES CONFITURES DE POMMES

Gelée. — On coupe en tranches ou en quartiers minces des pommes reinettes, on leur ôte les cœurs et les jette au fur et à mesure dans de l'eau froide pour les empêcher de noircir. Quand cette opération est terminée, on met les quartiers à cuire dans la bassine avec juste assez d'eau pour qu'ils baignent. Par 20 pommes, on ajoute un jus de citron et de la vanille. Quand les quartiers cèdent sous la pression des doigts, on les retire et on passe le jus dans un tamis, sans presser les fruits. On reprend ce jus et pèse trois quarts de sucre par livre de liquide.

D'autre part, on fait un sirop cuit au *petit boulé* (p. 194) avec 400 grammes de sucre par demi-kilogramme de fruits. On ajoute alors le jus et laisse cuire presque à l'ébullition. Ou encore, on ajoute au jus obtenu par pression son poids de sucre, et l'on fait bouillir le tout légèrement jusqu'à ce que la cuisson soit arrivée au point convenable. Il suffit, pour cela, de cinq ou six gros bouillons. On procède de même pour la gelée de coing.

La gelée de pomme base des autres gelées. — Le jus de pomme sert de base à la préparation de beaucoup de confitures.

Les Anglais emploient, à cet effet, de grandes quantités de *pommes sèches*, qui leur sont expédiées de Californie.

Il faut choisir des pommes de bonne qualité. Les *reinettes* et les *calvilles* conviennent parfaitement, mais elles coûtent cher. Remarquons que les pommes à cidre ne peuvent être utilisées, dit-on (1).

Après avoir fait cuire les fruits sans les peler, mais coupés en quartiers, puis jetés dans juste assez d'eau pour les couvrir, on les met dans des toiles grossières, des sacs à sucre, par exemple, séparés par des claies en osier, et l'on exerce une pression sur le tout.

Le jus, additionné de la moitié de son poids de sucre, est réduit au feu, tout en remuant et écumant, au besoin. On l'amène ainsi au degré de concentration voulu. Pour pouvoir conserver la gelée, il faut que les gouttes que l'on fait tomber

(1) Voir, cependant, p. 239.

sur une assiette se figent et se laissent séparer en morceaux.

On opère de même avec les poires, les coings, les pêches, les abricots et les quatre fruits suivants mélangés : fraises, framboises, groseilles et cerises.

Les *pommes tombées*, si elles sont arrivées à un certain degré de maturité, conviennent parfaitement pour cette préparation.

On sait que les pommes bien mûres ne renferment pas ou peu de pectine, probablement alors transformée en sucre. On parfume la gelée avec des liqueurs diverses : un petit verre à liqueur de vieux rhum pour la *gelée au rhum* ; une goutte d'essence de rose pour la *gelée à la rose*, etc.; le jus de deux oranges et le zeste râpé d'une orange pour la *gelée à l'orange*; enfin, du jus d'ananas pour la gelée d'*ananas*.

Purée. — Au lieu de jus de pomme, les confiseurs utilisent, le plus souvent, la *purée* de pomme pour la confection des marmelades de la plupart des autres confitures. Cette purée a la propriété, comme le jus de pomme, d'ailleurs, de s'assimiler parfaitement le parfum des autres fruits.

On écrase les pommes comme si l'on voulait faire du cidre. Le produit obtenu est chauffé jusqu'au premier bouillon pour désagréger les tissus. On jette alors sur un tamis (appareil mécanique dans l'industrie) pour séparer la pelure et les pépins.

Il ne reste plus qu'à ajouter à la purée obtenue la pulpe des autres fruits, et à cuire avec du sucre dans une bassine.

Autre. — Les *pommes* coupées et pelées sont placées dans une casserole avec un peu d'eau. On fait cuire à l'ébullition en couvrant, et durant vingt minutes. Quand elles sont ainsi fondues, on passe sur un tamis.

D'autre part on fond un poids de sucre moitié de celui des fruits dans un peu d'eau, et l'on fait bouillir jusqu'à ce que le sirop, pressé entre le pouce et l'index, forme une colle gluante.

On ajoute alors la purée dans ce sirop. On brasse sur le feu durant une dizaine de minutes.

On peut traiter ainsi tous les fruits à pépins.

RÉSIDUS. — Les fruits pressés pour la préparation de la gelée laissent un résidu dont on peut faire de la compote ou de la marmelade.

A cet effet, les marcs sont mouillés et broyés avec des *poires*. Le tout est épépiné si possible, à la machine, puis sucré. On a ainsi une marmelade de consommation courante que l'on vend à très bon marché.

Dans le nord et l'est de la France, on prépare en quantités la pâte de pommes.

Ainsi on compte quatre ou cinq fabriques dans l'arrondissement d'*Avesnes* qui produisent 300.000 kilogrammes.

Ces pâtes contiennent 30 à 40 p. 100 de leur poids de sucre. 400 à 500 kilogrammes de fruits sont nécessaires pour avoir 100 kilogrammes de pâte.

A *Boué*, dans le canton de *Nouvion* (Aisne), à *Baume-les-Dames* (Doubs), etc., existent aussi des fabriques importantes.

Sirop. — On prend de préférence des pommes *reinettes* bien mûres. On les coupe en quatre et les fait cuire dans un peu d'eau durant un quart d'heure à vingt minutes.

On verse le tout sur un tamis fin placé sur une terrine. Le jus obtenu est mis dans une bassine avec, par litre, 1 kilogramme de sucre. On laisse fondre, puis fait cuire vingt minutes en écumant jusqu'à ce que le sirop marque 32°. On peut aromatiser avec cannelle, jus de citron, eau de fleur d'oranger.

Apfelkraut. — C'est le nom d'une gelée préparée par les Allemands. Les pommes douces sont cuites, puis pressées comme nous l'avons dit. Le jus est concentré à feu nu dans de larges bassines peu profondes. On ne chauffe pas plus de trois heures, sinon la *prise* serait difficile. On éteint le feu, puis on vide dans des cuves en bois. Le liquide, encore chaud, est mis en petits tonneaux d'expédition. Il se forme à la surface une sorte de croûte qui favorise la conservation. Quand le produit est froid, on ferme hermétiquement. 100 kilogrammes de pommes donnent 17 kilogrammes de gelée ; les *poires* 17 à 20 kilogrammes ; les *betteraves* 15 kilogrammes. Parfois on fait des mélanges de ces gelées. 100 kilogrammes de gelée coûtent : pommes 81 fr. 25 à 100 francs ; mixte (pommes et betteraves), 75 francs ; poires, 62 fr. 50 à 87 fr. 5 ; betteraves, 25 à 31 fr. 25.

On traite aussi les *marcs* de pommes à *cidre*, émiettés et additionnés d'un peu d'eau dans des chaudières bien étamées. Le jus obtenu par pression est clarifié, puis concentré avec ou sans addition de sucre ou de sirop de glucose ; 400 kilogrammes de marc donneraient 18^{kg},5 de gelée, vendue 1 franc le kilogramme, avec une dépense de 4 fr. 06, soit un bénéfice de 3 fr. 61 pour 100 kilogrammes de marc, qui correspondent à environ 240 kilogrammes de pommes. La qualité de la gelée que donnerait ce marc serait discutable. On préparerait aussi de la purée (Truelle).

CHAPITRE II

LES POIRES

Régions de production. — Les régions qui produisent les pommes à couteau cultivent en général aussi les *poires*.

Ardèche : arrondissement de Largentière et de Tournon (10 à 40 francs les 100 kilogrammes) ;

Basses-Alpes : vallée de la Sasse, environs de La Motte-du-Caire jusqu'au Caire et Faucon ; au nord de La Motte on expédie beaucoup de *poires royales, virgouleuses, crémesine*, à Marseille et Nice ; la vallée du Jabron, environs de Sisteron, la Javie (variétés Martin sec, Crémesine, belle Adrienne) ; vallée d'Asse, où s'approvisionnent les confiseurs d'Apt (Vaucluse); Reillane, Banon, Saint-Étienne. Négociants à Javie, Mézel, Forcalquier, La Motte, Sisteron. Aux Mées sont des fabriques de fruits confits ;

Cantal : arrondissement de Saint-Flour (Calvinet, Cassaniouze, Massiac, Malompize) ; arrondissement d'Aurillac (Maurs, Boisset, etc.);

Eure : Vernon, Gaillon ;

Drôme : Nyons, Buis-les-Baronnies, etc. ;

Maine-et-Loire : Angers, Saumur (la plus grande production), variétés *William, Duchesse, Louise-Bonne* ;

Puy-de-Dôme : variétés *Beurré d'Angleterre, la blanquette ou blanquette* (à Aubière, Riom, Envol) ;

Pyrénées-Orientales : à Arles-sur-Tech, Tech, Saint-Laurent-de-Cerdans, Prat-de-Mollo, Saillagousse en Cerdagne, Bourg-Madame, Osseja, Estavar, Latour-de-Carol, Finestrat, Marquixanes, Prades, Sahorre, Fuilla, Corneilla-de-Conflent, Vernet-les-Bains (on exporte à Paris, Rome, Oran, Angleterre, Belgique, Hollande, Allemagne). Les confiseurs de Carcassonne achètent chaque année pour 250.000 fr. de *poires* dans les *Pyrénées-Orientales* et le *Vaucluse* ;

Rhône : Chazay-d'Azergues, Belmont (arrondissement de Villefranche et nombreuses communes de celui de Lyon) ;

Sarthe (Mamers, Le Mans, Saint-Calais);

Seine-et-Oise : Montmorency, Groslay, Deuil, les plus belles variétés (*William, Beurré Hardy, Duchesse*).

Conservation par le froid. — Aux États-Unis on a expérimenté la conservation des *poires* par le froid. On a choisi les deux variétés *Bartlett* et *Kieffer*. Les premières sont à chair tendre et délicate. Elles mûrissent par temps chaud et sont retirées des magasins frigorifiques avant les froids de l'hiver. La *Kieffer* est, au contraire, une poire rustique, qui mûrit tard en automne par un temps plus froid, et dont la maturation normale est plus lente.

On sait que les poires doivent être cueillies avant complète maturité. C'est une question de pratique, mais le fruit ne doit être détaché que lorsque le pédoncule cède facilement à la pression.

En général on est obligé de faire sur un même arbre des récoltes successives, les fruits n'arrivant pas à point ensemble. On obtient ainsi plus d'uniformité, non seulement dans le degré de maturité, mais aussi dans la grosseur des fruits. La moyenne des grosseurs elle-même sera ainsi plus satisfaisante.

On doit porter dans l'entrepôt frigorifique aussitôt que possible. Les fruits doivent être à une température d'environ 32° F. (0° C.), à moins que l'on ne veuille les faire mûrir lentement dans le magasin. Dans ce cas, la température peut être de 2°,5 à 4°,5 C., ou même au-dessus. Ils se conservent le plus longtemps et gardent le mieux leur couleur et leur saveur à une basse température ; ils se détériorent aussi moins vite après leur sortie de magasin.

Les emballages en chambre frigorifique doivent permettre un libre rayonnement de la chaleur des fruits. Ce détail a plus d'importance en été et avec des variétés qui mûrissent vite, comme la *Bartlett*, qu'avec des poires tardives cueillies et emmagasinées par un temps froid.

On recommande l'emploi de boîtes ne contenant pas plus de 50 livres de fruits, et qui, alors, n'ont pas besoin d'être ventilées. Avec des emballages plus grands, la ventilation est nécessaire, surtout si le fruit a été cueilli chaud et s'il appartient à une variété à maturation rapide. Un emballage ventilé vaut, principalement, par la rapidité avec laquelle son contenu est refroidi, mais il a cet inconvénient qu'une longue exposition à l'air de la chambre dessèche les fruits.

La conservation est meilleure et plus longue lorsque chaque fruit est enveloppé dans du papier, et cet avantage est plus marqué au fur et à mesure que la saison s'avance. Quand les fruits doivent être conservés jusqu'au printemps, l'enveloppe les garde plus fermes. Elle empêche les *spores* de *champignons* de se propager d'un fruit à l'autre, ce qui jréduit l'importance des dégâts. Elle s'oppose à l'accumulation des moisissures sur le pédoncule et le calice, et, en ce qui concerne les fruits de couleur claire, elle empêche les froissements et la décoloration.

La nature du *papier* employé comme enveloppe, papier-toile, papier-parchemin, papier à journal non imprimé, papier ciré, a paru assez indifférente. Cependant on a observé beaucoup de *moisissures* sur les enveloppes de *papier parcheminé* à une température de 36° F. (2°,2 C.). Une double enveloppe est plus efficace qu'une simple, en ce qui concerne la durée de la conservation. On a obtenu des résultats satisfaisants en enveloppant le fruit d'abord avec du *papier à jour-*

nal non imprimé, qui absorbe l'humidité, puis avec un *papier paraffiné*, plus imperméable.

Le principal avantage de l'enveloppe pour la *poire Bartlett*, qui n'est habituellement entreposée que pour peu de temps, réside plutôt dans la protection matérielle du fruit que dans la prolongation de sa *vie commerciale*. Il y a lieu d'y revenir si le fruit est de qualité supérieure et doit être vendu comme article de premier choix.

L'enveloppe présente les mêmes avantages pour les variétés tardives, avec, en outre, une prolongation de la durée du temps pendant lequel les fruits sont marchands. Elle est particulièrement efficace si l'emballage n'est pas hermétique, par la diminution de l'évaporation.

La qualité des poires entreposées peut être altérée par un *excès de maturité* dû à un trop long séjour en magasin, et par l'impureté de l'air des chambres. Placées dans des locaux où se trouvent d'autres produits odorants, elles peuvent absorber les odeurs.

Les variétés d'été, généralement cueillies chaudes, sont particulièrement fragiles. L'air des salles d'emmagasinage doit être maintenu frais par une ventilation convenable.

La rapidité d'altération des fruits après leur sortie de l'entrepôt dépend des variétés, du degré de maturité, lors de la sortie, et de la température à laquelle ils sont alors exposés.

Les variétés d'été s'altèrent, normalement, plus vite que celles d'hiver.

Plus un fruit est mûr à sa sortie du magasin, plus tôt il commence à se gâter. Une température élevée à l'extérieur hâte la détérioration. Il est avantageux de conserver par le froid seulement les fruits de qualité supérieure. Des fruits défectueux ou meurtris, ou n'ayant pas été convenablement traités, ne pourront pas se conserver.

Au fruitier. — Les poires d'*automne* à conserver au *fruitier* gagnent à être *entre-cueillies*, c'est-à-dire cueillies plusieurs jours à l'avance, et en deux fois au moins. Récoltées trop tard, plusieurs blettissent sur pied.

Si l'on cueille trop tôt les *poires* d'hiver, elles se rident au *fruitier* et mûrissent très tard, dans de mauvaises conditions. D'ailleurs, avant l'époque la plus favorable, les fruits n'ont pas encore acquis tout leur poids.

Le moment le plus propice pour la récolte va du 25 septembre au 15 octobre pour les *poires d'hiver*. Les pépins sont alors noirs.

On opère après la rosée, en saisissant le fruit à pleine main, en tenant le pédoncule autant que possible ; un mouvement de bascule suffit pour détacher le fruit de la bourse.

On place à part les fruits meurtris. On dépose les autres dans une pièce sèche et bien aérée, où on les laisse quatre à cinq jours au moins. Quand ils sont bien ressuyés on les porte au *fruitier*. La variété *passe crassane* n'acquiert toutes ses qualités qu'après avoir supporté sur l'arbre les premières gelées de la fin octobre.

On doit la tenir dans un fruitier frais ; dans un milieu sec elle se ride facilement et ne mûrit pas (1).

La *bergamote Esperen*, qui mûrit de mars à mai, se conserve très bien. C'est un très bon fruit pour l'exportation.

DESSICCATION

Au soleil. — On pèle les fruits, puis on les coupe en quatre et enlève les pépins. On met les quartiers dans un panier propre et les trempe dans l'eau bouillante à trois reprises. On les étale alors sur des claies pour les faire sécher au soleil.

Si les fruits ont la chair tant soit peu fondante, il est inutile de les plonger dans l'eau bouillante. Quand ils sont juteux ou beurrés, il faut les cueillir encore fermes avant la maturité.

Les *poires tapées* de la vallée de la Loire sont connues depuis longtemps. Aujourd'hui le mode de préparation se modifie, et l'on tend de plus en plus à employer l'*évaporateur*, qui permet de traiter toutes sortes de poires.

A l'*évaporateur*, on conduit les opérations comme nous l'avons dit pour les pommes (p. 232). On doit tenir compte que les poires pelées noircissent encore plus vite à l'air que ces dernières.

On blanchit au soufre, ou bien dans l'eau bouillante salée (50 grammes par 10 litres). Le passage à l'*étuve* (p. 27) les durcit. On les porte alors à l'évaporateur en introduisant les claies du côté de l'arrivée. Parfois, quand les morceaux sont à moitié secs, on les comprime entre deux planches munies de rainures sur la face qui est en contact avec les fruits. Il ne faut cependant pas déformer les morceaux. On reporte alors sur les claies pour terminer la dessiccation. Le fruit à point est encore un peu souple, et le sucre concentré suffit pour assurer sa conservation.

Il faut douze heures pour dessécher les fruits entiers ; trois

(1) D'après M. Espaullard, les poiriers *fumés au nitrate de soude* donnent les poires qui se conservent le moins bien. Dans son expérience, celles qui provenaient d'arbres fumés au *phosphate d'ammoniaque* se sont conservées le plus longtemps.

heures, s'ils sont en rondelles; trois heures et demie, en quartiers. Le rendement est variable suivant les variétés. Il oscille entre 10 et 20 p. 100, en moyenne 14 à 15.

Ce sont, naturellement, les plus juteuses qui se réduisent le plus, telles que *B. Hardy, Duchesse d'Angoulême, Louise-Bonne*, etc., pour lesquelles 100 kilogrammes de fruits frais ne donnent guère que 10 à 12 kilogrammes de produits secs.

Les poires *Williams, Curé*, rendent 15 à 20 p. 100.

Le prix de vente des poires tapées est de 1 fr. 10 à 1 fr. 25 le kilogramme. Le quintal de fruits frais revient donc à 10 à 11 francs. Au détail, les fruits se vendent 2 à 3 francs le kilogramme.

Les frais de dessiccation sont à peu près les mêmes que pour les pommes : 8 francs pour les deux hommes, 0 fr. 90 de combustible, 0 fr. 20 pour sel et soufre, pour traiter 350 kilogrammes de fruits dans un jour.

Les déchets, cœurs et pelures, servent à préparer des pâtes.

CONFISERIE

A propos de l'approvisionnement des marchés en *poires* pour la confiserie, voici un desideratum de M. Raynaud, de Lambesc (B.-du-R.), spécialiste en la matière.

« Les poires à chair très blanche, fine, beurrée, les qualités *Mortillet*, le *Gris Beurré*, le *Beurré d'Amanlis*, conviendraient en raison du manque de quantités sur nos marchés. On demande des prix trop élevés et, de ce fait, on ne peut lutter, même à Paris, avec les fabricants de Californie et aussi d'Espagne, qui livrent moins bon, mais en belles qualités au coup d'œil. Les chefs de cuisine suppléent d'ailleurs à la qualité, en leur donnant un bouillon dans un sirop vanillé. Pourtant les plantations de poiriers sont d'un excellent rapport en Provence, et l'on devrait cultiver davantage cet arbre ; mais la routine seule empêche les propriétaires agriculteurs d'obtenir de beaux bénéfices en créant des vergers fruitiers donnant satisfaction à l'industrie des conserves. »

Ajoutons encore que pour les confitures, on réclame beaucoup la *poire d'Angleterre*.

Poires confites. — On choisit des variétés à chair ferme, comme *blanquette*, d'*Angleterre*, mais plutôt les petites variétés, et pas trop mûres.

Après les avoir épluchées on les jette, au fur et à mesure, dans de l'eau additionnée du jus de quelques citrons. Après cuisson, qui les attendrit (la tête d'une épingle y pénètre), on les rafraîchit dans de l'eau froide, durant trois à quatre heures. Quand on les a égouttées, on verse dessus, dans une terrine, du sirop bouillant qui marque 22° au pèse-sirop. Le lendemain, on transvase le sirop dans une bassine pour le faire bouillir avec un peu de sucre, pour le ramener au même degré de concentration, et le reverse ensuite sur les poires, étant ainsi tout bouillant. On continue de la sorte chaque jour, pendant huit jours, en donnant à chaque opération un degré de cuisson de plus au sirop.

La quatrième et dernière fois, on fait bouillir le sirop jusqu'à ce qu'il marque 35°. On y jette les poires, leur donne un bouillon et retire du feu. Après refroidissement, on met en bocal.

Si l'on veut des *poires glacées* pour les conserver au sec, on opère comme il sera dit pour les abricots.

On traite de même raisins, cerises, framboises, fraises.

Confiture. — La confiture de poires se prépare comme celle de pommes ; seulement, la poire ayant souvent des parties dures, pierreuses, il faut les enlever le cas échéant.

« Égouttez vos quartiers de fruits (vous les avez jetés, comme ceux des pommes, dans de l'eau citronnée). Pesez-les, déposez-les dans une terrine avec 375 grammes de sucre cassé par livre de poires.

« Mélangez bien sucre et fruits, laissez en contact pendant six heures dans un lieu frais, ayant couvert votre terrine. Après ce temps, le sucre est presque fondu. Versez dans la bassine le contenu de votre terrine et mettez sur un feu modéré. Ajoutez de la vanille coupée en petits morceaux. Quand les poires sont transparentes, environ après une heure de cuisson, mettez la confiture en pots » (1).

A l'eau-de-vie. — On conserve dans l'eau-de-vie à 53° surtout les variétés d'*Angleterre* et *Rousselet*. Une fois *blanchies*, on les pèle avec un couteau ; ce dernier doit être en métal ne noircissant pas (argent, etc.). On les jette alors dans de l'eau fraîche, légèrement acidulée avec de l'*acide acétique*.

(1) On traite aussi les poires par le procédé Appert. Les couper en quartiers si elles sont trop grosses, les mettre en flacons avec un léger sirop et stériliser vingt à vingt-cinq minutes.

CHAPITRE III

LES COINGS

La *dessiccation* des coings se conduit comme celle des pommes et des poires.

CONFISERIE

Les coings, coupés en quartiers, sont pelés, puis débarrassés de leurs pépins. On les fait alors cuire en les couvrant à peine d'eau.

Quand les morceaux sont suffisamment mous, on ajoute un kilogramme de sucre par kilogramme de fruits, jus compris (pour avoir le poids total, on a, au préalable, pesé le récipient vide, et on le pèse au moment d'ajouter le sucre). On continue ensuite la cuisson jusqu'à ce que le sirop pris entre deux doigts devienne gluant.

Pâte. — Les *coings* propres sont coupés en quartiers et mis dans une bassine avec très peu d'eau.

On couvre et laisse cuire. Quand les fruits sont tendres, on les écrase sur un tamis en crin.

La *purée* ainsi obtenue est remise dans la bassine avec poids pour poids de sucre en poudre. On reporte sur le feu et agite continuellement avec une spatule durant une demi-heure. La pâte est suffisamment cuite quand elle se détache en masse de la spatule. Il la faut un peu « serrée ». On verse alors dans un moule. Après refroidissement, on sort le gâteau et le découpe en morceaux.

Gelée. — On essuie ou brosse les *coings*, pour les débarrasser de leur duvet, et on les coupe en quatre. On les met ainsi, sans les peler, ni les débarrasser de leurs pépins, dans un peu d'eau et fait cuire. On peut parfumer avec cannelle, vanille, zeste de citron, etc. Quand les quartiers sont tendres, on verse le tout sur un linge tendu sur un tamis placé lui-même sur une terrine.

Le jus qui traverse est versé dans une bassine. On y ajoute 750 grammes de sucre par litre. On fait bouillir et l'on écume de temps en temps. Ne pas précipiter l'ébullition, sans non plus la maintenir trop lente.

La gelée doit être prête dans une heure. Une petite quantité de liquide versé sur une assiette doit se prendre en gelée après refroidissement. On remplit alors des pots en verre, préalablement chauffés.

Bien que la chair des coings restée sur le linge ait perdu une grande partie de sa valeur, on peut en faire une assez bonne marmelade. A cet effet, on passe la matière à travers un tamis ou une passoire fine, et on continue comme pour la marmelade de pommes.

Sirop. — Les *coings* doivent être bien mûrs. On les essuie, les râpe jusqu'aux pépins. On laisse ainsi quelques heures, puis on presse la pulpe dans un linge pour en exprimer tout le jus.

On ajoute à ce dernier le double de son poids de sucre. Quand celui-ci est fondu, on fait cuire durant un quart d'heure, de façon à amener le sirop à peser 32° au pèse-sirop.

Eau de coings. — On essuie bien les coings pour les débarrasser de leur duvet, puis on les râpe. La pulpe ainsi obtenue est pressée. Le jus qui en résulte est additionné de la moitié de son volume d'eau-de-vie, et de la moitié de son poids, aussi, de sucre.

On laisse fondre et on filtre un mois après.

Autre. — Prenez des coings bien mûrs et bien odorants ; coupez-les en quatre et râpez-les sans en retirer la peau ; exprimez cette pulpe pour en retirer le suc. Ajoutez au suc obtenu la moitié d'eau-de-vie blanche à 22°, un peu de cannelle, un petit morceau de vanille et 50 grammes d'amandes amères. Mettez le tout dans un bocal et faites mariner pendant six semaines, au soleil autant que possible ; ajoutez alors un sirop froid à 30°, préparé avec 250 grammes de sucre, et filtrez. On peut donner une petite teinte en nuançant cette liqueur avec quelques gouttes de caramel.

Coings à l'eau-de-vie. — Après avoir essuyé les fruits avec un linge pour les débarrasser de leur duvet, on les coupe en quartiers, ôte les pépins et pèle ; mais on fait tomber la peau dans de l'eau-de-vie. Quant aux morceaux, on les met dans l'eau contenant un peu d'alun. On les fait cuire, ensuite, à petit feu dans un sirop. A mesure qu'ils deviennent tendres, on les retire un à un avec une écumoire pour les déposer dans une terrine, sans les briser.

On clarifie (p.188) le sirop avec des blancs d'œufs en le faisant réduire à 30°, puis on le verse bouillant sur les morceaux.

Après vingt-quatre heures, on passe ces derniers dans un bocal et l'on mélange au sirop l'eau-de-vie dans laquelle on avait mis les peaux à macérer (deux parties d'eau-de-vie pour une de sirop). Après avoir filtré ce mélange, on le verse dans le bocal.

Vin de coings. — Coupez les fruits en quartiers, pelez, épluchez. Faites cuire dans une quantité d'eau suffisante. Quand les coings s'écrasent, jetez-les sur un tamis ou sur un crible. Pressez bien. Ajoutez, par 5 kilogrammes de cette marmelade, 250 grammes de sucre et 65 grammes de levain. Au moyen d'eau chaude, eau de la cuisson d'abord, faites de ce mélange une bouillie claire. Versez dans un tonneau, laissez fermenter pendant quelques jours. Quand vous serez certain que la fermentation est terminée, vous soutirerez votre liqueur et la mettrez en bouteilles, ou dans un autre tonneau.

Autre. — Faire bouillir de l'eau et y mettre infuser, pendant quelques heures, 100 coings coupés en quatre et dé-débarrassés de leurs pépins et de leur queue.

Jeter le tout dans un tonneau, écraser et délayer peu à peu la pulpe dans l'eau froide, puis en ajouter de la tiède pour qu'il y en ait, au total, 50 litres. On aura fait dissoudre dans l'eau 50 grammes de sel et 10 kilogrammes de sucre.

Pour parfumer, on peut employer 7 à 8 grammes de cannelle, 2 ou 3 clous de girofle, des zestes d'orange ou de citron. Deux onces de levure de bière délayée dans un peu d'eau activent la fermentation.

Avant d'être consommé, le vin doit avoir séjourné quelques mois en fût. Toutefois, on peut l'utiliser deux semaines environ après le soutirage.

Autre. — Râper les coings (deux par litre d'eau), sans

toucher aux pépins. Cuire la pulpe dans l'eau bouillante ; la presser et laisser le jus au repos jusqu'au lendemain. Y ajouter alors un demi-litre de sucre par litre et verser dans un tonneau pour la fermentation : après huit jours, on peut mettre en bouteilles. On aromatise aussi avec les ingrédients que nous avons cités plus haut.

CHAPITRE IV

LES PRUNES

Au fruitier. — Si on les destine à la vente, les *prunes* mûres sont cueillies avec leur pédoncule. On saisit la petite tige entre les doigts, sans toucher au fruit, pour ne pas frotter la *pruine*, sorte de matière cireuse qui recouvre l'épiderme. Une légère traction suffit pour séparer le fruit de son support.

On opère le matin après la rosée et avant la chaleur du jour, surtout si les fruits doivent voyager.

Mais, même bien cueillies, les *prunes* ne peuvent guère rester au *fruitier* plus de trois à quatre jours. Cependant on peut y laisser jusqu'à quinze jours la variété tardive *Coe's Golden Drop*. Un expérimentateur a réussi à conserver un mois et plus des prunes *reine-Claude* de la façon suivante : les cueillir avant complète maturité, les laisser se ressuyer à l'air, puis les envelopper dans du papier doux et les tenir à l'abri de l'humidité dans un tiroir. Des fruits cueillis fin août, ainsi traités, se sont bien conservés jusqu'en fin novembre, mais un peu ridés.

On a encore conseillé d'étendre les prunes sur de la paille sèche et de les couvrir avec un linge, une couverture de laine ou de la mousse. Choisir de préférence les variétés tardives.

Dans un *frigorifique* on tient dans de l'ouate à $+ 2°$.

Pour les *prunes* qui sont destinées aux diverses préparations industrielles, on *cueillera* d'abord celles qui doivent être conservées à *l'eau-de-vie*, puis celles à stériliser par le *procédé Appert*. Ce sera ensuite le tour des prunes à confire ou à glacer. Les fruits pour confitures viendront après, et enfin les prunes à pruneaux.

DESSICCATION

Les *pruneaux* tiennent une place importante, sinon la première, dans le commerce des fruits secs.

Certainement le prunier pourrait être cultivé en bien des endroits, coteaux ou autres terrains laissés à peu près incultes.

CENTRES DE PRODUCTION. — Les départements ou l'on produit le plus de *pruneaux* sont, par lettre alphabétique : Corrèze, Dordogne, Gironde, Lot, Lot-et-Garonne, Tarn, Tarn-et-Garonne.

D'après la statistique de 1906, les départements qui produisent plus de 3.000 quintaux de prunes sont : Aisne, Ardèche, Aveyron, Corrèze, Dordogne, Drôme, Eure, Gironde, Lot, Lot-et-Garonne, Maine-et-Loire, Marne, Haute-Marne, Meurthe-et-Moselle, Seine-Inférieure, Seine-et-Marne, Seine-et-Oise, Tarn, Tarn-et-Garonne, Vienne.

Dans l'*Agenais*, terre classique du pruneau (Villeneuve-d'Agen, Villeneuve-sur-Lot, Marmande, Agen, Beauville, Laroque, Penne, Tournon), on cultive pour le *séchage* la *prune d'Agen* appelée encore *prune d'Ente, robe de sergent*. Autrefois on utilisait aussi la variété dite *prune de Roi, Monsieur hâtif de Montmorency, New-Early Orléans, Wilmot's Orléans, de Saint-Antoine*.

Dans le *Tarn-et-Garonne* on produit surtout la prune d'Ente (canton de Montaigu, Bourg-de-Visa, Molière, Lauzerte, Auvillart, La Française, Montpezat, Saint-Antoine et environs de Montauban). Les principaux marchés de pruneaux secs sont Montaigu, Bourg-de-Visa, Lauzerte, Molière, La Française, Moissac. Les achats se concentrent presque tous vers Agen.

Dans les années de grande abondance, quand on ne peut écouler toutes les fraîches, on sèche aussi *reine-Claude, royale, de Monsieur, Montfort, mirabelle, Sainte-Catherine, de Saint-Antoine*. Les prix varient de 10 à 30 francs les 50 kilogrammes.

Dans le *sud-ouest du Lot* (cantons de Puy-l'Évêque, Montcuq, Castelnau), on cultive le *prunier d'Agen* et dans le nord la *prune commune* et la *reine-Claude*.

La *Dordogne* se livre à l'industrie des pruneaux dans les cantons de Velines, Laforce, Sigoulès, Eymet, Issigeac, Bergerac, Beaumont, Montpazier.

Les *pruneaux de Tours* sont préparés avec la prune Sainte-Catherine dans les environs de Tours et de Saumur, à Huisne, à Saint-Benoît.

Les *pruneaux de Brignoles* et les *Pistoles* proviennent surtout des *Basses* et *Hautes-Alpes*, où on les prépare avec la variété locale le *Perdrigon*. Nous en reparlerons.

La *Drôme* exporte 600 quintaux de *pruneaux fleuris* à Lyon, Agen et en Italie, Allemagne, Angleterre, États-Unis. Ce sont les contrées de La Motte Chalançon, Remuzat, Verclause qui en produisent le plus.

La Savoie cultive les *reines-Claude, mirabelles, goutte-d'or, quetsches.* Dans les cantons de Passy et de Saint-Gervais pousse un prunier qui donne des *quetsches* pour pruneaux ordinairement non greffé.

Autrefois on séchait à la ferme et vendait à Genève 40 francs les 100 kilogrammes ; aujourd'hui les producteurs préfèrent vendre la prune fraîche 25 francs à des industriels qui se chargent de la dessiccation.

Citons encore l'*Ardèche* (arrondissement de Privas), le Gard où l'on prépare une certaine quantité de prunes sèches, l'Aude, etc.

Variétés. — Voici ce que dit M. Nanot sur les principales variétés de prunes à sécher.

La *prune d'Ente,* ou *robe de sergent,* est pyriforme, assez allongée, arrondie au sommet. Le dos, déprimé, porte un sillon assez prononcé. La peau, d'un pourpre violet foncé abondamment pruiné de bleuâtre, se détache facilement de la chair. Celle-ci est fine, tendre, juteuse, sucrée, mais peu parfumée, et se détache du noyau. Ce fruit est assez bon cru, mais de première qualité pour sécher. Il mûrit fin août-septembre. L'arbre, de moyenne vigueur, est très rustique et très fertile.

On utilisait aussi, autrefois, la variété *Monsieur,* ou *Monsieur hâtif,* appelée quelquefois *Prune du Roi.* Sa chair, plus dure et moins réductible, est difficile à cuire, son goût est aussi moins fin et son volume un peu plus petit. La couleur est violet pourpre. La maturité a lieu fin juillet.

En se rapprochant de la Gironde, on rencontre encore une espèce de prunier désigné sous le nom de *prunier de Saint-Antoine.* Le fruit est moins estimé que celui du prunier d'Ente. On le connaît encore, une fois desséché, sous le nom de *prune de Bordeaux.*

En *Touraine,* on pratique aussi la dessiccation des prunes, mais en suivant des méthodes un peu différentes, suivant les régions. On distingue les *pruneaux de Tours,* préparés dans l'Indre-et-Loire ; les *pruneaux rouges* d'Indre-et-Loire et de la Sarthe ; les *pruneaux de Saint-Julien* (Maine-et-Loire), que les pharmaciens vendent sous le nom de *prunes-médecines.*

Les *pruneaux-fleuris* de Tours sont surtout préparés avec la prune *Sainte-Catherine.* C'est un fruit de grosseur moyenne, de forme un peu allongée, pourvu d'un épiderme jaune pâle, parfois piqueté de rouge. Sa chair est juteuse et sucrée. L'arbre, vigoureux et fertile, mûrit ses fruits en septembre.

Comme autres variétés, mais de moindre importance, citons les *prunes Damas d'été, Damas de Tours* ou *Damas violet, Saint-Julien,* etc.

Le *Var,* les *Basses-Alpes* et la *Drôme* dessèchent aussi, le *perdrigon violet,* le *perdrigon de Brignoles,* le *perdrigon blanc,* la *reine-Claude.*

Le *perdrigon violet* est rond, de grosseur moyenne, rouge violacé avec efflorescence bleuâtre. La chair est assez ferme, jaune verdâtre, juteuse et agréable. L'arbre est assez vigoureux et fertile. La maturité a lieu au commencement de septembre.

La variété *perdrigon de Brignoles*, ou *prune de Brignoles*, mûrit vers la mi-août. Le fruit est de grosseur moyenne et rond. Son épiderme est jaune d'or piqueté de rouge. L'arbre, de vigueur moyenne, est très fertile. Dans le Var on prépare avec ce fruit les pruneaux dits *brignoles* ou *pistoles*.

Les *pruneaux de Lorraine* sont fabriqués aux environs de Nancy, dans les Vosges et jusque dans la Marne. Les variétés les plus employées sont : *quetsche d'Allemagne*, ou commune; *Fellemberg*, ou *quetsche d'Italie* ; *mirabelle de Metz*, *mirabelle grosse*, etc.

La *quetsche* ou *couetsche d'Allemagne* mûrit vers la mi-septembre. Le fruit, de grosseur moyenne et de forme ovale, a un épiderme violet foncé, couvert d'une efflorescence glauque. L'arbre est vigoureux et fertile.

La *quetsche d'Italie*, ou *Fellemberg*, mûrit, également, vers le milieu de septembre. L'arbre, de moyenne vigueur et fertile, donne de grosses prunes ovales et recouvertes d'un épiderme violet noir, légèrement fleuri.

L'*Anna Spath* est encore une des meilleures variétés de *quetsche*. L'arbre est vigoureux et les fruits, noirs et très gros, sont magnifiques. Ils mûrissent vers le milieu du mois d'août.

Enfin on emploie également, pour le séchage, les *mirabelles*, prunes de première qualité pour consommer à l'état frais et pour fabriquer des confitures.

§ I. — Le prunier dans l'Agenais.

La *prune d'Agen*, ou *prune d'Ente*, est récoltée sur toute la rive droite de la Garonne, de Montauban à Bordeaux, mais surtout dans le département du Lot-et-Garonne et les vallées du Lot et de la Dordogne. On rencontre, dans ces régions fertiles et accidentées, aux terrains argilo-calcaires, d'admirables vergers.

Le prunier d'Ente aurait été importé dans la vallée de la Garonne par des moines de l'abbaye de Clairac. Il doit son nom à la greffe employée pour le propager.

On le reproduit par drageons (rejetons) ou par semis. C'est la première méthode qui est généralement utilisée, parce que plus rapide.

Les rejetons sont mis en pépinière ordinairement en janvier-février. On les greffe au mois d'août suivant, si la végétation est suffisamment vigoureuse.

Après un an, alors que le sujet a atteint une hauteur de deux mètres environ, on le rabat, à la fin de février ou au commencement de mars, à 1^m,50 ou 1^m,80, en ayant soin de lui laisser trois ou quatre bourgeons, qui, après développement, formeront la charpente.

Après la seconde pousse on peut planter à demeure.

La plantation se fait en lignes espacées de 10 à 12 mètres, et les arbres sont distants les uns des autres de 6 à 8 mètres sur chaque ligne.

On taille régulièrement chaque année, de décembre à mars. La hauteur moyenne ne dépasse guère 6 à 8 mètres.

A l'âge de dix-huit à vingt-ans, les pruniers ont acquis leur plus grande force de production. Chaque arbre adulte produit, en moyenne, 5 à 6 kilogrammes de pruneaux, soit environ 5 à 6 francs. Quelques sujets donnent jusqu'à 50 kilogrammes.

On cueille la prune d'Ente dans les premiers jours de septembre, quand elle est complètement mûre.

« Groupés sous les pruniers bordiers, bergers et servantes, le chignon noué dans un foulard de soie et les pieds nus dans leurs sabots, s'empressent à la besogne et récoltent le fruit précieux que l'on va préparer à la ferme. »

On le ramasse sur le sol quand il se détache de lui-même, c'est-à-dire qu'il est très mûr, mais sans trop l'y laisser séjourner.

Dans ces conditions, le fruit se confit mieux, il acquiert plus de saveur, il conserve plus de poids et de volume et devient, dit-on, beaucoup plus noir. Pour abréger la cueillette, on ébranle l'arbre, pour provoquer la chute des prunes et activer la récolte. Il est prudent, un peu avant celle-ci, de préparer le sol sur lequel doivent ainsi choir les prunes sans se meurtrir. On le bêche, donc, et l'ameublit en conséquence, et, même, le cas échéant, c'est-à-dire quand il y a trop de cailloux ou que la terre est trop mouillée, on répand une couche de paille.

Dessiccation au soleil. — Les fruits propres sont étendus sur des claies en roseaux ou autres, ou même des claies de 1 m. 40 × 0 m. 40 en fil de fer galvanisé, pourvues d'un rebord en bois, comme dans l'Agenais.

Ces claies sont exposées au soleil dans un endroit bien abrité.

On retourne les fruits de temps en temps et rentre les claies au coucher du soleil.

Parfois, pour hâter la dessiccation, on *blanchit* les fruits, en trempant le panier en osier qui les contient dans l'eau bouillante. On laisse les fruits quelques minutes, égoutte, puis porte d'abord à l'ombre, et ensuite en plein soleil. En Algérie, l'eau du bain contient 1 p. 100 de carbonate de soude; dans les Basses-Alpes, 3,25 p. 100 d'alun; en Californie, un peu de potasse.

On emploie en Californie un appareil assez primitif, l'*héliotherme*.

Il est économique sous un ciel chaud et exempt de pluies en été.
Il se compose d'un châssis de 5 à 6 mètres de long sur 3 à 5 de large,
recouvert d'un vitrage à sa partie supérieure, et pourvu d'une ou de
deux cheminées à l'un de ses côtés, afin de permettre à la vapeur d'eau
qui se dégage des fruits de s'échapper.

Pour sécher les prunes au soleil avec cet appareil, on plonge d'abord

Fig. 115. — Triage des pruneaux à la ferme.

les fruits placés dans un panier pendant deux minutes dans un bain
contenant une livre de potasse dans 50 litres d'eau. Les prunes, lavées
à l'eau froide sont ensuite placées sur les claies en bois qui restent
exposées au soleil pendant huit à dix jours.

Dessiccation au four. — Nous avons déjà parlé des inconvénients que présente le simple mode de séchage au soleil.

Dans l'Agenais, on fait intervenir le *four* ou l'*étuve* pour compléter l'action du soleil. Quand ce dernier a agi un certain temps, et que cette opération du *flétrissage* est terminée, on *confit* les prunes au four de boulanger.

Mais, pour aller plus vite en besogne, pour éviter des frais de main-d'œuvre, celle-ci se faisant, d'ailleurs, de plus en plus rare, on traite directement au four les prunes après la cueillette. Mais on n'obtient pas ce « fleuri » si recherché à la surface des produits.

Il est préférable, cependant, de les laisser d'abord un jour ou deux au soleil, pour leur faire perdre l'excès d'humidité qui pourrait les faire gercer durant la cuisson. Voici, mieux précisée, la marche des opérations.

On procède au moins à trois cuissons successives d'une durée d'environ six heures chacune.

Les deux premières ont pour but de faire évaporer lentement l'eau. La troisième donne aux fruits un vernis très apprécié des consommateurs. Mais il faut éviter les dilatations brusques, qui déchireraient la peau, mettraient la pulpe à nu et rendraient le produit glutineux. A cet effet, la chaleur ne doit pas dépasser 45 à 50° pendant la première cuisson, 65 à 70° pour la deuxième, et 80 à 90° pour la troisième. Les chiffres 75 à 90, 100 à 110 et 120 à 130 que l'on a cités sont excessifs. Après chaque cuisson, les prunes sont exposées à l'air, où on les laisse refroidir. Après quoi, on les retourne. Il faut éviter de les manipuler encore chaudes.

Après la troisième cuisson, on retire des claies les pruneaux dont la dessiccation est terminée. On continue ainsi de nouvelles cuissons, suivies de triages, jusqu'à ce que tous les fruits soient arrivés au point voulu de dessiccation. Ils ont alors une peau ferme et luisante, comme recouverte d'un vernis. Sous la pression du doigt, la chair doit être à la fois malléable et élastique. Si l'amande du noyau n'était pas cuite, ce que l'on constate par la dégustation, elle peut fermenter par la suite, moisir et occasionner l'altération du pruneau. Par contre, il ne faut pas que l'aliment ait le goût de brûlé.

Il est prudent, pendant les deux premières cuissons, de fermer la porte des fours pour conserver l'humidité et modérer la dessiccation qui, sans cela, serait trop active. A la troisième cuisson, au contraire, le four est ouvert pour terminer la dessiccation. C'est alors qu'il faut surveiller attentive-

Fig. 116. — Mise au four des pruneaux.

ment la température. Un excès de chaleur pourrait faire gonfler les fruits, et mieux vaut rester au-dessous de 95°.

Mais on a reproché à ce procédé de maintenir les prunes, durant les douze heures que durent les deux premières cuissons, dans une atmosphère trop humide. Dans ces conditions, elles deviennent noires et opaques. Bien que ces caractères ne déplaisent pas aux consommateurs, il serait peut-être préférable de bien conserver la couleur claire et la saveur du fruit frais.

Généralement on fait deux fournées seulement par jour,

le, matin, vers six ou sept heures, et à midi ou à une heure.

Le soir, sans chauffer à nouveau, on remplace la dernière fournée par des prunes flétries, ou même des fruits verts. La chaleur douce, conservée par le four, enlève l'excès d'humidité du fruit et donne à la peau une certaine consistance, qui évite les déchirures pouvant se produire dans les opérations ultérieures.

Étuves rustiques. — Dans les fermes qui font des récoltes importantes de prunes destinées à être transformées en pruneaux, on se sert aussi d'*étuves rustiques*. Elles ont, en général, un mètre dans toutes les dimensions en ne comptant que l'espace utile, défalcation faite du foyer. Sur un des côtés est une porte en bois à deux battants, qui a un mètre de hauteur et un de largeur.

Les parois de cette petite construction en briques sont doubles et la flamme circule ainsi tout autour. A l'intérieur, des tringles supportent trois étages de claies. Chacune de ces dernières a un mètre de long sur $0^m,50$ de large. Autrement dit, on peut mettre 6 claies dans une étuve qui a les dimensions que nous venons d'indiquer Les prunes sont d'abord placées sur la claie inférieure, puis elles sont mises, successivement, sur la deuxième, et enfin sur la troisième.

Un agencement un peu plus perfectionné est constitué par une construction en maçonnerie, briques et terre. Elle mesure 2 mètres de haut $2^m,50$ de large et $1^m,80$ à 2 mètres de profondeur. A l'intérieur est une cage en fer supportant huit compartiments superposés, à $0^m,25$, environ, les uns des autres. De plus ils peuvent glisser sur des rails latéraux. Leur porte en bois à deux battants ferme l'étuve, quand elle fonctionne. Chaque compartiment peut recevoir trois rangées de claies.

L'air chaud arrive d'un poêle placé sous l'un des côtés de la maçonnerie. Il circule librement dans l'appareil, puis s'échappe par des ouvertures ménagées sur les côtés des compartiments et entre chacun d'eux. L'appareil est ainsi chauffé progressivement de 40 à 70°. Les prunes séjournent dans cette atmosphère de un à deux jours. On en peut traiter dans une journée de 15 à 20 quintaux.

Le plus souvent l'emploi de l'étuve seule ne suffit pas à amener les pruneaux à point.

Quand la prune est sortie de l'étuve, elle a perdu les deux tiers de son eau. La peau lisse et tendue des fruits frais et leur pulpe violette ont passé au noir en se gaufrant. Le séchage au four achève la cuisson et la toilette des pruneaux. Cette dernière phase de la préparation donne au produit le vernis brillant qui le rendra plus appétissant et un arome qui le fera plus savoureux.

Ainsi donc, au sortir de l'étuve les fruits secs sont placés sur des claies en bois, que l'on introduit ensuite dans le four où l'on entretient un feu doux. Ils y séjournent de une heure et demie à six heures.

Après une première chauffe, on les sort et les laisse refroidir à l'air. On les reporte alors dans le four. Et ainsi deux ou trois fois, en moyenne, jusqu'à ce qu'elles soient suffisamment confites.

Inconvénients. — Les *étuves rustiques* de l'Agenais, comme les *fours* des boulangers employés pour sécher les *prunes*, agissent par rayonnement, par conséquent sur un principe tout différent de celui de l'évaporateur que nous avons étudié (p. 25).

« Au moment de la cuisson, il se fait une condensation de la vapeur d'eau et un travail d'exosmose qui a pour résultat de former une légère couche à la fois gommeuse et sucrée sur la peau de la prune qui, au contact de l'air, se teinte en noir. Mais un tel enduit est, par la suite, attaqué facilement par les germes d'altération.

« En outre, l'humidité qui se condense sur les fruits se vaporise nécessairement à nouveau, aux chauffes suivantes, ce qui prolonge d'autant la durée de la dessiccation, en nécessitant plus de combustible.

Il faut reconnaître, cependant, qu'en ce qui concerne la couleur, les consommateurs ¡accepteraient plus difficilement la prune teintée en rouge.

Étuves perfectionnées. —

Comprenant tout l'intérêt qui s'attache aux appareils de dessiccation, le *Comice agricole de Villeneuve-sur-Lot* organisa, en 1860-1861-1879, des concours d'étuves à prunes. Des essais de séchage furent entrepris au concours de Bergerac, en 1872, et d'Agen, en 1896.

Un nouveau concours a été ouvert, en 1910, à Villeneuve-sur-Lot.

Dans une brochure des plus documentées (1), où tous les

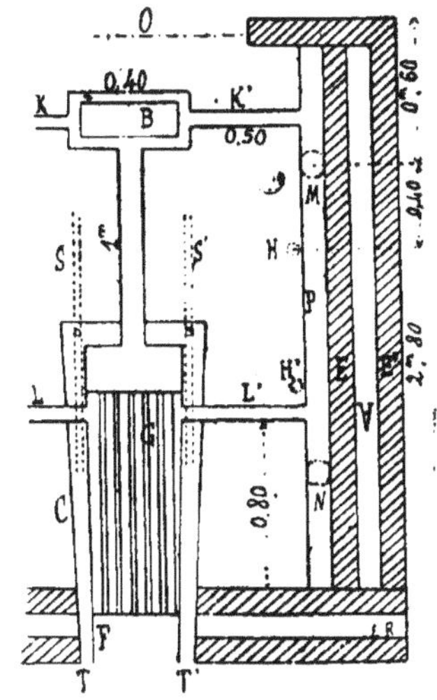

Fig. 117. — Chauffage dans l'étuve Boudie : F, foyer ; G, grille ; T et T′ entrées d'air froid dans la chambre C placée sous le cendrier ; S et S′, tuyaux de distribution de l'air chauffé dans la chambre C ; L L′, tuyaux latéraux reliés au foyer ; K K′, tuyaux latéraux reliés à la boîte de ramonage B ; P, tôle pleine couvrant la paroi latérale ; H H′, tuyaux de sortie de l'air humide ; M N, tuyaux de cheminée partant du plafond ; E E′, briques séparées par un espace vide V ; O, porte.

(1) *Études pratiques sur le séchage des fruits*, par RABATÉ, Coulet, Montpellier, 1 fr. 25.

appareils sont minutieusement détaillés et appréciés, avec croquis cotés à l'appui, M. Rabaté rend compte de ce concours. Nous recommandons vivement la lecture de cette brochure aux lecteurs que la matière intéresse. Nous nous contenterons de reproduire ici ce qui se rapporte à l'étuve de M. Boudie, à Allez, par Sainte-Livrade, qui a obtenu le plus grand nombre de points au classement d'ensemble.

Le prix de cette étuve, sans maçonnerie, est de 325 francs. Au concours, elle a exigé, pour le traitement de 554 kilogrammes de prunes fraîches (deux fournées), 241 kilogrammes de bois par 100 kilogrammes de fruits (au total 479 kilogrammes) et 135 kilogrammes de bois pour 100 kilogrammes d'eau évaporée. Le poids de pruneaux obtenu en vingt-quatre heures a été de 96^{kg},1 (au total 198^{kg},800, soit un rendement de 35,7 p. 100). Enfin, la durée du séchage, pour les 554 kilogrammes de prunes, a été de 49 heures 7 minutes.

Le *fourneau* mesure 1^m,20 de long, 0^m,35 de haut et 0^m,40 de large ; vers le fond, la hauteur arrive à 0^m,40 et la largeur à 0^m,45.

Ce fourneau repose sur un *cendrier* en forme de berceau hémicylindrique, de 0^m,40 de diamètre. Le cendrier ne touche pas directement le sol ; il est placé sur deux supports en fonte, en forme d'U. Dans les angles inférieurs du chevalet extérieur en U et autour du demicylindre, on fait arriver de l'air par deux trous circulaire de 8 centimètres, fermés au besoin par des tampons.

Cette *chambre inférieure de chauffe*, large de 0^m,70 et longue de 1^m,40, utilise la chaleur de la braise tombée dans le cendrier. La terre qui supporte le fourneau n'est plus calcinée jusqu'à une assez grande profondeur, comme avec les fourneaux ordinaires posés directement sur le sol.

L'air de la chambre inférieure de chauffe est distribué dans l'étuve par deux tuyaux verticaux de 8 centimètres, qui montent à 0^m,50 audessus du sol, jusqu'au niveau des rails, pour se prolonger en T avec 1^m,20 de branche horizontale percée de trous.

La porte du cendrier s'ouvre à l'extérieur de bas en haut, sur un axe horizontal placé au niveau de la grille ; cette disposition facilite le tirage.

La *fumée* sort du fourneau par trois tubulures ; l'une à droite, l'autre à gauche et la troisième en bout. Les deux premières mesurent 110 millimètres de diamètre ; elles envoient le calorique dans deux larges espaces occupant toutes les parois latérales et limitées par une tôle de 2 millimètres d'épaisseur, placée à 8 centimètres du mur.

Le tuyau placé en bout présente 160 millimètres de diamètre ; il relie le fourneau à une boîte à fumée qui, par deux tubulures horizontales de 110 millimètres, envoie aussi l'air chaud entre les tôles et les murs. La fumée gagne l'air extérieur par quatre tuyaux de 100 millimètres qui forment cheminées.

Ramonage. — Les coudes sont complètement supprimés ; les joints restent fixes, et aucune fuite de fumée ne peut donner mauvais goût aux fruits. Les deux tuyaux latéraux branchés directement sur le fourneau sont fortement chauffés et ne renferment jamais de suie. Les tuyaux horizontaux en T sont facilement nettoyés en enlevant le couvercle de la boîte à fumée.

La suie qui peut se déposer dans l'intervalle entre la tôle et le mur est détachée par quelques coups secs ou par le passage d'un écouvillon dans les cheminées. D'ailleurs, la suie peut sans inconvénient s'accumuler à la partie inférieure des parois latérales ; on la sort tous les quatre ou cinq ans en soulevant une brique. On peut chauffer à la houille sans crainte d'obstruer les tuyaux et les cheminées, inconvénient qui peut parfois se présenter avec les tuyaux coudés.

L'étuve de M. Boudie ne comporte pas d'entrée directe d'*air froid*.

Par contre, il a été prévu, pour la *sortie de l'air humide*, quatre tuyaux en fer-blanc, placés près des murs latéraux, à 1 mètre des angles. Chaque tuyau pénètre à $1^m,10$ à l'intérieur de l'étuve et sort à $0^m,10$ au-dessus du plafond. A la surface des tuyaux, des fentes ouvertes vers le bas facilitent l'évacuation de l'air chargé de vapeur d'eau.

Évaporateurs. — L'emploi des *évaporateurs* pour la dessiccation des *prunes* active la préparation et permet de réduire la main-d'œuvre, à laquelle peut alors suffire le personnel de la ferme, ce qui diminue d'autant le prix de revient. En outre, la cuisson se poursuivant dans une atmosphère plus sèche, les pruneaux sont plus beaux, ils conservent la couleur claire, le moelleux et la saveur des prunes fraîches.

Dans l'évaporateur, les fruits sont soumis à l'action d'un courant d'air chaud, sec et continu, dont la température reste toujours au-dessous de 100°. De la sorte, ils ne cuisent pas, au sens propre du mot, cuisson qui altère toujours plus ou moins le goût.

La dessiccation est ici méthodique, car, au fur et à mesure qu'avance l'opération, les fruits, d'abord mis à la sortie de l'air, où la température ne doit pas dépasser 60°, sont déplacés en sens inverse du courant d'air chaud. De la sorte, ceux qui sont les plus secs reçoivent le contact immédiat de l'air le plus chaud, et cet air arrive en présence des fruits frais après s'être chargé plus ou moins d'humidité. Cette atmosphère chaude et moite conserve à l'épiderme une souplesse suffisante pour la libre sortie de l'humidité intérieure. A mesure que ce phénomène se poursuit, les prunes sont rapprochées du foyer et rencontrent de l'air toujours plus sec et plus chaud, jusqu'au moment où, étant complètement desséchées, elles sortent de l'appareil.

Avant d'introduire les fruits dans ce dernier, on doit les classer par grosseur, et aussi par degré de maturité, sur les claies. Toutefois il en est de plus aqueux les uns que les autres et, malgré la plus grande régularité du séchage avec l'emploi des évaporateurs qu'avec les fours, il y a toujours quelque différence, à ce point de vue, pour les fruits d'une même claie. Mais cette légère imperfection disparaît après le *ressuage*. Cette opération consiste à placer les prunes en tas, une fois sorties de l'appareil, et après refroidissement, dans des chambres aérées, où on les laisse ainsi de dix à quinze jours.

Après dessiccation les pruneaux ont perdu les huit à neuf dixièmes du poids de l'eau que contenaient les fruits frais. Une prune de belle qualité et bien mûre renferme en moyenne les trois quarts de son poids d'eau, 100 kilogrammes de prunes sèches entières rendent environ 33 kilogrammes de pruneaux.

Avec les prunes entières non dénoyautées, la dessiccation est longue (au moins vingt-quatre heures). Cela dépend, cependant, des variétés.

Les *prunes ouvertes* demandent moins de temps, naturellement. Des reines-Claude ont été séchées en seize heures.

Les prunes ne subissant pas, dans les évaporateurs, cette cuisson à laquelle elles sont soumises dans les fours et les étuves spéciales, ne donnent pas des pruneaux noirs, comme dans ce dernier cas, mais plutôt rougeâtres. Cette particularité n'enlève d'ailleurs rien à leurs qualités.

Les pruneaux après la dessiccation.

On trie à la main ou au tamis pour les petites quantités. Mais quand la production est importante, on emploie des trieurs mécaniques. Le plus souvent, on se sert d'une table rectangulaire légèrement inclinée, montée sur des lattes flexibles, et à laquelle on imprime des mouvements brusques de va-et-vient. Le fond de la table est constitué par une tôle ou un panneau en bois percés de trous de différentes dimensions. Ces trous sont groupés en séries de même calibre, les plus petits en haut de la table, les plus grands dans le bas. Les prunes sont versées à la main ou par l'intermédiaire d'une trémie disposée vers la partie la plus élevée du trieur.

On classe ainsi les pruneaux suivant leur grosseur et leur plus ou moins grand nombre au demi-kilogramme :

30 à 35	au 1/2 kilogr.	extra belles.	
40 à 45	—	nationale, fleur extra.	
50 à 55	—	nationale, fleur, 30 à 35 francs les 50 kilos.	
60 à 65	—	nationale, 23 à 25 francs les 50 kilos.	
70 à 75	—	surchoix, 17 à 20 francs les 50 kilos.	
80 à 85	—	premier choix, 14 à 16 francs les 50 kilos.	
90 à 95	—	demi-choix, 12 à 13 francs les 50 kilos.	
100 à 110	—	rame supérieure, 9 à 11 francs les 50 kilos.	
120 à 130	—	belle rame, 5 à 7 francs les 50 kilos.	
140 à 150	—	petite rame.	

Au-dessous de 150, fretin, 3 à 4 francs.

Les prix ci-dessus sont ceux des années d'abondance.

Après le triage on met dans des paniers ou des corbeilles que l'on recouvre de toiles en attendant la vente aux magasins de gros.

Les *pruneaux* que l'on veut conserver un certain temps doivent être *stérilisés* et gardés dans des conditions spéciales. A Agen on les met dans des cylindres en zinc ou des boîtes en fer-blanc appelés *pobans*, et on les soumet à une température de 100 à 120° dans l'étuve. On peut, ensuite, les conserver ainsi plusieurs années.

On traite surtout les fruits de luxe que l'on vend principalement en Angleterre.

Fleurage. — Après un certain temps de conservation, les *pruneaux* se couvrent d'un enduit blanchâtre, ou *fleurage*, qui, d'après Stoykowitch et Brocq-Rousseu, serait dû à l'action d'une levure. Pour M. V. Ducomet, cette poussière blanche est constituée par des sucres réducteurs, en majeure partie sortis à l'état solide par rupture de la peau, après concrétion dans les régions superficielles. La levure ne vient qu'après, si le pruneau, d'abord conservé en milieu sec, est ensuite placé en milieu humide. Sur les pruneaux conservés en milieu frais, la levure peut aussi se développer, mais, dans ce cas, uniquement aux dépens des sucres transsudés en cours d'étuvage. Les observations de M. Ducomet l'ont conduit à regarder les méthodes de préservation indiquées par Stoykowitch et Brocq-Rousseu comme totalement insuffisantes et inutiles.

Rendements. — Les rendements diffèrent avec les variétés, les appareils, etc. En moyenne 100 kilogrammes de fruits frais donnent de 25 à 30 kilogrammes de pruneaux.

Un arbre adulte (prunier d'Ente) produit environ 65 kilogrammes de fruits frais, qui se réduisent à 20-25 kilogrammes par la dessic-cation.

En général, les bénéfices sont un peu plus élevés que pour les autres fruits.

D'après M. Rabaté, les pruneaux dits *cinq sortes commerciales*, de 70 à 100 à la livre, soit le 80-85, valent, suivant les années, de 15 à 40 francs, ou, en moyenne, 25 à 28 francs les 50 kilogrammes. Pour obtenir 50 kilogrammes, il faut 150 kilogrammes de fruits, qui valent en moyenne 15 francs ; si l'on ajoute 3 francs pour frais de séchage, le traitement à la ferme permet d'obtenir une plus-value de 7 à 10 francs par 50 kilogrammes de pruneaux.

On sait que les prunes sont utilisées, encore, pour la fabrication d'une *eau-de-vie spéciale*. Des expériences comparatives conduites par M. Gomien, de Nancy, ont montré que lorsque 1.487 kilogrammes de prunes donnent, par la distillation, 151 fr. 19 de bénéfice net, le même poids de fruits passés par la dessiccation procure un bénéfice de 237 fr. 05, soit 85 fr. 86 de plus.

Chez les négociants. — Pendant près de deux mois, en septembre et octobre, les transactions sont très actives dans les centres de pro-duction de l'Agenais. Les maisons de gros réalisent leurs achats pour la préparation commerciale et l'exportation.

Les prunes sont vendues sur les marchés à la livre ou au quintal. Les prix varient suivant le nombre des fruits au poids, qui va de 30 à 90 à la livre. La catégorie de 30 à 40, relativement assez rare, se vend jusqu'à 1 franc la livre. Le prix moyen est de 0 fr. 50 la livre.

Les pruneaux que les cultivateurs vendent aux marchands sont de qualité assez irrégulière. Les négociants leur font encore subir diverses préparations pour donner plus d'homogénéité à la masse et commu-niquer la couleur et le glacé recherchés des consommateurs.

Ainsi, on passe les prunes dans de grandes étuves, qui ne diffèrent de celles employées par les propriétaires pour la première cuisson que par leurs plus grandes dimensions.

Au sortir de ces étuves, on les aplatit entre deux cylindres revêtus de caoutchouc, pour leur donner une forme plus régulière et pour pouvoir les emballer plus facilement dans des caisses. Après avo'r rempli celles-ci, on les tasse à l'aide d'une planche appelée *paqueuse*, dans le pays d'Agen, et qui est actionnée par un levier mécanique, quand les caisses reçoivent plus de 10 kilogrammes de fruits. Une simple vis à main suffit pour les boîtes de contenance moindre.

Seule la couche supérieure qui se présentera à l'ouverture de la caissette est étalée avec ordre à la main, par des ouvrières spéciales, les *fleureuses*, chargées d'achever la toilette du colis.

Outre les expéditions faites par chemin de fer, principalement vers les villes du nord de la France, une centaine de navires quittent, annuellement, le port de Bordeaux, transportant dans le monde entier, particulièrement en Angleterre, en Belgique, en Hollande, en Allemagne, en Russie et en Amérique les produits si réputés de la vallée de la Garonne.

Importance de la production agenaise. — Il y a peu d'années, l'ensemble de la production dans le département du Lot-et-Garonne, a-t-on écrit, s'élevait à 500.000 quintaux (environ 20 millions de francs). Les départements voisins en produisaient pour 40 millions de francs. Malheureusement, aujourd'hui, la *chenille fileuse du prunier* (1) commet des dégâts importants.

La concurrence étrangère. — En outre, la concurrence étrangère a amené l'abaissement des cours.

Parmi les nations concurrentes, nous citerons la Bosnie, la Serbie, la Hongrie, le Mexique, les États de la Californie, de l'Orégon, du Texas. En ce qui concerne la Californie, les professeurs du pays sont venus étudier chez nous la culture du prunier.

On a même dit que la Californie vint acheter, dans notre Midi, d'énormes quantités de prunes d'Ente ; que la Bosnie fit venir du Lot-et-Garonne des ouvriers au courant de la fabrication des prunes d'Agen. Depuis, tout s'est perfectionné chez nos concurrents, et nous avons à compter avec eux dans la conquête des débouchés. C'est là une raison de plus pour nos producteurs de perfectionner leur méthode de travail, afin de diminuer le prix de revient, sans négliger la qualité de leurs pruneaux.

Il est intéressant, croyons-nous, de signaler ici l'*opinion* qu'a emportée un habitant de la Californie M. A. C. Freemann, de San-José. On sait qu'en Californie la culture des fruits et leur conservation sont très soignées. Cet observateur a été frappé de ce que, dans notre région de Bordeaux, on ne trouve que rarement des vergers de *pruniers* cultivés en lignes régulières et conduits à la manière californienne. Dans les quelques vergers plantés en lignes, les arbres sont bien moins rapprochés que dans les vergers californiens.

En général, le prunier n'est traité en France que comme culture intercalaire, et ne bénéficie que des soins agricoles donnés à la culture principale : blé, maïs, vigne, etc. Malgré cette négligence apparente, dit M. Freeman — ou ce que les Californiens considèrent comme négligence, — les pruniers paraissent vigoureux.

Quoique les méthodes scientifiques appliquées en Californie fassent défaut en France, continue l'auteur, la production des prunes est rémunératrice dans ce pays parce que l'on y économise sur tout et que tout le monde travaille à la récolte des prunes, opération relativement facile, à laquelle les vieillards et les jeunes enfants mêmes peuvent prendre part.

M. Freemann donne ensuite à ses compatriotes quelques détails sur le séchage des prunes au four, qui diffère, ainsi, du séchage en Californie, où la chaleur du soleil est surtout utilisées, et aussi sur la manière dont les prunes sont vendues par les producteurs.

(1) *La Chenille fileuse du prunier*, par Rabaté.

La France, dit-il, est favorisée, au point de vue vente, par la proximité des grands marchés européens. La vallée du Lot, la principale région de production de la prune, avec ses collines environnantes, ressemble beaucoup, comme sol, climat et aspect, à la fameuse vallée de Santa-Clara.

En Bosnie et Serbie. — La culture du prunier a pris un grand développement en Bosnie-Herzégovine (Autriche-Hongrie). Les principales variétés sont : les *bleues*, les *jaunes* et la *mirobolano*. Les deux tiers des fruits sont vendus à l'état *sec*, l'autre tiers est distillé ou réduit en pulpe. La production totale s'est élevée en 1904 à 2.558.000 quintaux.

Pour la dessiccation on emploie le système *Cazenille*. De vrais appareils modèles ont été achetés aux frais des provinces ou des communes. Mais le prix assez élevé de ces séchoirs et la nécessité d'avoir un personnel intelligent et au courant de leur maniement, personnel difficile à trouver sur place, ont rendu la vogue aux séchoirs indigènes. On essaya alors d'améliorer ces derniers. Leur inconvénient principal consistait dans l'égouttement du suc, faute d'un procédé régulier de ventilation. On établit un ventilateur. L'administration régionale fournit aussi un tamis qui sert à exclure du séchage les petits fruits qui ne méritent pas d'être ainsi traités.

Sur chaque place d'exportation, on a institué une commission spéciale dite *du marché*, composée d'un fonctionnaire, président, et de huit à dix membres-experts. D'après un règlement établi, cette commission doit surveiller la qualité des pruneaux. Au besoin, elle inflige une amende à celui qui met dans le commerce des produits de mauvaise qualité et elle peut confisquer la marchandise.

Les amendes peuvent s'élever jusqu'à 500 couronnes. En cas de récidive les coupables sont frappés d'exclusion temporaire, ou même perpétuelle, du marché. Pour assurer le contrôle de la marchandise à chaque instant, tous les produits sont apportés en un lieu désigné.

Il est défendu de vendre les rebuts du séchage.

Les marchés qui veulent exercer le commerce des pruneaux doivent en donner avis à la sous-préfecture.

Le règlement est en vigueur sur les marchés suivants : Brcka (le principal), Dervent, Doboj, Banjaluka, Gracanica, Prijedor, Maglaj, B. Samac, D. Tuzla, Tesani, Zepce, Zenica, Visoko, Orasje, Bjelina.

A Brcka existent trois commissions supérieures qui surveillent celles des autres marchés.

Les commissions sont chargées de signaler chaque année, dans leurs rapports au Gouvernement, les noms de ceux qui vendent la meilleure qualité, et aussi ceux qui ont des produits inférieurs.

La Californie, a-t-on dit, se contente de nous envoyer les fruits de ses pruniers sous le nom de prunes françaises. La Serbie a renchéri. Elle nous envoie environ 225 millions de kilogrammes de « fausses prunes d'Agen ». Il est vrai que ses fruits sont superbes, à tel point que l'on peut les confondre avec ceux du Lot-et-Garonne. Le Gouvernement serbe, il faut le dire, n'admet à la sortie que des produits d'une qualité irréprochable. La pénétration en France a lieu par Marseille, Cette et Bordeaux.

Mesures protectrices. — Le Parlement s'est préoccupé de la concurrence que nous fait la production étrangère et il a voté la loi suivante :

Loi du 11 juillet 1906 *relative à la protection des conserves de sardines, de légumes et de prunes contre la fraude étrangère* (Journal officiel du 15 *juillet* 1906). — Article premier. — Les conserves de sardines, de légumes et les prunes étrangères ne pourront, que sous la désignation de leur pays d'origine, être introduites en France pour la consommation, admises à l'entrepôt, au transit ou à la circulation, exposées, mises en vente ou détenues pour un usage commercial.

L'indication du pays d'origine devra être inscrite, sur chaque récipient contenant les marchandises, par estampage en relief ou en creux, en caractères latins bien apparents d'au moins 4 millimètres, au milieu du couvercle ou du fond et sur une partie ne portant aucune impression.

La même indication devra être inscrite en lettres adhérentes sur les caisses et emballages servant aux expéditions.

Art. 2. Les boîtes de conserves de sardines étrangères d'un poids supérieur à 1 kilogramme seront prohibées à l'entrée, exclues du transit, de l'entrepôt et de la circulation.

Art. 3. Seront punis d'une amende de cent francs (100 fr.) à deux mille francs (2.000 fr.) :

1° Ceux qui auront introduit en France, mis en entrepôt ou fait circuler en transit des conserves de sardines, de légumes ou prunes d'origine étrangère, en violation des prescriptions des articles qui précèdent, ou qui, par un procédé quelconque, auront fait disparaître ou dissimulé l'indication de provenance ;

2° Ceux qui, sur des récipients contenant des conserves de sardines, de légumes ou prunes étrangères, auront apposé ou fait apparaître, par altération ou substitution, des étiquettes ou mentions de nature à faire passer ces produits pour français ;

3° Ceux qui auront placé des conserves de sardines, de légumes ou prunes d'origine étrangère dans des récipients portant un nom de localité de fabrication française ou des indications tendant à faire croire à l'origine française du produit ;

4° Ceux qui, sciemment, auront vendu, mis en vente ou détenu dans un but commercial ou industriel lesdits produits étrangers, sous le nom ou l'apparence de produits français, ou auront trompé l'acheteur sur la nature et la provenance des marchandises.

La tentative de l'un des délits prévus aux paragraphes 1er, 2 et 3 du présent article sera frappée de la même peine.

Art. 4. En cas de récidive, le tribunal pourra élever au double le maximum de l'amende et prononcer en outre, contre le délinquant, la peine de l'emprisonnement d'un mois à un an.

Il y aura récidive lorsque, dans les cinq années précédentes, le prévenu aura été frappé d'une condamnation pour infraction à la présente loi ou aux lois des 28 juillet 1824, 23 juin 1857 et 11 janvier 1892.

Art. 5. Les contraventions seront constatées, dans tous les lieux ouverts au public, par les officiers de police judiciaire et tous les agents de la force publique, des contributions indirectes, des octrois, des postes et des douanes, lors de l'importation en France.

Art. 6. Les actions résultant de la présente loi peuvent être exercées par :

1° Le ministère public, soit sur plainte, soit d'office ;

2° L'ayant droit à un nom de pays, de région ou de localité ;

3° Les syndicats professionnels régulièrement constitués représentant une industrie intéressée à la répression de la fraude ;

4° L'acheteur ou le consommateur lésés par le délit prévu au paragraphe 4 de l'article 3 et en général par tous ceux qui peuvent justifier d'un intérêt né et actuel.

Art. 7. Les intéressés désignés en l'article précédent peuvent faire procéder à la description détaillée, avec ou sans saisie, des marchandises étrangères introduites en France ou revêtues de marques, étiquettes ou mentions françaises, en contravention aux dispositions de la présente loi, ainsi qu'à la saisie de tous prospectus, circulaires, annonces, papiers de commerce quelconques rédigés de manière à tromper sur la provenance des produits mis en vente.

Pour ces description et saisie, de même que pour l'exercice des actions, ils doivent observer les formes, conditions et délais déterminés par les articles 17 et 18 de la loi du 23 juin 1857 sur les marques de fabrique et de commerce.

Art. 8. Le tribunal peut ordonner l'affichage du jugement dans les lieux qu'il détermine et son insertion intégrale ou par extraits dans les journaux français ou étrangers qu'il désigne.

Il peut, en outre, ordonner la confiscation des produits frauduleux.

Art. 9. L'article 463 du Code pénal et la loi du 26 mars 1891 sur l'atténuation des peines seront applicables aux délits prévus par la présente loi.

Art. 10. La présente loi est applicable à l'Algérie et aux colonies.

§ II. — Pruneaux fleuris, pistoles, brignoles et pruneaux partagés du S-E.

Dans la Drôme, l'Ardèche, le Gard, le Var, les Hautes-Alpes, et surtout les Basses-Alpes (production 8.000 à 10.000 quintaux), on se livre à la préparation des pruneaux qui, suivant les régions, sont désignés sous les noms que nous venons d'indiquer. Les principaux centres, sont: dans les Basses-Alpes, Digne et ses environs, Barrême, Mézel, Saint-

Jeannet, Manosque, Castellane; dans les Hautes-Alpes, La Saulce, Orpierre, Tresclous, etc.

Le *perdrigon violet* est la variété la plus employée. Quand le fruit est convenablement traité, il donne un gros pruneau

Fig. 118. — Séchoir pour pruneaux fleuris dans la région de Barrême (Basses-Alpes).

à chair tendre, à peau fine, uniformément « fleurie », souple et ridée. C'est la variété de choix pour le *pruneau fleuri*.

On utilise aussi la variété *simiane*, dont le fruit est plus gros mais le noyau plus long.

La *reine-Claude*, également employée, a le noyau un peu plus petit que le *perdrigon*, mais elle est plus difficile à sécher Il faut la préparer avant complète maturité, sinon elle risque de se fendre.

Pruneaux fleuris. — On les obtient en laissant sécher les prunes *sous un hangar.* Le soleil passe pour nuire au velouté, au fleuri, il noircit.

On ne trempe pas les fruits frais dans l'eau bouillante, mais on se contente de les asperger. Ainsi, sur un panier de 5 kilogrammes de fruits, on jette, en deux fois, 10 litres de liquide bouillant qui contient environ $3^{kg},250$ d'alun par 100 litres. On laisse ensuite égoutter en suspendant le panier que l'on tient en mouvement.

Enfin on porte sur les claies du séchoir.

La durée est de deux à trois mois, suivant le temps qu'il fait.

Les *pruneaux fleuris* de Digne, bien préparés dans une saison propice, sont très sucrés et très parfumés.

On les exporte surtout en Allemagne, et aussi en Suisse, Belgique, Hollande, Amérique. On emballe dans des caisses de 35 kilogrammes qui se vendent 80 à 120 francs les 100 kilogrammes, premier choix, 45 à 80 francs (sans fleur), le deuxième choix, et 15 à 30 francs le troisième choix. Les principaux négociants sont à Digne, Mézel, Barrême, Castellane.

Pistoles. — On utilise le *perdrigon* violet, la *reine-Claude.*

Les prunes bien mûres sont pelées, en partant de l'insertion du pédoncule, avec l'ongle, un morceau de roseau de Provence aminci, ou mieux un couteau *ad hoc* à large lame. On fait ensuite sécher au soleil sur des claies.

Quand il s'agit de produits pour la consommation familiale, on enfile les fruits en brochettes, sans qu'ils se touchent, sur de minces baguettes en bois, pointues aux deux extrémités. On fixe toutes ces baguettes autour d'un faisceau de paille que l'on suspend au soleil, ou met sur une claie. On met le soir à l'abri de l'humidité.

Quand on peut manipuler aisément les fruits, on en extrait le noyau en le prenant entre le pouce et l'index mouillés d'eau ou de vin blanc. Ou bien encore, les prunes étant sur une table, on promène sur elles un rouleau en bois pour les aplatir et expulser le noyau en même temps.

On leur donne ainsi leur forme définitive qui, après complète dessiccation et avec la couleur dorée, fait ressembler lés pruneaux à des *pistoles*, ancienne monnaie d'or française et espagnole.

Après avoir aplati les fruits, on les range à nouveau sur les claies, en les imbriquant comme les tuiles d'un toit.

La dessiccation est terminée quand les pistoles ne collent

Photo A. Rolet.

Fig. 119. — La préparation des pistoles à Sénez (Basses-Alpes).
Au deuxième plan les prunes débarrassées seulement de leur peau ; au premier plan, l'enlèvement des noyaux et l'aplatissement des fruits.

plus aux doigts ni à la claie. Par un soleil favorable, la préparation ne demande guère au total que quatre jours.

6 kilogrammes de prunes fraîches donnent 1 kilogramme de pistoles ; 3 kilogrammes de ces dernières exigent une journée de femme.

Les belles pistoles de Digne se paient 1 fr. 50 à 2 fr. 50 le kilogramme. Les noyaux secs se vendent 30 à 50 francs les 100 kilogrammes.

Brignoles. — Ce sont des pistoles dont la préparation a été moins bien soignée, aussi leur prix de vente atteint-il parfois 0 fr. 60 seulement. Leur nom vient de ce qu'on les préparait surtout, autrefois, dans la ville de ce nom. On préfère la variété cultivée dans le pays de Brignoles, ou *perdrigon* de Brignoles, d'un jaune d'or piqueté de rouge.

Les *brignoles* servent à la préparation des *tartes*.

Quand ces produits, desséchés en brochettes, sont de couleur trop foncée, on les met par 10 à 12 dans une nasse en forme de sphère aplatie, que l'on expose au soleil sur des claies pendant quelques jours. On les lave ensuite avec du vin blanc.

Pruneaux partagés ou écartés.—On réserve, pour cette préparation, les fruits inférieurs des diverses variétés qui ne peuvent se vendre frais, ou qui ne conviennent pas pour les pruneaux fleuris ou les pistoles.

Les prunes, non pelées, sont ouvertes pour enlever le noyau mais sans séparer les deux moitiés. On met à sécher ainsi sur des claies, en retournant de temps en temps. La dessiccation demande environ sept à neuf jours. 5 à 6 kilogrammes de fruits frais donnent 1 kilogramme de fruits secs, vendu 0 fr. 30 à La Saulce (Hautes-Alpes). Les pruneaux partagés. dits aussi *désossés*, ou pulpe de prune, servent également pour la préparation des tartes.

Notre commerce. — Nous avons acquis dans le monde entier une réputation flatteuse pour la préparation des *pruneaux* de luxe. Bien que la Californie, qui tient aujourd'hui le premier rang pour la production (comtés de Santa-Clara et San-Joaquin), la Bosnie, la Serbie nous fassent une rude concurrence, nous restons encore exportateurs pour 11.247.872 kilogrammes du prix de 6.748.723 francs. Mais nous en importons, par contre, 327.000 kilogrammes, qui valent 163.000 francs.

CONFISERIE.

Centres de production. — La *confiserie*, la *pâtisserie* utilisent surtout les prunes *reines-Claude* et *mirabelles*. Les confiseurs se plaignent, en général, de la pénurie des premières *sur les marchés*.

Citons comme centres de production des prunes pour la confiserie :
Puy-de-Dôme : Riom, Aubière, Beaumont, Enval, Marsat, qui livrent aux confiseurs de Clermont, à raison de 15 à 40 francs les 100 kilogrammes ;
Côte-d'Or : Dijon, Selongey, Malain, Plombières, Fleurey ;

Fig. 120. — Arrivée et pesée des pistoles chez le négociant à Sieyès (Basses-Alpes).

Marne : Sainte-Menehould, Vitry-en-Perthois, Dormans, Montmirail, Esternay ;
Aisne : les environs de Château-Thierry ;
Doubs : mirabelles pour conserves à Amagney, Deluz, Laissey, Marvelise, Gemonval, Ornans ;
Meurthe-et-Moselle : les centres où l'on cultive le plus le prunier *mirabelle* et le *quetsch* sont Onville, Saint-Julien-les-Gorze, Vandelainville (arrondissement de Briey), Pagny-sur-Moselle, Preny, etc., etc. (Consulter la Notice sur le commerce des produits agricoles, Imprimerie nationale, p. 431).

Des usines pour la fabrication des conserves existent à Onville, Nancy, Lunéville, Neuvillers-sur-Moselle.

En Corse, on cultive pour la confiserie la *prune remellaude* dans le canton de Petreto-Bicchisano.

Les Hautes-Alpes cultivent la *reine-Claude* pour la confiserie.

Confiture de reines-Claude. — Dénoyautez les reines-Claude et prenez une livre de sucre par livre de fruits ; faites un sirop avec un verre d'eau par livre de sucre ; quand le sirop fait la perle, jetez-y vos reines-Claude ; au premier bouillon, jetez-les sur un tamis ; remettez votre jus dans la bassine et laissez bouillir vingt minutes. Jetez-y de nouveau vos reines-Claude, et mettez dans les pots.

Confiture de mirabelles. — On enlève la queue des fruits, mais on leur laisse le noyau. On les pique ensuite de place en place avec une aiguille.

On les jette dans un sirop (même poids de sucre que de fruits) cuit au *petit boulé* (1).

Quand les fruits sont devenus transparents, on les retire et en remplit des pots à moitié.

Le jus resté dans la bassine est encore concentré, puis versé sur les fruits.

Confiture à l'aigre-doux. — On laisse aux prunes (violettes, de préférence) leur queue ou pédoncule, on les pique avec une épingle.

D'autre part, on prend une quantité de sucre en morceaux égale aux trois quarts du poids des fruits. On l'humecte, par kilogramme, d'un demi-litre de bon vinaigre et laisse fondre. On ajoute, alors, de la cannelle, des clous de girofle enfermés dans un nouet de tulle. On chauffe, et, quand le liquide est bouillant, on le verse sur les prunes placées dans une terrine. Le lendemain, on reprend le sirop, le verse à nouveau dans la bassine pour le chauffer, et, quand il est bouillant, on le met encore sur les prunes.

Le lendemain, troisième jour, le tout est versé dans la bassine, que l'on place sur le feu. Quand l'ébullition se produit, on retire les fruits avec une écumoire pour en remplir un

____

(1) Voy. la table alphabétique.

bocal. Quant au sirop, on le laisse se concentrer sur le feu jusqu'à 30°. Quand il est à moitié refroidi, on le verse doucement sur les prunes. Après complet refroidissement, on ferme le bocal et le conserve au sec.

Marmelade. — On emploie des *reines-Claude* ou des *mirabelles*. Après avoir enlevé le noyau, on jette les fruits dans une terrine dont on a fait la tare pour en déterminer le poids. On leur ajoute alors la moitié de ce dernier de sucre. Si les fruits étaient trop durs, on les laisserait macérer une nuit avec le sucre.

On verse le tout dans une bassine, que l'on porte sur un feu vif et clair. On remue continuellement.

Quand le tout est en ébullition, on continue jusqu'à ce que les fruits soient transparents. La cuisson demande trente à quarante minutes, au moins.

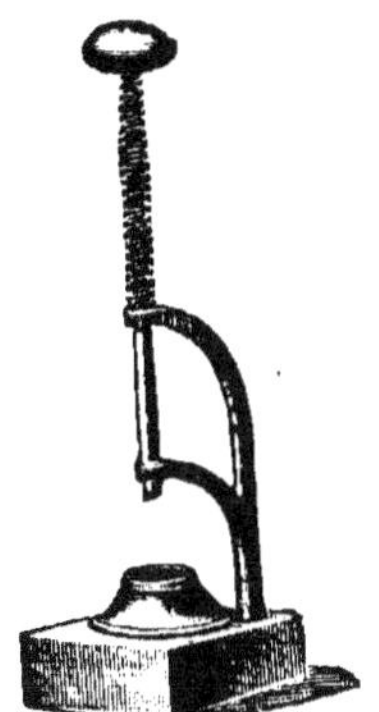

Fig. 121. — Enlève-noyaux pour prunes, cerises, pêches abricots, etc.

En Serbie et dans la Bosnie-Herzégovine tous les fruits non marchands, c'est-à-dire non vendables pour défauts de dimensions, d'apparences, pour excédents de récolte, etc., étaient le plus souvent perdus ; mais les producteurs ont trouvé un moyen avantageux d'utiliser ces fruits invendables en les convertissant en marmelades, au moyen d'une préparation simple et peu coûteuse ; ils ont trouvé pour ces marmelades d'importants débouchés, notamment en Autriche-Hongrie, en Allemagne, en Angleterre.

Un rapport commercial de M. Grenard, consul de France à Sarajevo, inséré dans le *Supplément du Moniteur Officiel du Commerce* du 10 juin 1909, indique, pour les exportations de cette marmelade, faites pour la Bosnie seule, en dehors de sa consommation intérieure, les tonnages suivants dont les variations dépendent, naturellement, de celles des récoltes annuelles :

10.414.000 kilogrammes en 1904 ;
   483.000   —   en 1907 ;
6.500.000   —   en 1908.

Dans la période 1903-1908, le tonnage moyen de ces exportations a atteint 4.631.000 kilogrammes.

D'autre part, d'après des renseignements recueillis par la Compagnie d'Orléans, durant cette même période, la Serbie, de son côté, aurait exporté 600 à 1.500 wagons par an de ces marmelades, soit 6 millions à 15 millions de kilogrammes ; la moyenne a été de 10 millions de kilogrammes ; comme en Bosnie-Herzégovine, 1908 a donné le plus gros chiffre : 1.600 wagons ou 16 millions de kilogrammes.

Pour les deux pays ensemble, le poids moyen de ces exportations dépasserait donc, annuellement, 14 millions de kilogrammes.

Le prix de ces marmelades est en moyenne de 30 francs les 100 kilogrammes. En 1908, année d'abondance exceptionnelle et, par conséquent, de surproduction, ce prix serait descendu jusqu'à 25 francs en Bosnie, 17 francs en Serbie. Dans les années de disette, comme en 1909, le cours a atteint 51 fr. 45.

Cette marmelade est fabriquée sans addition de sucre. On met les prunes séchées à cuire dans des récipients en cuivre pendant quatre, cinq ou six heures, puis on passe la marmelade, afin d'en retirer les noyaux, et l'on procède à une nouvelle cuisson de douze heures dans des récipients plus petits, également en cuivre.

Un tour de main particulier permet d'éviter un excès de compacité ou le goût de brûlé.

Il n'existe pas d'usines proprement dites pour cette fabrication, qui est faite, généralement, par les producteurs eux-mêmes ou par de petits commerçants.

Le principal débouché des marmelades de Bosnie-Herzégovine est, naturellement, en Autriche-Hongrie ; le complément pour ce pays, et la plus grande partie de la production de la Serbie, sont expédiés principalement en Allemagne et, en second lieu, en Angleterre et en Russie.

Ces renseignements paraissent susceptibles d'attirer l'attention des agriculteurs du Sud-Ouest sur un débouché nouveau et important pour l'un de leurs principaux produits.

Conservation Appert. — On emploie des fruits fermes à peine mûrs, *reines-Claude, mirabelles*. On les pique avec une épingle (pour accélérer le travail, on peut emmancher les épingles dans une moitié de bouchon, ou se servir d'une fourchette à pointes fines).

On range les fruits dans des boîtes que l'on achève de remplir avec du sirop à 28°.

On ferme, puis laisse dans l'eau bouillante cinq minutes.

On peut aussi préparer en grand la pulpe de prune de la même façon que celle d'abricot. Nous avons dit que les pulpes de cassis, d'abricot et de prune sont celles qui sont les plus appréciées par le commerce.

« D'après une communication du vice-consulat français à Dublin, l'introduction récente, sur le marché américain, des prunes de Californie en boîtes métalliques semble devoir donner les meilleurs résultats.

« Les fruits préparés de cette façon, lisons-nous, se vendent fort bien
sur ce marché et trouveront certainement des débouchés rémunérateurs en Europe. En Californie, ces prunes sont préparées de la même
manière que les autres fruits en boîtes métalliques , on peut les consommer dès qu'elles ont été sorties du récipient qui les contient, les fruits
étant simplement plongés dans leur propre sirop. Les avantages des
prunes et des pruneaux ainsi préparés, sur les fruits similaires séchés,
sont, d'abord, que la consommation n'a nullement besoin de leur faire
subir une préparation quelconque avant de s'en servir, et, ensuite,
qu'il n'y a aucune précaution à prendre, de la part des vendeurs, pour
éviter que le fruit ne se cristallise. Au point de vue de l'hygiène, les
pruneaux en boîtes métalliques sont supérieurs aux fruits séchés en
boîtes en carton ou en bois, parce qu'ils sont complètement à l'abri des
poussières et des microbes, ce qui n'est pas le cas avec les fruits séchés,
sur lesquels la poussière s'accumule dès que la boîte qui les contient
a été ouverte pour la vente ou l'exposition dans la vitrine. Enfin,
le fruit n'étant soumis à aucune manipulation, une fois la boîte soudée,
ne risque pas d'être détérioré. Ce nouveau mode de conservation des
prunes et des pruneaux serait certainement reçu avec faveur par le
public britannique en général, et irlandais en particulier. Les exportateurs français feraient donc bien de se mettre à préparer leurs prunes
et pruneaux de cette façon, car il est probable que le nouveau mode
de préparation se vendra en grandes quantités et que le public
n'achètera plus les pruneaux séchés en boîtes, qui présentent, au point
de vue de l'hygiène, tant d'inconvénients. Les étiquettes devront être
rédigées en anglais pour pouvoir lutter avec les fruits de provenance
étrangère. »

Prunes confites et glacées. — On choisit de préférence
les *reines-Claude* que l'on emploie mûres aux trois quarts seulement ; on les pique avec une épingle, on les jette dans l'eau
froide, puis chauffe. On retire les fruits quand ils remontent
à la surface et avant que l'ébullition se produise. On les
rafraîchit alors dans de l'eau froide pour les replonger dans la
bassine.

Au premier bouillon, on les sort et les met dans une
terrine, puis verse dessus du sirop bouillant, qui marque 30°
au pèse-sirop. Le lendemain on égoutte ce sirop dans une bassine, le fait bouillir et le ramène à 30°, pour le verser une
deuxième fois sur les fruits. On répète ainsi huit fois, en
laissant, après chaque fois, un jour de repos. A la dernière fois
on fait réduire le sirop à 35°, et si l'on prévoit que la quantité
soit insuffisante on en ajoute. Les prunes sont chauffées une

dernière fois dans ce liquide. Après un seul bouillon, on retire du feu et laisse tiédir, pour mettre dans un bocal que l'on ne couvre qu'après complet refroidissement.

Pour conserver les prunes au sec ou *glacées*, on opère comme pour les abricots.

Prunes à l'eau-de-vie. — Pour les *conserves à l'eau-de-vie*, les prunes, *reines-Claude* ou *mirabelles*, sont cueillies incomplètement mûres, en septembre, et avec leur queue, qu'on leur laisse en partie, dans certaines formules.

On les essuie. Mises telles quelles dans l'eau-de-vie, elles ne sont pas toujours de bonne garde. Bien que la liqueur alcoolique soit diluée par l'eau des fruits, ces derniers sont encore, pour certains palais, « trop forts ».

Il est préférable de traiter les fruits à l'eau bouillante, de les blanchir, ce qui neutralise un peu leurs principes âpres ou autres.

Mais pour qu'ils n'éclatent pas durant la cuisson, on les pique au préalable.

Enfin le liquide dans lequel ils seront conservés est, ordinairement, plus ou moins édulcoré.

Tantôt c'est un mélange d'alcool et d'eau sucrée, ou même un sirop plus ou moins concentré. Parfois, encore, on *confit* d'abord les prunes.

Voici quelques recettes :

Après avoir coupé le bout du pédoncule, on jette dans de l'eau bouillante et retire presque aussitôt avec une écumoire pour plonger dans de l'eau froide qui les raffermit.

On les laisse égoutter sur un tamis, puis on les range dans un bocal.

Enfin on remplit ce dernier avec de l'*eau-de-vie* à 55°, qui a dissous 100 à 125 grammes de sucre par litre. Quand on doit les consommer, on met les *prunes* dans un jus composé, par litre, de 0^l,32 d'eau-de-vie à 85° et 0^{kg},188 de sucre.

Autre. — Les fruits, bien nettoyés, sont piqués et placés dans un panier en clayonnage d'osier, que l'on plonge dans une bassine en cuivre pleine d'eau chauffée. Par 12 litres de liquide on ajoute 0^{kg},200 de sel marin, un demi-litre de vinaigre ordinaire, et quelques feuilles de fougère.

Le chauffage doit être effectué très lentement jusqu'à ce que la température s'élève à 95° ou près de l'ébullition, sans l'atteindre. On arrête alors l'action du feu, puis on retire le panier. Les fruits, qui ont ainsi cédé une partie de leur suc au liquide, n'ont plus guère de valeur; on les donne généralement aux porcs.

Avec ce liquide, ou *première eau*, et d'autres prunes, on recommence une deuxième opération. Si celle-ci doit tarder, il faut vider l'eau dans un vase en bois pour éviter l'altération du métal (1). On chauffe encore progressivement et, quand la température atteint 95 à 98°, on enlève à l'écumoire une partie des fruits, et le reste avec le panier. Ces fruits sont immédiatement immergés dans de l'eau froide renouvelée, à laquelle on ajoute un peu d'alun pour les *mirabelles*, puis on met à égoutter sur un tamis ou une claie.

On continue les mêmes opérations sur de nouveaux fruits, en ajoutant à chaque fois une certaine quantité de liquide (avec sel et vinaigre en proportion) qui compense les déperditions.

Les prunes, égouttées après complet refroidissement, sont placées dans des bocaux ou de petits tonnelets à eau-de-vie, contenant de l'alcool à 22° centésimaux. On a préalablement ajouté à cet alocol 0^{kg},666 de sucre, mis en sirop clarifié, par 10 litres.

Les fruits sont conservés dans cet état au moins un mois. Mais ce délai peut aller jusqu'à une et même deux années.

S'il s'agit de la vente, quand on veut les livrer aux marchands ou aux consommateurs, on remplace le liquide par de l'alcool à 22°, auquel on a ajouté une plus forte dose de sucre, soit 1^{kg},65 par 10 litres.

Confites au préalable. — Quand on veut des fruits plus sucrés, on suit la marche suivante :

Une fois égouttées, on place les prunes dans un vase en terre et on verse dessus un sirop pesant 32°, composé avec 2 kilo-

(1) On peut faire argenter la partie interne supérieure de la bassine jusqu'à un niveau un peu inférieur à celui que dépasse le liquide acidulé. La partie inférieure n'étant plus au contact de l'air, ne serait plus oxydée.

grammes de sucre par litre d'eau et 2 kilogrammes de fruits. Il faut tenir ceux-ci immergés dans le sirop, ajouté bouillant et lentement, sans quoi ils noirciraient au contact de l'air. On laisse ainsi vingt-quatre heures. Après quoi on retire les prunes et fait bouillir le sirop durant un quart d'heure pour le verser à nouveau sur les fruits. Après vingt-quatre heures d'infusion, ces derniers deviennent jaunes (reines-Claude). Quand ils ont repris leur teinte verte, on les fait égoutter sur un tamis en crin, sans qu'ils se touchent. Pendant ce temps, le sirop est soumis à une nouvelle ébullition, jusqu'à ce qu'il titre un peu plus de 34° au pèse-sirop. Le liquide qui provient de l'égouttage est joint au premier.

Les fruits sont alors placés dans un bocal et on ajoute le sirop bouillant. On bouche, et puis, après quelques jours, on sort les fruits, les met dans un autre récipient et reverse le sirop auquel on ajoute de l'eau-de-vie à 52°. Pour 100 prunes, on emploie, environ, 2 litres et demi d'eau-de-vie blanche. Il faut avoir la précaution de remuer doucement le bocal pour bien mélanger le tout sans abîmer les fruits.

Si l'on désire un jus incolore, au lieu d'eau-de-vie, on se sert d'esprit-de-vin à 85-90°, coupé avec moitié d'eau ordinaire, et on emploie les mêmes doses que celles que nous venons d'indiquer.

Les bocaux doivent être soigneusement fermés.

CHAPITRE V

LES ABRICOTS

Régions de production. — Les principaux départements qui produisent l'abricot sont (par lettre alphabétique) :

L'*Ardèche* (arrondissement de Tournon, 13 à 25 francs les 100 kilogrammes) ;

Les *Basses-Alpes* (surtout pour la confiserie, territoires de Peyruis, les Mées, Oraison, Villeneuve, Volx, Valensole, Forcalquier) ;

Les *Bouches-du-Rhône* (Roquevaire, Lascour, Aubagne, Boulbon, Tarascon, Saint-Rémy, Salon) ;

La *Côte-d'Or* (Chanove-lès-Dijon, Marsannay-la-Côte, Auxonne) ;

Le *Lot-et-Garonne* (Nicole, abricot musqué pour la confiserie) ;

Le *Puy-de-Dôme* (les confiseurs de Clermont-Ferrand achètent la variété « gros blanc », 25 à 40 francs les 100 kilogrammes, des environs de Clermont et Riom ; pâtes d'abricots d'Auvergne, compotes et fruits confits) ;

Le *Rhône* (communes de Quincieux, les Chères, Saint-Germain-au-Mont-d'Or, Albigny, Couzon, Poleymieux, Lissieu, Limonest, etc., etc.) (Voir la notice *Production végétale*, Imprimerie nationale) ;

Seine-et-Oise (Triel) ;

Le *Tarn-et-Garonne* (abricot-pêche de Nancy, précoce de Montplaisir, précoce de Boulbon ; marchés de Montauban, Moissac, Valence) ;

Le *Var* (Ollioules, Cuers, Bandol, Saint-Cyr) ;

Le *Vaucluse* (Caromb, Mazan, Barroux, Beaumes, Carpentras, Apt, Pernes, Bollène, Sablet, Vacqueiras) ;

La *Loire* (rive droite du Rhône) ;

La *Touraine*, etc.

I

DESSICCATION

Dans les années de pénurie, quand les confituriers ne trouvent pas d'*abricots* frais, ni même de pulpe conservée, des fruits entiers ou coupés, conservés au naturel et quelquefois au sirop, ils emploient les *abricots secs*.

Ces derniers sont ordinairement plus savoureux, plus sucrés que les abricots conservés par les autres méthodes. On a même dit, à ce propos, qu'il se pourrait que l'on abandonnât peu à peu la préparation des abricots en boîte pour la dessiccation. Il y aurait certainement là un avantage pour les producteurs, car la dessiccation est plus facile à conduire, de même que les frais, soit de préparation, soit de transport, sont moindres.

Les abricots à *dessécher* ne doivent pas être mûrs à l'excès, car, trop mous, on les manipulerait difficilement. Il faut viser cependant à employer des fruits très sucrés.

Au four. — Les abricots sont débarrassés de leur noyau, mais sans séparer les deux moitiés. On les étend alors sur des claies, que l'on porte au four de boulanger, quand le pain en est retiré et la chaleur un peu tombée.

Le lendemain, on les introduit de nouveau après les avoir retournés. On recommence une troisième fois.

On les aplatit entre le pouce et l'index en les sortant. On les laisse ainsi exposés quelques jours à l'air avant de les enfermer dans des boîtes.

La dessiccation peut se faire aussi au soleil.

Les abricots secs, consommés ainsi, sont rarement appétissants. Il vaut mieux les laisser tremper dix à douze heures, pour les mettre en compote ou avec du vin, par exemple.

A l'évaporateur. — On commence, d'abord, par couper les fruits en deux moitiés avec un couteau, de façon à faire une plaie bien nette, en même temps que l'on suit la suture aussi exactement que possible. Les morceaux doivent être ensuite blanchis. Les vapeurs sulfureuses, auxquelles on les soumet environ dix minutes à un quart d'heure dans la *boîte à blanchir*, leur donnent une couleur plus claire, ambrée, recherchée par le commerce, à Paris par exemple, alors que les abricots secs foncés sont moins appréciés. En même temps, par ce traitement la pulpe devient semi-translucide. Dans cette opération, les moitiés doivent être placées sur les claies de la boîte, la peau en bas, la coupe en l'air.

Le blanchiment terminé, on porte les fruits dans la chambre de séchage de l'*évaporateur*, où on les soumet à une température de 85 à 90°, durant sept à huit heures.

En sortant de l'appareil, les abricots sont durs et cassants. Pour qu'ils se ramollissent un peu en absorbant l'humidité de l'air, ce qui leur donne quelque souplesse, on les met en tas, dans un grenier, par exemple, mais largement aéré. Il faut avoir la précaution de bien garnir toutes les ouvertures de fine gaze, sans quoi les insectes ne tarderaient pas à venir pondre dans le produit sucré.

Cette manipulation n'est pas de rigueur quand on destine les fruits à la consommation ménagère. Il suffit de les empiler dans des caissettes, des boîtes, pour les mettre à l'abri des insectes, et que l'on tient dans un endroit sain.

Les *abricots* donnent 20 kilogrammes de fruits secs par

Fig. 122. — Appareil à peler les pêches, les abricots
et les prunes.

100 kilogrammes de frais. Un hectare d'abricotiers peut produire 20 à 30 quintaux d'abricots secs, qui valent 1 franc à 1 fr. 60 le kilogramme. En évaluant la main-d'œuvre à 3 fr. 10 par 100 kilogrammes, le bénéfice est de 15 à 25 francs par quintal.

Mais ces chiffres n'ont rien de fixe. Ainsi, les prix de vente au détail peuvent s'élever à 2 à 3 francs, alors que les frais de main-d'œuvre atteignent parfois 6 francs le quintal.

Les *abricots desséchés* et destinés à la vente doivent être *emballés* avec quelque précaution.

On garnit la caissette de papier blanc ou de couleur, festonné même. Il faut tenir compte, dans cet agencement, qui doit être fait avec goût, que le fond de la caisse deviendra le côté à ouvrir une fois pleine. Avant de ranger les moitiés d'abricots sur ce fond, et, par-dessus, le papier qui dépasse largement les bords, pour que l'on puisse le rabattre sur le tout une fois la caissette garnie, on met du papier festonné et décoré d'images, etc., avec le nom du fabricant. On range, enfin, les abricots côte à côte, de façon à ce qu'ils flattent l'œil le plus possible quand on ouvrira la caisse. Le mieux est de choisir les plus beaux, les plus réguliers. On les aplatit avec la paume de la main ; on les place alors la peau appliqué contre le papier, en les imbriquant. Le remplissage continue ensuite sans ordre, en comprimant la masse le plus possible ; on peut même se servir d'une petite presse à cet effet. Quand on ne peut plus faire entrer de morceaux dans la boîte, on rabat le papier, en ajoutant des rognures, etc.

La production de l'abricot sec en Algérie. — M. L. Loiseau, inspecteur des cultures fruitières de la Société de colonisation française, dit que l'*abricot* acquiert en Algérie toutes les qualités désirables pour être transformé en abricot *sec*. A la limite de la région désertique, dans les oasis, ou sur le versant sud des montagnes, aux confins du Sahara, les Arabes font sécher le fruit entier au soleil. Il fait ensuite l'objet d'un commerce très important. Vendu sous le nom de *Mechmech*, sa consommation est énorme, et il est transporté à de grandes distances par les caravanes. Mais les indigènes seuls s'en servent comme condiment dans les préparations culinaires.

Nos colons français, en apportant plus de soin au séchage, pourraient concurrencer les envois que font les Américains en France et dans toute l'Europe. Mais l'auteur recommande, pour ce genre de commerce, l'emploi de fruits plus gros que ceux que l'on utilise ordinairement, et qui proviennent de semis d'abricotiers indigènes, lesquels produisent des fruits très petits, dont le volume se trouve encore réduit des quatre cinquièmes par le dénoyautage et le séchage.

Il convient donc d'adopter nos belles variétés françaises, dont on pourrait augmenter encore le volume par l'éclaircissement raisonné des fruits verts sur les arbres trop chargés. Les plantations doivent se faire à environ 8 mètres en tous sens, soit 144 arbres par hectare. Il est préférable de planter de jeunes scions, plutôt que des sujets à haute tige, trop exposés à souffrir de la violence des vents.

On peut récolter 300 kilogrammes de fruits par arbre, dans les endroits frais ou montagneux, dans les plaines irriguées l'été. Mais ce chiffre peut être dépassé. Ainsi M. Loiseau cite des abricotiers qui, aux environs d'Orléansville, produisent jusqu'à 700 kilogrammes. En conservant 300 kilogrammes comme moyenne, ce poids peut donner

60 kilogrammes de pulpe sèche, soit 8.640 kilogrammes par hectare, qui, au prix moyen de 1 franc, font 8.640 francs.

Les frais de main-d'œuvre sont estimés en Algérie à 2 francs par 100 kilogrammes d'abricots frais (ramassage, préparation du fruit sur les claies, soins de séchage et mise en boîte), soit, pour les 8.640 kilogrammes, 168 francs. Le produit à l'hectare est donc de 8.472 francs, d'où il reste à déduire les frais de culture.

Les cultures intercalaires, que l'on établit dans les vergers pendant

Photo A. Rolet.

Fig. 123. — Préparation des boîtes d'abricots à la ferme.

les premières années, paient l'entretien des plantations. Mais on doit aussi tenir compte de l'intérêt du capital engagé, d'ailleurs peu élevé.

Il est à remarquer que les prix qui ont servi de base aux calculs précédents sont plutôt faibles. Avec une culture et une préparation des fruits soignées, la moyenne des prix de vente sera supérieure. D'autre part, les noyaux d'abricots ne sont pas sans valeur, et le producteur algérien bénéficiera d'un droit de douane de 12 francs par 100 kilogrammes imposé aux produits de Californie.

On sait que l'Algérie entre en France ses produits exonérés de droits. Mais la Tunisie, elle, acquitte pour les fruits secs une taxe de 12 francs au tarif minimum.

L'auteur conclut qu'il y a des bénéfices considérables à réaliser dans cette culture, qui enrichirait, en même temps, notre colonie du nord de l'Afrique d'une industrie nouvelle, restée jusqu'à présent à l'état embryonnaire.

II

PULPE D'ABRICOT AU NATUREL

Pour conserver les abricots au naturel, surtout les variétés *blanc-rosé*, *Luizet*, *muscat*, on doit les cueillir avant complète maturité, si l'on ne veut pas que, par la cuisson, ils se convertissent en purée. On ne peut donc avoir ici un produit très sucré.

On les ouvre en deux moitiés (*oreilles d'abricots*), ou on les coupe en quatre, ou encore on les laisse entiers.

On remplit de ces morceaux des boîtes de 5 litres, 2 litres, ou 1 litre (les plus demandées dans le commerce), ou des flacons, en tassant un peu pour laisser le moins de vide possible. On comble ce dernier avec de l'eau très légèrement additionnée d'alun.

Après avoir soudé, ou bouché, ou stérilisé à l'autoclave : trois quarts d'heure pour les boîtes de 5 litres ; une demi-heure pour celles de 2 litres et un quart d'heure pour celles de 1 litre.

Quand les abricots sont au préalable blanchis, c'est-à-dire soumis durant dix minutes à un quart d'heure à l'action des vapeurs que dégage le soufre qui brûle dans une *boîte à blanchir*, il n'est pas nécessaire d'ajouter de l'alun dans l'eau qui sert au jutage, l'eau pure suffit.

Quand on blanchit les fruits dans l'eau bouillante, la stérilisation est mieux assurée et permet d'abréger le chauffage, qui, prolongé, peut réduire la matière en bouillie.

Les fruits coupés, en deux et dénoyautés (on paie le dénoyautage aux femmes 0 fr. 10 par kilogramme de noyaux rendus), sont mis dans un panier métallique, puis plongés dans l'eau bouillante pour les blanchir. On les y laisse seulement une minute. S'ils n'étaient pas tout à fait mûrs, on irait jusqu'à deux à trois minutes. Mais ce qu'il faut éviter, autant que possible, c'est de trop cuire les fruits. Il faut leur conserver leur forme, car la marchandise se présente alors mieux. A ce point de vue, l'action de la chaleur doit se borner, lors du blanchiment, à décoller, la peau, pour ainsi dire. Celle-ci glisse alors sous la pression des doigts. Après égouttage, on met en boîtes.

La stérilisation en boîtes soudées de 5 kilogrammes au bain-marie, à 100°, doit durer une demi-heure environ.

Les noyaux, une fois séchés, sont vendus environ 12 francs les 100 kilogrammes aux confiseurs. 500.000 kilogrammes d'abricots peuvent donner 25.000 kilogrammes de noyaux.

A la *Coopérative de Roquevaire* (Bouches-du-Rhône) on estime que le prix de revient, tous frais compris, est d'environ 4 francs par 100 kilogrammes de fruits. Le prix de vente serait de 35 francs les 100 kilogrammes de pulpe en boîtes.

Matériel pour préparer la pulpe. — Une installation avec chauffage par la vapeur, pour traiter par jour 3.000 kilogrammes de pulpe, coûte environ 4.000 francs (une chaudière à vapeur verticale, un bac en tôle avec serpentin à vapeur pour le chauffage de l'eau, une bassine en cuivre de 30 litres, chauffée par double fond).

Il est certain que l'on peut abaisser beaucoup cette mise de fonds en n'employant que des appareils à chauffage à feu nu, ce qui dispense de la chaudière à vapeur. Mais ce mode de chauffage est moins commode, moins sûr ; il est plus difficile, avec lui, de bien régler la température. Cependant il est encore souvent employé pour l'abricot et la prune, dont la pulpe est moins tendre, moins fragile que celle du cassis, de la framboise, par exemple.

Enfin, l'emploi de l'autoclave pour chauffer les boîtes à 108-115°, durant quinze à vingt minutes, est rare dans la préparation des pulpes. Son utilité n'est pas ici aussi appréciée que pour la conservation des conserves de légumes et de viande.

On préfère le bain-marie, qui nécessite une moindre dépense. Nous avons dit ailleurs (p. 49) combien la conduite de l'autoclave demande de précautions.

On trouvera au chapitre des *cassis*, de plus amples détails sur le matériel.

Coopératives. — A *Roquevaire* et *Lascour* (Bouches-du-Rhône), à *Caromb* (Vaucluse), les producteurs d'abricots se sont groupés en coopératives pour la préparation de la pulpe.

La coopérative de *Caromb* est à capital variable avec parts de 500 francs. Les bénéfices sont répartis par parts ou actions. Les apports des fruits, pendant la saison, sont payés chaque jour par une commission d'évaluation.

M. Ardouin-Dumazet parle ainsi des *abricots de Roquevaire* :

« L'*abricot*, plus encore que la *câpre*, constitue une source de richesse pour Roquevaire. Toute la vallée moyenne de l'Huveaune, depuis Roquevaire jusqu'à Aubagne, est un immense verger d'abricotiers. Pentes, plaines, fond de val, sont de plus en plus envahis par ces plantations. Les premiers fruits sont vendus comme primeurs à Marseille, et commencent même à alimenter Paris. Au moment de la grande production, au milieu de juillet, on ne saurait trouver de débouchés suffisants pour les innombrables corbeilles d'abricots récoltés aux bords de l'Huveaune ; il s'est donc créé des usines pour la préparation de la pulpe, dont l'emploi est si considérable dans la pâtisserie.

« Longtemps les cultivateurs se bornaient à vendre leurs abricots directement aux usines. Le prix atteignait 5 à 6 centimes le kilo, chiffre à peine suffisant pour couvrir les frais de cueillette et de transport. Les fabricants, au contraire, réalisaient de beaux bénéfices. Quelques agriculteurs eurent alors l'idée de se grouper. Ils fondèrent un syndicat qui réunit plus de 200 adhérents.

« Un des villages de la commune, Lascour, peuplé de 200 habitants, a imité le chef-lieu, en rassemblant dans un même syndicat les producteurs de quelques autres hameaux. Ces deux associations ont créé des usines analogues, par l'organisation, aux fruitières du Jura. Chaque membre apporte ses fruits, on les pèse, les inscrit et, à la fin de la campagne, on répartit, au prorata des livraisons, le bénéfice réalisé par la fabrication de la *pulpe*. Le prix actuel (1908) atteint environ 10 centimes par kilogramme de fruits.

« Les syndicats ne se bornent pas à la préparation du produit final : ils achètent en commun les engrais, les outils, les arbres de pépinière et peuvent ainsi livrer à leurs adhérents des produits à bon marché.

« La fabrication de la pulpe nécessite un personnel considérable de femmes, de jeunes filles, surtout. Les familles des syndicataires de Roquevaire fournissent, à elles seules, de 150 à 200 ouvrières pour fendre les fruits et en extraire les noyaux. Ces derniers sont vendus aux confiseurs pour la fabrication de l'*orgeat*, des *croquants*, des *biscuits*, etc., de la *pâte d'amande*. 30.000 boîtes de pulpe de 5 kilogrammes sont préparées chaque année.

« Le résultat de l'association a été merveilleux. Le syndicat avait été créé en 1894, l'abricot se vendait alors 5 centimes le kilogramme ; l'année suivante le prix atteignait 45 centimes. Il a baissé depuis lors, mais les bénéfices n'en sont pas moins élevés, et le prix du kilogramme

Phot. Rolet.

Fig. 124. — Les boîtes de pulpe d'abricot en magasin, à la coopérative de Roquevaire (B.-d.-R.).

d'abricots représente 2 à 3 fois celui que l'on retirait jadis par la vente aux usines ».

Ajoutons que l'on traite surtout la variété du pays dite *pointu*. Ailleurs, ce sont les variétés *Luizet*, *Muscat*, mais surtout *blanc-rosé* et de préférence les fruits d'un rouge brillant.

III

CONFISERIE

Le *potiron*, en particulier, sert à préparer une sorte de compote dite *d'abricot*. Il faudrait en conclure que la production de ce dernier fruit est insuffisante.

On peut faire, en effet, avec l'abricot, des préparations diverses : *abricots confits*, *pâte d'abricot*, *confiture d'abricot*, *compote*, *gelée*, etc.

L'*abricot commun* est recherché pour les pâtes ; l'*abricot royal* et l'*abricot rosé* sont destinés surtout aux pulpes et à la confiture.

On n'a intérêt, en général, à préparer ces divers produits que lorsque les fruits sont abondants et la vente en nature peu rémunératrice.

Abricots au sirop (Appert). — Les *abricots* destinés à être conservés au *sirop* peuvent être laissés entiers. Il faut alors les piquer avec une aiguille pour qu'ils n'éclatent pas durant la cuisson. Mais on les coupe aussi en deux ou quatre parties et sépare les noyaux.

Si on veut leur donner une couleur plus claire et une meilleure apparence, on les soumet, durant dix minutes à un quart d'heure, à l'action des vapeurs sulfureuses dans la *boîte* à blanchir.

On les cuit alors dans l'eau bouillante, que l'on aura additionnée d'un peu d'alun, dans le cas où la matière n'aurait pas subi l'action du gaz sulfureux.

On met ensuite les fruits dans des flacons ou dans des boîtes d'un litre ou d'un demi-litre, qui sont les grosseurs les plus réclamées par les pâtissiers. On ajoute du sirop froid marquant 30° au pèse-sirop. Enfin, après avoir fermé, on stérilise à l'autoclave le minimum de temps, pour ne pas trop désagréger les fruits. Une fois en réserve, on devra, pendant le premier mois, renverser au moins une fois les boîtes pour faciliter la pénétration du sirop.

Purée, gelée, pâte. — On choisit des *abricots* bien mûrs, qui donneront un produit bien sucré. Après avoir ôté les noyaux, on presse la pulpe sur un tamis. On ajoute à la purée les trois quarts de son poids de sucre en poudre. On chauffe et brasse en même temps, avec une spatule en bois, environ une demi-heure.

La purée est prête quand elle se colle entre le pouce et l'index.

On opère un peu différemment en faisant d'abord cuire, durant une vingtaine de minutes, les abricots dans très peu d'eau, mais sans les mettre en marmelade. On jette sur le tamis, mais sans presser. Au jus obtenu, on ajoute son poids de sucre. Après dissolution, on laisse cuire et écume après six bouillons. Huit à dix minutes après, la gelée tombant en nappe de l'écumoire est prête à mettre en pots.

Le résidu resté sur le tamis, dans ce dernier cas, peut servir à faire de la pâte d'abricot.

On le met sur un feu doux. On ajoute le double de son poids de sucre. On pétrit et aplatit avec un rouleau. On découpe en rondelles d'un diamètre d'une pièce de 5 francs. Si l'on n'a pas d'emporte-pièce, on peut aussi bien se servir du fond d'un verre, par exemple. On saupoudre de sucre très fin, et fait sécher sur du papier blanc dans un four très doux, durant vingt heures.

On enferme ensuite les rondelles dans des boîtes plates, entre deux feuilles de papier fin. On conserve en lieu sec.

Des boîtes en fer-blanc, qui ont contenu des petits fours, ou des boîtes en bois très propres, sans odeur, conviennent bien.

Dans les pays d'Orient, ce produit en feuille est très courant (Kamredin des Turcs). On emploie, en général, les fruits cuits, réduits en pulpe, et fait dessécher la pâte au soleil, pour l'aplatir ensuite en feuille. Les feuillets, une fois roulés sur eux-mêmes, sont emballés comme des feuilles de carton souple.

Pour obtenir une matière fine et de meilleure qualité, il serait bon de broyer ou de râper les fruits crus et de tamiser la pulpe. Sous cet état, la dessiccation au soleil serait plus rapide. La purée obtenue et plus ou moins concentrée par évaporation, peut être mise aussi en boîtes à stériliser par le procédé Appert.

Cette industrie des *pâtes évaporées* est assez répandue aux États-Unis. On craint qu'elle ne compromette l'industrie des fruits séchés qui demande plus de travail que ces pâtes semi-fluides, conservées en boîtes.

Marmelade. — Les abricots bien mûrs sont dépouillés de leur noyau. On les pèse et prend les trois quarts de leur poids de sucre. S'il était des fruits un peu moins mûrs que les autres, on les écraserait.

On place le tout dans une terrine. On laisse, ainsi, le sucre absorber l'humidité, ce que l'on facilite en faisant sauter la masse de temps en temps. On transvase dans une bassine, que l'on chauffe, tout en remuant avec une spatule en bois. Quelques instants avant de retirer du feu, ajouter des filets d'amandes préalablement ébouillantées.

Il faut au moins une heure pour la cuisson. Cependant cela dépend de la quantité de matière à traiter, et aussi du degré de maturité des fruits. D'ailleurs, on constate que la marmelade est prête quand elle se colle entre le pouce et l'index.

On peut opérer de même avec les prunes *reines-Claude*.

Abricots confits et glacés. —On ne prend que des fruits mûrs aux trois quarts. On les fend un peu à la pointe pour éviter l'éclatement, et on les fait cuire jusqu'à ce qu'ils soient tendres. Ils sont, en général, arrivés à ce point quand l'eau entre en ébullition. On les enlève alors avec une écumoire et on les plonge dans de l'eau fraîche. C'est le moment d'enlever le noyau, ce que l'on fait en le poussant délicatement avec une aiguille à brider, et par le côté où était inséré le pédoncule.

Une fois bien égouttés, les abricots sont déposés dans une terrine. On verse dessus du sirop à 30°. Le lendemain, on chauffe le tout dans une bassine. Quand l'ébullition se produit, on remet délicatement dans la terrine. On recommence jusqu'à sept fois cette opération et à un jour d'intervalle entre deux chauffages, La dernière fois, on sort les abricots avec une écumoire et on les met dans une autre terrine. Le sirop, lui, est versé dans une bassine et on le concentre, par le feu ou l'addition d'un liquide plus concentré, jusqu'à 35°. On y plonge alors les abricots et leur donne un bouillon. Quand ils sont refroidis à moitié, on les retire du liquide et les met dans des bocaux.

Quand on veut *glacer* les abricots, on opère comme il vient d'être dit. Mais on les sort du sirop après la huitième façon.

Fig. 125. — Pulpe d'abricot desséchée, en feuilles.

Quand ils sont bien égouttés, on les passe cinq minutes dans une étuve à une douce chaleur (25 à 40°).

Pendant ce temps, on prépare, par cuisson, un sirop à 38° (au pèse-sirop). A ce point, quand on l'étire entre le pouce et l'index, il donne des filaments assez résistants. Après avoir tempéré l'ardeur du foyer ou retiré le vase au coin du fourneau, on trempe les abricots un à un dans ce sirop, à trois ou quatre reprises, et en se servant d'une fourchette. On les dépose ensuite sur une grille, puis les tient à l'étuve jusqu'à ce que l'on voie se solidifier, à la surface, une pellicule transparente.

On laisse refroidir à l'abri de l'humidité et d'une trop grande lumière. Il ne reste plus qu'à mettre dans des boîtes, en disposant par couches, que l'on recouvre de papier blanc.

A l'eau-de-vie. — Les *abricots* à conserver dans l'*eau-de-vie* sont cueillis incomplètement mûrs, encore jaune clair. Le noyau doit être dégagé de la chair qui l'environne, mais il ne faut pas le sortir. A cet effet, on enfonce un poinçon ou une petite lame de canif par la dépression du pédoncule, et en tournant, tout en maintenant constamment la lame contre le noyau, de manière à ce qu'elle passe entre celui-ci et la pulpe. On met alors dans une bassine et recouvre d'eau froide. On porte sur le feu, et, quand l'ébullition commence, on sort les fruits pour les placer encore dans l'eau froide et les rafraîchir.

On fait un sirop composé, pour 2 kilogrammes d'abricots, de 500 grammes de sucre, que l'on humecte avec deux verres d'eau. Quand le sucre est fondu, on fait bouillir jusqu'à ce que le sirop marque 38° au pèse-sirop. On y jette alors les abricots. Après quatre à cinq minutes d'ébullition, on les retire et les laisse s'égoutter sur un tamis, puis les range dans un bocal. On ajoute au sirop restant dans la bassine un litre d'eau-de-vie et l'on verse le tout sur les fruits. On ne bouche qu'après refroidissement.

<h2 style="text-align:center">IV</h2>

<h2 style="text-align:center">LIQUEURS</h2>

Ratafia. — Les abricots sont coupés en petits morceaux. On casse les noyaux et garde les amandes, que l'on pèle. On met ensuite amandes et abricots dans une cruche.

Par deux douzaines de fruits, on ajoute 2 litres d'eau-de-vie, 1/2 kilogramme de sucre, un peu de cannelle, huit clous de girofle et un peu de macis (écorce extérieure de la noix muscade).

On bouche bien le récipient et laisse, ainsi, macérer deux

à trois semaines, en ayant soin de brasser souvent la masse.

On filtre ensuite sur une chausse et met le liquide en bouteilles, que l'on conserve au frais.

On peut aussi n'employer qu'un mélange d'*amandes de noyaux* d'abricots et de pêches. On les ébouillante, les pèle et les pile. On place dans un bocal avec 2 litres d'eau-de-vie par 150 grammes, ferme et laisse infuser. Après sept à huit jours, on filtre dans un linge et mélange à un sirop froid, obtenu en faisant bouillir quelques minutes 1 kilogramme de sucre dans 1 litre d'eau.

Liqueur de noyaux. — On concasse des noyaux d'abricots et jette le tout dans de l'eau-de-vie (2 litres pour 100 noyaux).

On laisse macérer deux à trois mois en exposant le bocal au soleil.

Après ce temps, on décante le liquide, le filtre et y ajoute du sucre additionné d'un peu d'eau (un verre de sucre et deux verres d'eau pour la quantité de noyaux précédemment indiquée).

Le *kirsch* est préparé de la même façon avec des noyaux de cerises (300 grammes pour 2 litres d'eau-de-vie).

Autre. — On prend 200 noyaux d'abricots ou une centaine de noyaux de pêches, on les casse, et on met toutes les amandes mondées avec moitié de coquilles dans un bocal. On verse par-dessus 4 litres de bonne eau-de-vie, on bouche, on garnit le bouchon d'un parchemin mouillé et l'on expose ce bocal au soleil pendant deux mois. Après quoi, on passe l'eau-de-vie à travers un linge fin, on fait fondre 3 kilogrammes de sucre dans 1 litre d'eau, et l'on ajoute ce sirop de sucre à l'eau-de-vie, puis on met en bouteilles ou mieux en cruchons. Cette liqueur gagne en vieillissant. Il est préférable d'employer pour ces liqueurs du trois-six pur au lieu d'eau-de-vie ordinaire, on en met 2 litres au lieu de 4. On obtient par ce procédé une liqueur blanche, d'un aspect plus agréable et, en même temps, l'arome des noyaux se dégage mieux. Il suffit, ensuite, d'ajouter la quantité d'eau nécessaire pour ramener le tout au degré convenable.

Sirop d'abricot. — Faire bouillir dans 4 litres d'eau 2 kilogrammes d'abricots ; les écraser, ensuite, pour en exprimer le jus. Passer celui-ci à la chausse et le faire cuire jusqu'à consistance sirupeuse, en y ajoutant 500 grammes de sucre par litre.

Vin. — Faire bouillir 15 kilogrammes d'abricots dépourvus de leur noyau dans un peu d'eau et avec 10 à 12 kilogrammes de sucre. Laisser couler le jus et délayer peu à peu la pulpe dans l'eau. Réunir le tout dans un baril de 50 litres, que l'on complète avec de l'eau. Dans une portion de celle-ci, on aura fait dissoudre, au préalable, 50 grammes de sel marin, 25 grammes d'acide borique et 125 grammes de crème de tartre. On aromatise aussi avec 6 à 7 grammes de macis, de cannelle ou de muscade râpées, quelques clous de girofle.

La fermentation terminée, on bouche le baril et on soutire le vin, après quelques jours de repos. Le marc est pressuré. On conserve en bouteilles ou dans un fût bien bouchés.

Autre. — Faire cuire sur un feu doux des abricots-pêches bien mûrs et bien juteux, saupoudrés de 320 grammes de sucre. Ajouter ensuite une chopine d'eau-de-vie et 1 litre de vin blanc. Briser les noyaux et ajouter seulement la coquille. Laisser reposer un mois. Filtrer et mettre en bouteilles.

CHAPITRE VI

LES PÊCHES

Centres de production. — Les pêches sont surtout cultivées dans les départements suivants : Isère, Rhône, Alpes-Maritimes, Var, Bouches-du-Rhône, Ardèche, Gard, Loire, Basses-Alpes, Drôme.

Voici les principaux centres :

Basses-Alpes (les Mées, Malijaï, Oraison, Val d'Asse, Peyruis, Villeneuve, Volx, Manosque, Forcalquier). On cultive pour la confiserie la variété *Duran* vendue aux confiseurs des Mées et d'Apt en fin septembre, octobre. Les principaux marchés sont entre Brunet, Bras d'Asse et Saint-Julien. Le centre des ventes est à Oraison ;

Côte-d'Or (Auxonne) ;

Dordogne (arrondissements de Bergerac et de Sarlat) ;

Drôme (Saint-Rambert-d'Albon, Saillans) ;

Gard, région d'Aramon ;

Isère, la production y est considérable dans les communes qui bordent la vallée du Rhône, où les gares expéditrices sont Saint-Rambert, Péage, Epinouze. On cultive, surtout, *Amsden* et *précoce de Hale*. Le prix moyen de vente est de 65 francs les 100 kilogrammes ;

Puy-de-Dôme (environs de Riom, Clermont ; on prépare surtout des compotes) ;

Pyrénées-Orientales (Perpignan, Rivesaltes, Elne, Brouilla, Argelès, Boulou, Céret, Pézilla-la-Rivière) ;

Rhône (Chazay-d'Azergues, Quincieux, les Chères, Saint-Germain-au-Mont-d'Or, Neuville-sur-Saône, Fleurieu-sur-Saône, Caillou-sur-Fontaine, Ampuis, etc., etc.) ;

Tarn-et-Garonne (un peu dans tout le département ; les deux principaux marchés sont Montauban et Moissac). On cultive, surtout, *Amsden, Mignonne hâtive, précoce de Hale,* parmi les précoces, et comme tardives, *bisconte, reine des vergers, téton de Vénus, pavie de Pomponne*) ;

Var (Solliès-Pont, la Crau, Hyères, Carqueiranne, la Pauline, Puget-Ville, la Farlède, Saint-Cyr, Solliès-Toucas ; *précoces américaines Amsden, Alexander*) ;

Vaucluse (Caromb, Carpentras, Morières, Apt, Cavaillon, Villelaure).

I

CONSERVATION PAR LE FROID

Les *nectarines* ou *brugnons* gagnent à être cueillies deux ou trois jours avant d'être consommées. Elles acquièrent au *fruitier* plus de qualité ; la chair est plus fondante.

Une pêche est bonne à cueillir quand s'éclaircit le fond vert de sa peau. En même temps, l'épiderme s'assouplit, la couleur et le parfum s'accentuent. Quand on cherche à lui imprimer un mouvement de rotation, elle se détache facilement. On saisit le fruit à pleine main, sans le presser, et on le détache en combinant une légère torsion avec une légère traction. On le dépose, ensuite, dans un panier, dont le fond est garni de mousse recouverte de feuilles ou de papier. On récolte, autant que possible, le matin, une fois la rosée disparue. On porte aussitôt dans un local frais.

Les *pêches* destinées à voyager sont cueillies quelques jours avant leur maturité complète, d'autant plus tôt que le parcours sera plus long. Ce détail a moins d'importance si l'on peut appliquer la *préréfrigération*, ou employer des *wagons frigorifiques* (p. 136).

Au sujet du transport des pêches en *wagons réfrigérés* nous reproduirons cette appréciation d'un expéditeur très expert en la matière, M. Omer Décugis.

« Dans la vallée du Rhône, il y avait, en 1909, une très belle récolte de pêches. On nous disait que les wagons frigorifiques n'étaient pas d'une grande utilité. Néanmoins, j'ai demandé à la Compagnie des wagons frigorifiques de nous livrer un certain nombre de voitures en plus de celles que nous avions à Perpignan, à Hyères, à Carpentras, pour essayer le transport de la pêche dans la vallée du Rhône. Ces expériences ont parfaitement réussi, les pêches sont arrivées en excellent état. »

L'utilité de la *préréfrigération* a été parfaitement démontrée à Condrieu. Des pêches, à leur sortie du frigorifique, en septembre, partirent pour Paris, puis Nice, et enfin Lyon, où elles arrivèrent quatre jours après. A la vente, cinq jours encore

après (soit près d'un mois après leur mise en chambre froide),
elles étaient en bon état.

Un autre lot des mêmes fruits frigorifiés fut expédié à
Stockholm et Christiania, où ils arrivèrent, après six jours,
en excellent état.

A Condrieu, on a expérimenté surtout la pêche de Montreuil, que l'on a pu conserver un mois. On en a expédié à
New-York avec succès.

Un expéditeur de Saint-Genis-Laval, près de Lyon, ayant
acheté des pêches à peu près complètement mûres, les avait
emballées sur le lieu même de la cueillette, chaque fruit
étant placé séparément sur un lit d'ouate et de frisure de bois
très fine. Les colis, ainsi préparés pour l'expédition, furent
laissés exposés en plein air à la fraîcheur de la nuit. Le lendemain, de très bonne heure, les colis étaient transportés à
l'entrepôt frigorifique de la rue Turpin, à Lyon, où ils restèrent vingt-quatre à trente heures, à la température de + 3 à
+ 4°. L'expédition eut lieu la nuit dans les *grands wagons
aérés* du P.-L.-M. Cette *préréfrigération* permit d'attendre la
vente pendant huit jours. Les fruits, dont le velouté était
tout à fait intact, furent payés un prix très élevé.

A Condrieu, la température moyenne de + 4° permit de
conserver, durant quinze jours, *pêches*, *abricots*, *cerises*,
fraises. Mais on a intérêt à se rapprocher de + 1°. Ailleurs,
la durée de conservation a été de six semaines à deux mois
à 0°.

En Amérique, les *pêches de Georgie* sont expédiées sans
réfrigération préalable en wagons réfrigérés (ou la température, après quelques jours, descend entre + 4° et + 10°),
dans des boîtes de 9 kilogrammes. Dans les caisses à clairevoie, et pour des fruits non emballés, la température des
pêches qui, au chargement, est de 35 à 38° C, descend plus vite.
Les déchets sont plus élevés sous la toiture que sur le plancher
du wagon. Ces nombreux essais ont démontré l'efficacité de la
préréfrigération.

Nous rappellerons que les pêches sont des fruits très délicats, qu'il faut manipuler avec beaucoup de précaution
pour tirer, avec elles, tout le parti possible du froid.

A 0°, température qui permet de les conserver deux mois, leur valeur commerciale commence à déchoir après trois semaines, bien que, durant tout un mois, elles conservent une apparence ferme et leur brillant coloris.

Si on les emmagasine trop mûres, elles se détériorent vite. Si, au contraire, elles ne le sont pas assez, elles se flétrissent.

Mieux vaut les emballer dans des caisses où la circulation de l'air est restreinte.

Enfin, il faut les sortir du frigo avec précaution.

Enrobage. — Choisir les plus beaux fruits arrivés à entière maturité. On les enveloppe soigneusement, et aussi hermétiquement que possible, dans une feuille de papier de soie.

Cela fait, on les trempe avec leur enveloppe dans un bain, pas trop chaud, de cire. Ainsi préservées de l'air, les pêches se conservent, paraît-il, plusieurs mois et peuvent servir de dessert à des époques auxquelles on n'est pas accoutumé de les voir paraître sur la table.

II

DESSICCATION

A l'évaporateur. — Les *pêches* destinées à la *dessiccation* doivent être mûres, quoique assez fermes, pour pouvoir supporter, sans se meurtrir, les manipulations. On ne les pèle ordinairement pas. Toutefois, quand on veut procéder à cette opération, on les plonge, au préalable, dans une lessive alcaline bouillante $0^{kg},5$ à 1 kilogramme de carbonate de potasse ou le double de carbonate de soude par 10 litres d'eau. On les place, pour leur donner ce bain, dans un panier en osier ou en tôle galvanisée percé de trous. On les rafraîchit après, dans de l'eau froide, très souvent renouvelée, car, outre sa température, elle doit bien dissoudre la potasse ou la soude qui imprègne les fruits. Si l'ébouillantage est bien conduit, et, à ce sujet, il est bon de faire un essai préalable pour vérifier le produit, dont l'action diffère, pour un même degré de concen-

tration et une même température, avec les variétés de pêches,
on pèle aisément celles-ci en les frottant avec une serviette
ou, simplement, avec les ongles.

Brossées et pelées, ou non, les pêches sont coupées en deux
suivant leur sillon, ou en quartiers pour les *pavies*. Une
femme habile peut, ainsi, couper cinq à six cents pêches dans
une journée.

Les claies sont introduites dans l'évaporateur du côté de
l'arrivée de l'eau chaude. Il faut éviter les coups de feu, qui
modifient le goût de l'aliment.

La dessiccation des pêches en quartiers demande sept à
neuf heures. 100 kilogrammes de fruits frais donnent, en
moyenne, 18 kilogrammes de fruits secs. Avec un prix de
vente de 1 franc (2 francs au détail) et des frais égaux à ceux
qu'exigent les abricots, la dessiccation met les 100 kilogrammes de pêches fraîches à 13 francs.

Au soleil. — Au Chili (province de Coquimbo, et, principalement,
dans les régions d'Elqui et d'Ovalle) la dessiccation des pêches au soleil
ou à l'ombre est plus ancienne (depuis 1830) que celle des raisins. On
distingue les pêches séchées après avoir été pelées et privées de leur
noyau (descarozados) et les pêches pelées et séchées avec leur noyau
(huesillos), ce sont les plus petites.

L'emploi des machines s'est peu généralisé, car trois femmes font
autant de travail en pelant à la main que deux machines à la fois.
Chaque femme doit peler par jour le contenu de 8 paniers de 25 kilogrammes. Ce travail est payé une piastre chilienne (environ 1 fr. 15),
Il faut, en moyenne, 30 secondes pour peler une pêche.

Les fruits pelés sont blanchis dans la caisse à soufre. C'est une caisse
quelconque, défoncée et renversée au-dessus d'un trou creusé en terre.
Quelques pierres placées au fond de ce trou reçoivent la braise sur
laquelle on verse le contenu d'une cuillère à café de fleur de soufre
pour un panier contenant 25 kilogrammes de pêches. Le panier est
placé sur le trou, la caisse renversée au-dessus, et la terre amoncelée
à la pelle tout autour pour empêcher le gaz sulfureux de sortir. L'opération dure de 15 à 20 minutes (la couleur des fruits verts ou jaunes
ne change pas), le soufrage n'a, également, aucune action sur les *mâ-
chures* dont la trace reste noire.

Au lieu de fleur de soufre, on emploie, aussi, 10 centimètres de mèche
soufrée, large de 3 centimètres, pour 25 kilogrammes de fruits.

Après le blanchiment les pêches sont placées les unes à côté des
autres sur des claies, que l'on expose au soleil, au vent et à la rosée de
la nuit pendant trois jours (le climat est particulièrement ardent et
sec), si elles sont petites, et quatre jours pour les plus grosses. Au bout

de ce temps, elles sont à point pour l'enlèvement du noyau. Elles présentent alors de petits points brillants, qui proviennent de la concentration du sucre.

La rosée colore légèrement en rouge la partie du fruit qui y est exposée. Il est préférable de suspendre les claies sous un abri.

L'enlèvement du noyau demande une certaine habileté. On se sert d'un petit couteau à lame courte et triangulaire (5 centimètres sur 2 centimètres environ) que les forgerons de village fabriquent avec des morceaux de faucilles, et qu'ils vendent environ 20 centimes la pièce. On entoure la base de la lame, sur 2 centimètres, avec un chiffon pour ne pas s'abîmer l'index et faciliter le travail.

On prend une pêche dans la main gauche, la droite tenant le couteau ; on enlève un peu de chair du côté du pédoncule, en faisant tourner la pêche entre les doigts, puis, en continuant à tourner, on introduit la pointe du couteau entre la chair et le noyau, de façon à détacher presque complètement ce dernier : bientôt il ne tient plus que par la pointe. On le prend, alors, entre les doigts de la main droite et on le fait tourner, pendant qu'avec la main gauche on tourne le fruit en sens inverse. Dans cette opération délicate, il faut éviter de fendre la pêche et de déchirer la chair avec le couteau. Les femmes qui en sont chargées sont payées à raison d'une piastre pour 6 décalitres, et réussissent à gagner deux piastres (environ 2 fr. 30) dans leur journée. Il leur faut 5 secondes pour enlever un noyau.

Les pêches trop petites sont séchées avec leur noyau. Après avoir été dénoyautés, les fruits sont reportés sur les claies où ils achèvent pendant trois jours, leur dessiccation. On les amoncelle alors dans un magasin en planches jusqu'au moment de l'emballage.

10 kilogrammes de pêches fraîches donnent 2 kilogrammes de fruits secs, 2 kilogrammes de pelures et 1 kilogramme de noyaux.

L'empaquetage des fruits commence les premiers jours d'avril (la récolte débute en janvier-février). On classe en trois catégories *blancs spéciaux*, *blancs qualité courante* et *ordinaires*.

La première qualité est vendue en caisses de hêtre garnies de papier de couleur. Une caisse contient 7 à 8 kilogrammes. Les neuf caisses renferment une *fanega*, ou 69 kilogrammes. Les caisses sont réunies quatre par quatre pour l'emballage.

La deuxième qualité se vend en caisses de 35 kilogrammes. Mais les maisons de Buenos-Aires, qui viennent les acheter au Chili, refont l'emballage en caisses de 10 kilogrammes.

Enfin, la troisième qualité se vend au poids de 46 kilogrammes nets, en sacs, qui contiennent, environ 69 kilogrammes.

Les prix de vente sont variables. En 1909 on a payé la première qualité jusqu'à 100 piastres (environ 115 francs) les 69 kilogrammes soit 1 fr. 65 le kilogramme ; la deuxième qualité, jusqu'à 90 piastres (environ 103 fr. 50) les 69 kilogrammes, soit 1 fr. 50 le kilogramme, et la qualité commune jusqu'à 60 piastres (environ 69 francs) les 69 kilogrammes, soit 1 franc le kilogramme.

Les *huesillos*, ou petites pêches séchées avec leur noyau, sont très demandées par la consommation, et se vendent de 15 à 20 piastres la *fanega* de 80 kil. 5 (17 fr. 25 à 23 francs l'hectolitre), soit, environ, 25 centimes le kilogramme.

Certaines fleurs tardives donnent des fruits qui n'arrivent pas à se développer complètement et prennent la forme un peu allongée d'une amande, avec le volume d'une noix. Ces fruits sans coloration, cachés qu'ils sont par les feuilles, n'arrivent à maturité qu'en fin de saison. On les pèle, aussi, et les blanchit et sèche avec le noyau de la grosseur d'une cerise, ils sont très charnus, car le noyau est fort petit et sans amande. Ce sont les *almendrucos*. On les consomme à la maison comme produit de choix. (*Annalos agronomicós*, de Santiago du Chili, 1910).

III

CONFISERIE

Pour les pêches glacées et confites, les confitures et, même, les marmelades et autres genres de conserves analogues, il faut choisir les pêches à chair ferme, les *pavies*, par exemple. Les *brugnons* font de bonnes conserves à l'eau-de-vie.

Voici, d'ailleurs, quelques conseils donnés sur ce sujet par un fabricant de conserves de fruits distingué, M. J.-B. Raynaud, de Lambesc (Bouches-du-Rhône) : « La fabrication des conserves de fruits en boîtes et flacons est un débouché très important pour la vente des fruits frais ; il pourrait augmenter si les propriétaires se conformaient mieux aux demandes des acheteurs de conserves.

« La France, comme l'étranger, toute l'Europe, et aussi l'Amérique du Nord, etc., demandent des conserves de fruits de Provence, dont la fabrication soignée laisse subsister les qualités supérieures de nos fruits. En ce qui concerne les *pêches*, depuis cinq ans les demandes en conserves de *pêches blanches* vont en augmentant chaque année dans de fortes proportions, même de l'Amérique du Nord, malgré tous les avantages que leur offrent nos redoutables concurrents de la Californie, pays producteur d'énormes quantités de tous fruits, de grandes grosseurs, et à coup d'œil magnifique ; fort heureusement pour nous, ils sont sans saveur, sans parfum, surtout leurs belles et grosses pêches.

« L'Angleterre, également, demande des quantités élevées de pêches blanches en conserve. Pour mon compte, cette année, j'ai dû refuser la vente d'environ 40.000 kilogrammes !

« Paris, lui aussi, veut surtout des pêches blanches et bien moins en pêches jaunes ; cela s'explique parce que, dans les grands dîners, où il y a toujours différentes sortes de fruits, on voit figurer l'abricot jaune muscat et, pour différencier les couleurs des fruits, on demande les pêches blanches. Pour les conserves en boîtes, en raison des fatigues des grands transports, les fabricants sont tenus d'employer les pêches blanches de *qualité dure* (brugnons blancs). Ces fruits n'étant pas du tout abondants sur nos marchés, les fabricants sont obligés de refuser les commandes, ce qui est autant de perdu pour eux et pour notre chère Provence.

« La qualité Brugnon blanc, dite d'*Arnavon de Lamanon*, est surtout cultivée à Grans (près de Salon) ; elle peut convenir en raison de la belle grosseur du fruit et, aussi, parce que l'arbre est très productif, bien que les noyaux et la chair du fruit en contact soient rouges, et que l'on soit obligé de l'enlever au couteau.

« Le brugnon blanc dit de *Saint-Michel*, qui commence à paraître en ce moment, serait de beaucoup préférable, si la grosseur de cette sorte de fruit n'était trop petite.

« Les brugnons blancs *White Natarine et Coosa* (originaires de la Haute-Géorgie), sont préférables, comme toutes les qualités de brugnons totalement blancs et de belle grosseur. »

Confiture. — Si l'on emploie les *pêches dures* on les pèle, les divise en quartiers puis les fait bouillir quelques minutes, après les avoir recouvertes d'eau, de façon à ce qu'elles baignent à peine. Quand elles sont assez ramollies pour céder facilement sous la pression des doigts, on ajoute, pour chaque kilogramme du tout, 1 kilogramme de sucre. Quand ce dernier est bien fondu, on continue la cuisson sur un feu modéré durant une heure environ.

La confiture est prête quand le sirop, pris entre deux doigts, est gluant. On met alors en pots.

Autre. — Prenez des pêches de plein vent peu mûres, fendez-les en deux et enlevez les noyaux. Faites un sirop, une livre de sucre par livre de fruits. Quand le sirop est fait, on y met les pêches et on le laisse cuire demi-heure. Placez-les dans les pots que vous n'emplissez qu'aux deux tiers, laissez cuire le sirop jusqu'à ce qu'il devienne épais et versez-le sur les pêches.

Autre. — Faire un sirop (1 verre d'eau par livre de sucre). Quand le sirop bout, y jeter les pêches que l'on aura préparées en enlevant la peau, les noyaux et en les coupant par morceaux. Mettre du sucre dans la proportion de deux tiers des fruits. Cuisson : une heure.

Procédé Appert. — On coupe les pêches en deux (1), les pèle et les jette dans l'eau. On les met, ensuite, dans des boîtes avec un léger sirop (10 à 12° au pèse-sirop). On soude et stérilise.

A l'eau-de-vie. — On choisit des pêches qui ne soient pas trop mûres, on les essuie pour les débarrasser de leur

Fig. 126. — La toilette des pêches avant la mise en boîtes, à Cavaillon (Vaucluse).

duvet et on les pique avec une aiguille jusqu'au noyau.

On les blanchit durant quelques minutes dans l'eau bouillante, puis on les jette dans l'eau froide. Quand elles sont égouttées, on les met dans un bocal.

D'autre part, on fait un sirop composé d'un demi-kilo-

(1) On emploie, à cet effet, un couteau fixé par l'extrémité libre de la lame, à la façon d'un hachoir.

gramme de sucre, additionné de deux verres d'eau (pour deux douzaines de fruits). Quand le sucre est fondu, on fait bouillir. Au sirop tiède on ajoute, ensuite, 1 litre d'eau-de-vie, puis on verse sur les fruits. Quand le tout est bien refroidi, on bouche et conserve au sec.

Pêches confites à l'eau-de-vie. — On traite les pêches comme si on voulait les mettre simplement dans de l'eau-de-vie sucrée, les blanchit, etc. Mais avant de les plonger dans l'alcool, on les fait macérer dans une série de sirops de plus en plus sucrés.

A cet effet, une fois *blanchies,* on verse dessus du sirop chaud.

Après une macération suffisante, on soutire le liquide, le concentre encore, pour le verser à nouveau sur les fruits.

On répète, ainsi, trois ou quatre fois ce traitement avec des sirops à 12°, 16°, 20°, 24°, qui contiennent respectivement 400, 500, 600 grammes de sucre par litre.

On traite surtout ainsi la variété *téton de Vénus.*

Au vinaigre. — On peut faire avec les petites pêches que l'on supprime lors de l'éclaircissage, un condiment excellent.

La préparation consiste à les essuyer et à les mettre dans du vinaigre, comme on le fait pour les cornichons. Ainsi traités, ces fruits se conservent fermes pendant plusieurs années, et ont une saveur très agréable, que ne possèdent pas la plupart des produits soumis à ce traitement. Il ne nous paraît pas douteux que d'autres fruits, surtout ceux à noyau, prunes, brugnons, abricots, etc., pourraient être employés à cet usage.

Vin de pêches, abricots et prunes. — Écraser, après en avoir retiré les noyaux, 25 kilogrammes d'un mélange de *pêches, prunes* et *abricots* très mûrs. Laisser fermenter dans une cuve pendant sept à huit jours, soutirer le jus, le mélanger à celui que donne le marc pressuré. Ajouter 2 kilogrammes de sucre fondu et 2 litres d'eau-de-vie. Laisser à la cave dans des cruchons en grès pendant dix à douze mois.

Autre recette. — Ne laisser les fruits dans la cuve qu'un jour et demi. Faire un sirop de sucre ; ajouter par demi-livre 1 litre de jus et verser le tout dans un fût, après avoir mis de côté,

dans un second récipient, la quantité de jus sucré nécessaire pour remplir les vides formés dans le tonneau au fur et

Phot. A. Rolet.

Fig. 127. — Mise en boîtes des pêches à la ferme (à droite les soudeurs

à mesure de la fermentation. 6 à 7 litres de jus suffisent pour
50 litres de boisson. Quand la fermentation touche à sa fin,
briser les noyaux des fruits, et les jeter (coquilles et amandes)
dans le fût, que l'on ferme hermétiquement. Après 2 à 3 mois
de séjour en cave, on met le vin en bouteilles.

CHAPITRE VII

LES CERISES

Régions de production. — Le *cerisier* est cultivé en France dans la *vallée du Rhône* (Rhône, Isère, Drôme, Vaucluse, Gard, Bouches-du-Rhône), celle de la *Durance* (Basses-Alpes, Vaucluse, Bouches-du-Rhône) ; dans le Var et les Alpes-Maritimes ; le Roussillon, le Tarn et le Tarn-et-Garonne. Enfin, pour la cerise à *kirsch*, dans l'Est, la Savoie, la Bretagne, etc.

Voici les principaux centres et marchés :

Aveyron (marchés de Milhau, Rodez, Decazeville) ;

Ardèche (Privas, Tournon ; 15 à 60 francs les 100 kilogrammes) ;

Aisne (Sauvigny, *queue courte* genre *Montmorency*, jusqu'à 120 fr. les 100 kilogrammes) ;

Basses-Alpes (les Mées, Oraison, Volx, Manosque, Sainte-Tulle, Sisteron, Volonne, surtout *bigarreau Napoléon* pour la confiserie, dont le marché est les Mées) ;

Hautes-Alpes (Tallard, Vitrolles, la Saulée, Laragne, le Monetier Allemont, Remollon) ;

Bouches-du-Rhône (Tarascon, Saint-Rémy, la Roque d'Antheron, marché) ;

Côte-d'Or (Ahuy, Dijon, Lamarche, Plombières, Selongey, Talant) ;

Drôme (Saint-Rambert-d'Albon, Serves, Erôme, Audancette, Tain, Roche-de-Glun, Montélimar, Donzère, Pierrelatte) ;

Gard (Sauve, *bigarreau de Sauve*, Aramon, marché, Bagnols, exportent en Russie, Allemagne plus de 900 tonnes) ;

Marne (Dormans, une usine peut préparer 2.000 bouteilles d'un kilogramme, *anglaise amarelle, griottes*) ;

Oise (Noyon) ;

Puy-de-Dôme (*griottes* de Pont-du-Château pour les confiseries de Clermont ; 20 à 30 francs les 100 kilogrammes) ;

Rhône (la plupart des communes que nous avons citées pour les autres fruits) ;

Haute-Saône (cerises à *kirsch*, nord est et est du département, Bouligney, Saint-Loup-sur-Semouse, la Pisseure, Plainemont, Ainville, Aillevillers, la Vaivre, Fleurey, Fougerolles, Luxeuil, Clairegoutte, Frédéric-Fontaine, Andornay) ;

Haute-Savoie (petites cerises noires sauvages à *kirsch* ; cantons d'Évian et Thônes ; les petits propriétaires distillent eux-mêmes, 3 à 5 francs le litre, au détail) ;

Tarn (tout le département) ;

Tarn-et-Garonne (marchés : Montauban, Moissac, Valence, Caussade ; variétés : *bigarreaux Napoléon, jaboulay de Gasseras* ; *guignes* : *anglaise, gros guindoux noir*) ;

Vaucluse (Avignon, Valréas, Caromb, Vaison, Orange, Carpentras, Monteux, Apt) ;

Var (Solliès-Pont, la Crau, Toucas, la Farlède, le Luc, le Cannet, la

Phot. A. Rolet.

Fig. 128. — La cueillette des cerises à Solliès-Pont (Var).

Pauline, Hyères, Belgentier ; *guigne précoce du Luc* ou *hâtive de Bâle, bigarreaux, reine Hortense*) ;

Vendée (la Caillère) ;

Vosges (cerise à *kirsch* cultivée dans la Vôge (Lerrain, Hennezel, Neufchâteau, etc., etc.) ;

Yonne (Saint-Bris, Champs, Augy, Vincelles, Noyers) ;

Morbihan (cerise à *kirsch*, usines à Pontivy, Hennebont, Vannes).

Froid. — Pour bien se conserver dans un frigorifique, les cerises doivent être emballées dans de l'ouate. Avec une température de + 1 à + 4°, on peut les garder quinze jours (Condrieu), un mois à — 1°.

Dessiccation. — La dessiccation des cerises dans un évaporateur dure de quatre à six heures. Il est préférable de traiter les fruits débarrassés de leur noyau (on perd alors une partie du jus) et de leur queue, mais on les traite aussi tels quels. On les vend 1 franc le kilogramme. 100 kilogrammes de fruits frais donneraient 17 à 25 kilogrammes de fruits secs. Les *bigarreaux* noirs sont particulièrement recherchés pour cette préparation. Avec les *griottes*, on a un aliment acide. Il est doux si l'on emploie les *guignes*. Mais les fruits doux, *bigarreaux*, *guignes* conviennent moins que les *cerises acides*. Dans tous les cas, choisir des fruits fermes.

On introduit les claies où sont rangés les fruits, la queue en l'air, dans la partie la plus élevée de l'appareil où la température ne doit pas dépasser, à ce moment, 85°.

Pour les fruits non dénoyautés, la durée de la dessiccation est de cinq à six heures.

Les frais sont à peu près les mêmes que pour les pommes soit 0 fr. 05 par kilogramme de fruits frais. Les 18 kilogrammes produits à 1 franc seraient ainsi payés 13 francs, soit 0 fr. 13 pour le kilogramme de cerises fraîches. Il n'y a guère que dans les années d'abondance que l'on a intérêt à dessécher les cerises.

Quand on se sert d'un simple *four*, après la sortie du pain, il faut que la température soit très douce au début, sinon les fruits coulent. On les retire dès que l'on voit qu'ils se crispent. On termine la dessiccation au soleil. Un prompt passage du four à l'air communique un beau luisant aux cerises. Quand la dessiccation touche à sa fin, on peut les saupoudrer de sucre.

Dans la dessiccation au four, on enfile, aussi, les cerises une à une (après leur avoir enlevé noyau et queue), au moyen d'une paille de seigle, bien ferme, et longue de 0ᵐ15 à 0ᵐ,30 environ. Une fois ces petits chapelets de cerises formés, on les met sur des claies, que l'on place au four aussitôt après la cuisson du pain. Au bout de vingt-quatre heures, on retire les claies en question ; on retourne les cerises, puis on chauffe légèrement le four, de façon que la température soit moindre que la première fois. On enlève la braise avec soin, on enfourne de nouveau les claies, et de temps en temps on donne un coup d'œil aux fruits. Les cerises sont desséchées à point lorsqu'elles sont parfaitement ridées sans être dures. On les

Phot. A. Rolet.

Fig. 129. — L'emballage des cerises à Solliès-Pont (Var).

retire, alors, et on les expose directement au soleil ou dans une chambre placée au midi et dont les fenêtres sont ouvertes. Au bout de quelque temps, la dessiccation est complète, et il ne reste plus qu'à les mettre en caisse ou dans un panier, et à les conserver en lieu sec.

Dans l'eau salée. — D'après une information du consul général de Grande-Bretagne à Naples, l'exportation d'un nouveau produit agricole aurait pris, en Italie, une extension considérable : il s'agit des cerises mises en baril dans de la saumure très forte, après un traitement préalable à la vapeur de soufre. Les fruits sont expédiés principalement aux États-Unis, où, ne payant pas de droit d'entrée, ils viennent concurrencer la production indigène. A l'arrivée, les cerises sont retirées du tonneau. Les plus belles servent à parfumer quelques-unes des boissons stimulantes que les bars américains débitent sous des noms divers ; les deuxièmes choix sont conservées dans de l'eau-de-vie, suivant le procédé ordinaire, et le reste est livré à la confiserie. Cette exportation, qui ne s'élevait, en 1904, qu'à 2.783 livres sterling ou 69.575 francs, a passé à 14.584 livres ou 364.600 francs en 1906, et à 30.125 livres ou 753.125 francs en 1907.

Pulpe. — La *pulpe de cerise* trouve, dit M. Vercier, un écoulement difficile. Voici comment on procède pour sa préparation, d'après le même auteur.

Toutes les variétés ne sont pas utilisables : les *griottes*, seules, méritent d'être employées ; les *Montmorency* sont encore bonnes, mais les *bigarreaux* beaucoup moins, et les *guignes* sont à écarter. Les fruits cueillis mûrs demandent à être débarrassés de leur pédoncule, puis de leur noyau.

Les femmes employées au dénoyautage opèrent avec une grande dextérité là où la confiserie est une des principales industries, comme c'est le cas à Apt. Elles parviennent à dénoyauter 10 kilogrammes de fruits en deux heures, et sont payées à raison de 0 fr. 40 par 12 kilogrammes.

Elles utilisent un instrument bien simple que chacun peut faire ; il se compose d'un manche rond en bois, de 12 centimètres de long, sur 15 millimètres de diamètre, au bout duquel on a enfoncé les deux extrémités d'un fil de cuivre recourbé en U et préalablement aplati.

« Le manche est tenu à pleine main, et c'est avec le fil de cuivre que l'ouvrière extrait le noyau. »

Les cerises, ainsi préparées, sont placées par fraction de 8 kilogrammes dans des bassines en cuivre chauffées à feu nu ou à la vapeur. Après une ébullition d'une minute, on les retire. Si l'on craignait de voir la matière s'attacher au fond

de la bassine, on agiterait constamment. On met en boîtes
que l'on soude puis stérilise au bain-marie (vingt minutes
pour les boîtes de 5 kilogrammes) (Voir les *cassis*). (1)

CONFISERIE

Cerises au sirop (Appert).—Prendre des cerises à chair
ferme et mûres. Aussitôt cueillies, on coupe le pédoncule à
2 centimètres des fruits. On met, de préférence, dans des

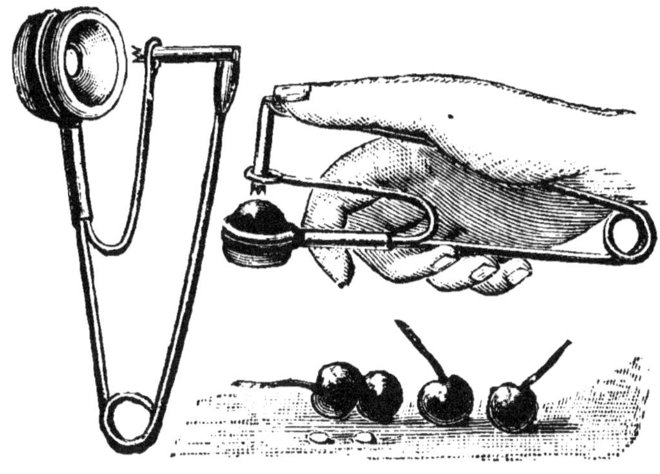

Fig. 130. — Chasse-noyaux pour cerises.

bocaux, car la couleur s'altère au contact du métal. On ajoute
du sirop froid pesant 28°. On bouche et on laisse 15 minutes
dans l'eau bouillante.

Au lieu de sirop, on peut, tout simplement, ajouter le sucre
dans la bouteille.

Quand, après la sortie du bain, les bouchons et la ficelle

(1) Pour la pâte de cerise en feuille, après cuisson comme ci-dessus,
on passe au tamis. Faire recuire la pâte obtenue avec deux tiers de
sirop de sucre cuit au cassé ; remuer jusqu'à bonne consistance.
Étendre en couche sur une planche saupoudrée de sucre et faire
sécher à douce température. Découper et conserver en un lieu sec
dans une boîte en fer-blanc, en séparant chaque feuillet de papier
parcheminé.

sont parfaitement secs, on cachette à la cire. On tient les récipients couchés.

Confiture. — La veille, on nettoie les fruits bien mûrs (de préférence *griottes*, *Montmorency*), enlève les queues et les noyaux et place les cerises dans une terrine. On prend, ensuite, autant de sucre que de fruits ; on imbibe les morceaux d'eau et les place sur les cerises. Le lendemain, on fait cuire le tout durant deux heures et demie.

On peut encore mettre immédiatement dans une bassine où l'on vient de faire bouillir, durant un quart d'heure, du sucre représentant 3/4 du poids des cerises, et que l'on a, d'abord, humecté d'un peu d'eau pour fondre la matière.

Une fois les cerises ajoutées, on fait cuire durant trois quarts d'heure. Après ce laps de temps, un peu de sirop froid, pressé entre le pouce et l'index, doit *filer* quand on écarte les doigts.

On met en pots, et, après refroidissement, on couvre avec des ronds de papier trempés dans de l'alcool. On garde dans un endroit sec et frais.

Cerises confites. — Dans les confiseries, après la cueillette, les fruits sont équeutés et dénoyautés. On les met, alors, dans des corbeilles que l'on place sur les étagères d'une chambre cimentée et close, où l'on allume du soufre. On laisse vingt-quatre heures en moyenne. Les cerises très mûres, qui peuvent s'altérer plus facilement, restent là plus longtemps que les autres.

Les fruits sont complètement décolorés et jaunâtres. Cette préparation est nécessaire pour la consommation et, surtout, la coloration ultérieure. A ce moment-là, sans cette précaution, on n'obtiendrait pas une couleur uniforme, les cerises n'ayant pas, naturellement toutes la même teinte et parfois, sur chacune d'elles, l'intensité de la couleur est-elle variable suivant les points de la surface.

On conserve, ensuite, dans des tonneaux dont les ouvertures sont plâtrées et dans de l'eau contenant de l'acide sulfureux en dissolution (mèchage ou acide liquide).

Au moment voulu, les cerises sont colorées, puis « portées au sucre » 14 fois. Enfin, on les laisse égoutter, puis les emballe dans des caissettes garnies de papier.

C'est ainsi, par exemple, que M. Veyan fils prépare, aux *Mées* (Basses-Alpes), la *cerise* réputée dite *l'alpine*.

A la gelée de groseille. — Les cerises, débarrassées de leur noyau, sont jetées dans une bassine, où l'on vient de faire légèrement bouillir une solution de sucre (3/4 du poids des fruits) dans un peu d'eau. On laisse cuire le tout durant

Phot. A. Rolet.

Fig. 131. — Les cerises après le blanchiment.

cinq minutes et sur un feu doux, en écumant. On retire du feu et garde ainsi jusqu'au lendemain. Si le récipient n'est pas en faïence, on doit, à ce moment, transvaser le tout dans un vase semblable, car le métal serait attaqué.

Le lendemain on fait encore bouillir deux minutes. On sort, alors, les fruits avec une écumoire et les met dans une terrine. Quant au sirop, on continue à le chauffer jusqu'à ce qu'il fasse *la glu*, lorsqu'on en prend un peu entre le pouce et l'index. Ce point étant atteint, on ajoute de nouveau les cerises.

On mélange à la masse son volume de gelée de groseille cuite à point. On fait encore bouillir le tout deux à trois minutes, puis on met en pot.

Sirop. — On écrase les fruits, pas trop mûrs, et laisse, ainsi pendant vingt-quatre heures, puis passe au tamis, en pres-sant. Le jus obtenu est filtré à la chausse. On fait fondre, d'autre part, du sucre (1 kilogramme pour une livre de jus), et on y verse le jus clair. On laisse former un bouillon, puis écume. Quand le sirop (35°) est froid, on le met en bouteilles.

Au vinaigre. — Les cerises à chair dure, comme les *bigarreaux*, sont mises, après les avoir essuyées et débarrassées de leur queue, dans des bouteilles, avec clous de girofle, cannelle, écorce de citron.

D'autre part, on fait bouillir du vinaigre de vin blanc avec de la cassonade (une livre par demi-litre), on écume bien, puis laisse refroidir dans un vase en faïence. Ce point obtenu, on verse sur les fruits.

A l'eau-de-vie. — Pour préparer des *cerises* à l'*eau-de-vie*, on choisit de belles cerises peu mûres, surtout les *griottes*, on leur coupe la moitié du pédoncule et on les met dans un bocal. Quand celui-ci est plein, on ajoute un petit nouet, dans lequel on enferme un morceau de cannelle et une pincée de coriandre. On verse, alors, l'eau-de-vie sur les fruits, de manière qu'ils baignent complètement, puis on ajoute 30 grammes de sucre, environ, par livre de cerises. On peut consommer après deux mois.

Au lieu d'employer directement le sucre et l'eau-de-vie, on le dissout aussi dans un peu d'eau (150 grammes de sucre par kilogramme de fruits et par litre d'eau-de-vie). Quand le liquide a fait deux ou trois bouillons, on ajoute l'alcool et verse sur les fruits.

On a conseillé encore de laisser digérer dans le mélange sui-vant : ajouter à de l'alcool à 85°, 4 p. 100 d'esprit de coriandre, 0,75 p. 100 d'esprit de girofle, 1,5 p. 100 d'esprit de cannelle de Chine et 65 p. 100 d'eau.

Quand les cerises ont macéré un mois et demi à deux mois

dans le liquide, on soutire ce dernier, y ajoute 50 p. 100 d'eau, dans laquelle on a fait fondre du sucre (le tiers du poids de l'eau ajoutée) et reverse sur les fruits.

Autre. — On écrase des cerises bien mûres et les met dans un bocal avec la moitié des noyaux concassés. On ajoute 1 litre d'alcool à 80°, un bâton de cannelle et un peu de

Phot. Rolet.

Fig. 132. — Préparation des cerises confites.

coriandre. Après avoir laissé, ainsi, infuser à une douce température pendant une quinzaine de jours, on passe tout le jus sur une serviette et reçoit le liquide dans un autre bocal. Ce dernier est complété avec de belles cerises bien mûres et entières, auxquelles on aura laissé un bout de pédoncule. On ajoute 150 grammes de sucre cassé par 500 de fruits. On laisse ainsi infuser un mois.

18.

Ratafia. — On enlève la queue et le noyau à des cerises noires, on casse la moitié des noyaux et écrase les cerises et jette le tout dans un pot en grès.

Le lendemain on verse sur un tamis placé sur une terrine.

On ajoute, par litre de jus, 300 grammes de sucre, 1 litre d'alcool à 30° et un bâton de cannelle. On laisse macérer huit jours dans un vase en grès. On décante et met le liquide clair en bouteilles.

On peut mélanger des framboises dans la préparation non pourvue de noyaux. On laisse macérer quatre à cinq jours en remuant deux ou trois fois par jour. On presse, ensuite, la masse dans un linge ou sous une petite presse. Par 3 litres de jus, on ajoutera 2 litres d'eau-de-vie. Enfin, on additionne encore ce mélange de noyaux de cerises concassés (3 poignées par 5 litres) et de 125 grammes de sucre par litre.

GUIGNOLET. — On met dans un bocal en verre 1 kilogramme de *merises* bien mûres auxquelles on a enlevé la queue et le noyau. On verse, par-dessus, 4 litres de bonne eau-de-vie et on bouche aussi hermétiquement que possible.

On porte alors le bocal en plein soleil. La chaleur aidant, l'infusion est complète au bout de quinze jours à un mois.

Pendant ce temps, on a fait macérer les noyaux cassés dans un peu d'eau-de-vie, le tout placé dans les mêmes conditions.

Enfin, on fait fondre 1/2 à 1 kilogramme de sucre (suivant les goûts) dans très peu d'eau.

Les deux infusions, passées sur un tamis, sont mélangées. On leur ajoute, alors, le sucre fondu. Enfin, on met en bouteilles, que l'on bouche bien. Plus le guignolet est vieux, meilleur il est.

Autre recette. — Écraser 6 kilogrammes de *merises* noires, 1 kilogramme de *framboises*, 1 kilogramme de *fraises*. Additionner le jus obtenu d'une égale quantité d'eau-de-vie. Laisser infuser pendant trois à quatre semaines avec la moitié des noyaux et un nouet contenant quelques clous de girofle avec un peu de cannelle pilée. Ajouter, ensuite, environ 100 grammes de sucre par litre de liqueur, filtrer et mettre en bouteilles.

Autre recette. — Écraser et faire infuser pendant un mois dans un litre 3/4 d'alcool à 86°, 1 kilogramme de *cerises*, 500 grammes de *merises*, 1 kilogramme de *framboises* et 500 grammes de *cassis*. Faire fondre 2 kilogrammes de sucre dans 2¹,5 d'eau. Mélanger les liquides, filtrer et mettre en bouteilles.

Vin. —Extraire le jus de merises noires très mûres et le laisser fermenter une semaine jusqu'à clarification complète

Phot. Rolet.

Fig. 133. — Emballage des cerises confites.

du liquide. Par 15 à 20 litres, ajouter ensuite, en agitant, 1 litre d'eau-de-vie et 1 kilogramme de sucre. Parfois, avant la fermentation, on fait bouillir jusqu'à évaporation du quart. Il est préférable d'ajouter ensuite de la levure et de tenir à 20-22°.

Autre recette. — Écraser des *guignes* dépourvues de leur noyau et les laisser trente-six heures dans un baquet. Peser, alors, et verser le jus dans un baril, en ajoutant une once de sucre par litre; agiter. Quand la fermentation est terminée, ajouter les noyaux concassés. Fermer fortement le baril. Après trois à quatre mois, mettre en bouteilles.

Autre recette. — Écraser 15 kilogrammes de cerises rouges très mûres, auxquelles on a enlevé le pédoncule; concasser les noyaux A la pulpe bien écrasée, ajouter 6 à 7 kilogrammes de sucre. D'autre part, faire bouillir et fondre ensemble 1/2 kilogramme crème de tartre, 25 grammes sel marin, 12 grammes poudre d'iris, 12 grammes acide borique. Verser dans un tonneau avec 60 grammes de levure de pâte délayée, et ajouter les noyaux, la pulpe et le complément de 50 litres d'eau.

Après fermentation, soutirer le vin, le filtrer, y ajouter 1 litre de bonne eau-de-vie.

Le marc peut être pressuré, ou bien on le garde pour servir à une deuxième préparation, à laquelle on ajoute les mêmes doses de produits que ci-dessus.

Pour colorer, on met un quart de cerises noires.

Autre recette. — Écraser 10 kilogrammes de cerises et placer le tout, pulpe, noyaux (non cassés), queues, dans un baril, avec 2 kilogrammes de sucre fondu dans du jus de cerises chaud. Laisser fermenter, puis mettre en bouteilles.

Parfois on ajoute aux cerises un cinquième en poids de *groseilles*.

Eau de cerises. — Enlever queues et noyaux et écraser la pulpe dans un peu d'eau, ajouter le jus d'un citron. Laisser en plein air pendant deux heures. Peler alors les noyaux avec une demi-livre de sucre, et jeter le tout dans le jus des cerises, tamiser, et, au bout d'un quart d'heure, filtrer.

Ou bien mélanger 1 litre d'eau-de-vie, un demi-litre de sirop de sucre et un demi-litre de jus filtré de cerises.

QUEUES ET NOYAUX. — Les *noyaux de cerises* se vendent en moyenne 1 franc le kilogramme. Ils servent à parfumer le *kirsch*.

Voici une façon assez simple de préparer une liqueur *imitant* ce dernier produit.

Laisser macérer pendant quelques mois des noyaux de cerises concassés (coquilles et amandes) dans de l'eau-de-vie. Quand les abricots sont mûrs on ajoute la coquille seulement des noyaux de ces fruits. Attendre encore deux à trois mois, puis mettre en bouteilles.

Ou bien, dans 4 litres d'eau bouillante, faire tremper une demi-heure

50 grammes de feuilles fraîches de cerisier. Ajouter, ensuite, 10 litres d'alcool bon goût à 86°. Enfin, délayer dans le mélange une pâte faite de 125 grammes d'amandes amères ; 500 grammes de cerises sèches ; 250 grammes de pruneaux écrasés avec un peu de carbonate de magnésie. Filtrer après une semaine.

Les *queues de cerises*, grâce à leurs propriétés diurétiques bien connues, sont très employées en médecine. On les vend aux pharmaciens en gros. 50 kilogrammes de fruits donnent 2 kilogrammes de queues qui se réduisent à 1 kilogramme par dessiccation.

Pour enlever facilement le noyau aux cerises sans déchirer la pulpe, on a conseillé de prendre une épingle à cheveux (recourbée) dont on pique les deux extrémités libres sur un bon bouchon.

On obtient, ainsi, une sorte de tire-noyau qui pénètre facilement dans la pulpe de la cerise, le pédoncule étant enlevé, et permet d'extirper le noyau avec rapidité, en laissant le fruit entier, surtout sur les cerises bien mûres et à peau peu épaisse.

CHAPITRE VIII

LES RAISINS

Régions de production. — Les raisins de table et principalement, les *chasselas*, sont cultivés dans les environs de Fontainebleau (Thomery, Champagne et Veneux, Nadon); la vallée de la Garonne, de Nicole (Lot-et-Garonne); aux environs de Montauban (centres principaux : Moissac, Montauban, Lafrançaise, Lauzerte, Cazes-Mondenard); dans l'Aude; l'Algérie (banlieue d'Alger autour de Guyot-Ville), etc. C'est l'Algérie qui fait les premiers envois, deuxième quinzaine de juillet; puis viennent les P.-O., début août; l'Hérault, mi-août; le T.-et-G., début septembre; le L.-et-G., mi-septembre.

ARTICLE PREMIER

CONSERVATION A L'ÉTAT FRAIS

I

CONSERVATION SUR SOUCHE

Dans les régions favorisées par le climat, comme notre Côte d'Azur, l'Algérie, etc., la *conservation* de certaines variétés de raisins peut se faire sur la souche même. Nous signalerons, à ce sujet, le vignoble de *Saint-Jeannet*, dans les Alpes-Maritimes.

Saint-Jeannet est un village de quelque 1.000 habitants, de l'arrondissement de Grasse, qui a étagé ses maisons à 440 mètres d'altitude, à mi-côte de collines qui se dressent majestueusement à peu de distance de la mer. Très heureusement exposés en plein midi, les coteaux et terrasses, à l'abri des vents froids du nord, présentent aux bienfaisants rayons de l'astre d'or des vergers d'oliviers, d'orangers, des cultures de fleurs et des treilles.

Le voyageur qui, d'aventure, parcourt la grande route que dominent les hauteurs sur lesquelles se dresse cette masse imposante de roche nue qu'est le *baou* de Saint-Jeannet, surplombant le village, n'est pas peu surpris de voir, en plein hiver, les treilles, complètement dépourvues de feuilles, encore garnies de grappes dorées.

L'origine du *Saint-Jeannet*, variété de raisin blanc, surnommé le roi des tardifs, est assez mal connue. On sait, cependant, que vers

1865, un M. Michel Barthélemy le remarqua dans ses vignes et que, depuis, sa culture a pris beaucoup d'extension dans la commune.

Pour certains, le cépage en question ne serait qu'un *servant* amélioré. Les grappes sont grosses, ailées, assez larges et à long pédoncule. Les grains, à peau résistante, sont gros, presque sphériques, de couleur jaune verdâtre, recouverts d'abondante pruine. La chair est fon-

Phot. A. Rolet.

Fig. 134. — Conservation des raisins sur souche à Saint-Jeannet (Alpes-Maritimes).

dante, sucrée, légèrement acidulée, et elle ne renferme que de petits pépins.

Dans les Alpes-Maritimes le plant ne se conduit qu'en treille. L'exposition en coteau, au grand air et à la lumière est, ici, de rigueur. Le dispositif que l'on emploie pour soutenir les bras de la vigne, montants en bois ou en fer, murs, ressemble beaucoup à ce qui se fait à une trentaine de kilomètres d'Alicante, près d'Alcoy, pour le raisin tardif *Valinsy real*, de Gijona à 700 mètres d'altitude, où les grappes restent, aussi, sur pied jusqu'à la mi-mars.

La maturité commence en novembre. A l'approche des gelées, on entoure les grappes de cornets en papier qui les mettent, en même temps, à l'abri des attaques des guêpes. Ou bien, encore, on dispose des toiles sur les tonnelles.

On visite les grappes de temps à autre pour enlever les grains altérés. Ce nettoyage est complété après la cueillette, en respectant le plus possible la pruine, ce que l'on fait en tenant la grappe seulement par le pédoncule.

On cueille après la disparition de l'humidité. Les grains supportent, alors, mieux les voyages. Les expéditions se font surtout sur Nice, Monte-Carlo, Cannes. On vend, aussi, sur pied aux commissionnaires. Autrefois, les cours variaient de 3 à 5 francs le kilogramme. Aujourd'hui l'augmentation de la production a fait baisser considérablement les prix. Mais les cultivateurs peuvent relever la vente en se créant de nouveaux débouchés à Paris, dans le nord de la France, en Angleterre, à Francfort, à Berlin, en Suisse, en Hollande, en Danemark.

Une *coopérative de vente* s'est créée à cette intention.

Le *Saint-Jeannet* tardif pourrait être avantageusement propagé dans le Sud-Est.

On le cultive, paraît-il, en Bourgogne. Mais il lui faut une exposition chaude à une altitude de 300 mètres, à l'abri des grands vents, et un sol sain. Il est donc préférable de le réserver pour le Midi. D'autre part, il faut être sûr de son authenticité. On le confond, parfois, avec le *servant* (*A.-M.*), ou *verdal* (Var), ou *haut-vert* (Hérault). Ce dernier commence à mûrir en octobre, et il donne des grains un peu plus sucrés. Les feuilles et l'aspect général de la souche diffèrent aussi, et sa conservation ne dépasse guère fin décembre. Quant au *servant*, il a la grappe beaucoup plus compacte que le *Saint-Jeannet*, et ne peut que se diviser difficilement par suite de l'absence d'ailerons.

Rappelons que la Compagnie P.-L.-M. offre, à titre gracieux, aux viticulteurs désireux de faire des essais de greffage avec des variétés tardives ou demi-tardives, des sarments frais qui peuvent fournir cinq greffons. M. Michalet, le dévoué inspecteur de la Compagnie P.-L.-M., à Avignon, a fait une étude approfondie de ces questions.

« La Belgique, dit-il, avec ses serres et son charbon à bon marché, peut lutter avec nous avec ses raisins précoces, malgré le chauffage gratuit que nous offre le chaud soleil du Midi. Mais elle ne peut concurrencer les régions méridionales avec les raisins restant sur les souches jusqu'au mois de mars.

« Il faut une température autre que la sienne, et le Midi n'a pas de concurrence à craindre là-dessus. Voilà pourquoi on peut être persuadé que la culture des *raisins tardifs* ira toujours en augmentant d'année en année dans le Sud-Est et la Provence.

« Nous n'avons aucun intérêt à avancer la récolte de nos premiers raisins, afin de ne pas nous trouver sur les marchés en même temps que la grande production algérienne. Mais nous avons grand intérêt à prolonger la tardiveté de nos raisins, à les expédier le plus tard, hors de saison ».

Cépages à propager. — Dans sa brochure *Les raisins tardifs*, M. Michalet signale, pour les régions à altitude de 200 à 500 mètres, en premier lieu le *Valinsy real*, raisin qu'il est allé étudier sur place en Espagne et en Algérie (1). Ce raisin espagnol, qui végète bien jusqu'à 700 mètres, est à peau fine et croquante. Il se comporte très bien pendant la conservation. Il supporte parfaitement l'expédition d'Algérie sur Paris, où, en novembre et décembre, il obtient d'excellents prix de vente. On en a vu, au Concours général agricole de Paris, au mois de mars, provenant de Miliana et qui avaient été conservés en chambre comme à Thomery.

Le *Valensy real* est très tardif, à la condition de végéter à une altitude de 300 à 500 mètres. A sa troisième feuille, il a donné, près d'Avignon, 6 à 8 kilogrammes de raisins par pied.

Au-dessous de cette altitude, ce raisin est demi-tardif. Il doit se traiter à taille longue.

M. Michalet recommande encore, comme cépages tardifs : le *Rosaki d'Anatolie*, le *dattier de Beyrouth*, le *Saint-Jeannet*, le *gros vert*, l'*olivette blanche*, l'*olivette noire*, le *Loupian noir*, le *Gros-Guillaume noir*, le *Creiscent noir* (Narbonne).

« Le *Rosaki d'Anatolie* parait être un excellent raisin de conservation à rafle verte (procédé Thomery). Ce cépage produit d'énormes grappes bien conformées, lâches, fortement ailées, avec de gros grains allongés, incurvés, renflés à la base, d'une coloration dorée très remarquable. Sa peau est épaisse, et la chair pulpeuse a un goût agréable.

« Ce raisin est très recherché par les hôtels à cause de la division facile des grappes, et il paraît appelé à acquérir une grande valeur commerciale. Il se conserve très bien à rafle sèche, et il est intéressant de faire des essais sur sa façon de se comporter dans la conservation à rafle fraîche.

« A mon avis, le *Rosaki* peut devenir, en Provence et dans les régions non humides du Sud-Est, une bonne source de revenus pour la viticulture. Là il pourrait être mis en chambre à la même époque que l'est, à Thomery, le chasselas doré, soit en octobre avant les pluies, afin d'avoir une garantie de plus de bonne conservation.

« Le *dattier de Beyrouth* est un beau et superbe raisin dont la forme du grain rappelle celle de la datte. Il est à goût agréable. Sa chair sucrée et ferme lui permet de supporter facilement le transport et l'emballage. Les expéditeurs de primeurs d'Avignon et de Châteaurenard n'ont pas manqué de l'exporter au loin, où on lui a fait un excellent accueil.

« La culture du *dattier de Beyrouth* a pris une certaine extension dans le département de Vaucluse. Sa production est abondante sous toutes les formes, mais, surtout, à la taille Guyot et en cordon sur fil de fer. Ce cépage fournit des grappes très volumineuses, ailées, pas

---

(1) On recommande pour l'Algérie *ferana noir*, *akachbar*, *ahmeur qou ameur*, *cherchali*, *oued zitoun kezin*, *thizouggar*; in.

bien régulières, à gros grains, d'un beau jaune doré à la maturité.

« Le *servant*, dénommé aussi *verdal*, à cause de sa couleur un peu verdâtre, ressemble assez au *Saint-Jeannet*. Les grappes à gros grains sont un peu serrées. Cette variété, qui a été expédiée en septembre en Allemagne, provenant de vignes siuées en plaine, a plu et a bien supporté le transport. Suivant l'altitude le *servant* est plus ou moins tardif.

« L'*olivette blanche* est d'une grande fertilité et mûrit fin septembre dans le Midi. On recommande de la cultiver en treille ou en cordon, en terrain profond. Ses grains sont gros, olivoïdes, craquants, à peau épaisse, blancs, jaunissant un peu à la maturité. Ce cépage n'est pas sujet aux gelées, mais dans les printemps humides il est coulard.

« Le *Bidh-el-Hammam* ou *œuf de pigeon*, de Tunisie, a été, également, remarqué. C'est un beau raisin à gros grains dorés, très tardif. Sa pulpe n'est pas juteuse et sa chair est ferme comme celle de la prune. Son excessive tardiveté est remarquable.

Citons encore parmi les cépages blancs *admirable de Courtillet doré, Rolle doré, Cerdagne doré, Malvoisie doré*.

« Le *Loupian noir* et la *panse noire* constitueraient d'excellents produits pour l'exportation en Angleterre.

« Le *Creiscent*, originaire de Narbonne, se rapproche du Loupian,

« Le *Gros-Guillaume* et l'*olivette noire* sont les plus connus. Ils sont plus ou moins tardifs, suivant l'altitude où ils végètent. »

Rappelons que les raisins dorés conviennent, surtout, aux acheteurs allemands.

On ne saurait trop recommander aux agriculteurs de multiplier les cépages tardifs qui leur sont ainsi proposés et de conserver les grappes, surtout, par le procédé de Thomery (page 335) ou une méthode analogue, qui gardent au raisin toute sa fraîcheur, s'ils ne peuvent les laisser sur souche. Ils en tireront, ainsi, un prix bien plus élevé que par la conservation à rafle sèche.

Les viticulteurs, les maires, présidents de comices et syndicats agricoles, sociétés d'agriculture, qui voudront bien se charger de grouper les demandes et de faire la répartition aux intéressés peuvent écrire à M. Michalet, inspecteur commercial, à Avignon.

Coopératives de vente. — Nous détachons les principaux passages suivants des *Statuts de la Société coopérative agricole des producteurs de raisins de Saint-Jeannet*.

« La société a pour objet la vente en commun, tant à l'étranger qu'en France, des raisins de table, et, plus spécialement, le *Saint-Jeannet tardif*, provenant exclusivement des exploitations des associés (Art. 2) ;

« Chaque sociétaire contracte l'engagement d'apporter à la société tous ses fruits marchands et les *siens seuls*, réserve faite de ce qui est nécessaire à la consommation familiale, et s'interdit, en conséquence, toute vente en dehors de la société, comme tout apport de récoltes achetées (Art. 9).

« Les sociétaires ne font aucun versement en espèces, les capitaux nécessaires sont fournis par des emprunts contractés par la société sous la garantie solidaire des sociétaires (Art. 13).

« Chaque année est prélevée une somme déterminée sur la vente, pour frais divers, réserve, etc. (Art. 14). » (Voir p. 322.)

II

CONSERVATION A L'ÉTAT FRAIS APRÈS LA CUEILLETTE

Cueillette et soins. — La conservation des raisins sur souche n'est que l'exception, mais on a imaginé divers moyens de garder les grappes une fois détachées pour en prolonger la consommation durant les mois d'hiver.

Les procédés proposés sont nombreux ; leur efficacité paraît plutôt tenir aux soins apportés dans la cueillette et les manipulations et le temps qu'il fait dans la saison, qu'à la variété même.

Ce qu'il faut considérer, avant tout, c'est que la *pourriture*, ordinairement amorcée par les *moisissures*, est le plus grand ennemi des raisins à conserver. Or, les moisissures sont grandement favorisées par l'*humidité*. On comprend que les raisins qui ont mûri à l'ombre, dans un terrain bas, envahi par les brouillards, etc., soient de moins bonne garde. On sait que l'*acide phosphorique* et la *potasse* dans le sol exercent une certaine action favorable.

En outre, toute altération de la pellicule du grain, produite soit sur pied, soit pendant la cueillette ou les manipulations, est de nature à favoriser la pénétration dans la pulpe des germes de pourriture. A Thomery, on place des auvents, des abris sur les cordons, les treilles, dès le commencement de septembre, pour que les fruits arrivent à maturité sans réaction ni meurtrissure

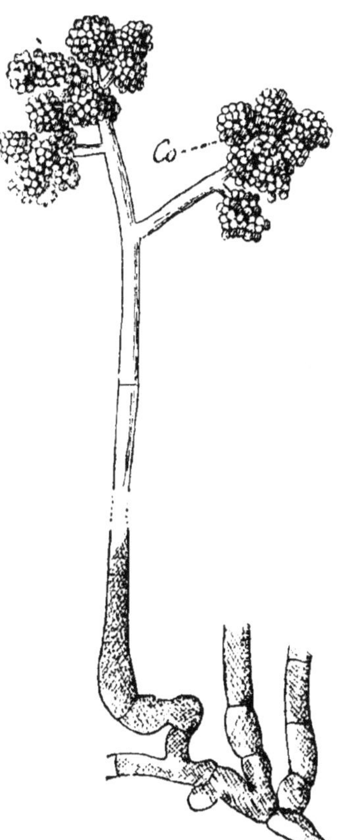

Fig. 135. — Botrytis cinerea.
Co. Conidies.

quelconque. Inutile d'ajouter que les sacs en papier dont on entoure les grappes sont encore plus efficaces.

Les observations poursuivies par M. Guillon à la Station viticole de Cognac lui ont fait reconnaître que tout grain de *raisin* blessé, sur lequel viennent à tomber quelques *spores* vivantes de *botrytis cinerea*, cause de la *moisissure grise*, est fatalement appelé à pourrir au bout d'un temps variable de trente-six heures à trois jours après l'infection, si l'humidité de l'air est suffisante. Qu'en outre, lorsque le *botrytis* se développe normalement au contact d'un grain sain, il arrive constamment à traverser l'obstacle constitué par la pellicule, et à contaminer le grain, mais que l'infection de proche en proche ne peut se faire que pour les grains en contact. Elle est à peu près impossible entre grains séparés, en raison de l'agitation de l'air à une certaine distance.

Les raisins à grappe lâche, caractère du fruit de table, dans laquelle l'air peut circuler aisément entre les grains, ont moins de chance de s'altérer que les grappes à grains serrés, d'ailleurs malaisés à détacher par le consommateur.

.Enfin, les variétés dont la pellicule est ferme, épaisse, se conserveront mieux aussi.

On recommande plus particulièrement : *chasselas, clairette, frankenthal, black-alicante, drodelabi, gros-Guillaume, muscat de Hambourg, muscat d'Alexandrie, muscat de Frontignan, muscat de Lunel, panse musquée ou non, olivette blanche et noire, dattier de Beyrouth, malvoisie grosse, général Lamarmora, servant, Saint-Jeannet, œillade, Lady Downe's Seedling* et *Madresfield*, etc.

PRATIQUE DE LA CUEILLETTE. — La récolte s'opère par temps sec et après la disparition de la rosée, en dehors des heures trop chaudes de la journée.

On échelonne la cueillette de façon à ne prendre que les raisins mûrs. Ils sont pleins de sucre qui, en se concentrant dans la pulpe, agit comme un antiseptique.

Les grappes les plus élevées, se conservant moins bien, dit-on, sont cueillies les premières.

On coupe les pédoncules avec une serpette, des ciseaux ou, mieux, avec un petit sécateur.

Il faut éviter de blesser les grains et, même, de les trop frotter, pour ne pas les *défleurir*, c'est-à-dire leur enlever la *pruine* ou *fleur* qui recouvre la pellicule.

Avec de petits ciseaux, on ôte, au besoin, les raisins altérés, moisis, gâtés, ou, même, pour les fruits de luxe, les grains qui se touchent. A Thomery, cette opération se fait sur souche, dès le mois d'août.

Les grappes sont, alors, déposées dans de larges paniers peu profonds tapissés de papier ou de feuilles de vigne, et sur une seule couche, les pédoncules en l'air, pour que, durant le transport, ils ne puissent frotter contre les grains voisins. D'ailleurs, dans ce but, on serre suffisamment les grappes les unes contre les autres. Ajoutons que l'on peut, aussi, employer des claies, des cageots, au lieu de paniers. Dans tous les cas, les grappes plus ou moins malsaines sont mises à part.

En attendant de les porter à la ferme, les claies sont placées à l'ombre. Si les raisins venaient à être mouillés par la pluie, il, est certain qu'on ne pourrait les emballer ou les emmagasiner dans cet état. On mettrait les claies à l'abri dans un local exposé aux courants d'air.

Quand ils paraîtront ressuyés, on les suspendra, si possible, dans le même local, pour que les grains qui touchaient la claie se sèchent complètement.

S'il s'agit de conservation au fruitier, les raisins qui auront été ainsi mouillés ne devront pas être mélangés aux autres; peut-être, en effet, exigeront-ils plus de surveillance.

Transport à grande distance dans le liège. — La conservation des raisins durant le transport vers les marchés éloignés importe beaucoup pour la conquête des débouchés.

En dehors de l'emploi des *wagons* ou des *cales frigorifiques* ou ventilés (p. 136), nous devons signaler le grand parti que tirent les Russes (région d'Odessa) et, surtout, les Espagnols, de la *poudre de liège*. Ces derniers utilisent aussi ce produit pour l'expédition des légumes primeurs, tomates, etc.

Le *raisin* cultivé dans la province d'Alméria (Espagne) est connu sous le nom de l'*Alméria*. Sa qualité spéciale, c'est de pouvoir se conserver pendant plusieurs mois grâce à l'épaisseur de la pellicule. Conduit en treille, à une hauteur de 2 mètres, environ, il est cueilli quand il n'est mûr qu'aux trois quarts, de fin août aux premiers jours d'octobre.

Chaque grappe est, par cisellement, soigneusement débarrassée des grains avariés et placée dans des barils en bois de sapin défoncés d'un côté. Les barils, pour 25 kilogrammes net et 35 kilogrammes brut, ont, environ, $0^m,55$ de hauteur et $0^m,30$ de diamètre. Ceux pour 12 kilogrammes 5 net et 20 kilogrammes brut, mesurent $0^m,30$ de hauteur et $0^m,25$ de diamètre. Ils sont cerclés en bois.

Quel que soit le bois employé, hêtre (Autriche-Hongrie), sapin (nord de l'Espagne et du Portugal), les dimensions sont les mêmes. La plus grande circonférence au centre est de $1^m,43$, le poids (hêtre) est de 7 kilogrammes, et le prix moyen 0 peseta 80, franco bord Alméria.

Les barils en bois de hêtre sont de moins en moins employés : le prix en est plus élevé et, à cause de leur fermeture hermétique (paroi d'une seule pièce), le raisin se conserve, paraît-il, moins bien que dans les barils ordinaires, qui laissent passer l'air entre les douves.

On met un rang de raisins bien secs sur une couche de râpure de liège. On recouvre les grappes avec une autre couche de râpure de liège et on continue, ainsi, en agitant de temps en temps le baril. Il faut, en effet, obtenir un tassement parfait des raisins et de la râpure.

Cette sorte de sciure doit provenir de liège de première qualité ; la chose a une très grande importance : légère et moelleuse, elle ne doit être ni trop grosse, pour ne pas froisser le raisin, ni trop fine, car elle le pourrirait et occasionnerait des incommodités aux emballeurs. Enfin, elle doit être dépourvue de toute humidité. Pour sa préparation, on emploie des plaques sans fentes, sans nœuds, à grain serré, que l'on achète 85 à 90 pesetas.

Il faudrait, ainsi, une vingtaine de kilogrammes de poudre de liège pour emballer 400 à 500 kilogrammes de raisins (pour le liège, voir encore p. 341).

La province d'Alméria produit, à elle seule, la moitié des raisins frais mûris au soleil, qui arrivent chaque année sur le marché anglais. Elle en expédie beaucoup aussi aux États-Unis.

Les embarquements commencent en septembre et durent jusqu'à fin octobre, parfois jusqu'à mi-novembre.

Les vapeurs à marche rapide et pourvus de nombreux ventilateurs sont, naturellement, préférés par les chargeurs.

Le trafic de ces raisins (*uva de embarque*, raisins d'embarquement) est tel, dans le port d'Alméria, que, pendant la saison, des centaines d'ouvriers suspendent le chargement des minerais pour s'occuper exclusivement de la récolte et de l'emballage des raisins (1).

Dans ces conditions, le raisin, dit M. Michalet, à qui nous empruntons ces renseignements, prend une couleur jaunâtre à la suite de son séjour dans cet emballage tout en restant très ferme. Il se conserve 5 à 6 mois sans altération.

M. Michalet fait remarquer que, chez nous, il ne faudrait songer à exporter le *Valensy* avec râpure de liège, que lorsque les marchés de France ne pourraient plus le payer convenablement en septembre et octobre. Si le rendement peut se rapprocher, en France, du chiffre de 180 à 200 quintaux à l'hectare, comme à Miliana, les producteurs n'auraient pas à viser des prix excessifs aux 100 kilogrammes pour réaliser d'excellents bénéfices.

Un sondage commercial d'exportation des raisins. — L'*Office municipal agricole* d'Aix, sous la direction de notre camarade Granel, viticulteur très distingué au Jas-de-Bouffans (Aix) et adjoint au maire d'Aix, a tenté une expérience d'exportation de raisins de table en Angleterre.

D'après les observations faites par M. Granel sur l'emballage dans le liège des raisins espagnols d'Alméria et Denia, ces derniers, avant leur mise en tonneaux, paraissent avoir subi certaines préparations qui ont pour but la réfrigération ou la stérilisation. Ces détails, naturellement ignorés, expliquent le succès qu'obtiennent les expéditeurs.

« Il y a lieu, dit l'auteur, d'être frappé de l'état de parfaite conservation des raisins espagnols, tels qu'ils arrivent sur les marchés britanniques.

« Certains prétendent que cette poudre de liège a été bouillie, passée à la vapeur, aseptisée par le gaz carbonique ou sulfureux ou bien que

____

(1) En 1911 les exportations se sont élevées 2.450.593 barils, dont 808.717 à New-York (15 à 20 francs le baril).

les raisins ont subi une préparation. D'autres affirment que les raisins sont simplement cueillis bien avant leur maturité. Dans tous les cas, le liège est râpé et n'a aucun mauvais goût ou odeur. »

M. Granel est d'avis qu'à l'arrivée les raisins ne doivent pas être vendus dans le même emballage. Il a pu constater que la présentation de la marchandise à la vente influe sur le prix, et comme nos produits sont supérieurs à ceux des Espagnols, cette supériorité s'affirmera, ainsi, mieux encore.

« Vendus dans la poudre de liège, nos raisins seront confondus avec les raisins espagnols et n'obtiendront pas des prix meilleurs. En 1911 le raisin espagnol s'est vendu 10 à 12 francs, et jusqu'à 27 francs, pour la qualité supérieure, le baril. Tandis que ces raisins, dont certains peuvent rivaliser avec des raisins de serre, s'ils sont mis en vente dans de coquets paniers avec tous les soins que l'on emploie pour les raisins des grapperies, se rapprochant de ces derniers, pourront être mis en comparaison avec eux et obtenir des prix élevés. Le déballage permettra, en outre, d'éliminer les grains gâtés et de ne présenter à la vente que des produits de tout premier ordre. Nous concevons donc que le déballage et la mise en petits caissons et paniers paiera, par la plus-value réalisée, plus que largement les frais de manutention que nécessitera cette opération. Ce sera le seul mode rationnel pour les raisins de luxe. »

Dans ce *sondage* commercial, fait à Glascow, le raisin qui s'est le mieux comporté, c'est l'*olivette noire*, qui est admirablement arrivée avec toute sa fleur ; elle a, naturellement, obtenu les plus hauts prix. Viennent ensuite, *Asmé, Damigue, Rosaki, Muscat de Hambourg, Morat*.

Nous engageons vivement les lecteurs que cette question intéresse à s'adresser à l'Office municipal agricole d'Aix, où notre camarade Blanchard leur donnera certainement des détails sur les frais, les moyens de transport, qui continuent, d'ailleurs, d'être l'objet d'études suivies.

En ce qui concerne les moyens de transport, M. Granel dit que les compagnies de navigation désireuses de s'attirer un nouveau fret pourraient mettre à l'étude, au plus tôt, la création de cales frigorifiques ou, tout au moins, ventilées, ainsi que cela a été déjà adopté pour les transports du Cap, d'Australie et du Canada, sur l'Angleterre et l'Écosse.

Procédé d'emballage Barody. — M. Barody, membre de la Société d'études pour l'amélioration des emballages, a proposé une méthode de transport des raisins frais qui repose, aussi, sur l'emploi d'une matière isolante, en même temps que l'on fournit au pédoncule de la grappe le moyen d'absorber un peu d'humidité. Voici ce que dit l'auteur :

« On coupe les grappes de raisins munies d'une partie de sarment de quelques centimètres de longueur. On prend, ensuite, de petits tampons de coton spécial très étuvé (coton hydrophile, par exemple), que l'on imbibe d'eau (ni trop, ni trop peu, la juste mesure est rapidement indiquée par l'expérience). Ainsi préparés, ces tampons de coton sont adaptés à l'extrémité du sarment coupé, en ayant soin de mettre les tampons les plus volumineux sur les sarments portant les plus grosses grappes, car celles-ci demandent plus d'eau que les petites (en moyenne de la grosseur de moitié ou trois quarts d'un œuf de poule). Pour maintenir ces tampons en place et les conserver humides, tout en évitant la détérioration des grappes voisines, on pose sur chaque tampon une feuille simple ou double de papier imperméable paraffiné, et on ligature d'une manière suffisante, et rapidement, au moyen d'une petite rondelle de caoutchouc, faisant deux ou trois tours, serrant bien le papier contre le sarment et empêchant le suintement de l'eau dont le coton est imbibé.

« Ainsi traitée, la grappe de raisin, durant toute la durée du transport, continue à s'alimenter. Les grains restent fermes, recouverts de leur pruine, la rafle conserve sa belle teinte verte (chose très importante).

« Après cette préparation, on dispose les grappes de raisin par couches, dans une caisse, et on les recouvre d'une matière isolante (son, liège granulé, tourbe pulvérisée, etc.), selon que l'on peut se procurer telle matière à meilleur prix que telle autre. Mais le *son* est préférable, parce qu'il est plus économique, qu'il absorbe mieux l'humidité, ne salit pas les raisins, leur laisse leur pruine, les garantit mieux de la chaleur et, par sa souplesse, évite les chocs.

« Les rangées de grappes doivent être séparées les unes des autres par la matière isolante choisie, ainsi que les grappes entre elles, et celles-ci ne doivent pas toucher les parois latérales de la caisse. La rangée de raisins qui se trouvera la première, quand on ouvrira celle-ci, sera recouverte d'une couche de son ou de liège dépassant, au moins d'un centimètre, le bord supérieur de la caisse, de façon à bien tasser la matière isolante quand on mettra le couvercle.

« Envelopper les raisins à peau très mince et délicate, avant de les emballer, dans une feuille de papier de soie rose ou bleu, qui fait ressortir la couleur, la beauté et la fraîcheur du raisin au déballage, et l'empêche de contracter, après un long voyage, une légère odeur de son ou de liège.

« Les expériences faites d'après ce système ont montré que les raisins ordinaires (*cinsaut, aramon, chasselas*, etc.), cultivés en plein vent et sans soins spéciaux, peuvent voyager pendant dix à douze jours (et même plus), et rester aussi frais qu'au moment de la cueillette. Pour des variétés plus résistantes, comme la *clairette, l'olivette, le gros-Guillaume, le chasselas Madeleine*, par exemple, la durée de conservation est au moins le double. Les frais reviennent à 3 à 5 francs par 100 kilogrammes de raisins. »

Utilité des coopératives d'exportation. — « Les questions d'exportation, comme, d'ailleurs, toutes les questions commerciales, doivent se traiter mathématiquement, en étudiant tous les facteurs qui peuvent déterminer le potentiel de réussite », dit M. Granel à propos de ses essais d'exportation de raisins en Angleterre.

Des considérations multiples doivent être envisagées quand on veut être assuré d'un écoulement rémunérateur et régulier d'une marchandise, quelle qu'elle soit, sur un marché quelconque. Or, le producteur isolé ne peut, le plus souvent, satisfaire aux conditions exigées. Continuons, d'ailleurs, à citer M. Granel, qui est particulièrement autorisé à donner des conseils sur un pareil sujet :

« Une des conditions dont on ne se rend pas toujours compte, c'est la régularité des expéditions permettant l'alimentation continue.

« Il est indispensable que l'acheteur qui a été sollicité d'acquérir un produit nouveau soit assuré, lorsque ce produit sera à sa convenance, de pouvoir toujours le trouver sur le marché. Il faut aussi que la quantité présentée à la vente soit fonction de la capacité du marché. Cette régularisation des expéditions est un des principaux facteurs de la réussite. Le client doit avoir la certitude que la marque ou firme de marchandise s'applique toujours au produit de qualité garantie.

« Un simple particulier, un cultivateur isolé peut-il satisfaire à ces desiderata ? Cela nous paraît totalement impossible. Nous voyons, ainsi, apparaître la nécessité du groupement. Et c'est dans ces coopérations d'exportation que nous paraît résider un des principaux éléments de la réussite.

« Nous ne préconisons rien de nouveau. C'est de l'étude faite sur le marché anglais, des méthodes employées par les exportateurs danois et scandinaves, de la création de ces sociétés puissantes dont les firmes sont arrivées à faire prime sur le marché des produits de l'industrie laitière, que, saisissant l'analogie que pourraient présenter nos exportations de fruits, nous avons pensé à calquer notre organisation sur ces sociétés.

« Les coopérateurs emballeraient leurs fruits et raisins sous le contrôle de la coopérative et dans les emballages adoptés par elle. Ces envois seuls seraient étampés de la firme de la coopérative. Les qualités seraient soigneusement contrôlées, les fruits classés par grosseur, les raisins par variétés. L'indication de qualité, portée d'une façon apparente, serait rigoureusement exacte. La coopérative centraliserait les envois, ferait participer ses adhérents aux meilleures conditions de transport, surveillerait la vente et ferait procéder sur le marché à toutes les manutentions nécessaires.

« Les encaissements se feraient par ses soins et elle ferait les répartitions. Les adhérents pourraient même obtenir, dans certains cas, des avances sur les produits expédiés.

« Nous estimons que seule une coopérative ainsi constituée pourra faire face aux conditions nécessitées pour l'alimentation d'un marché, et offrir aux acheteurs la garantie nécessaire à une firme de premier ordre ».

§ I. — Conservation par le froid industriel.

Il a été constaté que les *raisins* cultivés à l'ombre et sur les terrains humides se comportent mal, notamment dans les *chambres froides*. En revanche, les grappes cueillies dans des expositions au soleil et au sec, sur des sols élevés, en pente et bien drainés, sont arrivées sur le marché en excellente condition, bien que les grains fussent moins gros. Certainement, ici, l'humidité joue un grand rôle.

Mais les manipulations importent aussi.

Les essais d'emmagasinage de raisins de table en chambre froide, effectués aux États-Unis sous la direction de MM. Stubenrauch et Wite, agents du service de l'industrie horticole, ont porté sur seize variétés présentant des conditions différentes de cueillette et d'emballage. Les résultats ont démontré que le pouvoir de conservation des fruits était fortement influencé par les méthodes de manipulations auxquelles ils avaient été préalablement soumis. Pour ne citer qu'un exemple typique, la variété « *Flame Tokay* », cueillie et emballée commercialement dans des mannes à claire-voie ordinaires, s'est maintenue dix à douze jours en bon état ; ce délai a atteint de quarante à soixante jours pour des raisins soigneusement traités, et il s'est élevé à soixante-cinq à cent jours pour des raisins récoltés avec les plus grandes précautions et emballés dans de la sciure de liège.

Ces expériences avaient pour but principal de déterminer quels facteurs agissent sur les facultés de conservation des raisins de table de l'Ouest Américain pendant leur transit à destination des marchés de consommation ; elles ont prouvé qu'il faut attribuer, surtout, aux méthodes défectueuses avec lesquelles les fruits sont traités en Californie, les pertes importantes que le commerce fruitier y éprouve annuellement.

Les conclusions du rapport sont intéressantes à retenir : la possibilité de déplacer l'importation considérable que font actuellement aux États-Unis les pays de production étrangers de raisins destinés à la consommation d'hiver, au profit de fruits frais de meilleure qualité et de provenance indigène, rendra ces expériences particulièrement instructives pour les viticulteurs américains.

Ajoutons que la température la plus favorable a été de $+\,2^{\circ}$.

§ II. — Conservation à rafle fraîche au fruitier.

Pour une longue conservation, le procédé qui garde aux grappes toute leur fraîcheur est le plus recommandable.

Il faut, en somme, compenser les pertes en eau que subit le fruit du fait de l'évaporation, tout en le garantissant contre

Phot. A. Rolet.

Fig. 136. — Le triage des grappes avant le transport au fruitier.

la pourriture. Il est préférable de ne conserver que les raisins tardifs (p. 328).

La méthode la plus couramment suivie est celle qu'a popularisée Rose Charmeux, qui prit, à cet effet, un brevet en 1877.

Les noms de Bouvery, Georges Valleaux, Larpenteur ne doivent pas, non plus, être oubliés à cette occasion, car ces praticiens ont contribué à perfectionner le procédé.

La méthode consiste à couper la grappe avec une portion de sarment, et à plonger celui-ci dans l'eau. On conserve, de la sorte, chaque année, à Thomery et à Conflans, de grandes quantités de chasselas doré, qui alimentent les marchés de Paris, de décembre à avril. Les viticulteurs vendent leurs raisins de 1 à 4 francs, jusqu'à 10 à 20 francs le kilogramme, en fin de saison (mai). Ce commerce rapporte chaque hiver de un million et demi à deux millions de francs. L'hectare de vignes qui vaut, dans la région de 20.000 à 30.000 francs, donne, ainsi, un produit brut de 4 à 5.000 francs, et un bénéfice net de 2 à 3,000 francs.

Dans cette région, on vendange vers le 15 octobre. On profite, pour cette opération, d'un temps légèrement couvert. On choisit les plus belles grappes saines, les moins insolées, quoique mûres, par conséquent de teinte diaphane plutôt que dorée ou maculée de taches brunes.

Les premières grappes rentrées dans le fruitier, étant les les plus saines, sont celles qui se conservent le plus longtemps.

Les raisins les plus précoces sont sur les sarments les plus bas ; les plus tardifs, au sommet.

On laisse, donc, adhérente au pédoncule de la grappe, une portion de sarment de 15 à 20 centimètres, trois ou quatre yeux au-dessous, et un ou deux seulement au-dessus.

Le sarment est plongé par son bout le plus long dans un petit récipient qui contient de l'eau aux deux tiers.

Quand on a des sarments *incisés* (opération effectuée sur le cep pour faire grossir la grappe) l'incision annulaire doit toujours baigner dans le liquide.

Le remplissage des flacons précédera la cueillette d'une quinzaine de jours.

Pour empêcher la putréfaction de l'eau, que l'on conseille de filtrer au préalable, on y ajoute un petit morceau de charbon de bois ou un peu de poudre du même produit (on accuse les raisins conservés avec cet ingrédient de perdre une partie de leur sucre et de leur saveur), avec une pincée de sel marin (5 grammes par litre).

On a proposé, aussi, de remplacer ces produits par quelques gouttes d'eau-de-vie. La grappe se garderait, ainsi, fraîche plus longtemps et avec une meilleure saveur.

On peut mettre dans chaque récipient deux ou trois sarments, suivant le volume des fruits, ou bien, encore, un sarment peut porter deux grappes. Dans tous les cas, celles-ci ne doivent pas se toucher.

Les récipients employés sont de forme et de volume variables. Lorsqu'on a à conserver de grandes quantités de grappes, on doit viser à l'économie. On cite des propriétaires de la région de Thomery qui disposent de 40.000 flacons. De simples

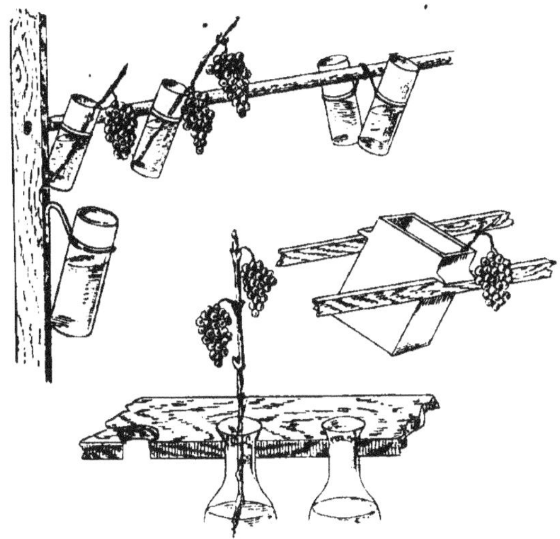

Fig. 137. — Types de vases pour la conservation des raisins à rafle fraîche.

petites bouteilles que l'on suspend avec une ficelle peuvent suffire, mais ce dispositif est, en réalité, peu commode.

On préfère des flacons à large goulot, contenant un décilitre d'eau, de 15 centimètres de profondeur et de 5 centimètres de diamètre, pourvus d'un bourrelet qui permet de les fixer facilement dans les ouvertures d'étagères, râteliers, châssis verticaux, que l'on dispose tout autour du fruitier.

Ces flacons, espacés de 12 à 15 centimètres, sont ainsi disposés en avant des étagères et obliquement, de façon que les grappes n'arrivent pas à les toucher et ne se touchent pas, non plus, entre elles.

On peut, d'ailleurs, combiner les appareils employés, de façon à utiliser le mieux possible l'espace disponible. Des *auges en zinc* sont quelquefois utilisées.

Le Dr Coutant conseille, tout simplement, un petit flacon ordinaire (20 à 25 centimes), que l'on remplit d'eau. On perce le bouchon avec une queue de rat (lime), le fend, ensuite, en deux et engage le sarment entre les deux moitiés, que l'on serre dans le goulot. Celui-ci est alors renversé dans les encoches d'une étagère.

Tous les flacons étant, ainsi, garnis, on ferme le fruitier et, de temps en temps, on le visite pour surveiller la marche de la conservation, comme nous l'avons indiqué à propos des autres fruits.

On comprend qu'ici, tant par l'ouverture des flacons que par l'évaporation

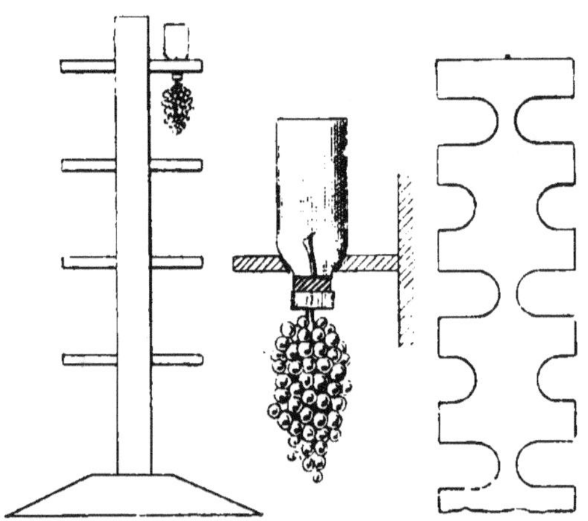

Fig. 138. — Dispositif du Dr Coutant.
A gauche, montant à 4 étagères ; au milieu, un flacon pourvu de sa grappe ; à droite, une étagère montrant les échancrures dans lesquelles on renverse les flacons.

naturelle des raisins, l'atmosphère doive se charger rapidement d'humidité.

Avec les cépages à bois spongieux, comme le *frankental*, le *black-alicante*, le *gros colman*, etc., le fait est encore plus marqué. On a proposé, pour retarder l'évaporation de l'eau, de fermer à la cire l'autre extrémité du sarment.

Il faut compenser les pertes dans les flacons avec de l'eau ayant la même température que celle qui est encore dans les récipients.

On visitera, donc, le fruitier chaque semaine pour enlever

les grains moisis et chasser l'humidité surabondante.

On met, d'ailleurs, en divers coins de la pièce 20 kilogrammes de chaux vive pour 100 bouteilles.

Pour ce qui concerne les conditions d'établissement, de température, d'humidité, d'aération, etc., de la salle dans laquelle on conserve, ainsi, les raisins, nous renvoyons à ce que nous avons dit à propos du fruitier. Il faut s'y conformer entièrement (p. 224 et 344).

AMPOULES RICHARD. — Nous avons tenu à décrire à part un agencement très ingénieux imaginé par MM. Richard frères, de Lédignan (Gard), et appelé à rendre de grands services pour la conservation des raisins à rafle fraîche. Le sarment est coupé, de chaque côté, à quelques centimètres de la grappe, ce qui permet d'utiliser toutes les grappes. Chacune de ses extrémités est engagée dans une poire en caoutchouc ou en verre, à l'aide d'un bouchon de caoutchouc. Les deux poires sont remplies d'eau bouillie. Celle-ci est soustraite à tout contact avec l'air et ne s'altère pas. L'inconvénient

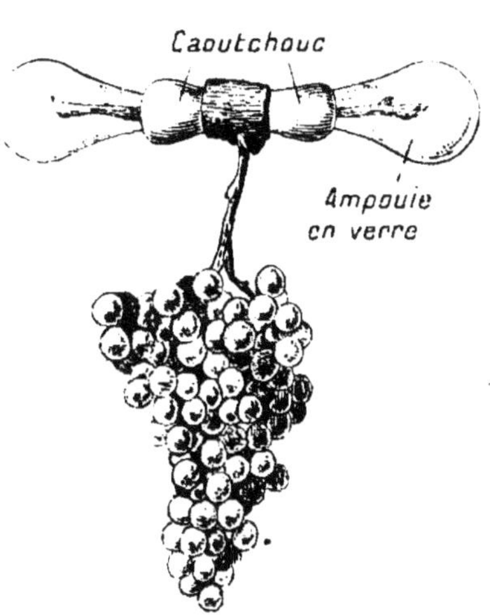

Fig. 139. — Ampoules en verre Richard.

résultant de l'évaporation par l'extrémité libre du sarment et la surface libre du liquide est également supprimé. De plus, l'eau humecte et conserve d'autant mieux le raisin qu'elle est située à un niveau supérieur à celui des grains. Le tout est suspendu par des crochets et des attaches qui peuvent se placer n'importe où, pourvu que le local soit à l'abri des influences extérieures : dans des chambres, des greniers, voire dans des armoires ou de grandes caisses.

« Plus de longs sarments ! disent les inventeurs.

« Avec quel regret le « conservateur » de raisins se voyait

obligé de mettre de côté ces belles grappes venues malheureusement trop près du cep !

« Suivant la variété des raisins, ces sarments, plus ou moins spongieux, supprimés, on comprendra facilement que le petit volume d'eau renfermé dans nos « capacités » soit encore *plus que suffisant.*

« Notre « capacité » munie de sa bague en caoutchouc est un vase hermétiquement clos, absolument étanche.

« Il serait bien difficile de dire, même aux meilleurs « conservateurs de raisins » de Thomery, combien d'accidents leur arrivent, presque journellement, par l'humidité que dégage l'ensemble de ces bouteilles.

« L'eau s'évapore, il faut la remplacer, ce n'est pas sans heurts, sans quelques gouttes sur le plancher que se font ces fréquents ouillages !... Et « l'eurdrit » repart de plus belle, emportant en peu de temps les plus beaux rangs de la « chambre » la mieux exposée, celle sur laquelle on avait fondé les plus belles espérances.

« Et combien facile tout le temps que dure la « conservation » de faire la « revue » des grappes ; d'enlever un mauvais grain ! On n'est plus obligé de sortir le raisin de la bouteille ou la bouteille de son logement.

« Dans le « fruitier » un peu important, c'est le moins e périmenté, un enfant, de préférence, qui prendra la grappe par son petit crochet et la passera au ciseleur.

« Notre système, réduit presque au seul volume de la grappe, permettra ou de supprimer une moitié des chambres existantes ou de conserver deux fois plus de fruits.

« Les raisins emballés pour l'expédition peuvent être munis, également, d'une ampoule. »

Les 100 ampoules coûtent 20 francs, les 1000, 180 francs.

§ III. — Conservation par les vapeurs d'alcool.

Dans son « Traité d'agriculture », l'abbé Rozier signalait, en 1793, la méthode suivante de *conservation du raisin par le vin.* On choisit une demi-pièce, qui a contenu du bon vin. On garnit l'intérieur de gaulettes et de ficelles, auxquelles on suspend les *grappes*, mais sans qu'elles se touchent. Après avoir remis le fond au tonneau, on place ce dernier dans.une futaille plus grande, et l'intervalle est rempli de vin.

On pourrait, peut-être, rapprocher de ce procédé le suivant, qui fait intervenir l'alcool. Il est dû à M. Petit.

D'après l'expérimentateur, on utilise un local quelconque, à *température basse et régulière*. Il suffit d'y enfermer les raisins, dès la cueillette, dans des compartiments clos aussi bien que possible, où l'on maintiendra une atmosphère chargée de vapeurs d'alcool.

Le mieux serait de construire, une fois pour toutes, ces compartiments, d'environ 180 décimètres cubes, en briques creuses, de les cimenter entièrement et d'y établir des claies superposées, recouvertes, au besoin, de frisures de bois pour recevoir les raisins. Il faut s'efforcer, bien entendu, d'obtenir une bonne fermeture des portes. On mettra dans chaque compartiment un récipient ouvert contenant 100 centimètres cubes d'alcool à 96°.

Dans une expérience où l'on ne prit aucune précaution spéciale à ce dernier point de vue, il restait, au bout de deux mois, dans une cave, d'un litre d'alcool à 96° introduit au début, 28 centilitres, soit un peu plus d'un quart de litre d'un liquide alcoolique à 60°.

Il suffirait donc de mettre l'alcool dans un bocal ouvert et de le renouveler tous les 30 à 40 jours.

§ IV. — Conservation dans des matières inertes.

On emploie certaines matières pulvérulentes pour conserver les raisins, telles que *cendres de sarments, sable fin, fleurs de sureau, tourbe, sciure de bois, son*, sans compter la *poudre de liège*, etc., tout cela bien *sec* et tamisé, au besoin.

On a reproché à la plupart de ces produits de communiquer un goût particulier. Il n'y a rien d'étonnant à cela, étant donné qu'il est toujours difficile de les employer bien secs et tout à fait aseptiques, c'est-à-dire dépourvus de germes d'altération, sans compter que les raisins eux-mêmes peuvent ne pas être sains.

Liège. — Nous avons vu plus haut (p. 329), quel parti excellent tirent les Espagnols de la poudre de liège. Nous avons dit, aussi, pourquoi certains expérimentateurs préfèrent le son (p. 332).

Nous nous arrêterons seulement sur l'emploi du liège pour compléter ce que nous avons dit à propos de l'expédition des raisins.

« Il convient, d'abord, de faire une distinction entre la *poudre de liège ordinaire*, qui, le plus souvent, ne renferme que des balayures et ramassis d'ateliers de bouchons, contenant plus de corps étrangers que de liège, et le *liège granulé*, spécialement préparé pour la conservation des fruits. Le premier est lourd, peu calorifuge et hydrofuge, tandis que le liège granulé est léger, isole bien les raisins et les protège d'une façon remarquable aussi bien contre la chaleur que contre le froid et l'humidité de l'air ambiant ».

On sait comment on dispose liège et grappes dans les caisses ou les tonnelets. Ces récipients sont, ensuite, gardés dans un lieu sec. Mais nous devons ajouter que l'on a conseillé, en plaçant les raisins, de les renverser, le pédoncule en bas, de façon à ouvrir la grappe pour que la poudre pénètre bien dans tous les interstices. Il faudrait 30 à 40 kilogrammes de liège granulé pour 400 à 500 kilogrammes de raisins. Le liège granulé coûterait 32 à 35 francs les 100 kilogrammes.

Il est prudent de laisser ceux-ci deux à trois heures sur une claie avant de les mettre dans le liège. N'employer, nous le répétons encore, que les grappes bien saines, débarrassées de tout grain avarié, etc.

On choisit, de préférence, les raisins qui ont poussé sur les coteaux, aux expositions bien ensoleillées, sur terrain sec. Enfin, les grappes éloignées de terre se conservent mieux.

Dans le Midi, la variété la plus estimée, pour ce mode de garde, est l'*olivette*, qui s'altère difficilement. Avec le *servant du Languedoc* et la *clairette*, la réussite complète dépend du temps et de l'année.

Quand on veut consommer le raisin ainsi conservé dans du liège, on souffle la poussière adhérente et plonge quelques instants dans l'eau pour redonner la fraîcheur aux grains.

Une caisse entamée doit être consommée dans la semaine. Aussi, est-il préférable de n'employer que des caissettes contenant environ 5 kilogrammes, que l'on tapisse de papier à l'intérieur. Une fois pleine, on la ferme hermétiquement et la tient dans un endroit sec, mais jamais à terre.

Conservation par le silicate de potasse. — Le professeur Thatcher, de la Station agronomique de Washington, a proposé, pour conserver les raisins, de les immerger dans une solution de *silicate de potasse à 5 à 10 p. 100*.

L'expérimentateur aurait pu, de cette façon, garder les grappes cueillies dans de bonnes conditions avec toute leur fraîcheur et leur saveur pendant huit mois. Pour que la conservation se fasse dans les meilleures conditions, n'employer que des raisins frais à chair ferme, non passerillés, non décrépis, ni souillés par les maladies cryptogamiques, puis laver à fond avec de l'eau bouillante les récipients dans lesquels les raisins doivent être conservés (de préférence employer des jarres en terre cuite). On prépare ensuite la solution de silicate de potasse en faisant usage d'eau à la température normale, mais soumise, auparavant, à l'ébullition (eau bouillie, puis refroidie). Pour chaque 15 litres d'eau, on emploie 1 litre de silicate de potasse. Quand la solution est prête, on dispose les raisins dans la jarre, et l'on verse la solution de façon à les recouvrir complètement. Prendre soin de ne pas laver les grappes, afin de ne pas priver les raisins de leur pruine, qui les préserve des agents extérieurs, notamment de la pourriture.

Les jarres une fois remplies, on les met dans un local frais, non humide, exempt d'odeurs.

L'immersion des raisins dans la solution de silicate de potasse peut être faite au fur et à mesure de leur cueillette, à la condition de ne verser que la quantité d'eau silicatée nécessaire pour les empêcher d'être en contact avec l'air. C'est même, dit le professeur Thatcher, le moyen le meilleur pour garder bien frais les raisins, au lieu d'attendre d'en avoir beaucoup pour commencer l'opération.

Dans les régions à température estivale élevée, il peut arriver que les raisins entrent en fermentation à ce moment-là, dès la cueillette ; dans ce cas, il faut placer la récolte dans un endroit bien frais, jusqu'au moment où elle doit être plongée dans le bain de silicate de potasse.

III

CONSERVATION A RAFLE SÈCHE AU FRUITIER

Simple, par conséquent d'un emploi courant, est la conservation des raisins à *rafle sèche*. C'est une méthode économique qui est, surtout, utilisée pour la *consommation ménagère*, car, à la vente, les grappes à grains flétris, ridés et décolorés sont moins engageantes.

Dans le Midi, on conserve principalement par ce procédé la *clairette* et autres cépages analogues comme le *picaragnan*, etc.

Dans le fruitier les grappes se conservent mieux suspendues avec des crochets en fer ou avec de la ficelle à des cadres, des cerceaux en fil de fer, sans qu'elles se touchent.

Il serait préférable de suspendre les grappes par l'extrémité opposée au pédoncule. Les grains, étant ainsi dans une position renversée, ne pressent plus les uns sur les autres.

C'est le contraire que l'on fait d'habitude, car la manipulation est plus simple.

On a conseillé, encore, d'envelopper chaque grappe dans un cornet en papier.

Mais la suspension des grappes demandant, toujours, un certain temps, on se contente, le plus souvent, de les ranger sans qu'elles se touchent, sur des claies, tablettes mobiles, superposées, au besoin, et espacées de 0 m. 30 à 0 m. 40.

On utilise, encore, des tiroirs ou les dispositifs que nous avons décrits à propos du fruitier (p. 226).

Les supports où sont ainsi couchées les grappes sont tantôt laissés à nu, tantôt les raisins reposent sur du papier, de la paille, des feuilles sèches de fougères, de la frisure de bois, de papier, de la mousse, etc.

Les raisins une fois rangés dans le fruitier, on devra laisser les croisées ouvertes pendant un mois, environ, jusqu'à ce que les pédoncules soient à peu près secs.

Dans tous les cas, suivant les régions on aérera souvent.

Pour éviter d'emmagasiner trop d'humidité, on laisse, parfois, les grappes, après la cueillette, exposées quelques heures au soleil avant de les entrer.

Par la suite, on suivra les prescriptions données à propos de la conduite du fruitier et prendra les mesures que nous avons indiquées pour combattre soit l'humidité, soit les moisissures.

Altérations au fruitier. — Le grand ennemi des *raisins conservés* au fruitier, c'est la pourriture (pourriture grise ou noble, pourriture bleue, pourriture noire). On désigne, à Thomery, sous le nom de *eurdrit*, ou *œil de-perdrix*, un genre de pourriture qui attaque les raisins au magasin.

Cette altération purulente des grains de raisins se produit presque instantanément, comme la pourriture grise (*botrytis cinerea*) en plein air, et, chose bizarre, au lieu de s'attaquer à toutes les rangées de raisins du fruitier, elle s'en prend à certaines d'entre elles, à l'exclusion des autres.

En quelques heures, en dépit des remèdes auxquels on peut avoir recours, en dépit du triage soigné des grains altérés, elle peut anéantir la production entière du fruitier.

Cette pourriture fait son apparition au fruitier pendant un temps humide et au dégel. Elle se manifeste sur les grains de raisins bien développés et tendus, et les couvre de points microscopiques de couleur jaunâtre, qui vont rapidement en s'agrandissant et changent, alors, de couleur ; ils deviennent jaune pâle et sont entourés d'un cercle de même teinte figurant assez bien l' « œil de-perdrix ».

A ce moment-là, les grains se gonflent et la pellicule altérée, sur laquelle figure le cercle, éclate et laisse échapper un jus abondant qui contamine les grappes inférieures du fruitier, et ainsi de suite.

Cette altération des raisins conservés au fruitier, bizarre par son mode de propagation, l'est encore davantage par sa manière de guérir.

En effet, parfois, avant de commettre des dégâts et de rendre les raisins impropres à la vente, elle s'arrête net. Les grains eurdrités, comme l'on dit à Thomery, prennent une couleur rougeâtre, et dès qu'on les touche ils tombent.

De ce côté, cette altération a quelque analogie avec la pourriture des grappes des raisins de primeurs cultivés dans les régions du nord de la France et en Belgique dans les serres (où le milieu ambiant est à la fois chaud et humide).

Dès qu'on s'aperçoit que les grains de raisins au fruitier deviennent rougeâtres, on n'hésite pas un instant à les enlever et à assainir le fruitier. Mais le gaz sulfureux et l'action du chlorure de calcium ou de la chaux ne donnent aucun résultat appréciable, si le mal est intense. Le mieux, alors, c'est de se hâter de cueillir les grappes conservées, de les éplucher, de jeter dans une cuve, pour en faire une boisson, les grains avariés, et de livrer, sans retard aucun, à la consommation, les grappes susceptibles de supporter le transport jusqu'au marché le plus rapproché.

Cette même altération se produit, également, sur les raisins cultivés

Phot. A. Rolet.

Fig. 140. — Cadre en bois pour la suspension des raisins à conserver
à rafle sèche.

en espalier, qui ont été rentrés trop tard au fruitier. Alors ce sont, généralement, les brouillards et les pluies qui sont la cause du mal.

Éviter de cueillir les grappes trop tard, de même ne négliger aucune précaution pour empêcher l'humidité et le dégel d'exercer une influence quelconque sur les raisins conservés, si l'on veut tirer un profit appréciable de leur vente.

M. N. Passerini qui s'est livré à des expériences sur le traitement des moisissures par la *formaline*, ou *formaldéhyde*, a donné le procédé suivant pour combattre la *pourriture des raisins*.

Les fenêtres et les portes du fruitier étant fermées, on place, de préférence au milieu de la pièce, un petit fourneau à pétrole sur lequel on pose une capsule de porcelaine ou de cuivre contenant la formaline. Afin d'éviter que celle-ci ne se vaporise trop rapidement, ou que l'ébullition ne provoque des soubresauts, il est bon de placer la capsule sur un bain de sable ou un bain d'air. De toute façon, il est nécessaire que l'évaporation soit lente et, pour cela, il convient de chauffer en maintenant la flamme très basse.

Dans les locaux très vastes, mieux vaut se servir de deux ou trois fourneaux que l'on organise de même façon.

La formaline a le grand avantage de n'être pas dangereuse pour l'homme et de ne pas attaquer les objets de métal ou de toute autre matière qui peuvent se trouver dans la pièce. Seulement, comme elle irrite un peu la gorge et les yeux, il est bon, dès que l'on a allumé le fourneau, de sortir immédiatement et de fermer la porte.

Ces fumigations ont, encore, l'avantage de ne communiquer aucune mauvaise saveur aux raisins.

La quantité de formaline nécessaire pour un traitement est d'environ 1 gramme par mètre cube d'air de l'appartement. Si le raisin est en bon état et que l'arrière-saison ait été sèche, un demi-gramme peut suffire. Les traitements devront être répétés à la première apparition de moisissure sur le raisin ; dans les années humides on conseille, même, de réitérer ceux-ci tous les deux jours.

Les fumigations à la formaline sont assez économiques. Ce produit, dans le commerce, vaut 4 fr. 50 le kilogramme, de sorte que, en supposant un local de 100 mètres cubes et, par conséquent, 100 grammes de formaline, ce sera une dépense de 0 fr. 45 par fumigation, en ne tenant pas compte de la petite quantité de pétrole nécessaire à la vaporisation. Pour les petites pièces, il pourra suffire de placer la formaldéhyde dans un plat et de la laisser s'évaporer.

ARTICLE II

DESSICCATION

Au soleil avec traitement à la lessive. — Les *raisins secs* sont un délicieux dessert que l'on paie un bon prix chez les commerçants. Leur mode de préparation est assez simple. Il ne demande pas, à la rigueur, un matériel bien compliqué. Il n'est pas indispensable de jouir de l'éclatant soleil dont sont gratifiés les vignerons de Malaga.

La Provence, le Languedoc, l'Algérie, etc., sont suffisamment favorisés à ce point de vue. Si l'on pense que la dessiccation fait perdre aux grappes les deux tiers de leur poids, et que le raisin sec se vend 150 francs (1) le quintal, cela met les 100 kilogrammes de frais à plus de 50 francs. Un traitement préalable des grappes facilite grandement la dessiccation naturelle.

Il faut choisir les variétés les plus sucrées, les plus savoureuses, à peau épaisse. Il est certain que les petits grains se

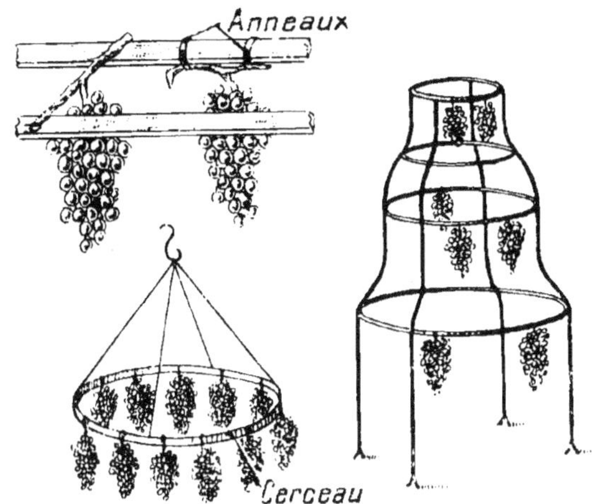

Fig. 141. — Divers modes de suspension pour la conservation
à rafle sèche.

dessécheraient mieux que les gros, mais, au point de vue de la vente, ce ne sont pas les plus recommandables.

L'idéal serait d'avoir des fruits sans pépins, comme le *sultanine*, le *corinthe* (Grèce), bien qu'à la rigueur on puisse, en les fendant, enlever ces derniers. Mais ce travail est long quand il s'agit d'une certaine quantité de grappes, et on ne peut l'employer que pour les raisins à sécher au soleil (sous une gaze) ou à l'évaporateur. Quelques jours après, on réunit les deux moitiés.

La *panse muscade* et la *panse commune* sont, dans ce cas,

(1) Au détail et la belle qualité.

les deux cépages ordinairement mis à contribution. On utilise aussi la *clairette blanche*, le *mourvèdre*, l'*uni*, l'*aragnan* ou *picaragnan*, etc.

On cueille à complète maturité et quand la rosée a disparu.

Il est bon de faire deux ou trois récoltes par souche, à mesure que les grappes mûrissent. Dans une première cueillette on choisit les plus belles qui, mises à part, donnent un produit sèc de première qualité.

Le transport doit s'opérer avec précaution, à dos d'homme ou à bras, plutôt que sur une charrette.

Les grappes ne doivent pas être entassées en trop grande quantité dans les paniers. Si l'on ne craignait pas le travail, on mettrait un double fond à ces derniers, double fond retenu par des crochets au bord supérieur. Autant que possible, ne manipuler les grappes que par leur pédoncule et, le cas échéant, respecter cette sorte de matière cireuse ou pruine qui recouvre les grains et qui, dans la dessiccation, assure la conservation dans une certaine mesure.

On enlève avec des ciseaux pointus et longs les grains meurtris, moisis, gâtés. Pour quelques variétés délicates, on égrappe, même. On expose, ensuite, au soleil sur des claies ; on retourne plusieurs fois pendant la journée puis, le soir, on trempe dans une *lessive de soude*.

Cette opération préliminaire a pour objet de durcir la peau, de coaguler l'albumine, d'empêcher l'altération du grain, et elle facilite ainsi la dessiccation. Mais il est préférable de ne l'appliquer qu'aux *raisins communs*. Les autres sont simplement séchés au soleil.

Ce trempage demande quelque précaution, quant à sa durée, car les fruits peuvent contracter le goût de cuit, ou conserver celui de la lessive, la couleur est rougeâtre et la saveur perd de son onctuosité.

Dans les campagnes, on fait une lessive avec des cendres tamisées de sarments de vigne, de broussailles, etc. On ajoute, parfois, dans le chaudron, des ingrédients divers : grosse poignée de foin, têtes d'ail, tiges feuillues d'érigène visqueux (ou nasco en Provence) qui croît dans les terrains stériles.

En Calabre, on mélange trois parties de cendres de bois avec une partie de chaux vive. La chaux met en liberté la potasse.

Quand le tout a bien bouilli, deux heures environ, on laisse au repos durant vingt-quatre heures. On décante, alors, le liquide clair, le passe sur un tamis très serré, puis le reporte sur le feu pour le faire encore bouillir et pour y plonger les grappes. Parfois, on ajoute, à ce moment, de l'huile pour élever la température. C'est, du moins, ce qui se fait à Alicante pour la préparation des *pasas de legia* (panses de lessive).

On emploie aussi la potasse ou la soude pour faire la lessive. On concasse des morceaux de soude du commerce, les met dans un baquet plein d'eau. Après quelques heures, on soutire le liquide et le remplace par de l'eau pure qui achève de dissoudre la matière. En opérant à chaud, la dessiccation est plus rapide. On mélange les deux liquides et au besoin additionne d'eau.

On conseille également la lessive du commerce qui marque 3 à 4° Baumé, et dans laquelle on laisse les grappes durant quinze à vingt secondes.

Mais c'est ici le point délicat. Quel que soit le liquide employé, surtout avec les lessives de cendres, dont on ne connaît pas exactement le degré de concentration, il est bon de faire un essai préalable, au moment de la préparation, avant de filtrer.

On trempe une grappe dans le liquide bouillant durant quelques secondes, et les grains ne doivent pas trop se craqueler, se fendiller, mais simplement se flétrir avec des piqûres minuscules. S'ils ne le sont pas du tout, la solution est trop faible. Une grappe plongée ainsi trois fois doit avoir ses grains tant soit peu gercés.

Les grappes, après avoir été traitées dans le liquide à point, sont lavées pour leur enlever le goût de lessive, puis placées dans une corbeille ou, mieux, sur des claies où elles restent toute la nuit. On a soin de mettre à part les grappes à grains gercés. Quand elles sont bien égouttées, on les dépose sur des claies un peu inclinées au grand soleil, où on les retourne souvent. A Alicante, on les dessèche, alors, au four. Si on ne les a pas lavées, on les laisse exposées à la rosée la première nuit, mais, ensuite, on les rentre tous les soirs, avant le coucher du soleil. Quand la saison n'est pas encore avancée, il faut quatre à cinq jours pour compléter la dessiccation, mais cela dépend aussi des régions, et il en faut quelquefois dix à douze.

On active la dessiccation dans des pièces aménagées à cet effet, et qui présentent une ouverture vers le haut pour laisser échapper la vapeur d'eau.

Un poêle fournit la chaleur nécessaire. On change les claies de place suivant la marche de la dessiccation. La température est de 50 à 52°

En ce qui concerne le trempage dans la lessive, cette opération stérilise la surface des grains. Mais quand, ensuite, la dessiccation au soleil est longue, des œufs d'insectes, des germes peuvent à nouveau souiller les fruits. Il serait bon, alors, vers la fin, de les tremper encore une à deux minutes (temps à vérifier) dans de l'eau bouillante, ou d'exposer seulement à la vapeur sur des claies ou un grillage.

Par exemple, suspendre les grappes à des crochets rangés sur une tringle que l'on mettrait en travers d'une chaudière assez profonde, et dont le fond contiendrait de l'eau bouillante. Au sortir du récipient, on presserait et laisserait égoutter s'il y a lieu.

Après cette stérilisation, il faut dessécher complètement les fruits avant de les emballer, et cela dans une pièce bien aérée, bien nettoyée, et dont les ouvertures sont grillagées pour empêcher l'entrée des insectes, rongeurs, etc.

Après parfaite dessiccation, on enferme les raisins dans des corbeilles ou des caisses, où ils sont bien pressés et recouverts de papier. On les tient dans un lieu sec jusqu'au moment de les employer.

Pour la vente, on *emballe* dans des boîtes en bois avec du papier colorié, à ornements divers, en évitant toujours les mouches.

En cette matière, l'ingéniosité du vendeur peut se donner libre cours. Il ne doit pas oublier que la *présentation* de la marchandise est un grand facteur de succès.

On cite, souvent, la façon d'opérer des négociants de la région de Malaga. Leurs boîtes de fantaisie, en joli cartonnage, ou en bois, ornées de vignettes, de chromos sur beau papier, de rubans de soie aux couleurs voyantes, de toréadors, gitanos, portraits d'actrices en renom, constituent un emballage qui, souvent, vaut plus que le contenu : « Qué pinté vendé », dit un proverbe provençal.

Au soleil. — La *dessiccation* des raisins par la seule chaleur solaire, sans traitement préalable des *raisins*, est délicate dans nos climats. Mais elle est pratiquée avec succès à Malaga, en Grèce, et, surtout, à Elqui et à Huasco au Chili, en Californie.

D'une façon générale, la simple dessiccation au soleil est préférable à tous autres procédés. Les fruits sont moins foncés et de meilleure qualité que ceux qui sont passés au four, à l'évaporateur, ou que ceux qui ont été échaudés.

A Malaga. — Dans la *dessiccation* des raisins au soleil, la question du climat importe beaucoup. Mais un soleil implacable n'est pas indispensable, il peut, même, être nuisible, car il brûle les grains.

Dans la région de Malaga, l'ardeur des rayons est tempérée par la brise de mer, au point que les raisins ne subissent, en quelque sorte, qu'un certain degré de cuisson.

Dans ce pays, on considère que les *pasas* ou raisins séchés au soleil (l'almunecar) sur du sable noir formé par des débris d'ardoise sont très supérieurs aux raisins de lessive.

Voici comment on procède à la dessiccation d'après le *Moniteur officiel du Commerce* (13 janvier 1910).

On prépare, sur la pente d'une colline exposée au sud-ouest, un certain nombre de grands espaces d'environ 4 mètres de long sur 2 de large. Le terrain est nivelé et battu, puis entouré d'un petit mur de 30 centimètres de haut. Ces compartiments ou *paseros* peuvent être couverts, une fois garnis de grappes, de planches ou de toiles.

En août, quand le raisin est mûr à point, qu'il commence à jaunir, on le coupe avec beaucoup de soins, puis on le porte aux *paseros* dans de grands paniers plats ou *fruteros*, où il prend de la couleur en se desséchant. Le raisin muscat blanc jaunit et acquiert peu à peu une belle couleur brune et veloutée.

Le soir, dès que le soleil commence à baisser sur l'horizon, on abrite avec des planches ou, plus généralement, avec de fortes toiles épaisses appelées *taldos*. On découvre à nouveau au soleil levant. Cette précaution a non seulement pour objet de préserver les raisins de l'humidité, mais de conserver la chaleur. On retourne les grappes de temps en temps et après quelques jours, quand les grains sont suffisamment secs, on les porte au magasin. On met sur des claies et on conserve à une température naturelle assez élevée. Il ne s'agit plus que de choisir les raisins, de les classer suivant la grosseur des grappes et celle des grains.

Ce triage, assez délicat, est fait par des ouvriers soigneux. Ils mettent les grappes en couches de 2 kilogrammes à 2 kil. 1 2 dans des paniers préparés à cet effet et de mêmes dimensions. Plus le raisin est gros, plus il est fin, plus la grappe est grande, plus est soignée aussi la mise en couches et en caisses. Certaines qualités demandent un travail tel que dans une journée un homme ne prépare que 4 ou 5 couches de 2 kil. 5. C'est la qualité que l'on appelle les *impériaux*. On la vend jusqu'à 20 à 25 piécettes la caisse de 4 couches, ou 10 kilogrammes.

Les grains qui se détachent au cours de ces manipulations sont passés au crible. Après les avoir ainsi classés par grosseur, on les met en caisses de 10 kilogrammes; ils constituent les *égrenés*.

Ces préparations de *grappés* et d'*égrenés* se font chez le vigneron même, qui porte, ensuite, ses produits, le plus souvent à dos d'âne ou de mulet, chez les commerçants exportateurs de Malaga ; ou bien ils se contentent d'envoyer les caisses dans les villages situés sur les routes où des charrettes les portent à Malaga.

A leur tour, les exportateurs font un choix et classent par qualités. Voici les dénominations adoptées pour la vente en Angleterre avec les prix moyens correspondants : *impériaux extra* (90 réales), *impériaux supérieurs* (80 r.), *impériaux* (75 r.), *royaux* (52 r.), *surchoix ou extra dessert* (48 r.), *choix ou connaisseurs clusters* (30 r.).

Pour les autres destinations, les appellations sont les suivantes :

Grappés (racimales) : *impériaux extra* (70 r.), *impériaux* (65 r.), *royaux extra* (50 r.), *royaux* (45 r.), *surchoix extra* (40 r.), *surchoix* (36 r.), *choix extra* (32 r.), *choix* (30 r.), *surcouche extra* ou *bleu extra* (24 r.), *surcouche ou bleu* (20 r.) ;

Égrenés (granos) : *royaux égrenés 5 couronnes* (40 r.), *surchoix 4 couronnes* (34 r.), *choix 3 couronnes* (22 r.), *égrenés choisis 2 couronnes* (20 r.), *égrenés 1 couronne* (18 r.) ;

Petits grains (escombros): *fin* (15 r.), *courant* (14 r.). Les petits grains (genre corinthe) ne se vendent qu'en sacs ou en barils. Les fins sont exportés en Angleterre et les courants en Allemagne et dans les pays du Nord.

Parfois on fait, aussi, intervenir la lessive pour la préparation des *pasas de legia (panses de lessive)*. Les grappes sont placées dans un panier en fil de fer, et plongées dans une solution chaude de carbonate de potasse que l'on obtient au moyen de cendres de sarments. Ce produit chimique agirait en dissolvant la *matière grasse* que contient la peau du raisin, et en éliminant une partie du *tanin*. Les grappes doivent rester moins d'une minute au contact de la solution. D'ailleurs, le temps de l'immersion est calculé d'après la force de la lessive et la température. Une fois retirées du liquide, les grappes sont placées sur une claie, en faisant en sorte qu'elles ne se touchent pas. On les expose, alors, au soleil, en ayant soin que l'air circule librement entre les grains. Une exposition de quatre à cinq jours suffit, si le temps est beau (grand soleil et air sec). Mais il faut, durant cette période, retourner les grappes de temps en temps pour qu'elles se dessèchent sur toute leur surface. On emmagasine, alors, dans un local sec.

L'opération de l'immersion exige beaucoup de pratique pour répondre parfaitement au but recherché. C'est le degré de concentration nécessaire qu'il s'agit, avant tout, de bien apprécier par un essai préalable.

En Grèce. —En Grèce les raisins dits de *Corinthe* sont séchés simplements au soleil.

On choisit les variétés précoces, à petits grains, comme les *corinthes blancs, violets* et *noirs*.

La *passoline* et la *sultanine*, toutes deux sans pépins, sont surtout employées pour la table. On les cueille bien mûres, vers le 15 juillet, et les étend sur des claies ou des draps en plein soleil. Ou bien, encore, on les dépose sur le sol.

M. J. de Loverdo a décrit, ainsi, la dessiccation à Corinthe :

Les grappes sont étalées sur une aire préparée à cet effet. Dans les sols crayeux on se contente d'un mince sous-sol de cailloux et d'une couche de sable et d'argile de 5 centimètres d'épaisseur. Dans le cas où la terre a peu de consistance, on commence par la tasser, puis on y répand des pierres cassées de 5 à 10 centimètres de diamètre. On égalise la surface avec un rouleau. On met, par-dessus, une couche de gravier, de sable et d'argile, que l'on humecte légèrement, puis que l'on comprime fortement. Le pavage de l'aire avec des dalles et des briques est incapable d'activer le séchage et de conserver la fraîcheur et la délicatesse du raisin.

L'aire a la forme d'un rectangle partagé par des rigoles rectilignes et transversales en un certain nombre de compartiments longs de 10 mètres avec une pente de 2 p. 100 dirigée vers les rigoles. Celles-ci servent à l'écoulement de l'eau, en cas de pluie. Après nettoyage de l'aire, et destruction des herbes par le feu et balayage, on l'enduit d'un revêtement constitué par un mélange, par parties égales, de bouse de vache et d'argile. Quand ce revêtement est sec, on étend les grappes de raisins les unes à côté des autres, sans laisser de vides, les pédoncules dirigés en haut. Pendant ce travail, qui commence après le lever du soleil, on trie les raisins verts ou pourris.

Quand le temps est propice, ciel calme et température d'au moins 30°, les raisins sont suffisamment secs au bout de sept à dix jours. Pressés entre les doigts, les grains ne doivent pas se souder entre eux. On égrène, alors, les grappes en les frottant entre les mains ou à l'aide d'un petit balai en chiendent. On jette, ensuite, sur une passoire à larges trous, qui retient les parties grossières de la rafle. On complète ce nettoyage au ventilateur, ou tarare.

Les raisins ainsi préparés sont portés dans les magasins ou *sérails* où les grains se collent entre eux. Ce sont des compartiments en bois situés au rez-de-chaussée de la ferme. Ces magasins n'ont qu'une ouverture par le haut et une porte par le bas. C'est dans l'ouverture pratiquée dans le plancher du premier étage que l'on jette les grains jusqu'à ce que le magasin soit comble. La porte ne s'ouvre, alors, qu'au moment de la vente.

Ces raisins sont expédiés surtout en Angleterre et dans le nord de l'Europe. On les emploie dans la pâtisserie, la confiserie et la préparation du vin.

Les grappes sont emballées dans des caisses de 17 livres qui, groupées par quatre, constituent un colis de 80 livres.

Ces caisses sont en bois de *rauli* ou de *laurier*. On les garnit de papier, de couleur mince, puis dispose sur le fond une couche de grappes sèches puis du raisin égrené, puis une autre couche de grappes. On ferme bien les caisses pour ne pas laisser pénétrer les mouches. On réunit quatre caisses par des bandes de fer.

Dessiccation à l'ombre. — Au Chili on pratique la dessiccation du raisin surtout à Elqui et à Huasco. Les principales variétés exploitées sont le *moscatel d'Alexandrie* (les vignobles sont irrigués, même pendant les vendanges), qui donne le meilleur produit; la *sultanina* de l'Asie Mineure (sans pépins) ; le *corinthe* à gros grains, le *corinthe blanc* et le *corinthe rose*, de Grèce; le *Kechmish ali blanc* d'Orient et le *vermentino* de Corse.

On pratique le séchage naturel à une altitude de 800 à 2.000 mètres, sous un climat très chaud, où les vents sont fréquents, mais le degré hygrométrique faible.

On sèche lentement, à l'ombre, dans une pièce appelée *pasero*. Le local est orienté du nord au sud. Il a 15 à 20 mètres de long, 6 de large et 5 de haut. Ce cube permet d'obtenir 80 quintaux espagnols de raisins secs.

Les murs sont en briques. Sur la longueur sont, de chaque côté, 4 à 8 fenêtres sur deux rangées, pour les séchoirs à deux étages. Dans ce cas, les deux rangées alternent en échiquier et les fenêtres d'un côté correspondent aux fenêtres de l'autre. Ces ouvertures ont 1 mètre de large et 1^m,20 de haut. Elles sont garnies d'un grillage en fils de fer. La toiture est en zinc, ce dernier posé à même sur les chevrons. Le plancher est en bois.

Le premier étage a une hauteur de 2^m,30 et le deuxième de 2^m,20. On utilise, parfois, les chevrons de la toiture en y plaçant de petits crochets.

Dans le sens de la largeur, et espacées de 1^m,50 environ, sont des poutres assez fortes pour résister au poids énorme des raisins. Elles portent des perches de peuplier, de saule, etc., qui sont posées dans le sens de la longueur. Elles sont espacées de 0^m,60. C'est sur elles que l'on place des baguettes de 0^m,90 de long, perpendiculaires aux perches et parallèles aux poutres.

C'est à ces bâtons que l'on attache, à l'aide de cordes, les crochets chargés de grappes. Il y a trois crochets dans l'intervalle que laissent deux perches, et un à chaque bout du bâton, en dehors de chaque perche. On utilise, aussi, les poutres en y plantant des clous.

Le séchage se pratique, quelquefois, dans de simples hangars. Ici la dessiccation est plus rapide, à cause de l'aération plus facile, mais la qualité des raisins s'en ressent.

Il faut, en effet, que la dessiccation soit lente, pour permettre une certaine fermentation du fruit. En outre, dans les hangars le soleil agit plus ou moins et les grains prennent une teinte plus foncée, noire même. Enfin, avec ce dispositif, le vent en agitant les grappes peut meurtrir les fruits, qui pourrissent, et en faire tomber.

Dans les séchoirs que nous avons décrits plus haut, on a recommandé de mettre des volets aux fenêtres, de façon à pouvoir fermer par temps humide, la nuit, ou pour retarder la dessiccation, au besoin, les jours de fort soleil, ou quand règne une trop grande sécheresse. Les ouvertures devraient être aussi plus hautes pour pouvoir mieux régler l'aération.

L'emploi de l'hygromètre et du thermomètre permettrait de fixer les meilleures conditions pour une bonne dessiccation.

Avant de pendre les raisins, on vérifie, quelquefois, les grappes en les tenant, toujours, par leur pédoncule et on détache avec des ciseaux longs et pointus les grains défectueux. On étend, ensuite, sur des sacs ou des feuilles en zinc placées sur le sol du séchoir. On laisse flétrir ainsi jusqu'au lendemain. Dans cet état, les grappes sont plus faciles à suspendre, il en tient un plus grand nombre sur un même crochet.

Ces crochets sont des branchettes d'arbres, grenadier, gourliea chilensis (chanar dans le pays), ou des cannes garnies d'épines, ou, encore, du fil de fer. Ces derniers crochets sont les meilleurs, les plus durables, et permettent de bien arranger les grappes.

Les crochets ont 1^m,50 de long et sont munis, à leur extrémité, d'une corde qui permet de les attacher.

Les rangées de grappes doivent être suffisamment espacées pour permettre la circulation d'une personne, qui doit surveiller de temps en temps l'état des fruits.

On remplit, d'abord, l'étage supérieur. On laisse un passage de 0^m,60 le long du séchoir. On ferme et n'ouvre que de temps en temps. Il ne faut pas trop remplir le local. On y brûle, quelquefois, du soufre pour empêcher la pourriture.

Nous avons dit que pendant la dessiccation, qui n'est suffisante qu'après deux mois à deux mois et demi, se produit dans le raisin une sorte de fermentation. Elle communique un mauvais goût au fruit, mais il va en diminuant à mesure que le séchage avance. A la fin, le raisin est sec et parfumé.

Il importe que la vendange se fasse le plus vite possible. On doit porter au séchoir dans le moins de temps, pour que tout sèche dans la même période ; qu'il ne reste pas de raisins frais, quand les autres sont prêts à être emballés. En un mot, la perte d'humidité doit être aussi uniforme que possible.

Les raisins secs en Tunisie et Algérie. — Une commission, chargée par le directeur de l'agriculture et du commerce de la *Régence de Tunis* de visiter dans la région du Nord les diverses localités où se pratique l'industrie du séchage des raisins, a rendu compte de ses observations de la façon suivante :

La commission, dont la tournée a eu lieu les premiers jours de septembre, s'est successivement rendue dans les centres du *Kanguet*, du *Bou-Arkoub, Bou-Ficha, Reyville, Kélibia*, etc.

Elle y a constaté que la préparation des raisins secs pour la vente, pratiquée, surtout, par des colons italiens originaires de Pantellaria, ne donne, en général, que des produits de médiocre qualité commerciale, en raison du peu de soin dont elle est entourée.

Le Kanguet, Bou-Ficha, Bou-Arkoub, Reyville ne sèchent que la quantité de *muscats* qui reste après la vente du raisin frais. C'est dire que, souvent, l'opération ne porte que sur des grappes petites, mal formées, des grappillons, etc.

A *Kélibia*, au contraire, le vignoble de *muscat* ayant été planté uniquement en vue du séchage, la marchandise obtenue est plus belle, parce qu'elle comprend toutes les grappes, et que les producteurs, mieux outillés, soignent un peu mieux leur fabrication. Un colon français établi dans cette localité prend place parmi les meilleurs producteurs et tire un réel profit de cette fabrication.

La plupart des colons préparent pour leur consommation familiale une petite quantité (25 à 100 kilogrammes) de « raisin de Malaga », séché simplement au soleil, sans trempage préalable. Cette sorte, qui prédomine sur le marché européen, par suite de sa supériorité de goût, comporte une dizaine de qualités valant de 52 à 140 ou 150 francs rendu Tunis. Les « Malaga » rencontrés par la commission prennent place dans les basses qualités, valant de 52 à 70 francs, très exceptionnellement 90 francs.

Une meilleure préparation les rapprocherait des qualités supérieures à haut prix.

La presque totalité du raisin séché est traitée par la méthode d'immersion préalable dans une lessive alcaline bouillante, ce qui rend la dessiccation deux fois à deux fois et demie plus rapide (cinq à six jours au lieu de douze à quinze), mais donne une marchandise dont la valeur commerciale ne dépasse pas 45 à 50 francs le quintal. Ce produit, désigné en Tunisie et en Italie sous le nom de *Zibibo* ou *Uva secca corrento* (raisin sec courant) se différencie nettement du « Malaga » par sa couleur devenue brun clair, un goût très inférieur et une saveur alcaline persistante plus ou moins prononcée.

Quoi qu'il en soit, la grande majorité des producteurs n'est pas du tout organisée pour sécher le raisin dans de bonnes conditions. On l'étend le plus souvent à même sur la terre (quelquefois entre les rangées de vigne) ou sur une couche insuffisante de paille et dans un endroit non abrité des vents ni de la pluie. De la sorte on obtient une marchandise fortement imprégnée de sable, trop sèche si elle a subi le siroco, totalement dépréciée si elle est surprise par la pluie, et présentant presque toujours un goût prononcé de « lessive » en raison de l'emploi d'alcalis caustiques non dosés.

L'expertise commerciale a donné à ces « Zibibo » des valeurs variant de 50 à 35 francs le quintal, et même 25 francs pour les lots mouillés par la pluie.

Quelques colons commencent à étendre sur des nattes et à établir des abris contre le vent ou même contre la pluie et la rosée. Ils obtiennent de meilleurs produits.

La fabrication de raisins secs présente pour la Tunisie un important intérêt, car sa production totale, qui est au maximum de 1.000 quintaux, est loin de suffire à la consommation ; on a, en effet, importé dans la Régence : en 1902, 143.214 kilogrammes ; en 1903, 184.235 kilogrammes et en 1904, 226.954 kilogrammes de raisins secs. Et il ne s'agit là que de fruits de table, à côté desquels il faut également tenir compte des raisins secs destinés à la distillerie, qui se confondent, dans les statistiques douanières, avec les figues et les dattes, de tout quoi il a été respectivement importé, en 1902, 1903 et 1904, 383.606, 982.747 et 1.068.973 kilogrammes.

La commission, qui a visité plus de cinquante propriétaires, leur a distribué une somme d'environ 500 francs, répartie en nombreuses petites primes attribuées à tous ceux qui avaient préparé une marchandise propre et relativement de bonne qualité.

En présence de la fabrication primitive constatée partout, de la qualité trop souvent inférieure des produits obtenus, de la plus-value considérable que donnerait une fabrication rationnelle, et de l'intérêt que comporte l'industrie dont il s'agit, — l'une des plus rémunératrices pour la petite colonisation, lorsqu'elle s'effectue en terroirs propices, — la commission a, d'autre part, décidé la rédaction d'une étude approfondie et détaillée de la préparation des raisins secs, afin de comparer ce qu'on fait ailleurs à ce qu'on fait en Tunisie, de dégager des diverses méthodes employées celles qui conviennent le mieux à la situation particulière de la Tunisie, d'indiquer aux producteurs les perfectionnements à introduire dans leur *modus operandi* actuel, en vue d'augmenter la valeur des produits obtenus. Cette étude portera également sur le choix des variétés de muscat à planter lors de l'établissement de nouveaux vignobles, ainsi que sur les essais de séchage effectués avec des variétés autres que le muscat.

La petite culture viticole étant en majeure partie effectuée par des Italiens ou des Arabes, l'étude en question ne porterait tous ses fruits que si, traduite en arabe et en italien, elle était répandue abondamment parmi les intéressés. La préparation des raisins secs par les indigènes est surtout localisée à Sfax ; elle pourrait être développée dans cette région, ainsi que dans plusieurs autres. »

En Algérie, on dessèche notamment le *Gros Muscat d'Espagne* ou *Raisin d'Alicante*, le *Muscat d'Alexandrie*, l'*Amar-Bon*, la *Passerille blanche* ou *Giby*, l'*Olivette*, le *Cornichon*, le *Muscat de Frontignan*, le *Furmint* ou *Tokay*, le *Sultanieh*, le *Corinthe*, etc.

Dessiccation au four. — La dessiccation au four s'opère après avoir trempé, au préalable, les grappes dans de l'eau bouillante. On les laisse, ensuite, se ressuyer en les pendant à des perches ou, à défaut, en les mettant sur des claies. On les porte, alors, dans un four où la température est à peine de 35 à 40°. On les y laisse aussi longtemps que le four conserve quelque chaleur. Quand la température n'est pas suffisante, on sort les claies pour chauffer à nouveau et remettre les raisins.

On continue ainsi jusqu'à trois fois.

Dessiccation à l'évaporateur. — L'emploi de l'évaporateur s'impose dans les régions brumeuses du centre de la France, par exemple. Mais la dessiccation est très longue (quatre à cinq jours), et il est préférable d'opérer avec de grands appareils. Les fruits à traiter doivent être aussi mûrs que possible. Il les faut à gros grains et à chair ferme, comme le *muscat d'Alexandrie*, le *muscat blanc*, le *sicilien*, le *rosaki*, le *chaouch* et, même, le *chasselas*. Ce n'est guère, bien entendu, que dans les régions du Midi, en Algérie, Tunisie, etc., que l'on peut cultiver avec succès la majorité de ces cépages.

On cueille les grappes par un temps sec, et, après les avoir dépouillées de quelques grappillons pour faciliter la dessiccation, on les dispose sur les claies de l'appareil à la sortie de l'air chaud (60°). Peu à peu, on rapproche celles-ci des points les plus chauds de l'évaporateur (90°).

Le séchage doit être poussé jusqu'à ce que les grains soient d'un brun clair translucide.

Pour bien se conserver, ils doivent être débarrassés de 70 à 80 p. 100 de leur poids d'eau.

100 kilogrammes de raisins frais donnent 20 à 25 kilogrammes de raisins secs. Les frais sont, environ, de 4 francs par 100 kilogrammes de fruits frais. Avec un prix de vente de 0 fr. 70 le kilogramme (1 fr. 30 à 1 fr. 50, au détail) de raisins secs, on voit que le quintal de fruits frais rend 10 à 11 francs.

Vin de raisins secs.

Jeter sur 15 kilogrammes de raisins de Corinthe de l'eau tiède en quantité suffisante pour qu'ils baignent bien. Quand les grains sont gonflés, les écraser et ajouter de l'eau pour compléter à 100 litres.

Après fermentation, on soutire et verse sur le marc une certaine quantité d'eau dans laquelle on a fait dissoudre un peu d'acide tartrique.

On mélange, si l'on veut, les deux boissons ainsi obtenues, de même que l'on colore ce vin avec quelques litres de gros vin ordinaire. On augmente la richesse alcoolique en ajoutant dans la cuve, avec les raisins, et avant fermentation, 5 à 6 kilogrammes de sucre et, en outre, 500 à 600 grammes de crème de tartre dissoute dans un peu d'eau chaude.

Autres. — Faire fermenter, dans 50 litres d'eau, 12 kilogrammes de raisins secs, 1^{kg},250 de sucre, 2 grammes de cannelle, 50 grammes de bois de genièvre, 16 grammes de coriandre. Avoir soin de ficeler solidement les bouchons après la mise en bouteilles.

— Dans 15 litres d'eau faire bouillir 2 kilogrammes de raisins secs et autant de *pommes sèches*. Ajouter 15 autres litres d'eau dans laquelle on aura jeté, le liquide étant bouillant, 25 grammes de fenouil, 25 grammes de graines de coriandre, 125 grammes de cônes de houblon. Filtrer le tout, et compléter le volume à 100 litres avec de l'eau. Ajouter, alors, 2 kilogrammes de sucre et 50 grammes de levure de bière, et laisser fermenter.

— Dans 50 litres d'eau, laisser fermenter une semaine 8 kilogrammes de raisins secs, 50 grammes de fleurs de sureau, 100 grammes de roses trémières, 50 grammes de baies de genièvre, 100 grammes de gomme arabique, 100 grammes de sel, 1 kilogramme de sucre, 3 verres de vinaigre.

Mettre ensuite en bouteilles et laisser reposer un mois.

ARTICLE III

CONFISERIE

Raisins à l'eau-de-vie. — La façon la plus simple est de mettre de beaux raisins bien mûrs, *panses, muscats* d'*Alexandrie, longs noirs d'Espagne, chaouch, Dodrelabi,* par exemple, tout simplement dans l'eau-de-vie, en leur conservant un bout de pédoncule.

Mais on peut aussi ajouter un sirop au liquide. Quand les fruits ont trempé pendant une quinzaine de jours dans de la bonne eau-de-vie (1 litre pour 1 kilogramme de raisins), où l'on aura mis un bâton de cannelle écrasé et quatre ou cinq clous de girofle noués dans un linge, on ajoute au liquide, après avoir ôté ces aromates, un peu de sirop. Ce dernier se prépare en humectant 250 grammes de sucre avec un verre d'eau. Quand la matière est fondue, on fait bouillir dix minutes en écumant. Enfin, on ajoute dans le bocal après refroidissement.

Les modes de préparation sont, d'ailleurs, les mêmes que pour les cerises (p. 316).

Raisiné. — Le *raisiné* n'est autre que du jus de raisin plus ou moins concentré par l'ébullition, et que l'on peut conserver tel quel (raisiné simple). Parfois, aussi, on y ajoute des fruits, poires, pommes, figues, coings, etc., d'où une variété de raisinés et de confitures de raisins comme *raisiné fin, raisiné ordinaire, raisiné de fruits, raisiné de ménage, raisiné de Provence, raisiné de Bourgogne* (autour de Joigny, Cerisiers, Dixmont, Piffonds), *raisiné à l'espagnole, raisiné à la russe,* dans le détail desquels il serait trop long d'entrer ici.

D'une façon générale, les raisins *muscats* sont préférables. A défaut, on choisira les variétés les meilleures.

Quand les fruits sont mûrs et tendres, on les ajoute crus. S'ils sont durs, on les fait cuire d'abord et, même, les réduit en marmelade. Dans ce dernier cas, on ne les ajoute au moût que quand il a acquis une certaine consistance.

On choisit des raisins bien mûrs, on les écrase et passe le jus au tamis. Le liquide obtenu est porté à l'ébullition, tout en remuant et écumant avec une grande cuiller. Il est suffisamment concentré quand une petite quantité versée sur une assiette présente, après refroidissement, l'aspect d'une gelée de fruits.

Quand on ajoute des fruits, on en prend 1 kilogramme environ par 10 litres de moût (avant réduction), pelés et coupés, s'il y a lieu. On les met dans le moût quand il s'est réduit de moitié et on laisse cuire en remuant le fond avec une spatule en bois et en écumant. On modère le feu vers la fin de la cuisson. Le jus doit faire gelée, comme il a été dit.

Gelée de raisin. — Les raisins *muscats* sont égrenés, puis pressés. On passe le jus à la chausse en molleton ou à travers un linge.

On mélange à ce moût son même poids de jus de pomme. Pour chaque kilogramme du mélange, on ajoute 800 grammes de sucre et l'on fait cuire le tout ensemble à la *nappe* (p. 192) en l'écumant.

Dans certaines formules, on emploie de la gomme arabique au lieu de jus de pomme.

Ainsi, mettez dans le moût 10 grammes de gomme arabique en poudre par kilogramme de jus. Semez cette poudre de gomme lentement en remuant avec la spatule ou la cuillère en bois jusqu'à ce qu'elle soit complètement fondue. Passez une deuxième fois le liquide dans un linge fin pour ôter toutes les impuretés. Pesez ce jus. Faites un sirop de sucre au *lissé* avec 500 grammes de sucre pour chaque kilogramme de jus. Pour faire votre sirop, vous ajouterez au sucre un verre d'eau par kilogramme. Quand le sirop est à point, versez votre jus. Faites bouillir, écumez et laissez vingt minutes à feu moyen. Retirez, versez dans les pots à confitures et terminez comme pour la gelée de groseilles (p. 369).

Sirop de raisins secs (1). — On prend 1 kilogramme de raisins secs (enlever les pépins et écraser), quatre citrons (coupés finement), deux autres citrons (auxquels on enlève l'écorce jaune), 3 kilos 1/4 de sucre en poudre. Verser dans l'eau bouillante. Laisser bouillir un quart d'heure, environ, puis verser dans un récipient en verre que l'on ferme. Agiter deux fois par jour pendant quatre jours. Filtrer alors le tout, et mettre le sirop en bouteilles. On peut consommer deux semaines après.

____

(1) Cette recette est tirée de l'ouvrage de M. Sarkis et traduite de l'arabe par M. Nour-el-Dine Beyhum.

ARTICLE IV.

LIQUEURS

Ratafia, carthagène ou mousta. — On égrène des grappes de *raisin muscat* bien mûr, les écrase et passe au tamis.

Par litre de jus, on ajoute 1 litre d'eau-de-vie, un bâton de cannelle et un demi-kilogramme de sucre en morceaux imbibés d'eau froide.

On met le tout dans un bocal et laisse infuser une quinzaine de jours. On passe, ensuite, à travers un linge et on met le liquide en bouteilles qui, une fois bouchées, sont conservées dans la cave. Plus simplement, on ajoute au moût de raisins de très bonne qualité, noirs ou blancs, la *moitié* de son volume d'eau-de-vie. Après un mois de repos on décante et filtre.

Vin cuit. — On prend le moût de raisins bien mûrs et sucrés. On le met dans un chaudron ou une bassine, et on le fait réduire sur le feu tout doucement et en écumant. Quand on n'a plus que les deux tiers du volume primitif, on laisse refroidir et met en bouteilles.

On ajoute encore, pour donner plus de « montant » à la liqueur, 1 décilitre de bonne eau-de-vie par litre de moût (écarter l'eau-de-vie de marc).

Parfois, aussi, avant de faire réduire, on ajoute la veille, au moût, quelques poignées de cendres de sarments ou de sable. On laisse, alors, la précipitation se faire durant vingt-quatre à trente-six heures (trois fois douze heures, disent les vieilles formules). On emploie également environ 5 grammes de craie par litre.

On décante, ensuite, avec précaution.

Moût stérilisé ou vin sans alcool. — L'alcool, bien qu'ayant une certaine valeur alimentaire, n'est pas indispensable à l'organisme et le *jus de raisin frais*, qui n'en contient pas, passe pour être plus nutritif que le vin lui-même. Il renferme, en effet, des hydrates de carbone immédiatement assimilables ; des matières azotées et, aussi, des sels organiques, qui concourent à l'accroissement des tissus ou aux fonctions de nutrition. Le jus de raisin frais est un « aliment d'épargne » qui, a-t-on dit, est six fois plus nourrissant que la bière allemande et trois fois plus que la bière anglaise. On a même assimilé

le moût à une sorte de « lait végétal ». A ce dernier titre, la littérature
médicale relate quelques cas où le produit en question a été, pour l'enfant, substitué avec succès au lait des nourrices. Rappelons un fait
plus connu, les bons effets des « cures de raisin » chez les personnes
qui souffrent d'affections gastro-intestinales, de maladies du foie ou
de l'appareil urinaire. Le jus de raisin frais convient, d'ailleurs, comme
boisson hygiénique, et par ces temps d'alcoolisme, on souhaiterait.

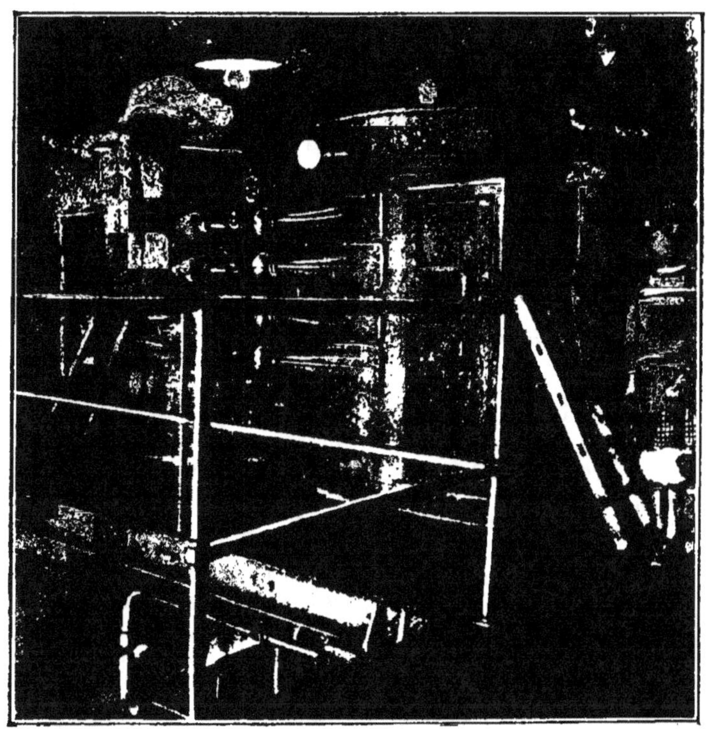

Fig. 142. — La pasteurisation du moût au « Mas de la Ville »,
près Arles.

avec plaisir le voir remplacer les apéritifs divers aux essences végétales toujours plus ou moins nocives.

On a donc cherché à livrer toute l'année ce produit, à la fois boisson,
aliment et agent thérapeutique. Cette nouvelle industrie consiste à
stériliser le jus de raisin frais, à tuer en lui tout germe de fermentation,
aussi bien les levures qui transforment le sucre en *alcool*, dont la
liqueur doit être exempte, que les champignons et les bactéries,
susceptibles de décomposer les principes du moût. Mais l'agent

stérilisateur ne doit, de son côté, altérer en rien les propriétés du liquide, ni introduire dans sa masse quelque produit étranger plus ou moins toxique, comme le serait, par exemple, un antiseptique.

Sans entrer dans le détail des procédés qui ont été appliqués dans la pratique, ou simplement conseillés, nous parlerons d'une méthode que nous avons suivie dans une grande exploitation agricole du Midi, le Mas de la Ville, près Arles.

Le moût qui coule du foudre, où tombe la vendange foulée, est tout simplement pasteurisé dans un appareil spécial construit par la maison Gasquet, de Nîmes. Il est composé de 400 tubes en étain répartis en quatre rangs tout autour d'un grand cylindre en tôle plein d'eau chauffée par des injecteurs de vapeur, qui arrive tangentiellement et maintient ainsi le liquide en mouvement. Une pompe électrique assure le débit de 100 hectolitres par heure. La température de 65° ayant réduit à néant l'action des levures, on peut, alors, procéder au *débourbage* qui, sans cela, aurait nécessité des filtres encombrants et coûteux.

Le moût chaud arrive donc dans des *cuves de défécation*, d'où on le soutire *clair* après quarante-huit heures, environ, pour l'envoyer dans des *cuves de garde* préalablement stérilisées. Ce qui complique ici les opérations, et rend la préparation délicate, c'est qu'il ne suffit pas de tuer les germes de fermentation que contient le liquide, mais d'éviter que, dans les manipulations subséquentes, il ne se réensemence au contact des ustensiles, de l'air, etc.

On sait que le froid aide le moût à se *dépouiller* et à se débarrasser, le cas échéant, de l'excès de *tartre*. On envoie donc, à l'aide d'une pompe centrifuge, une saumure à — 15°, — 20°, provenant d'une machine à glace, dans un serpentin en cuivre étamé installé dans la cuve. On conserve, ainsi, le moût à une température voisine de 0° (—2° à — 3°). Une partie du tartre s'est déposée sur les parois et le degré d'acidité (en acide sulfurique) n'est plus que de 2 à 3 grammes par litre, pour une teneur primitive de 10 à 11 grammes.

On procède, alors, à la mise en bouteilles. Mais, au préalable, le liquide est *clarifié* par filtrage ou collage. Les flacons, d'abord *stérilisés*, sont remplis, avec ou sans *carbonication*, suivant que l'on veut, ou non, une boisson gazeuse. Après bouchage, on *pasteurise* de nouveau les *bouteilles*. On utilise, pour cela, des appareils combinés, véritables étuves à vapeur dans lesquelles les flacons sont chauffés progressivement, ou des dispositifs plus économiques basés sur le principe de la récupération de la chaleur, où des échangeurs de température permettent le réchauffage progressif, ce qui économise le combustible, et évite la casse. La série des manipulations se termine par le séjour — une quinzaine de jours — des flacons dans une *chambre d'observation*, où la température est maintenue entre 25° et 30°.

Les sarments de la propriété sont utilisés dans un *gazogène*, après avoir été coupés en morceaux, pour donner les *gaz* qui, une fois purifiés, se rendent dans les moteurs à *gaz pauvre*, qui actionnent soit la machine à glace, soit les dynamos génératrices qui fournissent l'énergie et la lumière dans toute l'usine.

Pour la préparation du *jus de raisin frais stérilisé*, il est recommandé de ne pas employer de cépages à goût foxé ni de moût trop sucré (170 à 200 grammes de sucre par litre). Dans le Sud-Est, on cite, parti-

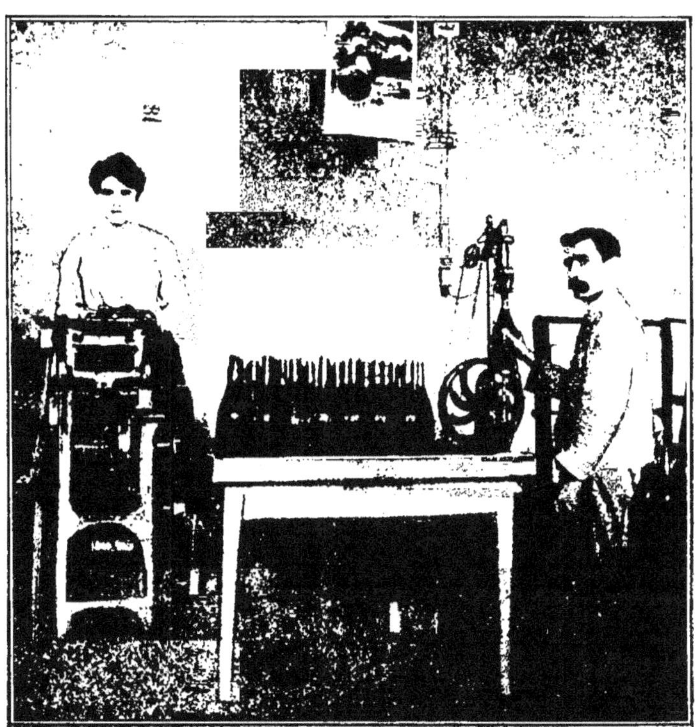

Phot. A. Rolet.

Fig. 143.— La mise en bouteilles et le bouchage du moût stérilisé au « Mas de la Ville », près Arles (B.-d.-R.).

culièrement : le *petit bouschet*, l'*aramon*, les *muscats*, cultivés en plaine plutôt qu'en coteau.

Vin de pousses de vigne. — « Les jeunes *pousses* de vigne, que l'on est dans l'usage de rogner deux fois par an, sont hachées, passées entre deux cylindres et, ensuite, pressées. Le suc ainsi obtenu renferme tous les éléments du vin, même avec un certain fumet ; le sucre, seul, y manque.

« Ajouter à ce suc 25 p. 100 de son poids de sirop de fécule, et laisser fermenter le tout.

« Les jeunes pousses de vigne trop acides, étant mêlées aux *cerises* **précoces** trop douces, donnent, après fermentation, une piquette avantageuse.

« Si l'on remplace le sirop de fécule par du sirop de **sucre** à 8 à 9°, on obtient une boisson qui possède un excellent goût de vin naturel. » (Dr Mathieu de Vitry.)

Les *feuilles* elles-mêmes peuvent être utilisées. On mélange 50 litres d'eau bouillante et 50 litres de feuilles de vigne hachées et pilées. Après vingt-quatre heures de macération, on soutire le jus, presse la matière solide, laisse fermenter le liquide, après l'avoir sucré.

Vin paillé de Tokay. — On cueille le raisin bien mûr et bien sucré. On le suspend, comme si on voulait le conserver au fruitier. Quand il est flétri et que sa rafle est sèche, on le presse et laisse fermenter le moût.

Quand le vin est fait, on soutire, clarifie et met en bouteilles.

Le nom de *paillé* vient de ce que l'on étend quelquefois les grappes sur de la paille pour les conserver.

Nous renverrons aux ouvrages de notre camarade Pacottet pour tout ce qui concerne la pasteurisation, la stérilisation, la concentration des moûts et des vins, la conservation générale du vin en bouteilles et ses altérations, la conservation des eaux-de-vie et alcools (1).

(1) Pacottet, Vinification — Eaux-de-vie et vinaigres, (*Encyclopédie agricole*).

CHAPITRE IX

LES GROSEILLES

Régions de production. — Les départements producteurs de *groseilles* sont, principalement : le *Calvados :* Honfleur, Pont-l'Évêque La Rivière Saint- Sauveur) ;

La *Meuse* : Ligny, Bar-le-Duc (confitures de groseilles dites épépinées) ;

Le *Puy-de-Dôme* : Clermont-Ferrand achète les groseilles à grappes pour les gelées 20 à 25 francs les 100 kilogrammes.

Conservation sur pied. — Les groseilles mùrissent, comme on sait, fin juin, juillet. Pour en conserver sur pied jusqu'aux premières gelées d'octobre, voici ce que conseille M. A. Baltet :

« Peu avant que les grappes ne soient mûres, c'est-à-dire quand elles se colorent, on enlève une partie des feuilles, sans toucher à celles de l'extrémité des rameaux, réservées pour entretenir la circulation de la sève ; puis, avant la complète maturité des fruits, par une journée bien sèche, on réunit les branches sans les froisser et l'on enveloppe tout le pied avec de la paille sèche et propre. La paille peut être remplacée par du papier très fort, enduit, au préalable, d'huile de lin. Les extrémités des branches, munies de leurs feuilles, ne seront point renfermées dans le maillot formant capuchon ; il suffit de bien couvrir les fruits afin de les soustraire à l'action du soleil qui les dessécherait, à l'humidité atmosphérique qui hâterait leur décomposition et, enfin, aux attaques des escargots et de certains oiseaux qui en sont très friands à l'arrière-saison. »

En Angleterre, on est arrivé à conserver les groseilles six semaines dans une *chambre froide* à la température de 0° à + 2°,2 en enveloppant les grappes dans du papier imperméable.

Dessiccation. — On peut dessécher les groseilles vertes au soleil ou à la chaleur modérée d'un poêle. Ou bien, encore, on les cuit dans un peu de farine d'orge, puis sèche le tout au four.

Pulpe. — La pulpe de groseille conservée en récipients hermétiquement clos, et stérilisée (Appert), n'a pas la même réputation que celle de cassis et, surtout, que celle d'abricot, de prune. On la prépare comme celle de cassis (p. 373).

CONFISERIE

Confitures. — On égrène et lave les groseilles, puis les met dans une bassine où l'on aura fait bouillir, durant deux minutes, un même poids de sucre en morceaux additionné d'un peu d'eau.

On laisse cuire encore un quart d'heure, en remuant avec une écumoire en cuivre. Ce seul métal est conseillé, sinon la couleur des groseilles deviendrait violacée.

Confiture framboisée. — On prend un demi-kilogramme de sucre pour le même poids de grappes de groseilles. On pèse, aussi, environ un cinquième de framboises. Après avoir égrené les groseilles et épluché les framboises, on jette le tout dans le sirop cuit à point. On trempe l'écumoire dans la bassine et l'on souffle à travers. S'il s'échappe de petites bulles par les trous, la cuissson est terminée. Quand la mousse recouvre le tout, on jette les fruits sur un tamis sans presser. On met, ensuite, en pots, que l'on ne recouvre que le lendemain.

Confiture de Bar. — La confiture de Bar a le défaut d'être d'une préparation longue et minutieuse.

On choisit de très belles groseilles, peu mûres, auxquelles on enlève les pépins par l'ouverture de l'insertion du pédoncule (queue). On se sert, à cet effet, de la pointe d'une plume d'oie.

On fait, avec 700 grammes de sucre par demi-kilogramme de fruits, un sirop que l'on cuit au *grand boulé* (38°) (p. 193). On y verse, doucement, les groseilles. Quand l'ébullition commence, on met en petits pots, que l'on ne ferme qu'après plusieurs jours.

Si les grains remontaient à la surface, on les enfoncerait avec le manche d'une petite cuiller.

Gelée. — La *gelée de groseilles* s'obtient en faisant cuire les fruits ou bien le jus des fruits, d'abord écrasés, puis pressés.

Voici quelques recettes.

On met les groseilles bien mûres, préalablement égrenées et pesées, dans une bassine placée sur un feu vif. On agite jusqu'à ce que les grains soient crevés, ou aient rendu leur jus, c'est-à-dire un quart d'heure, environ.

Il faut faire en sorte, dans la conduite du feu, que le liquide ne bouille pas. C'est là une des conditions essentielles du succès. On retire du feu quand le bouillon commence à se former sur les bords pour s'étendre et recouvrir la surface.

On verse alors sur un tamis un bol de framboises puis, par-dessus, les groseilles et leur jus.

On laisse égoutter en appuyant seulement, sans presser, sinon le jus deviendrait trouble. Pendant ce temps, on nettoie la bassine et fait dans le récipient un sirop de sucre comme nous l'avons déjà indiqué. Le sirop est prêt quand, en tombant de l'écumoire, il file. On emploie autant de sucre que de fruits, et un verre d'eau par demi-kilogramme de sucre. Il ne reste plus qu'à verser le jus des groseilles dans le sirop bouillant. On remue durant quelques instants et retire du feu.

Autre. — On met les grains écrasés (parfois additionnés de framboises et de cerises aigres) dans un torchon de grosse toile, que l'on tord. Le jus qui découle est laissé au repos durant vingt-quatre heures. On le verse alors, dans la bassine. On ajoute un poids égal de sucre, puis on fait bouillir à grand feu durant un quart d'heure. On écume et on passe la gelée dans une chausse en laine avant de la mettre en pots.

Gelée a froid. — Après avoir égrené des groseilles, on les presse sur un tamis placé sur une terrine. Le jus obtenu est mélangé avec le double de sucre, soit 1 kilogramme par 1/2 kilogramme de liquide. On porte, ensuite, à la cave ou dans un endroit frais, où on laisse vingt-quatre heures, en ayant soin de remuer à trois ou quatre reprises.

La gelée ainsi obtenue ne se conserve que difficilement, il faut la tenir dans une cave, un endroit frais, etc. Par contre, sa saveur est bien préférable à celle de la gelée cuite.

Suc. — On prend 10 kilogrammes de suc de framboises, 2 kilogrammes de suc de groseilles, 2 de suc de cerises aigres et 1 de suc de merises noires. On mélange et met en bouteilles, que l'on bouche et ficelle pour chauffer au bain-marie à l'ébullition, durant dix minutes

Sirop de groseilles. — On le prépare en suivant la marche générale que nous avons indiquée (p. 188) pour la confection des sirops de fruits. On écrase les groseilles et en exprime le jus à travers un linge. On peut, à cet effet, les faire *crever* au feu, puis les jeter sur un tamis et les presser. On opère, aussi, comme nous l'avons indiqué plus haut.

Le jus bien clair est, alors, ajouté pour moitié à un sirop de sucre cuit *au perlé* (tremper l'écumoire et souffler à travers, il doit s'échapper de petites bulles par les trous, ou marquer 32° au pèse-sirop), mais avant la deuxième cuisson (voir p. 193)

Autre. — Prenez des groseilles rouges à grappes et le neuvième de leur poids de cerises aigres. Égrenez les groseilles afin de les séparer des rafles, et, d'autre part, enlevez les noyaux des cerises. Mettez le tout dans une terrine de grès ou dans un vase de porcelaine ou de faïence ; écrasez bien avec les mains, puis portez le vase à la cave et l'y laissez pendant vingt-quatre heures. Versez le contenu sur une toile ou un morceau de molleton et faites couler le jus ; pesez votre jus, puis vous mettrez environ 1 kilogramme de sucre pour 500 grammes de ce jus que vous chaufferez à feu doux dans une bassine de cuivre bien propre, jusqu'à ce qu'il ait consistance de sirop. On filtre de nouveau à travers un linge, et, le plus ordinairement, on aromatise en y ajoutant du sirop de framboises à raison de 50 grammes par demi-kilogramme de sirop de groseilles. On met ensuite en bouteilles qu'on ne bouche qu'après refroidissement complet et l'on conserve à la cave.

Ratafia. — Dans 4 litres d'eau-de-vie, laisser macérer, pendant deux mois, 2 litres de jus de groseilles, 4 grammes de cannelle, 4 clous de girofle. Ajouter, après le temps indiqué, une livre de sucre. Filtrer et mettre en bouteilles.

On traite de même les *mûres, framboises, pêches, abricots, coings, prunes, poires.*

Liqueurs diverses.

Vin. — On écrase, par exemple, 20 kilogrammes de groseilles et on ajoute 25 litres d'eau. Au bout de douze heures, on soutire le jus et le met dans un fût. Quand il s'est clarifié, on le transvase de nouveau, en ajoutant 150 grammes de sucre par litre. Laisser fermenter. On peut consommer après deux à trois mois. On laisse encore simplement fermenter les fruits écrasés, comme pour les raisins.

Autres. — A 50 litres de jus de groseilles, ajouter 100 litres d'eau, dans laquelle on a fait fondre 50 kilogrammes de sucre. Couvrir l'ouverture du tonneau avec un linge mouillé. Après vingt à vingt-cinq jours de fermentation, fermer avec un bouchon, mais ouvrir, de temps en temps, un trou d'évent pour faire dégager le gaz carbonique.

On peut employer les groseilles et les framboises en mélange. Par exemple, on ajoute 15 litres de jus de ces dernières à 35 litres de jus de groseilles, et laisse fermenter. Quand le liquide s'est éclairci, on additionne de 6 kilogrammes de sucre cristallisé. Après un repos de six à sept mois dans un fût bien bouché, on met en bouteilles.

Ou bien, au jus de 25 kilogrammes de groseilles à maquereau, bien mûres, on ajoute celui de 4 à 5 kilogrammes de framboises, avec 50 litres d'eau, 10 kilogrammes de sucre fondu et 2 onces de levure.

Après fermentation, boucher le tonneau et laisser en repos vingt-cinq à trente jours. On colle, alors, avec du blanc d'œuf et met en bouteilles.

Ray dit que les Anglais font du vin de groseilles à maquereau en mettant ces fruits dans un tonneau et en jetant dessus de l'eau bouillante.

On bouche bien le tonneau et on le laisse dans un lieu tempéré pendant trois à quatre semaines. On verse, alors, la liqueur dans des bouteilles, ajoute du sucre et bouche bien.

Il paraît plus simple d'écraser les fruits, d'en extraire le jus par pression, de sucrer le moût ainsi obtenu, de provoquer la fermentation, puis de mettre en tonneau. Ce vin sera, ensuite, collé, clarifié.

Voir les détails donnés à propos des vins de fruits en général (p. 207).

Bière. — Laisser fermenter 45 litres de moût d'orge maltée avec 5 litres de jus de groseilles rouges bien mûres.

L'eau de groseilles se prépare comme celle de fraises ou de framboises.

CHAPITRE X

LES CASSIS

Régions de production. — Le cassis ou cassissier est cultivé dans la *Côte-d'Or*, qui fournit 16.100 quintaux. Les principaux centres de production sont Ahuy, Ancey, Arcenant, Athec, Beaulme-la Roche, Bévy, Chaux, Dijon, Gevrey, Magny-les-Villers, Nuits, Ternant, Villers-la-Faye ;

Dans l'*Oise*, le principal marché est Noyon (Guiscard, Lassigny, Ribecourt, Le Meux, Labruyère, Liancourt, Clermont) ;

La *Somme* a comme centres de production : Amiens, Hangest en-Santerre, Cagny ;

La *Sarthe*, environs du Mans et d'Ecommoy;

L'*Aisne*, Brasles près Château-Thierry.

Conservation en chambre froide. — M. Vercier a déduit de ses expériences, effectuées dans des conditions plutôt défavorables température trop variable, 2 à 6°, et atmosphère trop sèche), les conclusions suivantes :

Quand la durée de la conservation ne devra pas dépasser huit à dix jours, une cave très fraîche suffira. Les fruits doivent être logés dans des emballages aérés et de moyenne grosseur, comme des mannequins ou des cageots de 20 kilogrammes.

Pour une conservation d'un mois et plus, il faut disposer d'une chambre froide ou d'un frigorifique à température constante.

Cueilli par un temps sec environ cinq jours avant complète maturité, le cassis se conserve le plus longtemps frais et non ridé. Mais M. Vercier conseille de vendre le cassis en pulpe et non à l'état frais. Cette pulpe trouve un important débouché en Angleterre, Hollande, Allemagne, Australie, qui en demandent encore plus que nous ne pouvons en fournir.

Comme la cueillette ne dure que dix à douze jours, et qu'un atelier de 50 égrappeurs traite 4.000 kilogrammes de fruits par jour, c'est vingt-cinq jours au moins qu'il faudrait pour préparer, dans une coopérative de producteurs, par exemple, 100.000 kilogrammes de fruits. On peut bien cueillir avant maturité parfaite, il est vrai, pour commencer un peu plus tôt le travail, mais, en fin de récolte, on ne peut laisser longtemps les grappes sur pied, qui s'égrènent ensuite facilement, ou se conservent mal dans les emballages ordinaires.

Ici, aussi, pour prolonger la durée de la préparation le mieux est de pouvoir disposer de chambres froides pour la conservation des cassis qui attendent d'être transformés en pulpe.

Pulpe.

M. Vercier décrit ainsi dans le *Bulletin de l'Office de renseignements agricoles* (octobre 1904), la préparation de la pulpe de cassis :

« La récolte des cassis en Côte-d'Or s'est élevée en 1903 à 983.700 kilogrammes ; elle peut atteindre, en bonne année, 1 300.000 kilogrammes.

La culture est faite le plus souvent par de petits cultivateurs et de modestes vignerons qui n'ont pas encore réussi à s'affranchir de cette hiérarchie d'intermédiaires vivant au détriment des travailleurs du sol. C'est du cassis que je m'occuperai tout d'abord, persuadé que les nombreux producteurs, échelonnés dans la côte qui s'étend de Malain à Beaune, pourront retirer de sérieux bénéfices de leurs récoltes s'ils consentent à rompre avec leurs anciens procédés culturaux et de vente pour adopter le système de culture économique et industrielle que je vais proposer.

Autrefois, le cassis de la région dijonnaise était exclusivement employé par les liquoristes ; depuis 1897, l'Angleterre achète de plus en plus ce fruit qui fait l'objet d'une véritable exportation. Pour que le transport ait lieu dans de bonnes conditions, la cueillette est faite de dix à douze jours avant la maturité.

Ce cassis, avant son arrivée en Angleterre, est mis en boîtes et conservé sous le nom de « pulpe de cassis ». Cette pulpe sert ensuite à faire des confitures ; mais ces boîtes sont très souvent expédiées dans les colonies où la consommation des conserves est grande.

« *Préparation de la pulpe de cassis.* — *Égrappage.* — Il existe, paraît-il, une machine à égrapper ; mais son prix trop élevé la rend difficilement utilisable.

L'opération se fait le plus souvent à la main : de la main droite, l'ouvrière saisit, par la rafle et une à une, les grappes, tandis que sa main gauche saisit délicatement l'ensemble des grains qu'elle tire pour les détacher. Ces grains tombent dans un récipient tandis que les grappes sont écartées.

Une femme peut égrapper, suivant son habileté, de 50 à 110 kilogrammes par jour. Tout atelier devrait donc comprendre un minimum de 50 femmes ou enfants pour préparer journellement une moyenne de 3.000 à 4.000 kilogrammes.

Un syndicat possédant 100.000 kilogrammes de fruits mettrait donc vingt-cinq jours pour convertir sa récolte en pulpe.

« *Fabrication.* — Les fruits étant égrappés, les vider par 8 kilogrammes environ dans les bassines ; ajouter à la masse un demi-litre d'eau froide, ouvrir les robinets qui amènent la vapeur dans le double fond et y provoquent l'ébullition des 8 kilogrammes de fruits.

Des robinets spéciaux servent à régler la sortie de la vapeur qui doit exercer une certaine pression dans le double fond.

Remuer à l'aide d'une spatule en bois ; après une minute, fermer le robinet d'amenée de la vapeur, retirer les fruits en faisant basculer les bassines qui se vident dans des récipients tenus prêts.

Prendre ces fruits pour les mettre en boîtes sans attendre ; remplir les boîtes en les réglant à 5 kilogrammes sur une balance (le fer-blanc est compris).

Souder de suite les boîtes avec soin, en utilisant un tour à souder.

Placer ces boîtes dans l'eau contenue dans le bac en tôle (l'eau doit dépasser le sommet des boîtes). Faire passer un jet de vapeur dans le tube qui met l'eau en ébullition ; après vingt minutes d'ébullition, retirer les boîtes en se servant de pinces spéciales ; les laisser refroidir pour les empiler en magasin.

On aura soin, pendant les vingt minutes d'ébullition, d'observer si les boîtes ne fuient pas, ce qu'il est aisé de constater par la présence de bulles d'air qui s'échappent verticalement. En cas de fuite, la boîte est retirée, percée à l'aide d'un poinçon de façon à laisser échapper la vapeur, puis soudée à nouveau à l'endroit de la fuite et à l'endroit piqué. Elle est ensuite remise au bain-marie.

« *Boîtes en fer-blanc pour pulpes.* — Ces boîtes, que construisent aujourd'hui un assez grand nombre de spécialistes, ont toutes la même forme et sensiblement les mêmes dimensions.

Les intéressés ne devront jamais perdre de vue que de la qualité du fer-blanc et de la façon dont sont faites les soudures dépend la réussite de l'opération et la bonne conservation des fruits.

Étant donnée l'importance qu'il y a lieu d'attacher au choix des boîtes, j'insisterai sur quelques détails qui pourraient passer inaperçus aux yeux des débutants.

Pour être bonnes, les boîtes, qui ont habituellement 263 millimètres de hauteur seront faites à l'aide d'un fer-blanc d'une épaisseur de 38 à 40 centièmes de millimètre ; les fonds pourront être faits avec un fer-blanc dont l'épaisseur est de 30 centièmes de millimètre.

Les fonds peuvent être soudés au corps principal par une forte soudure, mais ils peuvent être également sertis à l'aide de machines spéciales.

Les fonds soudés sont généralement très solides, mais les fonds sertis et soudés le sont également.

Le fond supérieur de la boîte peut être plein ou à capsule, d'où les deux désignations : boîtes à fonds pleins et boîtes à capsules. Dans les premières, le fond est d'une seule pièce, comme c'est toujours le cas du fond inférieur ; on remplit la boîte de fruits, puis le soudeur fixe ce fond plein en faisant une soudure circulaire.

Dans les boîtes à capsules, les deux fonds sont posés à l'avance, mais le supérieur est évidé de façon à laisser libre une ouverture de 65 millimètres qui sert à introduire les fruits dans la boîte. Pour fermer celle-ci, l'ouvrier n'a qu'à placer, sur cette ouverture, une capsule de

72 millimètres de diamètre qu'il fixe par une soudure plus courte et plus simple à faire que dans le premier cas.

Suivant la nature de la pulpe que l'on se propose de fabriquer, les boîtes doivent être vernies ou non vernies intérieurement.

Les fruits acides : cassis, groseilles, framboises qui attaqueraient le fer-blanc à la longue, exigent un vernis intérieur.

Les pulpes d'abricots ou de prunes peuvent, au contraire, être faites en boîtes non vernies.

Le prix des boîtes pour 5 kilogrammes, fer-blanc, à fonds sertis et soudés, avec capsules, vernies intérieurement, est de 50 francs le cent à Carpentras.

« *Fermeture des boîtes.* — Cette opération très importante doit toujours être confiée à un bon soudeur que l'on paye à raison de 2 francs par 100 boîtes soudées, à la condition de lui fournir le charbon et la soudure.

Si l'ouvrier procure ces fournitures en même temps que son travail, il peut être payé 4 fr. 50 par 100 boîtes qu'il garantit bien soudées.

Les particuliers et les syndicats qui préparent eux-mêmes la pulpe peuvent encore, par un arrangement spécial avec la maison qui livre les boîtes, acheter celles-ci fermées. L'expéditeur de boîtes fait, en ce cas, l'expédition à l'avance, se procure sur place un bon soudeur ou envoie lui-même un des ouvriers, qui ferme les boîtes moyennant 5 fr. par 100 boîtes garanties bien fermées.

Cette dernière combinaison est, la plupart du temps, préférée par les confiseurs d'Apt, Carpentras, Orange, Marseille, etc., qui n'ont pas à se préoccuper de la fermeture.

« *Emballage des boîtes pour la vente.* — Les boîtes de 5 kilogrammes de pulpe sont réunies par 10 dans des caisses en bois plein dont les dimensions sont calculées de telle façon que le ballottement devient impossible à l'intérieur (longueur 0^m,805, largeur 0^m,32, profondeur intérieure 0^m,265).

Ces caisses contenant 10 boîtes, c'est-à-dire 50 kilogrammes de pulpe, sont plus maniables que celles qui contiennent 20 boîtes et pèsent 100 kilogrammes.

Ainsi emballées, les conserves peuvent être expédiées fort loin.

« *Prix de revient de la fabrication.* — Il est à remarquer que pour préparer 100 kilogrammes de pulpe, il ne faut que 80 kilogrammes de fruits. La différence est représentée par le poids du fer-blanc et l'eau ajoutée au moment de la préparation.

Le devis pour la préparation de 100 kilogrammes de pulpe peut être établi comme suit :

Fourniture de 20 boîtes en fer-blanc, avec capsules serties et soudées, vernies intérieurement, fonds lisses de 30 centièmes de millimètre, côtés lisses de 38-40 centièmes, rendues gare Côte-d'Or . . . . . 10 »
Soudure, fermeture des 20 boîtes 1 25

Report......	11	25
Égrappage de 80 kilogrammes de cassis............	4	»
Frais de manipulation, cuisson, charbon...........	0	25
Achat de 2 caisses destinées à l'emballage des 20 boîtes..................................	2	10
Imprévu, faux frais, camionnage, etc..............	1	25
Transport petite vitesse Dijon à Londres...........	1	35
Intérêt et amortissement du capital engagé........	1	875
Total....................	22	075

Il est évident que certains frais peuvent être réduits, je les ai majorés à dessein.

« *Prix de vente des pulpes comparé au prix de vente du cassis frais.* — Si les pulpes sont vendues à Londres un prix moyen de 70 francs les 100 kilogrammes (boîtes comprises), il reste pour le producteur syndiqué un bénéfice net de 70 — 22 = 48 francs les 100 kilogrammes.

On sait que le prix habituellement offert par les industriels aux cultivateurs qui passent entre eux des marchés pour une période de dix, douze ans, varie de 28 à 40 francs les 100 kilogrammes avec une moyenne de 32 francs.

Les producteurs qui vendent à droite et à gauche, au hasard des circonstances, trouvent preneur tantôt à 60 francs, tantôt à 10 francs, avec une moyenne de 30 à 35 francs.

Il suffit de comparer ces différents chiffres pour se rendre compte qn'en préparant lui-même sa pulpe, le propriétaire syndiqué peut prétendre obtenir un prix de vente maximum.

Si, d'une part, les producteurs trouvent auprès des liquoristes le placement d'une moitié de leur récolte de 30 à 35 francs par exemple, et qu'ils soient assurés d'autre part de vendre le restant sous la forme de pulpe à un prix au moins égal, en se syndiquant, ils ne tarderont peut-être pas à retrouver la confiance d'autrefois et se décideront, j'espère, à planter plutôt qu'à arracher.

Matériel nécessaire a la fabrication.

« Différents systèmes de chauffage. — *Chauffage à la vapeur.* — Ce genre de chauffage est beaucoup plus avantageux pour préparer les pulpes de fruits tendres que le chauffage à feu nu, assez souvent préféré, au contraire, par les confiseurs.

L'installation comprendra en principe :

1° Une chaudière à vapeur verticale dont la surface de chauffe sera de 4 à 5 mètres carrés ;

2° Une ou deux bassines en cuivre à double fond, chauffées par la vapeur arrivant de la chaudière ;

3° Un bac en tôle au fond duquel circule un serpentin pourvu de trous de 4 millimètres, amenant la vapeur destinée à chauffer l'eau.

La chaudière neuve coûte environ 2.000 francs, mais il existe toujours de bonnes chaudières d'occasion qu'il est possible de se procurer à meilleur marché (choisir de préférence un modèle de tubes Frield).

Ce générateur pourra être alimenté par une bouteille alimentaire pourvue elle-même d'un réservoir à eau chaude, ou plus simplement par un injecteur, bien moins coûteux, mais aussi avantageux.

Les bassines demandent à être bien construites, épaisses, de préférence pourvues d'un bec et d'un levier servant à les faire basculer. Une seule bassine de 80 litres suffirait à la rigueur pour la préparation de 3.000 kilogrammes de pulpe par jour ; mais, par précaution, on installera une batterie de deux bassines reliées d'une part au tuyau de vapeur, et d'autre part au tuyau de sortie. Ces bassines valent de 250 à 350 francs pièce.

Le bac, au lieu d'être en tôle, peut être en bois (grand cuveau) ou en maçonnerie. Les prix peuvent varier tandis que les résultats sont identiquement les mêmes.

Ces différentes fournitures représentent, à l'état neuf et mises en place, une valeur de 3.000 à 4.000 francs ; mais, étant donnée la possibilité de profiter d'une chaudière et d'un bac d'occasion, les frais d'installation peuvent être fixés à 3.000 francs environ.

« *Chauffage à feu nu.* — Pour les pulpes de fruits à chair ferme (prune, abricot), certains fabricants se contentent d'un matériel beaucoup plus simple et moins coûteux ; le chauffage est dit à feu nu.

La flamme chauffe directement la bassine qui est à fond simple, et les fruits qu'elle contient ne risquent pas d'être brûlés puisqu'ils baignent dans une assez forte quantité d'eau. Cet accident serait à craindre, au contraire, dans la préparation du cassis ou de la framboise, si elle était faite à feu nu par des producteurs et non des industriels.

La chaudière à vapeur est remplacée par autant de foyers indépendants qu'il existe de bassines ou de bacs.

Les bassines peuvent être basculantes, surmontant un foyer.

Le bac peut être en tôle surmontant un foyer en maçonnerie que termine une cheminée.

Ce modeste matériel peut être remisé dans un étroit réduit lorsque le travail est achevé.

Malgré ces quelques avantages, le chauffage à la vapeur reste préférable dans la majorité des cas.

« *Emploi des autoclaves.* — Quelques industriels se servent d'un autoclave pour stériliser par la vapeur les boîtes pleines, qu'ils maintiennent pendant quinze minutes environ à une température de 108 à 115°. Cet appareil remplace le bain-marie et ne présente aucun avantage sérieux.

D'un prix très élevé, d'un maniement difficile, il est, paraît-il, indispensable pour celui qui prépare des conserves de légumes et de viandes, mais paraît superflu dans la préparation des pulpes.

Les spécialistes les plus autorisés du Midi n'admettent que le bain-marie.

« *Avantages pour le producteur de vendre le cassis en pulpe et non à l'état frais.* — 1º L'exportation de fruits frais n'est possible qu'autant qu'ils sont cueillis incomplètement mûrs ; ce fruit n'atteint pas, dans ce cas, son maximum de densité et il en résulte une perte pour le vendeur. Cet aléa disparaît avec la fabrication sur place de la pulpe, qui gagne à être faite avec des fruits mûrs ou à peu près mûrs ;

2º Pour que les expéditions puissent être faites dans de bonnes conditions, il est indispensable de cueillir par un temps sec. Si la saison est pluvieuse, l'exportation est nulle ; le cassis mouillé est incapable de supporter un voyage. Avec la pulpe, cet inconvénient n'existe plus ; le fruit même humide est parfaitement utilisable ;

3º Le calcul qui précède nous montre que la vente peut être réellement rémunératrice et qu'elle peut dépasser de 18 francs par 100 kilogrammes la vente ordinaire.

En admettant qu'elle ne la dépasse que de 15 francs, la plus-value serait encore, pour le total des exportations en Côte-d'Or, de 75.000 fr.;

4º L'égrappage peut être fait par les producteurs eux-mêmes, par des femmes ou par des enfants. Cette main-d'œuvre, estimée 4 francs par 100 kilogrammes, ne représenterait pas moins de 20.000 francs, qui resteraient entre les mains des travailleurs de notre département ;

5º Que l'on ajoute à ces chiffres la valeur du matériel nécessaire à cinq ateliers traitant au total 500.000 kilogrammes de pulpe (chaudières, bassines, bacs, boîtes métalliques, caisses d'emballage), et l'on constatera que 90.000 francs environ resteraient ainsi aux mains des fournisseurs français.

Il me paraît urgent pour les producteurs de se syndiquer afin de vendre eux-mêmes leurs fruits à l'état de pulpe. S'ils consentent à une telle réforme, ils feront œuvre de patriotisme en confiant à des bras français une main-d'œuvre qui, jusqu'ici, n'a profité qu'à des étrangers ; ils feront œuvre de solidarité en s'associant pour la défense de leurs intérêts et le maintien des prix de vente. »

Confitures. — On prépare les confitures de cassis comme celles de groseilles (p. 368).

A l'eau-de-vie. — Les grains sont mis dans des bouteilles ordinaires avec de l'eau-de-vie blanche à 45-50º. On bouche bien et laisse macérer durant un mois. On fait, ensuite, un sirop de sucre en employant une livre de ce dernier par verre d'eau. On laisse cuire au *perlé* (p. 193) et ajoute au liquide précédent. Pour parfumer, on met un dixième de *framboises*, des *morceaux de cannelle* et quelques clous de girofle.

Vin et liqueur. — Le vin de cassis se prépare avec une quantité égale de groseilles rouges et de cassis; le vin obtenu est alors d'un goût supérieur à celui que l'on obtient quand on emploie ces derniers séparément. On écrase les groseilles, on exprime le jus qu'on étend d'une égale quantité d'eau, on entonne et l'on ajoute 250 grammes de sucre par litre. On **conserve une petite quantité de jus** pour faire le plein dans le tonneau qu'on place en lieu chaud. Quand la fermentation est terminée, on bouche et, après repos, et clarification, on met en bouteilles. — Les groseilles blanches peuvent être utilisées de la même manière.

Pour préparer la *liqueur de cassis*, écraser les baies, les verser dans un grand bocal et les recouvrir, deux jours après, avec, environ, 45 p. 100 de leur poids d'alcool à 60°. Boucher et laisser infuser un mois à six semaines, en ayant soin d'agiter la masse de temps en temps. Quand on veut obtenir plus de finesse, on n'écrase pas les baies, on les fait macérer dans l'alcool. On peut aussi écraser les fruits, mais les faire macérer dans de l'alcool à 90° que l'on verse en plusieurs fois tous les deux jours. On agite pendant les huit premiers jours, c'est-à-dire pendant la période d'addition de l'alcool, puis on laisse en repos. Par cette méthode, on a le maximum de rendement, mais l'infusion est un peu dure. On obtient, ainsi, l'infusion première ou vierge. En renouvelant l'addition d'alcool, on pourrait obtenir des infusions deuxième et troisième pour l'obtention de liqueur de cassis de qualité secondaire.

Pour préparer une excellente *crème* de cassis, il faut prendre : infusion de cassis, 9 litres ; esprit de framboises, 1 litre ; alcool à 90°, 1 litre et 1 cinquième ; sucre raffiné blanc, 10 kilogrammes ; eau, 16 litres.

Pour communiquer plus d'arome à la liqueur, on peut ajouter un demi-litre ou un litre d'infusion de feuilles de cassis. Après mélange on filtre ou on colle, puis on soutire après repos.

Autre. — Égrener et mettre dans de l'eau-de-vie blanche, avec deux ou trois clous de girofle et un morceau de cannelle. Bien boucher et exposer au soleil. Deux mois après, broyer et ajouter du sucre blanc fondu dans un peu d'eau. Quinze jours après, passer et exprimer le marc. Enfin, mettre en bouteilles. Voici les proportions des matières employées : 3 kilogrammes baies de cassis, 4 litres d'eau-de-vie, 1 k. 25 de sucre, 3 grammes de clous de girofle, 8 grammes de cannelle.

CHAPITRE XI

LES FRAISES

Régions de production. — Les principaux centres de production de la fraise sont dans les départements suivants :

Puy-de-Dôme : Clermont (*fraise ananas* pour la confiserie, à Chamalières) ;

Rhône : Oullins (gare expéditrice), Caluire-et-Cuire, Ecully, Charbonnières, Lyon, Pierre-Bénite, Saint-Fons, Irigny, Chaponast, Brignais, Vernaison, Loire, Ampuis, Condrieu, etc.) ;

Tarn : Gaillac, Brens, Burlats, La Fontasse ;

Tarn-et-Garonne : Montauban (marché) (Beausoleil et coteaux de Fau), Moissac (marché) (variétés *Noble (Laxton)*, *Héricart de Tury*, *Dr Morère*, *Sharpless*, *Royal Sovereign*, etc.) ;

Var : Hyères, La Crau, Toulon ;

Vaucluse : Carpentras (gare expéditrice), Monteux, Loriol, Sarrians, Aubignan, Sorgues, Pernes, Valleron, Avignon, etc.

En chambre froide. — A Condrieu, les meilleurs résultats de conservation en *chambre froide* ont été obtenus avec les températures de $+ 1$ à $+ 4^o$ (quinze jours), à la condition d'entourer les fruits d'ouate ou, s'ils sont en boîte, de recouvrir la surface exposée à l'air d'une ou plusieurs feuilles de cette matière. A $- 1^o$ on peut les conserver au moins trois semaines.

Au sujet du transport en *wagons réfrigérants*, M. Omer Décugis écrivait :

« Il y a eu des discussions sur la question du transport des fraises. Certaines personnes prétendaient que les fraises ne pouvaient pas supporter le transport par frigorifique. Évidemment, si l'on *congelait* la fraise, si, même, seulement on la maintenait à une température de $+ 1^o$, les résultats seraient désastreux. Mais nous n'avons pas demandé une température aussi basse ; nous avons, simplement, réfrigéré les wagons de manière à maintenir une température de 10°, 15° ou 16°, au plus, pendant le parcours, et cela a suffi. »

Le *Comice agricole de Carpentras* a fait, également, avec succès, des essais d'expédition de fraises en Angleterre et Allemagne.

Confitures. — La confiture est à peu .près la seule bonne conserve de fraises.

On prépare, d'abord, un sirop. A cet effet, on casse le sucre (autant que de fruits), l'humecte avec moitié de son poids d'eau. Quand il est fondu, on fait réduire sur le feu durant une dizaine de minutes. Quand le liquide colle entre les doigts, on y ajoute les fraises, pas trop mûres, en les enfonçant avec l'écumoire. Dès que le liquide bout, on laisse refroidir et les transvase dans une bassine en cuivre. Un poêlon en terre évitera ce transvasement.

Le lendemain, on remet sur le feu pour faire bouillir un quart d'heure, tout doucement. On verse, alors, dans des bocaux. Quand la confiture est complètement refroidie, [on recouvre avec du papier blanc et conserve au frais.

Pour simplifier, après le premier bouillon, on met les fruits sur un tamis. On continue alors à faire bouillir le liquide durant vingt minutes. On y jette les fraises et met dans des pots.

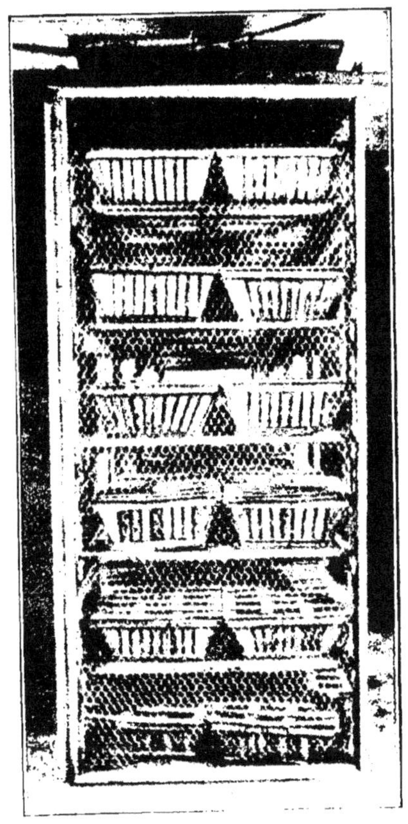

Fig. 144. — Comment on emballe les fraises dans le frigorifique.

Autre. — On fait bouillir 1 litre de sirop à 30° ; mettez dans une terrine 750 grammes de fraises des quatre-saisons bien épluchées. Versez sur les fraises le sirop, *chaud seulement*, et non pas bouillant. Laissez infuser pendant une heure ; clarifiez 50 grammes de gélatine avec 6 décilitres d'eau, 3 blancs d'œufs et le jus d'un citron ; passez les fraises à la chausse, mêlez le sirop de fraises avec la gélatine. Moulez au besoin.

Procédé Appert, — A peine cueillies, les fraises, pas trop mûres, débarrassées de la terre, s'il y a lieu, sont mises en flacons, puis couvertes d'un sirop très concentré, par exemple à 35°. On stérilise dans l'eau bouillante 4 à 5 minutes, avec précaution, pour ne pas fondre les fruits.

Ou bien mettre les fraises dans un vase et, par dessus, un grillage pour les empêcher de remonter ; verser du sirop à 32°. Après quelques heures, égoutter les fruits et faire recuire le sirop pour le ramener à 32°, puis le reverser sur les fraises. Renouveler cette opération encore une fois à un jour d'intervalle.

Égoutter les fruits ; les mettre en flacons et recouvrir avec du nouveau sirop à 20°, coloré en rouge au besoin. Stériliser dans l'eau bouillante 4 à 5 minutes.

Purée. — Après les avoir un peu chauffées ou non, on écrase les fraises bien mûres sur un tamis. D'autre part, on prend un poids égal de sucre concassé, que l'on fait fondre avec un peu d'eau, puis que l'on cuit jusqu'à ce que la matière forme une sorte de colle gluante entre le pouce et l'index. On ajoute, alors, la purée de fraises, et l'on fait encore cuire une dizaine de minutes. La purée est suffisamment concentrée quand elle se colle entre le pouce et l'index. On met alors dans des bouteilles à large goulot que l'on cachette et stérilise au bain-marie.

On peut aussi stériliser directement la purée sans sucre.

Liqueurs diverses. — L'*hypocras aux fraises* s'obtient de la façon suivante. On mélange 2 litres de vin et un verre d'eau-de-vie. On passe le liquide, plusieurs fois de suite, dans une chausse garnie de belles fraises entières. Quand l'hypocras s'est suffisamment imprégné du suc des fruits, on le sucre, puis le met en bouteilles.

Pour la *crème*, on écrase sur un tamis un kilogramme de fraises fraîches, puis on verse dessus un kilogramme de sucre fondu dans 1 litre et demi d'eau bouillante.

On ajoute à l'infusion 1 litre d'alcool, filtre, puis on met en bouteilles.

On peut opérer à froid en laissant macérer pendant un mois des fraises entières dans de l'alcool. Ce temps écoulé, on filtre, presse les fruits, que l'on ajoute à la liqueur, et mélange avec un sirop composé d'un kilogramme de sucre et de 1 litre et demi d'eau.

On filtre à nouveau, puis met en bouteilles.

On traite de même les *framboises, les cerises, les mûres*.

L'*eau de fraises* est obtenue en opérant comme suit. On dépouille les fruits de leur calice, puis on les écrase pour en obtenir le jus. Après quelques heures de repos à la chaleur, on ajoute à ce dernier 1 litre d'eau et un demi-litre de sirop de sucre.

On traite de la même façon les groseilles et les framboises.

CHAPITRE XII

LES FRAMBOISES

C'est le département de la Côte-d'Or qui compte les centres princi-paux de production des framboises, aux environs de Dijon (Fontaines, Hauteville, Messigny, Norges, Plombières, Talant). Les expéditions se font, surtout, vers l'Angleterre.

On ne conserve guère les fruits qu'en confiture, en les traitant à la façon des fraises. On peut, cependant, fabriquer de la *pulpe* (p. 373), comme on le fait pour le cassis et la cerise. Pour cet usage en Provence on apprécie beaucoup la framboise sauvage des Alpes, qui arrive chez les industriels dans de grands pots en terre vernissée.

Dans une bassine à double fond, on met 10 kilogrammes de fram-boises et un verre d'eau ; on chauffe à 100° pendant une minute, tout en remuant avec une spatule en bois. On introduit aussitôt dans des boîtes en fer-blanc (5 kilogrammes, métal compris), soude et stérilise.

Dans les ménages, la préparation peut se faire avec des ustensiles plus simples, que nous avons indiqués (p. 181).

Liqueurs diverses. — *Vin.* — Écraser les framboises et les arroser d'un peu d'eau-de-vie. Fermer le pot et laisser en repos cinq à six semaines. Presser, alors, et ajouter au liquide 3 onces de sucre par litre. Reverser le liquide dans le vase, que l'on ferme hermétiquement. On met en bouteilles après deux à trois mois.

On peut, également, couvrir les framboises écrasées avec du sirop de sucre à 8°, et laisser fermenter. Quand le moût marque 0° au densimètre, on pressure et met le jus dans un fût que l'on porte à la cave, où il restera un mois, après y avoir ajouté 1 gramme de tanin et 10 grammes d'acide tartrique par litre. Quand on soutirera le vin, on ajoutera encore $2^{gr},5$ de tanin par 50 litres, puis on collera au blanc d'œuf.

L'eau de framboises s'obtient de la même façon que l'eau de *fraises* et de *groseilles.*

Sirop au vin. — Écraser 3 kilogrammes de framboises dans 1 litre de bon vin rouge. Mettre en bouteilles, que l'on descend à la cave où on laisse fermenter pendant trois jours. On en presse, alors, fortement dans une serviette, et ajoute au jus obtenu un peu moins du double de son poids de sucre en morceaux. Quelques heures après que ce dernier est fondu, on chauffe, donne un bouillon, écume, puis met en bouteilles.

Au lieu de vin, on peut employer du vinaigre rouge. On en verse 4 litres sur 1 kilogramme de framboises épluchées. On met dans une serviette et presse. On filtre le liquide et y ajoute le double de son poids de sucre clarifié, cuit au *petit cassé* (p. 193). Enfin, on chauffe pour donner deux ou trois bouillons.

CHAPITRE XIII

LES AGRUMES

ORANGES, CITRONS, CÉDRATS

RÉGIONS DE PRODUCTION. — En France, c'est le département des *Alpes-Maritimes* qui, à peu près seul, produit des *oranges*. La récolte totale se chiffre, en moyenne, par 10.700.000 fruits. Les principaux centres sont Nice, 9 millions de fruits ; Cagnes, 1 million ; Cannes, 400.000 ; Antibes, 200.000 ; Vallauris, 100.000. Les oranges valent 20 à 25 francs le mille. On en expédie sur wagons environ 5 millions.

Le département produit, aussi, 5.300.000 *mandarines*, à 30 francs le mille. Principaux centres : Nice, 3 millions ; Villefranche, 600.000 ; Beaulieu, 400.000 ; Eze, 300.000 ; Cabbé-Roquebrune, 250.000 ; Saint-Laurent-du-Var, 200.000 ; Cannes, 200.000 ; Cagnes, 100.000 ; Antibes, 150.000 ; Menton, 100.000.

Menton et Cabbé-Roquebrune produisent 30 millions de *citrons* (1).

La *Corse* (2) donne, surtout, des *cédrats*. Bastia en expédie en saumure 2 millions de kilogrammes à 34 à 46 francs les 100 kilogrammes.

L'île exporte, aussi, à l'étranger, des *cédrats* confits. En 1903, le total était en baisse de 156.601 kilogrammes sur le chiffre de 1893. Principaux centres de production : surtout l'arrondissement de Bastia (Ersa, Centuri, Morsiglia, Pino, Barettali, Canari, Ogliastro, Nauza) ; l'arrondissement d'Ajaccio (Serriera, Ota, Piana, Vico, Cargese, Coggia).

Le port de Calvi a expédié, en 1902, 15.000 kilogrammes de citrons ; l'île Rousse 104.920 kilogrammes.

La principale région de production est l'arrondissement de Calvi (Calvi, île Rousse, Algajola, Aregno, Lumio).

Soins. — Les oranges et les citrons sont des fruits particulièrement délicats. Ils réclament beaucoup de soins dans la cueillette, l'emballage, le transport et la conservation. A l'humidité les citrons se couvrent rapidement de moisissures.

Déjà, même sur l'arbre, ils peuvent être attaqués par une maladie

(1) Ces deux villes possèdent chacune une coopérative de producteurs pour l'expédition des citrons.

(2) Il y a à Ajaccio une coopérative de vente des cédrats corses.

encore mal étudiée. Des *taches de rouille* entraînent la pourriture.
Parfois, les fruits sont d'apparence extérieure saine avec l'intérieur
pourri. Ou bien ils durcissent, se rident, ils sont véritablement *mo-
mifiés*, sans que l'on puisse remarquer, à première vue, un microrga-
nisme quelconque (Brizi).

La moindre blessure est une porte ouverte aux moisissures.

Phot. Rolet.

Fig. 145. — L'arrivée des oranges à Marseille sur les
balancelles espagnoles.

On a proposé de les tremper durant 10 minutes dans de l'eau
contenant 4 p. 100 de *formol* du commerce à 40 p. 100.

Manipulations en Californie. — En *Californie*, pays grand producteur d'*oranges*, dès que ces fruits arrivent dans l'établissement
d'emballage, après avoir été soigneusement cueillis et mis dans des
sacs, on leur enlève la poussière et toute autre souillure. Une fois les
mauvais séparés, les autres passent dans une salle spéciale où ils sont
nettoyés par des brosses *ad hoc*. Les fruits vont ensuite sur des courroies sans fin qui les classent. Finalement, une balance les pèse. Les

trieurs automatiques les rangent par grosseurs. Dans le magasin, des machines spéciales les prennent et les enveloppent.

La machine reçoit les oranges au sortir du trieur, sur une chaîne sans fin garnie d'alvéoles de feutre et de caoutchouc. Le papier d'emballage vient d'un rouleau, il est imprimé, coupé aux dimensions voulues et enroulé autour du fruit. Celui-ci est maintenu entre un sommier fixe de feutre et un piston en caoutchouc, pendant qu'une seule opé-

Phot. Rolet.

Fig. 146. — La récolte des oranges.

ration tortille le papier pour enfermer complètement l'orange. Il en résulte une économie sensible de papier sur l'emballage à la main, 20 p. 100 environ. De plus, cela évite les stocks de papiers tout coupés aux différentes dimensions, la machine pouvant être réglée pour toutes les tailles d'oranges. Enfin, sa douceur est telle qu'on a pu s'en servir pour emballer des œufs sans briser en rien la coquille.

La machine enveloppe 72 oranges à la minute, soit 40.000 en dix heures, et l'emballage ainsi fait met les produits rigoureusement à l'abri de l'air. Les fruits sont placés dans des caisses qui sont ensuite fermées et clouées par une machine automatique.

Les *citrons* exigent encore plus de soins à cause de leur extrême délicatesse. Dans certains vergers, on ne les manipule qu'avec des gants. Ils sont toujours coupés, jamais arrachés, quand ils sont encore verts. Ils mûrissent dans des sacs pendus aux plafonds des maisons ,demballage. Leur maturation demande de quatre à six semaines et

Phot. Rolet.

Fig. 147. — L'emballage des citrons à la coopérative de Cabbé-Roquebrune (A.-M.).

on les garde encore plusieurs mois jusqu'à leur embarquement. Dans ce pays on soumet, aussi, les fruits en question à une *fumigation* spéciale tenue secrète.

En chambre froide. — Pour la conservation en chambre froide, il faut une température moyenne de + 2°. A + 3°,3 on les garderait quatre mois.

Les expéditeurs de Messine qui envoient les citrons en Australie choisissent, de préférence, la variété *verdelli*, plus résistante que les autres. On embarque les fruits encore verts ; ils achèvent leur maturation pendant la traversée, qui dure sept semaines ; auparavant, les citrons sont triés par trois spécialistes qui écartent tous ceux qui ne sont pas sains et tiennent les autres pendant quelques jours dans un endroit très sec.

Quand on les entasse en grande quantité dans des caisses, même en les entourant de papier de soie, ils moisissent souvent. Comme les expéditeurs tunisiens le font pour les oranges, les Italiens tendent à adopter pour l'emballage le *chiendent*, le *coton en rame*. On conseille d'utiliser le moins possible les copeaux.

Les oranges expédiées d'Australie à Londres sont enveloppées dans du papier de soie spécialement préparé, puis placées dans des caisses munies de claires-voies qui facilitent la ventilation dans les cales frigorifiques des navires, où la température est maintenue entre $+7°$ et $+ 11°$. Les fruits arrivent, ainsi, en bon état à destination, malgré une longue traversée. L'expérience semble avoir montré que l'on peut transporter avec succès *sous ventilation*.

Le fret maritime en cale ventilée coûte ainsi moins cher qu'en chambre froide.

Emballage et conservation dans des matières diverses. — M. Frank a conclu de ses essais que les *citrons* enveloppés dans du papier résistant, comme le *papier journal*, se comportent mieux dans les voyages que ceux qui ont été emballés dans du papier de soie. Le premier absorbe, sans doute, mieux l'humidité.

Le Dr Shweinfurth, dans une expérience de transport d'oranges, citrons, etc., de Palerme dans une colonie allemande d'Afrique (Togo), employa la *tourbe*. Les fruits avaient été placés dans des paniers en roseaux garnis de papier d'emballage et de cette matière, après avoir été enveloppés dans du papier de soie. Chaque colis renfermait 8 oranges ou 12 mandarines. L'envoi passa par Hambourg. A Togo, il fut mis en entrepôt avant de partir pour l'intérieur de la colonie et d'accomplir 375 kilomètres.

Les colis qui se sont le mieux comportés sont ceux qu'on croyait le plus susceptibles d'avaries et qui n'étaient protégés que par une grossière couverture faite de roseaux disposés en clayons. On a constaté, avec surprise, que les fruits enfermés dans des caissettes revêtues de fer-blanc présentaient, en général, des traces de moisissures. Le manque d'aération a été la cause déterminante des avaries qui se sont produites.

C'est ce qui ressort du procès-verbal détaillé, dressé à l'arrivée par le correspondant de l'expéditeur. On y relève cette constatation : « Sur 45 oranges emballées à Palerme, en pleine maturité, 41 sont arrivées à destination dans un parfait état de conservation, après un voyage de 55 jours. Les mandarines, si délicates en raison de leur mince pelure, ont généralement bien résisté. »

Le *sable* a été essayé et conseillé. On le fait sécher au feu. Quand il est froid, en mettre une couche au fond d'une caisse sèche et propre ;

envelopper d'un papier chaque citron, le poser à mesure, le côté de la queue tourné en bas, sur la couche de sable, de manière que les fruits ne se touchent pas. Sur ce premier lit de citrons, mettre une couche de sable de 4 à 6 centimètres d'épaisseur ; sur cette couche, un second lit, et continuer de la sorte.

Un des moyens employés en Italie pour conserver les oranges et les citrons consiste à *saler* ces fruits comme des jambons; sauf, toutefois, dans la manière de procéder.

A cet effet, les fruits sont cueillis à l'état vert, examinés soigneusement, puis plongés dans l'eau salée pendant trois à huit jours, selon l'état plus ou moins avancé de leur maturité. Au moment de les consommer, il suffirait de les laver à l'eau douce jusqu'à dissolution complète du sel. Le fruit serait en parfait état de conservation, avec tout son jus et toutes ses qualités.

En Corse, pour expédier les cédrats à peu de distance, par exemple en Italie ou en Tunisie, on les coupe en deux, puis les entasse dans de grands fûts de 800 litres appelés « ponchons de Marseille ». Chacun de ces récipients, qui contient un poids net de 525 kilogrammes de fruits, est, ensuite, rempli d'eau de mer.

Quand on veut *enrober* les fruits, on les enveloppe dans du papier ciré une fois qu'on les a bien essuyés. On serre ensuite fortement et tord les extrémités du papier de manière à empêcher l'accès de l'air.

On emploie aussi du papier de soie, qui s'applique parfaitement contre l'écorce. On plonge, alors, le tout dans de la *cire* fondue ou de la *paraffine*. Quand l'enduit est sec, on suspend les fruits dans un fruitier sec et obscur. On pourrait, au lieu d'enduire le papier de cire, le couvrir au pinceau d'une couche de laque, procédé naturellement plus coûteux.

CONFISERIE

On prépare avec les oranges diverses confitures, soit en employant toutes les parties du fruit ou seulement la chair, ou, encore, l'écorce ou le jus. L'écueil à éviter, ici, c'est l'amertume. Tantôt on râpe la pellicule rouge, tontôt on laisse baigner les fruits plus ou moins longtemps dans l'eau froide ou chaude, ou, encore, on ôte complètement l'écorce. L'amertume dépend, d'ailleurs, de la qualité des fruits. Ainsi, à ce point de vue, les oranges de la Côte d'Azur sont inférieures à celles d'Espagne.

Confiture d'oranges en quartiers. — Prendre des oranges bien mûres, bien fraîches (pédoncule vert), à peau un peu épaisse. On laisse vingt-quatre heures dans l'eau, que l'on change deux fois. On les place, alors, dans une bassine avec de l'eau froide. On fait bouillir jusqu'à ce que l'on puisse facilement enfoncer dans la peau une tête d'épingle.

On retire du feu, met rapidement dans l'eau froide renouvelée, puis laisse égoutter jusqu'au lendemain. L'amertume a, ainsi, disparu en grande partie. On coupe, alors, en quatre, ôte les pépins, pèse et prend les trois quarts de sucre et fait un sirop. Quand il est cuit au *petit boulé* (p. 193), on y ajoute les morceaux d'orange ; après cuisson d'un quart d'heure, on les retire, les met dans des pots et continue à concentrer le sirop au *petit boulé*. On le verse, alors, sur les oranges.

En marmelade. — Prendre quatre oranges douces et deux oranges amères ; 4 litres d'eau et 4 livres de sucre. Les oranges sont lavées puis essuyées soigneusement avec une serviette propre. Dès qu'elles sont sèches, on les coupe en lamelles aussi fines que possible avec un couteau bien tranchant ; on met à part les pépins et on jette les oranges dans une terrine avec l'eau où elles doivent séjourner pendant vingt-quatre heures. Le lendemain, faire cuire doucement pendant une heure et demie. Cela doit tourner en gelée. Les pépins, mis à part, resteront avec les oranges pendant tout le temps de la cuisson, enveloppés, bien entendu, dans un morceau de mousseline (1).

En tranches. — Après avoir enlevé entièrement la peau, on sépare les tranches. Celles-ci, laissées entières, donneront un plus bel aspect à la confiture, car la matière se désagrégera plus difficilement. Mais il faut, cependant, enlever les pépins. Pour cela, on met d'abord les tranches à tremper dans de l'eau chaude cinq à six minutes. Après les avoir égouttées, on sort toutes les graines avec un bec de plume d'oie.

On pèse, alors, la chair, et prend autant de sucre en morceaux. On met ce dernier avec un peu d'eau, et, quand il est

(1) *Dundee-marmelade* anglaise (oranges amères) : la chair seule est cuite une heure dans un peu d'eau. La passer sur un tamis un peu large pour en tirer la *purée*. Faire bouillir dans l'eau une heure et demie les écorces finement coupées. Les laisser tremper dans l'eau froide renouvelée (amertume), puis les cuire dans un sirop à 20° bouillant. On concentre à 32° en ajoutant au fur et à mesure du sirop bouillant. Enfin, cuire la pulpe dans un sirop à 32° bouillant. Quand le liquide fait la *nappe*, ajouter les écorces avec leur sirop et cuire encore jusqu'à la *nappe*.

fondu, on fait bouillir. On ajoute, alors, les oranges avec un ou deux zestes. On fait bouillir une heure modérément. Le lendemain, on fait encore bouillir une demi-heure.

En rondelles. — Après avoir enlevé l'écorce, on met les oranges entières dans de l'eau fraîche durant une nuit. Le lendemain, on les blanchit, puis les laisse dans l'eau froide dix minutes à un quart d'heure.

On les coupe, alors, horizontalement en rondelles que l'on met dans une bassine. On superpose, ainsi, des couches séparées entre elles par des lits de sucre. On emploie un poids de sucre égal à celui des oranges pelées.

On fait cuire jusqu'à ce que le sirop soit au *grand boulé*.

Écorces en quartiers. — On détache l'écorce du fruit en la divisant en quatre morceaux, que l'on fait cuire dans l'eau, jusqu'à ce qu'ils cèdent sous la pression du doigt. On rafraîchit à grande eau. Après avoir égoutté, on range dans une terrine et verse dessus du sirop à 25°. Le lendemain, on transvase le sirop seul dans la bassine, on le chauffe et le reverse, tout bouillant, sur les écorces. On réitère cette opération tous les deux jours, en concentrant chaque fois le sirop de deux degrés en plus. A la huitième et dernière façon on porte le sirop à 35° au pèse-sirop. Après refroidissement, on met en bocal.

Écorces hachées. — On blanchit les écorces dans de l'eau bouillante. Quand elles sont à moitié cuites, on en hache la moitié et passe le reste au tamis. On mélange la purée et les morceaux et ajoute au tout le jus de sept citrons par vingt fruits.

On additionne de sucre concassé (poids pour poids) et l'on fait cuire comme pour une confiture ordinaire.

Écorces à la gelée Caillat. — On coupe l'écorce des oranges en filets que l'on fait cuire à l'eau jusqu'à ce que la matière cède sous la pression du doigt.

Une fois égoutté, on jette dans du sirop en ébullition marquant 24 à 25°, puis on laisse refroidir. Cinq à six heures après, on égoutte, tandis que l'on porte le sirop à l'ébullition pour l'amener à 28° au pèse-sirop. On y plonge, alors, les filets d'écorce et laisse refroidir.

On égoutte encore une dernière fois, alors que le sirop est

chauffé, pour l'amener à marquer 32°. On ajoute l'écorce, donne un bouillon et retire, finalement, pour n'égoutter qu'au moment de mettre l'écorce dans la gelée dont nous allons parler et qui ne se prépare qu'au moment d'être employée. C'est dire que les manipulations ci-dessus, qui s'appliquent à l'écorce, se font la veille.

On presse les tranches d'oranges dans un linge et filtre le liquide à travers du papier Joseph.

D'autre part, on prend cinq ou six belles pommes reinettes par litre de jus. On les coupe simplement en quatre et les cuit telles dans juste l'eau nécessaire pour les recouvrir. On passe à la serviette. Le jus obtenu, soit 1 litre environ pour la quantité ci-dessus, est mélangé avec le suc des oranges et 800 grammes de sucre. On cuit jusqu'à ce que la matière, prise dans une cuiller, s'écoule en formant une sorte de nappe. On ajoute alors la julienne d'écorce bien égouttée. On met, ensuite, dans des pots. On couvre avec des ronds de papier trempés dans de la glycérine.

Gelée de citron. — Préparez un jus de pomme ; ajoutez le jus filtré de six citrons et le zeste de trois citrons par kilogramme de pommes. Faites cuire au *gros boulé*, 1 ^{kg}, 200 de beau sucre, ajoutez le jus de citron et le jus de pomme. Donnez un seul bouillon. Si la gelée n'avait pas atteint 28° au pèse-sirop, donnez quelques bouillons en plus.

Gelée composée. — Colle de poisson, 30 grammes ; sucre clarifié, 1 kilogramme ; jus de cinq citrons et jus de cinq oranges. On fait cuire le sucre au *perlé* et l'on fait fondre la colle de poisson dans une petite quantité d'eau ; quand la solution est complète, on mêle le tout ensemble, on passe à travers un linge, on colore suivant le goût et l'on met en pots.

Sirop d'orange. — On met dans un demi-litre de sirop de sucre, préparé comme il a été dit, le zeste de cinq oranges et de deux citrons. On laisse infuser vingt-quatre heures. On passe, alors, ce jus, ajoute 1 litre d'eau, 1 ^{kg},5 de sucre concassé puis porte le tout sur le feu et laisse jusqu'à 32° de concentration. On verse dans une terrine pour refroidir, puis met en bouteilles.

Oranges à l'eau-de-vie. — On choisit des oranges à peau

fine ; on les pique dans le milieu et les met dans de l'eau froide que l'on fait, ensuite, bouillir pour les *blanchir*.

Quand elles sont ramollies, on les replonge dans l'eau froide, puis on leur fait prendre quelques bouillons dans du sucre clarifié cuit à la *nappe*. On écume et laisse reposer, pour recommencer le lendemain.

On place alors les fruits dans des bocaux et verse dessus un mélange composé de parties égales de bonne eau-de-vie et de sirop de sucre.

Enfin on bouche avec soin et tient au sec.

Liqueur d'orange. — On fait un sirop avec 750 grammes de sucre et six verres d'eau. Quand il est presque froid on ajoute 1 litre d'eau-de-vie. On verse le tout dans un bocal au fond duquel on a mis deux ou trois oranges et une gousse de vanille. On laisse macérer deux mois, puis on passe le liquide au tamis.

Ou bien, dans 2 litres d'eau-de-vie faire macérer pendant un mois deux oranges piquées avec une épingle. Ajouter 900 grammes de sucre fondu dans 1 litre d'eau. Après quelques jours filtrer.

Vin d'orange. — Au Brésil, on prépare le *vin d'orange* de la façon suivante. On presse les fruits pour en tirer le jus, que l'on verse dans un tonneau. D'autre part, on fait dissoudre 30 kilogrammes de sucre dans 30 litres d'eau. On porte cette solution à l'ébullition, on l'écume et on mélange au jus d'orange. Au bout de peu de temps le vin fermente. Quand la fermentation est terminée et que le vin s'est éclairci, on le met en bouteilles, après avoir collé, au besoin.

Pour faire un tonneau de vin, il faut de 800 à 1.000 oranges.

Autre. — Après avoir choisi des oranges saines, on les dépouille de leur zeste, en exprime le jus, filtre à travers une chausse. On l'additionne alors de 350 à 400 grammes de sucre par litre, de $0^{gr},05$ de maltopeptone de brasserie, et de $1^{gr},50$ de levure. M. Pairault préconise, en outre, l'apport du mélange nutritif suivant, 30 grammes de phosphate d'ammoniaque, 10 grammes de phosphate acide de chaux, 40 grammes de bitartrate de potasse et 5 grammes de sulfate de magnésie. On stérilise, alors, le tout, en chauffant à $100°$.

Après refroidissement complet, on ensemence avec une levure pure d'orange. La fermentation dure quelques jours. En forçant ou en diminuant la quantité de sucre, on peut obtenir, à volonté, du vin sec, du vin doux ou du vin moyen. Le vin d'orange a un goût qui se rapproche de celui du vin de Madère.

Il existe des établissements industriels spéciaux qui sélectionnent et préparent en culture la levure d'orange pour la vente au commerce.

Liqueurs d'écorce. — Faire infuser dans 1 litre d'alcool, et pendant deux mois, 60 grammes de jaune d'écorce d'oranges; ajouter, ensuite, 800 grammes de sucre fondu dans un litre d'eau.

Ou bien, encore, on râpe la surface de l'orange sur du sucre et forme une pâte à laquelle on ajoute les quantités d'alcool et d'eau indiquées plus haut.

Après macération, on filtre et conserve dans des flacons bien bouchés.

Pour le *ratafia*, on laisse macérer, pendant deux à trois semaines, 200 grammes d'écorce, 40 grammes d'anis, de cannelle, de coriandre, de macis, et quatre clous de girofle dans 5 litres d'eau-de-vie. Après quoi, on filtre et ajoute au liquide $1^{kg}.5$ de sucre fondu dans 2 litres d'eau.

Amer hollandais. — Faire infuser, pendant vingt-quatre heures, dans 10 litres d'eau-de-vie, et à une douce température, les zestes frais de trois oranges, de deux citrons, et 125 grammes d'écorce de curaçao de Hollande. Tamiser et colorer le liquide.

Curaçao. — Laisser macérer quinze jours au soleil, dans une bouteille bien bouchée, 50 grammes d'écorces sèches d'orange avec 1 litre d'eau-de-vie ordinaire, en agitant chaque jour. Après ce temps, tamiser et ajouter au liquide 500 grammes de sucre *caramélisé* dans une égale quantité d'eau.

Liqueur d'écorce de citron. — Faire infuser, pendant un à deux mois, les zestes de deux *citrons* dans 1 litre d'eau-de-vie. Filtrer et ajouter au liquide 250 grammes de sucre fondu dans un peu d'eau. On traite de même le zeste des *cédrats*.

Autre. — Faire bouillir dans un demi-litre d'eau, 400 grammes de sucre, l'écorce de deux citrons et celle d'une orange. Ajouter le jus de ces fruits. Après ébullition, mélanger avec 1 litre de rhum.

Chinois confits. — Les *chinois* sont des sortes de petites *oranges* vertes que l'on peut confire de la façon suivante.

On enlève délicatement, avec un couteau à lame mince et bien tranchante, tout le péricarpe vert (zeste) qui enveloppe les fruits. Ceux-ci, une fois pelés, sont plongés dans l'eau fraîche, dans laquelle on les laisse sept à huit jours. On renouvelle le liquide matin et soir. Ce laps de temps écoulé, on les égoutte et les tient exposés, pendant au moins vingt-quatre heures, sur des claies, à l'ombre, et dans un courant d'air, si possible. Une fois ressuyés, on les laisse dans un sirop de sucre à 20° durant deux jours. On les plonge, alors, dans un nouveau sirop à 25°, dans lequel ils doivent séjourner cinq jours. Ce même sirop est, ensuite, porté à 35° et on y met les fruits encore deux jours.

Une fois retirés, on les égoutte sur un tamis, puis les fait sécher, soit dans une étuve, soit sur des claies. Enfin, on les conserve dans des boîtes garnies de papier.

Chinois à l'eau-de-vie. — On les met dans un bocal que l'on emplit aux deux tiers, puis on verse dessus de la bonne eau-de-vie, de façon à ce que les fruits baignent entièrement. On ferme le bocal avec un bouchon en liège recouvert d'un linge double et d'un parchemin bien ficelé.

Mais il est préférable, pour ne pas avoir des fruits qui restent, malgré l'eau-de-vie, durs et acerbes, de les confire, au préalable, dans du sirop de sucre, comme nous l'avons indiqué.

Confiture de pamplemousses — Les *pamplemousses* sont une variété d'agrumes non comestibles à l'état frais.

Enlever le zeste, puis couper. Presser pour chasser le jus acide. Les morceaux roulés (les ficeler), sont mis à bouillir dans de l'eau. Quand ils sont ramollis, les rafraîchir dans l'eau froide. Les laisser ensuite égoutter. D'autre part, peler huit oranges, les mettre dans une marmite avec deux verres d'eau et 2 kilos de sucre. Faire bouillir et jeter dedans les écorces.

CHAPITRE XIV

LES FIGUES

La *figue* est un des fruits qui se conservent le plus difficilement. Moins que tout autre elle ne peut être cueillie avant maturité. Dans ces conditions, la consommation des figues *fraîches* ne peut avoir lieu que dans les pays mêmes de production.

La préréfrigération ou le transport par frigorifique peut rendre ici de grands services pour la conquête des débouchés.

On a trouvé que la température la plus favorable pour la conservation en chambre froide est + 2°.

Ajoutons que la région la plus importante de production pour la figue fraîche du commerce est le Var avec les centres de Solliès-Pont, Puget-Ville, Le Luc, etc.

§ I. — Dessiccation.

Le meilleur mode de traitement des figues pour leur conservation c'est la *dessiccation* (1).

Il y a lieu de faire un choix dans les nombreuses variétés. Les trop grosses figues, juteuses, à peau épaisse, perdent difficilement leur eau. A ce titre, celles qui croissent sur les coteaux calcaires, schisteux, chauds, exposés au midi, conviennent bien. La belle marchandise, soigneusement préparée et présentée, fera toujours prime sur les marchés, où l'on apprécie, particulièrement, la couleur blanche. Une peau fine, quoique ferme, facilite beaucoup la dessiccation et assure la conservation, ce qui est un point important. Les fruits seront beaux, très sucrés, à saveur délicate et non forte, et leurs graines petites.

Bien qu'il faille préférer pour les grandes plantations les variétés un peu tardives, les figues doivent pouvoir se sécher complètement au soleil avant les pluies d'automne. A ce point de vue, on aurait tout le temps voulu si l'on employait les figues de *première saison*, ou *figues-fleurs*, qui, chez les sujets *bifères*, mûrissent en juin-juillet.

(1) Voy. notre article *Les figues sèches* dans le *Petit Journal agricole* du 22 novembre 1903.

Mais il est préférable de vendre celles-ci fraîches. En Italie, où l'exportation des figues fraîches est peu connue, on préfère sécher ces figues-fleurs. Les figues d'automne sont, d'ailleurs, généralement moins juteuses et plus sucrées.

On prétend que dans les terrains calcaires les figues sont peu exposées aux rosées lors de la dessiccation, à cause de la moindre humidité qui se dégage du sol.

Variétés. — Dans notre Midi, on compte que pour récolter entiè-

Phot. Rolet.

Fig. 148. — La cueillette des figues en Provence.

rement tous les fruits d'un arbre qui mûrissent successivement, il faut vingt à trente jours. Si l'on ajoute à ce chiffre huit à douze jours pour la dessiccation, c'est sur un mois à un mois et demi qu'il faut se baser avant l'arrivée des pluies.

Nous ne pouvons pas citer ici toutes les variétés qui méritent d'attirer l'attention des producteurs, variétés qui, d'ailleurs, ne pourraient s'acclimater dans toutes les régions. Nous n'en nommerons que quelques-unes : la *marseillaise* ou *figue d'Athènes*, que l'on rencontre, principalement, aux environs de Marseille et de Toulon, sur les terrains secs, les coteaux calcaires, schisteux. En plaine, elle mûrit trop tard et n'a jamais une belle couleur. Elle est de moyenne grosseur, plutôt petite, même, mais très sucrée, très délicate. Elle mûrit en septembre et perd sa couleur verte pour devenir blanche en se desséchant. On la confond, quelquefois, avec la *blanquette*, moins estimée. Dans les environs de Nice, on apprécie beaucoup la *bellone* (fin août, terres fraîches), que les courtiers paient jusqu'à 60 francs les 100 kilogrammes, une fois séchée, 40 à 60 francs la deuxième qualité et 25 à 35 francs la troisième ; la *mouissone violette* (septembre, terrains frais), bien connue aussi aux environs de Toulon, à Roquevaire, etc., à peau plus souple que la bellone, mais plus petite et de moins belle apparence ; la *coucourelle* et la *rolandine* blanche, cette dernière vaut de 40 à 50 fr. les 100 kilogrammes. La *Salerne* est très répandue dans le Var et les Alpes-Maritimes ; sa peau blanche est fine. D'aucuns la placent immédiatement après la marseillaise.

En *Algérie*, on recommande les variétés *tharanimt*, longue; *tambouit*, assez longue, et *timbouit*, petite ; *tamsingout*, grosse, à peau fine. On cherche, aussi, à acclimater la figue de *Smyrne* dont les fruits de choix valent de 80 à 100 francs. On a proposé de l'essayer en France. Dans la province de Bari, en Italie, on recherche, avant tout, la *dottata*, puis la *figue à la reine*, la *verderano* ou *villarano* et la figue de *Saint-Antoine*.

Dans les Baléares, la *bordisot* est très appréciée.

Cueillette. — La *cueillette* doit se faire à maturité complète très avancée, le fruit pendillant sur son pédoncule, la peau ridée et gercée, de petites gouttes de liquide sucré perlant à l'œil. Ces indices révèlent le maximum de sucre. S'il n'y avait à craindre quelques inconvénients, il serait préférable de ramasser les fruits tombés à terre, le sol ayant été, au préalable, nettoyé et aplani. Mais ils peuvent se meurtrir, se souiller de terre ; le pédoncule n'est souvent pas intact, et puis, avec les variétés tardives, les fruits à moitié desséchés se couvrent de moisissures sur l'arbre par les temps humides.

Généralement on cueille les *figues blanches* à la main, afin de leur conserver tout entier le pédoncule. Les figues flétries sur l'arbre ne perdent que la moitié de leur poids par la dessiccation. Les figues tout à fait fraîches, les deux tiers.

La cueillette doit se faire par temps sec, après la rosée et avant la pluie.

Pour faciliter la conduite de la dessiccation et de la préparation ultérieure, il est préférable de séparer les figues blanches, ou qui deviennent plus claires par la dessiccation, de celles qui conservent la couleur noire. Pour ne pas compliquer le travail, on mélange les variétés de même couleur. Cependant, la grosseur comme la couleur influent sur la facilité de la dessiccation. Il y a des variétés qui sèchent facilement sur l'arbre, et dont il faut achever à part la dessiccation, comme, aussi, celles que l'on ramasse par terre, tandis que l'on fait un lot spécial des fruits qui se dessèchent difficilement. En Kabylie les figues qui se dessèchent sur l'arbre sont déposées, au fur et à mesure de la récolte, sur des lits de branchettes rangées en forme de nid d'oiseau entre les branches mêmes du figuier.

Il faut considérer encore que les prix changent avec les variétés.

Nous avons dit que le commerce recherche particulièrement les figues blanches. On peut, comme en Amérique, exposer les fruits colorés aux vapeurs sulfureuses avant d'être portés au soleil. A cet effet, on les dispose sur les claies d'une *boîte à blanchir*, dans laquelle on brûle du soufre, et où on les laisse 15 à 25 minutes.

M. Imbert, colon-pépiniériste à Borély-la-Sapie, près Alger, obtient de très bons résultats en procédant de la façon suivante. Après la cueillette, les fruits sont laissés toute la nuit sur des claies dans une chambre hermétiquement fermée et, ainsi, exposés, durant six à dix heures, à l'action du gaz sulfureux. On brûle 20 à 25 grammes de soufre par mètre cube d'air. Le lendemain, les claies sont portées au soleil. Ce mode opératoire a l'avantage de hâter la dessiccation ; de plus l'odeur très prononcée du gaz éloigne les mouches. Mais on ne peut livrer les fruits à la consommation que trois mois environ après la fumigation.

On peut, aussi, blanchir de la même façon les figues après dessiccation, qui sont de couleur trop sombre. Dans cette opération, il faut placer le soufre en un point un peu élevé.

Dessiccation au soleil. — Pour la dessiccation au soleil, les figues sont mises l'une à côté de l'autre, sur des claies en roseaux, tiges de fenouil, etc. (ces dernières préserveraient mieux de la rosée de la nuit) ayant 3 m. 5 × 1 m. 5, environ, ou des planches tenues à 1 mètre du sol, sur des traverses portées par des piquets fichés en terre. Ce dispositif est établi à demeure dans un endroit bien découvert, abrité, et près de la ferme, pour pouvoir surveiller plus facilement. Il faut chercher à les dessécher le plus *rapidement possible*. On retourne chaque figue pour bien exposer toute sa surface au soleil, au moins deux fois par jour, le matin et à midi, et cela en l'aplatissant un peu, ce qui facilite l'évaporation. Les fruits qui sont prédisposés à laisser couler du jus sont placés l'*œil* en l'air et ils restent ainsi jusqu'à ce que le jus se soit épaissi. Il ne faut pas oublier d'enlever les figues véreuses ou malades, qui pourraient gâter leurs voisines. Quand on n'a que des petites quantités de fruits, on les pique quelquefois sur des branches épineuses et sans qu'ils se touchent.

La nuit, pour éviter l'action de l'humidité, on superpose

les claies en piles de 15 à 20, que l'on recouvre de paillassons ou de toiles. Ou, encore, si le dispositif s'y prête, on roule les claies. Enfin, on peut les transporter sous un hangar ouvert ou dans une pièce aérée.

Tous les fruits ne sont pas secs en même temps. On enlève, au fur et à mesure ceux qui, pressés sur le pédoncule, s'aplatissent sans se fendiller et sont assez souples pour ne pas se crever sous la pression du doigt. On reconnaît la dessiccation complète avec un peu d'habitude à la vue et au toucher. On donne encore comme caractères que les figues doivent être aussi sèches le matin que le soir. Insuffisamment desséchées, elles fermenteraient et se conserveraient mal ; trop sèches, elles garderaient un « goût terreux et cuit ».

Dessiccation au four. — On s'accorde à reconnaître que les figues ainsi desséchées à la chaleur solaire sont de meilleure qualité que celles qui sont traitées au four ou, même, à l'évaporateur. Bien que ce dernier appareil ait été perfectionné, il est parfois difficile de conduire progressivement la dessiccation. Celle-ci n'est pas régulière sur toute la surface de la claie. Si un triage minutieux ne sépare pas les figues insuffisamment sèches, elles s'altèrent facilement. La marchandise peut perdre, ainsi, jusqu'à un tiers de sa valeur commerciale.

Mais quand l'état du ciel, les intempéries, ne permettent pas la dessiccation en plein air, ces appareils peuvent être d'une grande utilité, d'autant qu'avec eux on n'a pas à craindre les altérations produites par les insectes.

On utilise, plus fréquemment, le four ordinaire. La température doit, d'abord, être modérée. Après refroidissement à l'air, on remet les claies dans le four, chauffé à une température un peu plus élevée et ainsi de suite, jusqu'à ce que la figue soit amenée au point voulu de dessiccation. Comme nous l'avons dit pour la dessiccation à l'air, il est prudent de ne mettre sur la même claie que des fruits de même variété, de même grosseur et du même terroir.

Pour hâter la dessiccation, on peut, au préalable, tremper quelques secondes les fruits placés dans un panier, par exemple, dans de l'eau bouillante additionnée au besoin de 200 grammes de sel par 10 litres.

Après la dessiccation. — Après la dessiccation on trouve, parfois, des figues qui sont trop dures, on dit qu'elles ont le goût « terreux et cuit ». On doit surveiller les fruits pendant la dessiccation pour reconnaître le point de dessiccation convenable, soit à la vue, soit au toucher. C'est une

Phot. Rolet.

Fig. 149. — La dessiccation des figues au soleil, à Antibes.

affaire d'habitude. Un caractère assez sûr c'est le suivant : quand on presse sur le pédoncule, le fruit doit s'aplatir sans se fendiller, être assez souple pour ne pas crever.

Les fruits trop durs seront laissés quelque temps à l'air et à l'ombre avant de les emballer, pour qu'ils reprennent un peu d'humidité.

Quant à ceux qui sont de couleur trop foncée, on peut les fumiguer avec le gaz sulfureux.

Les insectes sont à redouter pendant la dessiccation au soleil. Nous avons dit comment on peut les éloigner, en employant le soufre avant la dessiccation.

En Kabylie, on arrose les tas de figues sèches d'eau salée. En Amérique, on les trempe, durant deux à trois secondes avant l'emballage, dans de l'eau salée bouillante (eau de mer, ou eau ordinaire contenant 5 kilogrammes de sel marin non raffiné ou gros sel par 100 litres). A cet effet, on met les fruits dans un panier, une casserole percée, une passoire, etc. Les figues ainsi *stérilisées* sont de nouveau mises à sécher. Quelquefois on emploie du sirop bouillant.

A Smyrne, quand les boîtes sont pleines, et avant de tasser la masse, on les plonge elles-mêmes dans la saumure, qui emplit tous les interstices en même temps qu'elle détruit les germes nuisibles.

En Australie, on prétend que le sel de cuisine ne convient pas ; on l'accuse de contribuer au noircissement des figues. Mais le sel brut est moins à redouter. Plus il est impur, même, meilleurs seraient les résultats (trois grosses poignées de sel gemme par 4 litres d'eau). A ce point de vue, l'eau de mer serait préférable.

Les figues doivent séjourner deux minutes dans la saumure. Une faible portion de celle-ci pénètre alors dans la chair du fruit et contribue à la rendre plus appétissante.

Mais quel que soit le liquide employé, on reconnaît qu'il altère toujours plus ou moins la qualité des figues, qui perdent, de ce fait, l'efflorescence blanche sucrée qui, d'ordinaire, couvre leur épiderme après la dessiccation.

On remédie à ce défaut en roulant les figues encore humides dans du sucre très fin.

D'aucuns préfèrent stériliser les fruits en les maintenant seulement dans la vapeur d'eau bouillante. Par exemple, les figues sont placées sur un tamis métallique tenu à une faible distance de l'eau pour mieux subir l'action de la vapeur.

De la sorte, les inconvénients du trempage direct dans l'eau disparaîtraient en partie.

Emballage. — Avant l'emballage, il convient de *trier* les fruits avariés ou défectueux et de classer en catégories, suivant qualités.

Dans la province de Bari, en Italie, on divise en : *choix extra*, qui comprend les plus belles, bien blanches et grosses ; *deuxième qualité commerciale* ou *prima Bari*, qui englobe toutes les figues de bonne qualité et saines ; le *rebut*, enfin, groupe tous les fruits gâtés, petits, à couleur plus foncée. Ils sont emballés dans des sacs de 50 à 100 kilogrammes et destinés à la consommation par la classe ouvrière de la haute Italie. Si les figues ont fermenté, on les expédie soit à Gênes soit à Trieste, pour la distillation (l'*araki* des Arabes est de l'eau-de-vie de figues).

En Portugal, on classe les figues triées à la main en trois qualités; 1° figues grandes, sans macules, pesant plus de 16 grammes (23 francs le quintal environ) ; 2° figues moyennes, pesant de 12 à 16 grammes (17 fr. 50) ; 3° figues pesant moins de 12 grammes (11 fr. 50). On ajoute à cette dernière catégorie les fruits plus gros, présentant quelque défaut. Les figues écrasées sont, généralement, données aux porcs.

En Algérie, quand la dessiccation est complète, on enlève, à midi, toutes les figues chaudes, on les met en tas dans un endroit couvert, jusqu'à ce qu'elles aient perdu leur chaleur, puis on les emmagasine dans des caisses, par lits séparés par de la paille. Les Kabyles du bord de la mer coupent les figues en deux et les aplatissent pour les faire sécher. Après dessiccation, ils les tassent dans de grands moules en bois, puis les pressent fortement avec une vis pour faire du tout un pain compact. En Algérie, on *conserve* encore dans de grandes jarres en poterie ou dans de grands paniers en roseaux piqués dans le sol et dont le fond est tapissé de branches de jujubier nain, le tout recouvert de feuilles de figuier.

En Portugal, quand les fruits ne doivent pas être immédiatement expédiés, on les trie par catégories, puis on les emmagasine dans un endroit sec, où sont des casiers en bois contenant chacun 1.500 kilogrammes, dans lesquels on les tasse avec les pieds après les avoir recouvertes d'une toile.

En Amérique, on met les figues dans des boîtes de *ressuage*, où elles restent plusieurs jours. En Australie, on les laisse un à deux jours dans des caisses.

Dans tous les cas, il importe de conserver ces fruits desséchés dans un endroit sec et, par exemple, dans des pots vernissés intérieurement. Mieux vaut, encore, les empaqueter le plus tôt possible.

L'*emballage* et la présentation au consommateur importent beaucoup, au point de vue de la vente. Il faut éviter les emballages rui-mentaires, comme les sacs, les couffins et, même, les paniers en lattes, au moins pour les fruits de première qualité. On doit préférer les caissettes ornées de papier de couleur, arrangé avec goût, encadrant des figues saines, blanches, souples. Il est, d'ailleurs, utile de prendre des renseignements auprès des commerçants sur le goût des consommateurs.

En Australie, dès que les figues sortent de la saumure bouillante

23.

on les range avec soin, par couches (3 ou 4) dans des caissettes, le pédoncule tourné vers le haut, ainsi que sont emballées les figues de Smyrne; on les presse à la main ou avec de petites presses pour les aplatir. Ainsi, on distribue mieux la chair et la peau autour du pédoncule et, lorsqu'on ouvre la boîte, dont le fond devient alors le couvercle, la surface se présente parfaitement pleine. Il faut veiller, toutefois, à ne pas faire de gerçures sur les fruits, autour du pédoncule. Une assez forte pression est, cependant, nécessaire. On forme, ainsi, une masse dans laquelle l'air ne peut guère circuler et où les insectes ne peuvent non plus pénétrer. Pour ne pas écarter les planches de la caisse, on met celle-ci dans un cadre en fer.

Dans ce travail d'emballage, les mains doivent être constamment imbibées d'eau salée, pour empêcher les figues sucrées de se coller aux doigts. Quelquefois, on imbibe chaque couche d'eau-de-vie ou on étale à sa surface des feuilles de laurier, de calament, de pêcher, des graines de fenouil, etc.

Dans la province de Bari, en Italie, le premier choix est emballé dans de petits paniers en bandes très légères de châtaignier (25 francs le cent) de 1, 2, 5 kilogrammes, ou dans d'élégantes boîtes en fer-blanc ou en carton. La deuxième qualité, ou commerciale, dans des paniers de 15 à 25 kilogrammes. Cette qualité forme la base du grand travail d'exportation de la place de Bari. Une ouvrière emballe quatre ou cinq paniers par jour et reçoit 60 à 70 centimes. Avec le travail à forfait, elles en préparent 7 ou 8 mais l'emballage est moins soigné.

En Algérie, les figues sèches sont pressées, aplaties et mises dans des couffes en palmier nain de 12 kilogrammes, ou des caisses de même poids, pour Marseille et les ports du Nord. Pour l'expédition dans le Sahara, on fait des pains volumineux, ou gâteaux comprimés, d'un prix peu élevé.

En Portugal, les boîtes de 15 kilogrammes ont comme dimensions $0^m,41 \times 0^m,26 \times 0^m,10$; de 7 kilos 5, $0^m,41 \times 0^m,20 \times 0^m,11$; de 3 kilos 75, $0^m,31 \times 0^m,16 \times 0^m,08$; de 2 kilos, $0^m,27 \times 0^m,14 \times 0^m,06$.

Économie. — Les figues de Provence passent pour mieux se conserver que celles du Languedoc, du Roussillon et du Vaucluse.

Dans le Midi, avec 257 pieds à l'hectare arrivés à leur plein développement, c'est-à-dire vers l'âge de douze ans, on obtient, en moyenne, 3.200 kilogrammes de figues sèches. On sait qu'il faut environ 3 kilogrammes de figues fraîches pour faire 1 kilogramme de figues sèches, soit 9.000 kilogrammes de fruits frais pour un hectare. Les prix sont très variables. On compte en moyenne 22 francs pour 100 kilogrammes de figues sèches. Autrefois, bien préparées et conservées, les bonnes qualités se payaient jusqu'à 60 francs. En Algérie, le maximum est de 22 à 25 francs, et la moyenne payée aux Kabyles, 15 à 18 francs. La distillerie paie les figues de qualité inférieure 10 à 12 francs le quintal. A Sfax, les figues sèches valent 12 à 15 francs. En Portugal, un figuier en plein rapport, à vingt ans, donne en moyenne 30 à 45 kilos de figues sèches dont nous avons fait connaître les prix plus haut.

Après dessiccation, les figues contiennent 20 à 25 p. 100 d'eau, 60 à 70 p. 100 de matières sucrées et 8 à 10 p. 100 de matières azotées, cendres, etc. Elles constituent donc un aliment très nourrissant. D'après les analyses de Payen, au point de vue azote, 1^{kg},033 de figues sèches sont aussi nutritives qu'un kilogramme de pain.

En 1903, nous importions 17.811.900 kilogrammes de figues sèches, d'une valeur de 4.275.000 francs, et 13.378 kilogrammes de figues pour la distillerie, la plus grande partie venant d'Algérie. Rappelons que l'on fait encore du café de figue, une poudre sucrée, etc., etc. Les statistiques montrent que l'Angleterre est un débouché rémunérateur pour les figues de bonne qualité et bien présentées.

Dans le Midi, l'industrie des figues sèches a perdu beaucoup de son importance. Devant la concurrence des produits d'Italie, Espagne et Portugal, Egypte, Turquie, Grèce, Algérie, Tunisie, les cours ont fléchi et les cultivateurs délaissent le figuier pour des cultures plus rémunératrices. La surveillance des figues mises à sécher au soleil, dessiccation qui devient pénible et incertaine quand arrivent les pluies d'automne, demande un temps que les cultivateurs préfèrent consacrer ailleurs. La conservation en magasin, à l'abri de la vermine, est assez difficile, à cause de la température de nos régions. A ce dernier point de vue, on a proposé de garder les fruits dans des chambres réfrigérantes, où la basse température s'opposerait au développement des mauvais germes, en attendant le relèvement des cours.

Pour ouvrir de nouveaux débouchés au commerce, on a demandé que les figues sèches entrent dans les desserts des soldats.

Malgré tout, comme le dit M. Michalet, il faut chercher à développer cette production, qui, bien conduite, peut être la source de bénéfices. Il faudrait, cependant, bien sélectionner les variétés de choix, les propager par le greffage. Les syndicats agricoles pourraient, au besoin, faciliter l'emploi des évaporateurs, et, en groupant les producteurs des régions où le figuier est très répandu, comme à Puget-Ville, Cuers, dans le Var, constituer des coopératives de dessiccation et de vente.

Ennemis. — La figue sèche est attaquée surtout par un petit papillon du groupe des teignes (*myelois ceratoinæ*), dont les larves rougeâtres rongent la pulpe, et un *acarien* (l'*acarus passularum*), que l'on ne peut guère distinguer qu'à la loupe dans la poudre blanche des fruits attaqués.

Cet acarus est blanc laiteux avec deux taches brunes à l'arrière du corps. Il a huit pattes et quelques filaments soyeux d'un beau blanc.

Quand on a constaté la présence de l'ennemi, on doit brûler ou enterrer les figues attaquées ainsi que le panier ou la boîte qui les contient et laver à l'eau bouillante l'endroit où le tout était placé.

Café de figues. — Les figues sèches de deuxième qualité, ou celles qui sont avariées, peuvent servir à préparer *du café de figues*, qui tend à remplacer le café de chicorée, dans nombre de régions de l'Europe centrale.

M. le Dr Trabut a donné, sur ce produit, les détails ci-après.

« Dans toute l'Europe centrale, le café de figues (*Feiger Kaffee*) a pris la place de la chicorée. Cette préparation est obtenue en torréfiant des figues de peu de valeur, qui sont, en général, achetées en Orient à des prix variant de 12 à 15 francs les 100 kilogrammes. Depuis quelques années, l'Autriche fait des achats de ce produit en Algérie ; des figues de Kabylie et des figues séchées ouvertes de la région de Mostaganem ont été expédiées pour le café de figues.

« Le café de figues peut-il avec avantage être préparé en Algérie ?

« Quels seraient les débouchés pour ce produit ?

« A l'étranger, il existe déjà des usines importantes et il est probable que des droits de douane protégeraient cette industrie.

« En France, le café de figues est encore peu connu et il existe d'importantes fabriques de chicorée — d'après Heuzé, nous importons 30 millions de kilogrammes de chicorée torréfiée provenant d'Allemagne et de Belgique, la culture de la chicorée en France n'est donc pas menacée par l'introduction du café de figues, — notre premier objectif est de remplacer les 30 millions de kilogrammes de chicorée importés par 30 millions de kilogrammes de figues torréfiées.

« Ce nouveau produit déplacera facilement la chicorée, car il présente de nombreux avantages qui seront vite reconnus par les ménagères.

« Le café de figues est au moins aussi colorant que la chicorée ; il a un goût trouvé agréable par beaucoup de dégustateurs et qui provient des nombreuses petites graines pilées avec la pulpe. Ces graines sont nombreuses et bien pleines dans nos figues, qui sont toutes caprifiées, c'est-à-dire fécondées.

« Le café de figues contient une forte proportion de sucre qui édulcore le café.

« Comme la chicorée, le café de figues doit être employé surtout dans le café au lait, on peut facilement y introduire un tiers de café de figues et l'on obtient un aliment sain et agréable ; pour les enfants, cette proportion peut être dépassée, on peut même faire du café au lait avec le seul café de figues, ce qui n'est pas possible avec la chicorée.

« La préparation du café de figues ne présente pas de difficulté. Chaque ménagère, à la rigueur, pourrait griller et moudre sa provision.

« La torréfaction demande un peu d'attention ; dans le brûloir à café ordinaire, on brûle généralement une partie et on ne cuit pas l'autre — il faut une chaleur régulière et soutenue, une étuve convient bien — les figues brunissent et deviennent presque noires tout en restant encore molles ; à ce moment, il convint de les laisser à l'air, elles deviennent assez dures et cassantes pour être moulues ou pilées.

« La poudre obtenue, qui devra être fine pour que les graines soient bien divisées, est assez avide d'eau. Pour conserver le café de figue pulvérulent, il faudrait l'envelopper dans un papier imperméable. En général, on le place dans des boîtes en carton, où il ne tarde pas à s'agréger en une pâte cassante.

« On peut, aussi, et c'est là un procédé qui paraît pratique, agglomérer cette poudre en tablettes faciles à diviser ; les fragments, projetés dans l'eau chaude, se désagrègent immédiatement.

« Cette question du café de figues, qui a fait sourire, il y a deux ans, quand elle a été soulevée par le service des renseignements généraux du gouvernement général, est, à la suite d'expériences probantes faites notamment à Bougie, en 1899 et ces jours-ci, entrée dans une phase nouvelle.   -

« 100 kilogrammes de figues sèches donnent 75 kilogrammes de poudre sèche de café ; la matière première coûtera donc environ 15 francs le 100, le prix de vente en gros, en se basant sur le prix de la chicorée, est d'environ 60 francs. Il reste donc 45 francs pour la torréfaction, pulvérisation, mise en paquets et transport.

« Le prix de vente au détail pourra donc facilement se maintenir à 100 francs comme pour la chicorée. A l'étranger, le café de figues est vendu au détail 1 fr. 40 le kilogramme.

« Un avantage important que l'on peut espérer de cette industrie, c'est un triage plus soigné des figues sèches pour la consommation, tous les fruits avariés seront retirés et mis de côté pour être torréfiés.

« C'est aussi l'industrie du café de figues qui provoquera l'emploi d'évaporateurs à air chaud pour la dessiccation des figues ; tous les ans, quand les pluies surviennent en fin septembre, la dessiccation au soleil est arrêtée et souvent même une partie de la récolte est compromise. Des étuves ou évaporateurs permettront de sécher encore bien des quintaux de fruits qui trouveront un écoulement à l'usine.

« Dans les régions où la figue entière sèche mal, il est encore possible de préparer des fruits pour le café, en les ouvrant ; la dessiccation est alors plus rapide, et ces figues, peu présentables, conviennent très bien pour la torréfaction. Enfin, les figues noires plus rustiques, plus faciles à sécher et parfois plus fertiles, trouveront aussi un débouché important.

« Il est à désirer que les fabriques de chicorée, qui sont assez nombreuses dans le Nord, étudient ce nouveau produit et recherchent si elles n'ont pas intérêt à opérer elles-mêmes la substitution de la figue algérienne à la racine de chicorée importée de l'étranger. C'est une dizaine de millions à garder chez nous, tout en mettant en circulation un produit alimentaire répondant mieux aux usages auxquels il est destiné. »

§ II. — Confitures.

Pesez les fruits épluchés. Il faut trois quarts de livre de sucre par livre de figues. Additionnez le sucre de moitié son poids d'eau (1/2 litre d'eau pour 1 kilogramme de sucre). Faites un sirop parfumé avec un bâton de vanille. Quand le sirop bout, placez-y les figues avec précaution au moins quatre heures. Mettez en pots.

Autre. — On pique, d'abord, les figues presque mûres, fermes, avec une grosse aiguille. On les jette dans l'eau froide que l'on porte sur le feu pour les « blanchir ». Quand on peut enfoncer une paille dans les fruits, on les retire de l'eau bouillante et les met à sécher sur un linge ou sur une claie.

Pendant ce temps, on fait un sirop avec le même poids de sucre et un peu d'eau. Quand le sirop est à point, on y remet les fruits un à un. On laisse cuire demi-heure à feu doux, en parfumant avec de la vanille, du zeste de citron, etc.

Confiture de ménage. —On n'emploie que le jus de figues bien mûres, que l'on presse dans un linge. Mieux encore, on fait cuire des figues sèches et filtre. Dans cette sorte de sirop noir, on fait cuire des quartiers de coings, de melons, de poires, etc. On n'ajoute que la quantité de sucre nécessaire pour parfaire celle qui est apportée par le jus des figues.

CHAPITRE XV

LES MELONS, PASTÈQUES, CITROUILLES, POTIRONS

Dans le Tarn-et-Garonne le melon Cantaloup de Bellegarde est cultivé aux environs de Montauban (Corbarieu, Barry d'Islemade, Villemade).

Cavaillon (Vaucluse) est un centre très important de production, de même que Châteaurenard (Bouches-du-Rhône).

Conservation à l'état frais. — La vente des *melons* en hiver est très rémunératrice; on a donc avantage à les conserver le plus longtemps possible après la cueillette. On utilise, à cet effet, les variétés d'hiver. On les suspend dans un local fermé exposé, de préférence, au midi, car il faut, à tout prix, préserver ces cucurbitacées de la gelée. On doit les détacher de la plante avant complète maturité et en leur laissant un bout de leur pédoncule qui sert à les suspendre à des crochets fixés dans le plafond ou sur la charpente. En outre, il faut avoir la précaution de les envelopper de paille, que l'on attache d'abord autour de la tige, puis que l'on réunit à l'autre extrémité avec un nœud de ficelle.

Pour les sujets trop lourds, ou dont la queue n'est pas assez résistante, de même que pour les variétés à écorce trop tendre, ou qui, en mûrissant, laissent le pédoncule se détacher facilement, on se contente de les enfouir dans du sable bien sec ou mieux de la cendre.

A cet effet, on tamise de la cendre bien sèche, bien pulvérisée, si elle a été lessivée, et on en met une première couche de 10 centimètres au fond d'une caisse ou d'une futaille bien étanches. On range, dessus, les melons préalablement brossés, débarrassés des insectes que pourrait porter leur écorce. Les

fruits ne doivent pas se toucher entre eux ni toucher les
parois. Après en avoir ainsi déposé une première rangée, on
comble soigneusement les vides avec de la cendre, et on continue à ajouter celle-ci pour en faire une couche de 10 centimètres. On établit, alors, une claie à claire-voie, faite de

Phot. Rolet.

Fig. 150. — La récolte des melons dans la plaine de Pourrières (Var).

lattes assemblées en croix et qui reposera sur des tasseaux
fixés sur les parois. La nouvelle rangée de melons que l'on
établit alors sur cette sorte de plancher ne pèsera pas ainsi
lourdement sur la rangée inférieure. Après avoir couvert à
nouveau avec de la cendre, on place une troisième rangée,
et ainsi de suite, jusqu'à ce que le contenant soit plein. On
ferme, alors, non sans avoir couvert de cendres les derniers
melons.

Il est entendu que l'on ne devra réserver pour ce traitement que les melons les plus beaux, sains, ni fendillés, ni meurtris.

Quand le moment sera venu de les utiliser, on aura la précaution de toujours combler les vides avec de la cendre.

Les melons mûrs se conservent en *chambre froide* à la

Fig. 151. — Marché aux melons.

température de + 3 à + 4° (trois à quatre semaines).

CONFISERIE

Les *melons* destinés aux confitures doivent être choisis bien mûrs et parmi les variétés à chair très ferme, mais non grossière et sèche.

Après avoir coupé en tranches, on enlève l'écorce et la couche trop molle de la chair, puis on divise en petits morceaux.

On ajoute par kilogramme 800 grammes de sucre, un verre de vinaigre, une gousse de vanille. On fait cuire doucement le tout et maintient l'ébullition durant une heure.

Parfois, on mange la chair comme d'ordinaire, et on ne transforme en confitures que les côtes.

Dans quelques recettes, les morceaux sont mis à baigner dans l'eau, puis on fait cuire vingt minutes. On retire, alors, la matière et la laisse égoutter. D'autre part, on fait un

Phot. Rolet.

Fig. 152. — Une belle collection de courges.

sirop au *perlé* (p. 192), et y fait bouillir les côtes, un quart d'heure environ.

Autre. — On choisit des melons à chair ferme, comme le *cantaloup*. On divise en tranches que l'on coupe, ensuite, en deux. On enlève l'écorce et la partie trop dure qui y adhère.

D'autre part, on fait bouillir du bon vinaigre (1 litre pour un melon de grosseur moyenne), et y verse les morceaux qu'on laisse cuire lentement. Quand ils sont suffisamment ramollis, on les met sur un tamis, puis on les range dans un bocal en verre. On ajoute du vinaigre (contenant la moitié de son volume d'eau) et du sucre (3/4 du poids du fruit). On fait bouillir quinze minutes. Quand ce sirop marque 36 à 38° au pèse-sirop, on laisse refroidir à moitié. On verse, alors, sur les tranches de melon. On a mis, au préalable, sur ces dernières, un petit nouet en tulle dans lequel on a enfermé une douzaine de clous de girofle et un bâton de cannelle concassé.

Melon confit à l'eau-de-vie. — On prend, de préférence, les melons à chair ferme, comme le *cantaloup*. Après avoir enlevé l'écorce des tranches et la portion supérieure trop molle de la chair, on découpe le reste en petits cubes.

On fait blanchir ces derniers dans de l'eau froide, aiguisée de vinaigre, puis on met sur le feu. Après quelques bouillons, on laisse refroidir. On égoutte sur un tamis, puis on jette de nouveau les morceaux dans de l'eau froide aiguisée de vinaigre à défaut de jus de citron.

On fait, ensuite, un sirop avec assez d'eau pour que la matière baigne (500 grammes de sucre par demi-litre d'eau). On y jette les morceaux et retire du feu après le premier bouillon. On laisse ainsi, et le lendemain on donne un second bouillon, puis met les morceaux dans un bocal pour verser dessus le sirop que l'on aura laissé cuire. Enfin, on fait le plein du récipient avec de l'eau-de-vie à 26°.

Confiture de pastèque. — On coupe en tranches les pastèques blanches à chair ferme, appelées, encore, *citres*, *mérévilles*, etc., dans certaines régions. On enlève l'écorce et les graines. On y ajoute aussi tous les petits melons verts d'arrière-saison qui ne peuvent achever leur croissance. D'autre part, on prend du sucre en morceaux, les trois quarts du poids du fruit, et on met le tout dans une bassine. On laisse, ainsi, du soir au lendemain. Le sucre s'est, alors, dissous dans l'eau de la pastèque.

On ajoute le zeste de quelques citrons ou, même, les citrons entiers, car l'acidité transformera le sucre en glucose (p. 191). On laisse cuire jusqu'à ce que le sirop froid pris entre le pouce et l'index forme glu.

Autre. — Couper les pastèques en tranches d'environ un

pouce d'épaisseur, les peler et les jeter, ensuite, dans l'eau froide, puis dans une bassine d'eau bouillante légèrement salée. Les faire cuire jusqu'à ce qu'elles plient sous le doigt ; les mettre sécher sur un linge et les piquer de citron. A cet effet, vous prenez l'épiderme d'un citron pour deux livres

Phot. Rolet.

Fig. 153. — Préparation des melons confits.

de melon pesé avant la cuisson. Faites-lui jeter un bouillon et piquez de six en six lignes.

Vous cassez autant de sucre que vous avez de fruits pelés et crus. Vous le faites cuire avec un verre d'eau par livre jusqu'au perlé ; le clarifier si besoin est. Vous y mettez alors les fruits ; exprimez le jus d'un citron par 3 livres de fruits. Lorsque la confiture est à demi cuite, vous la retirez. Le lendemain, vous faites bouillir le sirop de nouveau et y déposez les fruits. Vous entretenez une légère ébullition jusqu'à parfaite cuisson. Mettez ensuite en pots.

Confiture de citrouilles. — Les *citrouilles*, ou *potirons*, sont épluchées, puis réduites en petits morceaux que l'on fait cuire durant une demi-heure à feu doux et dans de l'eau salée. Cette dernière précaution est destinée à prévenir la désagrégation de la matière. On tamise, ensuite, et laisse égoutter. On jette, alors, dans un sirop de sucre cuit au *petit boulé* (p. 193) et préparé à raison de 1 kilogramme de sucre pour 1^{kg},5 de potiron épluché. En outre, on ajoute le jus de deux citrons, puis laisse cuire doucement durant une demi-heure. Quand on retire du feu, on ajoute le zeste des citrons, on mélange, puis met en pots.

Nougat de potirons (*halarra* arabe). — Ébouillanter 4 hectogrammes d'amandes douces ; les éplucher. D'autre part, couper le potiron en tranches, enlever l'écorce et faire cuire en agitant. Dans une deuxième marmite, mettre 2 hectogrammes de sucre en ajoutant une petite cuillerée de vinaigre. Quand le sucre est fondu, ajouter les amandes fendues et chaudes. Mélanger et opérer comme pour le nougat ordinaire, en disposant couche par couche le sirop aux amandes et les tranches de potiron (1).

Orgeat de graines de melon. — Délayer dans un demi-litre d'eau froide 30 grammes de graines décortiquées, puis pilées. Tamiser et sucrer.

Ou bien, après avoir décortiqué 200 grammes de graines, les piler avec 400 grammes de sucre. Délayer cette poudre dans 7 litres d'eau, passer au tamis et presser.

Choucroute de potirons. — Les Hongrois préparent de la choucroute de potirons de la façon suivante :

On coupe le potiron, nettoie l'intérieur (surtout fils et pépins). On passe, ensuite, la chair dépourvue de son écorce, au rabot ou instrument propre à couper les choux en très fines lanières. Nos ménagères peuvent se passer du rabot en coupant les tranches de potiron comme s'il s'agissait de couper les choux rouges pour la salade. On arrange ces tranches minces de

____

(1) Traduit de l'arabe par M. Beyhum (*loc. cit.*).

potiron dans des pots à beurre, par couches saupoudrées de sel de cuisine, entremêlées de baies de genévrier et de baies de poivre noir, selon le goût des consommateurs. Il suffit de quelques semaines de repos dans la cave pour obtenir, ainsi, un mets de même goût et de même qualité que la choucroute. On assaisonne et on cuit à la façon ordinaire.

CHAPITRE XVI

LES CHATAIGNES ET MARRONS

Régions de production. — Voici, par lettre alphabétique, les principaux départements qui produisent des châtaignes ;

Alpes-Maritimes et *Basses-Alpes* (marché de Braux, près Annot) ;

Ariège (Montfa, Artix, Varilhes) ;

Ardèche, arrondissement de Privas et Tournon (8 à 24 francs les 100 kilogrammes) ;

Aveyron, arrondissement de Villefranche, Rodez, Espalion (marchés de Villefort, Laguêpie, Najac, Aubin, Rodez, marrons glacés à Paris) ;

Basses-Pyrénées, canton de Nay (14 à 16 francs l'hectolitre) ;

Cantal (Laroquebrou, Montsavy, Saint-Mamet-la-Salvetat, Maurs) ;

Charente, arrondissement de Confolens et cantons de Ruffec, Mansle, la Rochefoucauld, Montbron ;

Corrèze, le nord de l'arrondissement de Brive, environs de Tulle (variété la *bourrue de Juillac*) ;

Corse, Corte, Ucciani, Tavera, Bocognano, Moïta, Venaco, Vivario, etc., (8 francs les 100 kilogrammes). Expéditions, farine comprise, 4.334.528 kilogrammes) ;

Dordogne, arrondissements de Nontron (Piégut-Pluvier, la Coquille, Thiviers) ; Périgueux (Périgueux, Brantôme, Excideuil) ; Sarlat (Sarlat, Montignac, Belvès, Terrasson) ; Ribérac, Bergerac (Beaumont, Montpazier, Saint-Alvère, Villefranche-du-Périgord, (Exportation en Angleterre, Suède, Allemagne, Russie, 30.000 hectolitres, 6 à 8 francs l'hectolitre) ;

Gard, marchés d'Alais, Saint-Ambroix, Anduze, Saint-Jean-du-Gard, Nîmes, le Vigan (2 fr. 50 le double décalitre) ;

Ille-et-Vilaine, cantons de Redon (marrons de Redon), Pipriac, Maure, Fougeray ; marchés de Redon, Pipriac, Fougeray ;

Lozère, arrondissement de Florac, cantons de Villefort (marché où se concentre la vente des châtaignes sèches de la Lozère, du Gard, de l'Ardèche), Saint-Germain-de-Calberte ;

Sarthe (variété nousillarde) ; environs du Mans et cantons du Grand-Lucé, Mayet, Ecommoy, le Lude ;

Morbihan, marchés de Ploermel, Baud, Allaire, La Roche-Bernard, Redon ;

Nièvre, Larochemillay, Luzy, Poil, Moulins-Engilbert, Saint-Honoré, Villapourçon (arrondissement de Château-Chinon) ; Dampierre-sur-Bouhy (arrondissement de Cosne) ;

Var marrons du Luc, dits de Lyon pour marrons glacés (confiseurs de Paris, Lyon, Marseille, Toulon, Nancy, l'Allemagne, choix 60 francs les 100 kilogrammes), Collobrières, La Garde-Freinet, Les Mayons-du-Luc, Gonfaron, Pignans, Bormes (dans les Maures et l'Estérel) ;

Haute-Vienne, marchés de Saint-Mathieu, Rochechouart, Oradour-sur-Vayres, Châlus, Saint-Yriex, Coussac-Bonneval, Saint-Germain, Nexon.

Altérations. — Une fois cueillie, la châtaigne ne tarde pas à se dessécher. En outre, elle peut être envahie par les *vers* et les *moisissures*. Comme insectes, nous signalerons un petit papillon, la *pyrale brillante* (*tortrix splendana*) et un petit coléoptère, le *charançon de la châtaigne* (*balaninus elephas*), dont les larves rendent les châtaignes *véreuses*.

Le nombre des châtaignes malades augmente, pour ainsi dire, avec la durée de la conservation. On entend ici par *malades*, celles qui sont attaquées par le champignon microscopique *pseudocommis vitis*.

Les *plasmodes* de ce parasite traversent de bonne heure l'involucre qui enveloppe le fruit. Le fait se produit, surtout, dans les années humides. Il explique, en outre, comment on peut trouver des châtaignes aux cotylédons malades, alors que l'extérieur, ne présentant aucune piqûre, pas même celle des insectes, les faisait paraître saines.

Cependant, quand l'humidité est excessive, comme dans une cave, l'enveloppe externe, alors plus vulnérable, se laisse percer par un nouvel ennemi, une moisissure, l'*aspergillus glaucus*.

Ce champignon, une fois dans la place, se glisse dans les replis de la pellicule interne, mais il s'y développe à peine quand le fruit est sain. Il en va autrement dans les parties attaquées par le *pseudocommis*, où il se substitue à lui et achève le travail de destruction.

Or, on sait combien le producteur a intérêt à conserver le plus longtemps possible les châtaignes saines jusqu'au printemps, alors que les prix de vente sont élevés.

En un mot, les procédés de conservation des châtaignes doivent viser à leur garder le plus possible leurs qualités de fruits frais, tout en les préservant des dégâts causés par les *vers* et les *champignons* microscopiques.

Il faut, avant tout, éviter l'humidité.

Conservation à l'état frais. — Comme on a tout avantage à porter les châtaignes fraîches le plus tôt sur les marchés, on tend à faire prématurément la récolte. On gaule alors les fruits sans attendre leur chute naturelle. Dans cette opération, il faut se garder de les trop meurtrir, de même que les branches. On sait que les blessures constituent des portes ouvertes à l'infection par les microrganismes.

Le plus souvent, après les avoir débarrassées de leur involucre épineux, ou « hérisson », en les frappant avec un bâton, on les étend sur un sol bien sec et les remue de temps à autre pour les laisser se ressuyer et achever leur maturation. On peut, ainsi, les conserver un à deux mois. Quelquefois, on laisse les châtaignes exposées au soleil sur des claies pendant sept à huit jours, puis les rentre dans un local sec et aéré, où on les dispose en couches peu épaisses, après les avoir triées, à l'aide de cribles, en trois qualités : *grosses, moyennes, petites.*

Pour conserver aux fruits toute leur fraîcheur naturelle pendant quelque temps, on ne les dégage pas de leur coque, ou « pelon ». On les porté tels qu'ils ont été cueillis et les entasse dans un endroit aéré et sec, mais non humide.

On recommande encore le procédé suivant, bien qu'il paraisse être en contradicion avec ce que nous savons de l'influence de l'humidité.

On les laisse, d'abord, tremper dans de l'eau froide, durant quinze à vingt heures. Puis on les étend à l'ombre pour les laisser se ressuyer. Quand ce point est obtenu, on les stratifie dans du sable bien sec. En Italie, on les met tremper dans l'eau quinze jours, puis on les retire, les laisse se ressuyer et les porte dans une cave fraîche. Il paraît plus prudent de se contenter, après la récolte, de les conserver dans du sable, ni trop sec, ni trop humide.

Voici un autre procédé. Quand les fruits se sont suffisamment ressuyés au soleil dans un courant d'air sec, on place au fond d'une futaille un lit de feuilles vertes ressuyées également, puis, par-dessus, une couche de marrons. On alterne ainsi les lits de feuilles et de fruits, jusqu'à ce que la futaille soit pleine. Après avoir bien fermé celle-ci, on la met dans un local à l'abri de l'humidité et du froid.

Il est, d'ailleurs, facile de faire quelques expériences comparatives avec une petite quantité de châtaignes.

Il ne faut traiter ainsi que les fruits sains, non piqués et les plus beaux. De la sorte, on peut conduire les châtaignes jusqu'en avril-mai.

DESSICCATION

La dessiccation opérée immédiatement après la récolte et conduite avec célérité a l'avantage d'enrayer les dégâts causés par les larves d'insectes et les champignons.

Mais les châtaignes ainsi préparées n'ont plus les mêmes

Phot. A. Rolet.

Fig. 154. — La récolte des châtaignes dans l'Estérel.

qualités gustatives. Olivier de Serres disait déjà, en 1600, que pour conserver les châtaignes, il faut les sécher à la fumée, puis les décortiquer. On peut, ensuite, les garder « sans crainte de la pourriture jusques aux nouvelles ».

Duhamel de Monceau écrivait, aussi, sur ce sujet, en 1775, que « si on ne les *boucane* pas elles germent ou se moisissent. »

Enfumage. — Le boucanage, enfumage ou fumage,

est surtout pratiqué dans les pays de grande production.

Les fruits sont répandus par couches sur des planchers à claire-voie, dans un local spécial appelé *fuconi*, en Corse, ou *séchoir à châtaignes*, que du Breuil décrit ainsi :

« C'est un bâtiment rectangulaire de 6 mètres de hauteur et une plus ou moins grande largeur, selon la quantité de châtaignes à traiter, mais de 5 mètres en moyenne. A 2 mètres du sol, on établit un plancher composé de fortes perches placées à des distances égales et de niveau, sur lesquelles on cloue des lattes, séparées par un intervalle de 6 à 7 millimètres ; parfois, on substitue des claies à ces lattes.

« Outre la porte qui donne entrée dans la partie inférieure du bâtiment et que l'on place au milieu de l'un des deux grands côtés, on pratique à 1 mètre au-dessus du plancher supérieur trois autres ouvertures, l'une sur le côté opposé à la porte, les deux autres à chacune des extrémités du bâtiment. Ces ouvertures servent à l'introduction des châtaignes et sont, ensuite, fermées.

« Enfin, quatre ouvertures, placées à chacun des angles du bâtiment, et tout près du toit, donnent passage à la fumée. »

« Sur la claie on étend trois ou quatre sacs de châtaignes, de manière à former une couche ne dépassant pas 50 à 60 centimètres d'épaisseur. Le feu est entretenu avec du bois et des coques de châtaignes ; on veille à ce que la flamme ne se développe pas. La fumée traverse la couche de fruits et va se perdre par les ouvertures pratiquées *ad hoc*. Il faut une certaine habileté pour conduire le feu, l'activer et le modérer au besoin.

« Les châtaignes *suent* d'abord, c'est-à-dire qu'elles perdent leur eau de constitution. Quatre à cinq jours suffisent pour obtenir le séchage d'une première couche de fruits. On reconnaît que l'opération est complète quand, au simple froissement de la main, on peut détacher les écorces. On laisse, alors, le feu s'éteindre et les fruits se refroidir, puis on ramasse ceux-ci sur les côtés de la claie. On remet une nouvelle couche de châtaignes que l'on recouvre avec celles qui ont déjà sué et on rallume le feu.

« Lorsque toute la claie est couverte sur l'épaisseur voulue, soit 30 centimètres de châtaignes ayant déjà sué, on entretient un feu doux pendant deux ou trois jours et on l'augmente progressivement.

« Après une dizaine de jours de feu continu, on retourne les châtaignes et on recommence à les chauffer jusqu'à ce qu'elles soient sèches. La dessiccation terminée, on fait tomber les châtaignes dans le foyer éteint, et il ne reste plus qu'à les dépouiller de leurs enveloppes. Il importe beaucoup, dans la conduite de la dessiccation, que le feu soit modéré au début pour donner aux fruits le temps de suer. Puis on élève graduellement la température. »

Dans certains pays, comme en Espagne, l'installation comporte plusieurs claies superposées. Les fruits frais, d'abord mis sur la claie inférieure, sont portés progressivement sur les claies supérieures. La dessiccation, plus régulière, est aussi plus longue (vingt à vingt-cinq jours) ce qui n'est pas sans présenter des inconvénients, comme on le verra plus loin.

Les châtaignes dites « biscottes » sont des fruits que l'on n'a pas desséchés complètement. Ils conservent leurs enveloppes. Très souvent, avant de les enfumer, on les fait bouillir dans du moût de raisin.

Voici les reproches que l'on adresse à ces procédés primitifs de dessiccation : risques d'incendie ; mauvaise utilisation du calorique, d'où dépense exagérée de combustible ; mauvaise hygiène pour les ouvriers; variation de la température, à cause de la difficulté d'entretenir le foyer qui devrait donner une chaleur progressive convenable, mais qui, au début, est envahi par la grande quantité de vapeur d'eau pendant le ressuyage ; altération du goût et de la couleur des châtaignes par la fumée âcre; si la chaleur est insuffisante au début de l'opération, elle favorise les agents d'altération ; si la température est, au contraire, trop élevée, alors que les fruits suent, ceux-ci deviennent durs, friables, jaunes ou brunâtres, ils ne se ramolliront pas par la cuisson dans les préparations culinaires ; parfois l'écorce reste adhérente, de même que la pellicule reste collée et se plisse sur la pulpe.

D'après M. Donati, professeur d'agriculture à Bastia, qui a étudié tout particulièrement cette question et inventé un procédé de dessiccation perfectionné, la préparation, par le mode courant que nous venons de décrire, d'un hectolitre de châtaignes décortiquées ou blanches, exige 100 kilogrammes de bois et, parfois, 300 kilogrammes. Si l'on pense que le prix habituel des châtaignes blanches varie de 10 à 12 francs, on voit qu'à raison de 1 franc les 100 kilogrammes de bois, le chauffage, à lui seul, absorbe 10 à 20 p. 100 de la valeur totale de la récolte.

Comme premier perfectionnement, il faudrait traiter le *plus tôt possible et rapidement* les plus belles qualités (ce sont, d'habitude, les deuxième et troisième que l'on dessèche) pour envoyer sur les marchés, dès la première quinzaine de décembre, et jouir des cours élevés à cette époque, cours qui fléchissent, ensuite, rapidement.

Les producteurs, s'ils se groupaient en syndicats et coopératives, pourraient traiter en commun dans des installations perfectionnées, ou bien, encore, les adhérents auraient, alors, plus de facilité pour se procurer des appareils industriels, en faisant appel anx caisses de crédit agricole.

Étuves perfectionnées. — M. Donati, en Corse, et M. Mingoli, en Italie, ont construit des étuves savamment étudiées et rationnellement agencées. L'air chaud, seul, y est utilisé avec le minimum de dépense en combustible. Une aération bien réglée entraîne l'humidité qui retarderait la dessiccation. La chaleur augmente progressivement à mesure qu'avance celle-ci.

Voici en quoi consiste l'appareil de M. Donati :

Le séchoir est composé d'un foyer en fonte avec cendrier. Du centre du foyer part une cheminée pour l'évacuation de la fumée, qui prend naissance sur une double enveloppe pour la formation de l'air chaud ; cette enveloppe est munie de deux ouvertures pour y donner accès à l'air extérieur. Celui-ci s'échauffe au contact de la coupole en fonte et s'élève par un conduit jusqu'au-dessous du lit de châtaignes déposées sur les claies.

L'air chaud traverse donc les châtaignes, s'empare, à son passage, de leur eau de végétation et provoque la formation de buées qui s'échappent sur le toit par un manchon entourant la cheminée. Le contact avec celle-ci, qui est chauffée par le

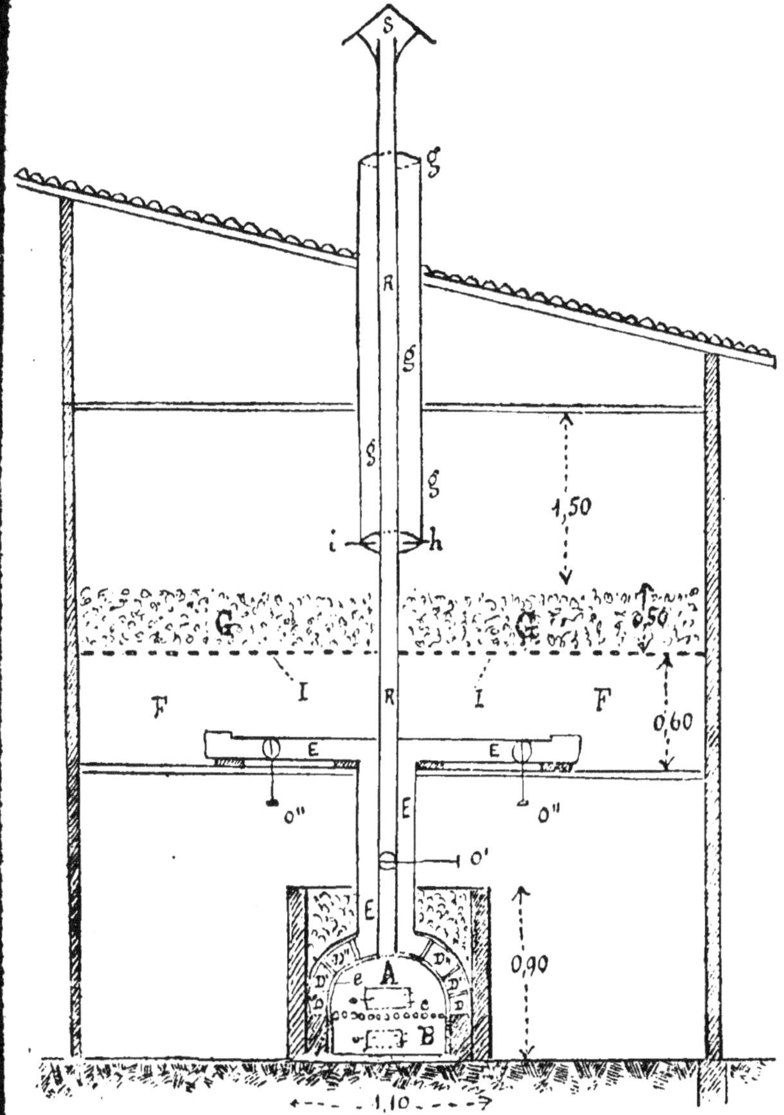

Fig. 155. — Séchoir à air chaud pour châtaignes Donati.

passage de la fumée — d'où résulte un fort tirage dans le
manchon, — facilite l'évacuation des buées.

L'espace compris sous les claies se trouvant complètement clos, la température se maintient sensiblement la même pendant toute la durée du séchage et, en admettant que les feux du calorifère s'éteignent faute de combustible, le refroidissement des châtaignes est presque impossible et celles-ci restent toujours blanches, entièrement exemptes de tégument.

La chaleur dégagée se trouvant mieux utilisée, on réalise, par ce moyen, une très grande économie de combustible et, si l'on dispose de grignons d'olives, comme c'est le cas de la plupart des propriétaires en Corse, l'économie réalisée peut atteindre 75 p. 100 de la dépense faite ordinairement.

Le calorifère peut être construit dans un réduit quelconque, voire dans un dessous d'escalier.

La chambre de dessiccation sera disposée immédiatement au-dessus ou latéralement, et elle pourra, après la récolte, être destinée à tout autre usage.

Voici, encore, la description qu'à faite M. Mingoli à la Société des agriculteurs italiens.

Le séchoir est composé d'un foyer dont le tirage est assuré par une cheminée centrale munie d'un diaphragme régulateur. Ce foyer lèche une plaque de tôle au contact de laquelle s'échauffe l'air entrant dans le séchoir proprement dit par des tubes inclinés, sans communication avec les produits de la combustion. L'air chaud traverse trois étages de grilles supportant les châtaignes, celles-ci étant sur la grille inférieure, dite grille de ressuyage, les deux autres portant respectivement les noms de grille de dessiccation et grille de dessiccation complémentaire.

Les tubes d'entrée de l'air sont épanouis en cuvette à leur partie supérieure et remplissent en même temps le rôle de collecteurs pour l'eau de condensation, qui tombe des grilles. La ventilation et l'évacuation de l'eau se font, ainsi, au moyen des mêmes organes. Les grilles sont mobiles pour faciliter le changement d'un étage à l'autre sans manutention des fruits eux-mêmes.

Lorsqu'elle est bien séchée, la châtaigne doit avoir une coque friable, et, sous un frottement léger, l'amande doit se détacher de sa pellicule. Pour arriver à ce résultat, il faut régler l'admission d'air et la température de la manière suivante : au début, température modérée et circulation d'air active ; au fur et à mesure que le ressuyage s'avance, élévation de la température et réduction proportionnelle du volume d'air admis : enfin, quand l'opération s'achève, température maximum et admission du plus grand volume d'air possible. Au début, la température doit se maintenir entre 50 et 60 degrés, pour atteindre ensuite

70 degrés et, enfin, 90 degrés, point maximum, qui ne doit pas être dépassé.

La chaleur trop élevée fait éclater les châtaignes et en modifie le goût ; à la fin de l'opération, elle les durcit et les rend inutilisables. L'insuffisance du courant d'air au début laisse la masse trop humide ; plus tard, un excès abaisserait la température et la rendrait irrégulière ; à la fin du séchage, un courant d'air violent est nécessaire, combiné avec une élévation de température, pour enlever les dernières traces d'humidité. Un thermomètre est indispensable pour contrôler les diverses phases de l'opération.

DÉCORTICAGE. — Pour dépouiller les châtaignes de leurs enveloppes sèches, il faut ne pas attendre, si possible, qu'elles soient refroidies. On les met dans des sacs que l'on frappe sur un billot revêtu d'une peau de mouton.

On bien on emploie de gros souliers, ou patins (soles). La semelle en bois a 5 centimètres d'épaisseur. Elle est entourée d'une lame en fer découpée en dessous en forme de scie. 13 dents pointues de 8 centimètres de long sur 15 millimètres en carré à leur base, entaillées sur les arêtes sont implantées dans cette semelle.

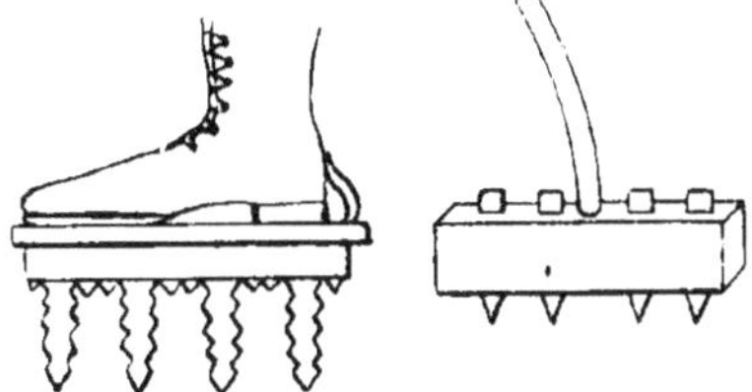

Fig. 156.— Appareils à décortiquer les châtaignes.

Parfois on décortique les châtaignes sèches en les faisant fouler par les pieds des chevaux. Ou encore, on les frappe avec une masse. Celle-ci se compose d'un plateau d'environ 40 centimètres de diamètre et 10 centimètres d'épaisseur, attaché à un manche un peu incliné et garni, en dessous, de dents en bois taillées en pyramide. On amoncele les châtaignes au milieu d'une aire, et plusieurs hommes armés de masses font le tour du tas en frappant et marchant sur les châtaignes du bord, tandis qu'une autre homme, qui vient par derrière, rejette en dehors du tas avec une pelle en bois celles dont l'enveloppe a été brisée.

Une fois les châtaignes débarrassées de leurs deux enveloppes, on les vanne.

Les châtaignes blanches sont, quelquefois, réduites en farine en les passant sous une meule. Le produit est, ensuite, conservé dans des pots en terre bien bouchés.

On comprend que les procédés ordinaires de décorticage doivent donner une forte proportion de déchets. M. Mingoli a imaginé l'appareil suivant.

Une sorte de panier cylindrique fait de gros fil de fer est monté sur un arbre vertical maintenu par une crapaudine et un coussinet. Un arbre horizontal, actionné par un manège ou tout autre moteur, transmet le mouvement au premier arbre. Après 40 à 50 révolutions et sous l'influence de la force centrifuge, les coques et les pellicules des châtaignes sont brisées. On fait, alors, basculer le panier autour de deux tourillons pour le vider. Le passage au tarare sépare définitivement les enveloppes.

Rendements et vente. — Un hectolitre de châtaignes fraîches pèse 65 kilos en moyenne. Après dessiccation le poids est réduit à près de 50 à 60 kilos pour les fruits décortiqués.

Dans le commerce on classe les châtaignes blanches en quatre qualités, d'après la grosseur, dont trois exemptes de brisures. La dernière qualité est composée des petites châtaignes et des déchets.

Les premiers envois de châtaignes blanches se vendent à Marseille 25 à 30 francs le quintal.

Il est prudent de ne pas conserver plus d'un an les châtaignes sèches. Elles prennent, assez souvent, le goût de rance qui rebute les consommateurs.

CONFISERIE

Marrons glacés. — C'est d'octobre à décembre que l'on prépare les *marrons glacés*. On utilise, à cet effet, les plus beaux fruits qui viennent du Var, de l'Ardèche, de l'Italie etc. Une variété japonaise, *tamba*, convient très bien. On sait que les Anglais constituent une très bonne clientèle pour la vente de ce produit de confiserie.

On enlève la première peau, puis les ébouillante durant quelques minutes, de façon à ôter facilement la pellicule. A cet effet, on met les marrons dans un panier en cuivre percé de trous. Celui-ci est introduit dans de l'eau légèrement salée et chauffée. On ne sort de l'eau qu'au fur et à mesure des besoins.

L'enlèvement de la pellicule est une opération très délicate, car le marron doit être conservé entier. C'est pour cela que l'on ne cuit pas les fruits pour leur enlever la première écorce. La seconde peau se détache mieux quand le marron est encore chaud.

Souvent on ne fait que noyer les fruits dans un sirop de sucre et on les expédie aux confiseurs en bidons en fer-blanc. On les met, alors, dans une bassine où ils baignent dans du sirop, puis chauffe pour produire une évaporation lente. On retire les fruits quand la couche de sucre a une épaisseur suffi-sante.

Pour une préparation plus complète, on les plonge dans une bassine de sirop à 20°. On ajoute une gousse de vanille et on fait à peine bouillir (fris-sonner).

Quand le sirop s'est concen-tré jusqu'à 25°, on ôte du feu et laisse, ainsi, jusqu'au lende-main, où on les remet sur le feu pour laisser bouillir jusqu'à ce que le sirop marque 35°. On ré-partit, alors, ces marrons con-fits dans des terrines.

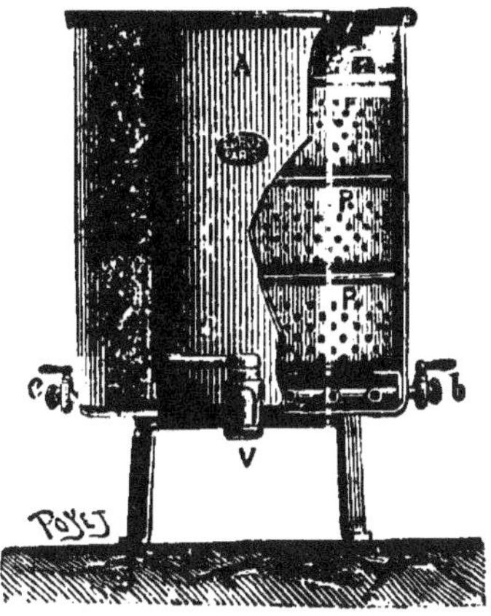

Fig. 157. — Bassine à blanchir les marrons.

Pour les glacer on cuit un sirop au *soufflé*, c'est-à-dire qu'il doit arriver à former des filaments assez résistants quand on en prend entre le pouce et l'index et que l'on écarte ceux-ci (p. 192). On y passe, alors, à plusieurs reprises, les marrons confits, en se servant d'une écumoire, puis on les dépose sur une grille pour les laisser égoutter.

Les confiseurs expédient les *marrons glacés* enveloppés dans du papier en étain, dans des boîtes hermétiquement fer-mées de 1 à 3 kilos pour l'exportation. Il est indispensable d'envoyer des fruits bien confits et, partant, dépourvus d'hu-midité, pour éviter les moisissures.

Purée de marrons. — Comme ici il ne s'agit pas de con-server la forme aux marrons, on les fait d'abord cuire légèrement pour leur enlever les deux peaux. Ce résultat obtenu, on les fait cuire à petit feu dans de l'eau à laquelle on ajoute une gousse de vanille. Quand ils se fondent, on les écrase sur un tamis en crin, en ajoutant un peu d'eau pour faciliter l'opéraration, qui, d'ailleurs, est plus aisée quand les fruits sont chauds. N'en sortir du bain que peu à la fois. D'autre part, on prend autant de sucre en morceaux que de fruits, le met dans une bassine sur le feu et laisse fondre, puis cuire dix minutes dans un peu d'eau. Ce sirop est cuit quand en en prenant un peu entre le pouce et l'index il s'étire en fil d'une certaine résistance.

La purée de marrons ayant été versée dans une bassine, on y ajoute le sirop cuillerée à cuillerée, en bien mélangeant le tout et en lissant la masse. On laisse cuire un quart d'heure à vingt minutes, tout en brassant. On met en moule, et, après refroidissement, on découpe en morceaux. Quand ils sont secs on range dans des boîtes.

Marrons à l'eau-de-vie. — Les *marrons glacés* sont mis dans un bocal. D'autre part, on fait un mélange de sirop cuit au *petit lissé* et d'eau-de-vie à 58°, par parties égales. On verse ce mélange dans le bocal de façon que les fruits baignent bien.

Café de châtaignes. — Le café de châtaignes est obtenu avec un mélange de *betteraves*, séchées et arrosées d'huile d'olive, et de châtaignes sèches. On brûle, ensuite, ce produit comme du café ordinaire, mais avec beaucoup de précautions. On convertit en poudre que l'on conserve dans des vases en terre.

CHAPITRE XVII

LES NOIX

Après la récolte. — Les noix une fois récoltées sont *écalées*, dépouillées de leur péricarpe, puis séchées. On les étend sur des claies au soleil ou, si l'on en a de grandes quantités, dans de vastes greniers bien aérés, sur une épaisseur de 5 à 10 centimètres (30 à 35 kilos par mètre carré). On les remue à la pelle ou au râteau en bois, deux ou trois fois par jour. La dessiccation n'est guère complète qu'au bout d'un mois pendant lequel on procède au triage.

On les met, ensuite, dans des casiers ou des tonneaux bien fermés, que l'on place dans un endroit analogue au fruitier.

Cerneaux. — *L'amande* choisie des noix vertes et, même, desséchée fait l'objet d'un certain commerce, dit des *cerneaux* (1).

Les environs de Grenoble expédient de grandes quantités de ces noix dépouillées de leur coquille (variété mayette) aux États-Unis, en caisses de 25 kilos qui sont payées là-bas jusqu'à 150 francs. Il s'est même constitué à Saint-Quentin-sur-Isère un syndicat de producteurs pour soutenir la réputation des noix « les grenobles » de la basse vallée du Grésivaudan, en « uniformisant » les modes d'emballage, de vente, de chargement, etc.

L'arrondissement de Die (Drôme) expédie également ses *cerneaux* en Amérique en caisses de 25 kilos. Les négociants de *Sarlat, Montignac* (Dordogne) expédient en Angleterre, Allemagne, Amérique, dans des caisses de 3, 5, 6 kilos. Le *Puy-de-Dôme* vend ses cerneaux secs en Angleterre 1 fr. 30 le kilo ;

(1) On appelle encore *cerneaux* les noix *fraîches* en coque. — Gares expéditrices dans l'Isère : Tullins, Saint-Marcellin, Vinay, Albenc.

ROLET. — Conserves de Fruits et de Légumes. 25

l'*Aveyron* fait des affaires, également, avec ces mêmes pays, avec ses caisses de 25 kilos, d'une valeur moyenne de 50 francs.

Les *Hautes-Alpes* commencent aussi à se livrer à ce genre de commerce. On récolte encore dans la Dordogne, la Corrèze, etc.

Conservation. — Les *noix* en vieillissant deviennent fortes au goût, de couleur noire peu agréable, indigestes. On pourrait, a-t-on dit, les *conserver* bien fraîches pendant plusieurs mois de la façon suivante.

Les noix bien mûres sont emmagasinées dans un pot en terre couvert avec une planchette en bois chargée d'un poids assez lourd. On enterre ce récipient dans un terrain sec. On prétend que si l'opération a été bien faite dans tous ses détails, les noix pourront, ainsi, attendre un an dans leur prison sans rien perdre de leur fraîcheur. Ou bien encore on les tient dans du sable constamment humide.

Rajeunissement. — On a proposé, pour *rajeunir* les noix qui vieillissent, divers procédés, comme les suivants.

Les laisser tremper cinq à six jours dans de l'eau contenant 10 p. 100 de sel marin.

Les laisser tremper quarante huit heures dans du lait légèrement chauffé. Dans ces liquides, elles perdent leur finesse de goût.

Pour blanchir les noix destinées à la vente, on les mouille d'abord, puis on les met sur des claies dans des tonneaux, et au-dessous on brûle du soufre.

CONFISERIE

La *noix gourlande*, produite dans les communes de *Chamalières*, *Mohanent*, *Blanzat*, *Cebazat*, dans le Puy-de-Dôme, est très appréciée par les confiseurs de Clermont-Ferrand, qui les achètent 25 à 40 francs les 100 kilos.

La noix *Chaberte*, variété commune de l'Isère, est réputée, également, pour ce genre d'utilisation.

Noix vertes confites. — Il faut choisir des noix vertes, avant que le bois commence à être formé, ce que l'on reconnaît si une épingle peut les traverser entièrement sans résistance.

A l'aide d'un couteau d'office, on retranche la partie verte, appelée brou, jusqu'à ce que l'on atteigne la partie blanche, tout en leur donnant une forme aussi régulière que possible. Dès que cette opération, qui doit être faite le plus rapidement possible, est terminée, on jette les noix dans de l'eau froide et fortement alunée, dans laquelle il faut les tenir plongées afin d'éviter que le contact de l'air ne les fasse noircir.

Après avoir ainsi pelé tous les cerneaux, de façon à retrancher le brou de la partie blanche de la noix, on transperce chaque fruit, à trois ou quatre reprises, avec une aiguille à tricoter ou avec la lame effilée d'un petit couteau, et on les plonge, à mesure, dans d'autre eau également alunée. Au cas où le séjour des noix dans ce liquide n'aurait pas permis de les conserver blanches, il faudrait les faire séjourner pendant vingt-quatre heures dans de l'eau acidulée avec du bisulfite de soude ; ou bien les égoutter, les placer sur des clayons ou tamis en crins et les soumettre à la vapeur de soufre en combustion dans une étuve.

Cela fait, on procède au blanchiment des noix en les mettant dans une bassine en cuivre non étamé, dont le fond est recouvert d'un clayon, afin d'éviter que les fruits ne se trouvent en contact avec le fond brûlant de la bassine. Celle-ci doit contenir une assez grande quantité d'eau froide et acidulée de jus de citron, de manière que les noix y soient largement baignées. On place sur le feu la bassine dont on porte le contenu à une douce ébullition, que l'on maintient, ainsi, jusqu'à ce qu'en piquant une noix avec une épingle plantée du côté de la tête, la noix retombe toute seule. Au cas où l'eau du blanchiment prendrait une couleur rousse, il faudrait en égoutter les noix pour les replonger immédiatement dans une autre eau également acidulée au jus de citron et en pleine ébullition.

Lorsque les noix sont blanchies, on les égoutte et on les met à rafraîchir en les plongeant dans de l'eau froide alunée, dans laquelle on les laisse dégorger pendant vingt-quatre heures, mais en ayant soin de les tenir complètement plongées dans le liquide à l'aide d'un clayon chargé d'un poids et placé au-dessus des fruits. Le lendemain on égoutte ceux-ci que l'on range dans une terrine de grès et dans laquelle on verse du sirop qui soit seulement tiède, pesant 22 degrés au pèse-sirop et composé de moitié de sirop de glucose, afin de l'empêcher de candir. Il faut que les noix baignent dans ce sirop, mais sans y surnager et l'on doit recouvrir le contenu de la terrine, soit avec une rondelle de papier blanc, soit avec un linge blanc.

Au bout de vingt-quatre heures on égoutte les noix et l'on passe au tamis le sirop que l'on fait bouillir, tout en l'écumant jusqu'à ce qu'il marque bouillant 22 degrés au pèse-sirop. Lorsque ce sirop n'est plus que tiède, on le verse sur les noix, en y ajoutant, s'il est nécessaire, du sirop froid, composé moitié sucre et glucose, jusqu'à ce qu'elles en soient recouvertes à hauteur et pesant, lorsqu'il était bouillant, 32 degrés au pèse-sirop.

Tous les jours on renouvelle cette même opération, qui s'appelle donner une façon, mais en augmentant chaque fois de 2 degrés le sirop jusqu'à ce qu'il marque 34 degrés au pèse-sirop.

Il faut, bien entendu, à chaque façon, ajouter du nouveau sirop, pour remplacer celui absorbé par les noix et combler le déficit de la réduction.

Lorsque le sirop a atteint 34 degrés bouillant, on laisse reposer les fruits dans ce sirop pendant une quinzaine de jours ; puis on donne une dernière façon, en portant, cette fois, le sirop bouillant à 36 degrés.

Comme les noix ont une tendance à noircir, il faut avoir soin, si le sirop qui sert à les confire prend une teinte rousse ou brune, de le remplacer par du sirop nouveau.

En Allemagne, on fabrique des noix confites noires, parce que l'on prétend qu'elles sont stomachiques. Pour obtenir les noix confites noires, on ne pèle que légèrement les cerneaux et l'on n'ajoute ni alun ni jus de citron à l'eau dans laquelle on les fait blanchir ; mais il faut les faire dégorger pendant quarante-huit heures dans le d'eau, que l'on change à plusieurs reprises, jusqu'à ce qu'elle n'ait plus le goût d'amertume.

On fabrique, également, des noix confites vertes en pelant légèrement les cerneaux que l'on fait dégorger dans de l'eau alunée, puis, après les avoir fait blanchir dans de l'eau alunée, on les confit dans du sirop légèrement coloré en vert, tout en procédant comme pour les noix confites blanches (Dumas).

Autre. — Cueillir les jeunes noix au moment où l'on peut encore les traverser de part en part avec une épingle ; on les pèle, on les blanchit à l'eau bouillante, puis on les sort pour les jeter dans l'eau froide, où on les laisse pendant deux jours. Au bout de ce temps, on retire les noix, on les met en bocaux et on les recouvre d'un sirop de sucre qu'on prépare en mettant dans un poêlon sur le feu du sucre cassé en morceaux qu'on mouille d'un verre d'eau par kilo de sucre, et qu'on laisse réduire.

Les noix confites peuvent être conservées dans l'eau-de-vie (ajouter à de l'alcool à 85° le sirop des noix pour qu'il ne marque plus que 45° à l'alcoomètre).

Noix confites au miel. — On dépouille les noix de leur coquille, puis on verse dessus de l'eau bouillante et, enfin, on les épluche rapidement, alors que, par cet échaudage, la pellicule se détache assez facilement.

Les amandes sont, ensuite, pilées dans un mortier. A mesure, on ajoute une cuillerée à soupe de miel par trente noix.

Brou de noix à l'eau-de-vie. — Les noix vertes employées quoique grosses doivent se laisser traverser entièrement par une épingle. On les broie grossièrement, on les râpe et, après avoir laissé à l'air vingt-quatre heures (coloration), on les fait macérer dans l'eau-de-vie pendant trois mois. Pour 20 noix on ajoute un litre d'eau-de-vie et cent vingt-cinq grammes de sucre. On peut ajouter, alors, quelques aromates : cannelle, clous de girofle, muscade, etc., après avoir filtré.

Autre. — On pile les noix vertes dans un mortier et les met dans une cruche en grès ou dans un bocal. Par deux douzaines de noix on ajoute deux litres d'eau-de-vie, une vingtaine de clous de girofle et une demi-noix muscade râpée. On ferme le récipient et laisse ainsi infuser trente à quarante jours.

On verse, alors, sur un tamis en crin placé sur une terrine. Le jus recueilli est reversé dans un bocal bien propre, avec un demi-kilo de sucre par deux litres.

On laisse reposer huit à dix jours. Quand le sucre est bien

dissous, on décante et met en bouteilles que l'on tient au frais (1).

NOISETTES. — On cueille les noisettes au moment ou l'involucre, sorte de peau à laquelle la coquille est collée par la base, commence à se flétrir.

On les conserve, dit-on, avec toute leur saveur en les plaçant dans du sable, du son, ou de la sciure de bois bien secs, dans des bouteilles ou des vases en grès bien fermés, que l'on place dans un endroit où la température soit aussi peu variable que possible.

Noix mal récoltées. — Quand, à la récolte, le *brou* reste adhérent, on met en silo et recouvre de feuilles. Ou bien, on fait un tas sur une aire de grange et couvre de paille. Après maturation complète, on gratte le brou, brosse, au besoin, en tenant dans la vapeur d'eau. Ou bien, on lave puis égoutte. L'important, c'est de sécher rapidement, si l'on veut assurer une bonne conservation.

Quand la coque reste sale, on la *blanchit*, soit en aiguisant l'eau de lavage d'un peu d'acide chlorhydrique (esprit de sel), soit en y ajoutant de l'eau de Javel, soit, encore, en *soufrant* les noix. Toutefois, on se plaint, comme aux États-Unis, que ces ingrédients chimiques pénètrent l'amande. Pour employer le soufre, on met les noix dans des sacs avec lesquels on fait des piles, en laissant un vide au-dessous, où l'on brûle du soufre, après avoir recouvert d'une bâche.

Ou bien, on met dans une caisse dont le fond est un grillage ou dans des corbeilles que l'on tient dans une salle où l'on brûle du soufre. Si les noix sont sèches, les imbiber d'eau, au préalable.

(1) Dans un autre procédé, on râpe, presse, filtre le jus et y ajoute moitié de bonne eau-de-vie.

CHAPITRE XVIII

LES AMANDES

Après la récolte. — On récolte les amandes quand l'écorce, brou ou calagne, est sèche.

Après avoir enlevé cette écorce (écalage, *desrusquir*), on étend les fruits sur des toiles dites « *fleuriers* » ou mieux sur des claies tenues à une certaine hauteur du sol, et on laisse ainsi sécher au soleil, en rentrant chaque soir. On n'emmagasine que lorsque la coque est bien sèche, le fruit léger (après une dizaine de jours).

On peut conserver les amandes deux ans dans un endroit bien sec, mais il est préférable de les vendre dans l'année, car elles finissent par rancir. On doit les transporter plutôt dans des caisses que dans des sacs.

On ravive la coloration de la coque avec le soufre comme on le fait pour les noix (p. 438).

Parfois, les négociants ne reculent pas, non plus, devant des pratiques frauduleuses, qui ont pour but de ranger dans une qualité supérieure des amandes qui n'y ont pour ainsi dire aucun droit.

On sait que, d'une façon simple, on classe les amandes en *amandes ordinaires* ou *à coque dure*, *amandes demi-fines* ou *à coque mi-dure*, et *amandes fines* à coque pouvant se briser avec les doigts. Or, on peut donner aux amandes à coque mi-dure l'apparence des amandes à coque tendre par un passage à la vapeur, qui permet de les dépouiller de leur première croûte. La transformation est complétée, au besoin, par un blanchiment au gaz sulfureux, ce qui donne les amandes « *dorées* ».

Amandes cassées. — Les *amandes* cassées servent aux confiseurs pour diverses préparations : amandes sucrées, pralines, nougat, pains d'épices, calissons (d'Aix), etc.

On sait que les confiseurs de tous les pays, pourrait-on dire, préfèrent les amandes de France à celles d'Espagne, d'Asie, de Californie, de Turquie d'Asie, etc.

Le *cassage* des amandes se fait, le plus souvent, chez le producteur. Les négociants eux-mêmes donnent à casser aux particuliers. L'outillage est des plus simples : une brique posée sur les genoux et une petite masse de fer allongée que manie *lou pessaïre* (le casseur). On a cité un négociant de Valensole (Basses-Alpes) qui occupe 150 ouvriers.

Les négociants tendent à adopter le travail mécanique. Nous citerons, par exemple, les *machines à cribler, casser et trier les amandes, système L. Blachère et J. Jurine*, 12 et 14, rue de la Cité, à Lyon-Villeurbanne.

D'après les inventeurs on peut casser et trier, avec leurs ma-

Phot. Rolet.

Fig. 158. — La cueillette des amandes en Provence.

chines, et suivant la vitesse employée, 300 à 500 kilos d'amandes en coques par heure. Le personnel nécessaire se compose d'un homme de peine mécanicien, de six, huit ou dix femmes pour les différentes manipulations, suivant le débit.

A la *casserie d'Aix* on a obtenu les résultats suivants avec une machine marchant à une vitesse moyenne qui permet de casser et de trier 400 à 450 kilos à l'heure. La proportion des morceaux n'excède pas 1/2 à 2 p. 100. La proportion des non-cassées est, d'environ, 5 à 10 p. 100 suivant la vitesse employée. Elles sont sélectionnées mécaniquement pour être soumises de nouveau au cassage.

Au triage, la proportion d'amandes dans les grosses coquilles

Phot. A. Rolet.

Fig. 159. — L'« écalage » des amandes à la ferme.

est nulle. Dans les autres coquilles elle est de 1 à 2 p. 100.

Ces coquilles sont reçues sur une toile sans fin, où s'effectue l'élimination des amandes.

Les coquilles éliminées dans les amandes cassées varient entre 88 à 92 p. 100, suivant les lots et la vitesse employée.

Après cette opération les amandes sont reçues sur des toiles sans fin, où le triage se termine.

Tous les transports sont effectués mécaniquement.

Pour traiter 250 à 400 kilos à l'heure suivant vitesse (genre Dol, à Valensole), il faut un cribleur, un casseur, deux jeux de cylindres (7 000 francs), deux trieurs (50 000 francs), courroies de transmission, etc. (2000 francs). La force nécessaire est de 5 à 6 HP.

Si l'on veut traiter 300 à 500 kilos à l'heure (genre casserie,

Phot. Rolet.

Fig. 160. — Le criblage et le triage des amandes.

à Aix), la force nécessaire est de 8 à 9 HP et le matériel : deux cribleurs, deux casseurs, deux jeux de cylindres (9 500 francs); deux trieurs (5 000 francs), courroies, etc. (3 500 francs).

C'est l'amande de Provence qui est, entre toutes, la plus appréciée (1).

(1) Le Midi expédie 2 millions de kilos d'amandes cassées, triées pour la préparation des dragées.

Aix, le grand marché, envoie des amandes cassées (650 à 700 au kilo) un peu partout : à Paris, en Angleterre, en Allemagne, en Russie, en Autriche, etc. Son commerce se chiffre par 8 millions de francs.

C'est vers la capitale de la Provence que convergent tous les produits de la région, car le département des *Bouches-du-Rhône* n'en récolte pas suffisamment (1.300.000 francs en 1902). Les *Basses-Alpes* (Valensole, Digne, Sisteron, Riez, Manosque, Les Mées, Castellane); le *Var*

Phot. A. Rolet.

Fig. 161. — Nettoyage des amandes cassées.

(Rians, La Verdière, Ginasservis, Viviers, Artigues, Saint-Julien); la *Drôme* (Nyons, Vallée de Saint-Jolle, Montbrun, Remuzat, Grignan, Saint-Paul-Trois-Châteaux, Marsanne) sont ses principaux fournisseurs.

Produisent encore l'amande : la *Corse* (Calvi, Montemaggiore, Cassano, Zilia, Calenzana, Aregno, Ile-Rousse, Belgodere); l'*Ardèche* (arrondissement de Privas); l'*Aveyron* (Saint-Rome-de-Tarn, Saint-Rome-de-Cernon, Saint-Georges-de-Lusençon, Comprenhac, Millau, etc.).

La confiserie utilise, encore, l'*amande verte* et, principalement, les grosses amandes des variétés fines. Bandol, Ollioules, Carqueirane, La

Crau, Hyères, dans le *Var* ; Agen, Aiguillon, Buzet, Marmande, Saint-Bazeille, dans le *Lot-et-Garonne*, produisent principalement l'amande verte, sans compter, bien entendu, le département des *Bouches-du-Rhône* qui donne surtout la variété *princesse*, aux environs de Martigues. Tout autour de l'étang de Berre, on cultive de préférence les amandes à coque tendre. Ces variétés, plus précoces, craignent les gelées, mais dans ces régions le voisinage de l'eau les protège quelque peu contre les méfaits du redoutable météore

Un ennemi des amandes. — Les amandes décortiquées, ou, mieux, celles à coque tendre ou mi-tendre, peuvent être attaquées en magasin par un petit papillon (un microlépidoptère), le *paralipsa gularis*, qui commet parfois des ravages importants dans les entrepôts.

On badigeonne à la chaux vive les murs, les poutres, les tréteaux et autres objets ; on ferme hermétiquement les magasins pendant les heures chaudes de la journée, pour aérer pendant la nuit, etc.

Les amandes cassées à sec paraissent mieux résister que celles dont la coque a été mouillée avant le cassage. L'emploi des insecticides sur les amandes mêmes ne peut naturellement être conseillé ici. Mais, chez les négociants, on pourrait emmagasiner les produits, dès le mois de mars arrivé, dans des chambres froides, où l'on maintiendrait une température voisine de 0°. En hiver, on se contenterait, au besoin, d'une chambre exposée au nord, privée de boiseries (dans lesquelles s'opèrent les pontes), et tenue très proprement (de Loverdo).

CONFISERIE

Nougat. — Pour faire du *nougat* aux amandes on prend 1 kilo de miel pour 1 kilo 1/4 d'amandes. On fait bouillir d'abord le miel, puis on verse les amandes. On brasse le tout de temps en temps et laisse bouillir encore trois quarts d'heure. Il faut avoir une certaine habitude pour « saisir » le degré de cuisson convenable. Le miel trop cuit donne un nougat trop dur ; dans le cas contraire, le nougat « coule » facilement. Il faut tenir compte qu'en se refroidissant la masse durcit.

Quand on croit le miel *cuit*, on y trempe le bout d'un couteau ou d'une cuillère et on le plonge dans l'eau fraîche. Si le miel casse, il est cuit à point.

On y verse, alors, les amandes, mais à cet état on ne laisse plus bouillir.

Quand on fait « *torréfier* », au préalable, les amandes (les mettre au four avec leur coquille), elles ont bien meilleur goût. Mais ici, encore, il faut une certaine expérience pour guider

Fig. 162. — Casserie d'amandes aixoise (L. Blachère et J. Jurine).

la cuisson. Trop cuites, les amandes sont amères et, de plus, prennent une teinte plus ou moins brunâtre, qui donne un mauvais aspect à la tranche du nougat.

On met sur une planche, en moule, au besoin, deux feuilles de pain azyme sur un peu de farine. On étend dessus la masse

Phot. Rolet.

Fig. 163. — Emballage des amandes en coque.

cuite à point sur l'épaisseur voulue. On la recouvre de deux autres feuilles. On peut faire une nouvelle « couche » sur ce nougat, de façon que l'inférieure soit suffisamment tassée.

On coupe le nougat en bandes étroites, avant qu'il soit refroidi.

On doit tenir le nougat au sec.

On peut dans ces préparations remplacer les amandes par des noix.

Le *nougat de Montélimar* se prépare avec un kilo de *miel* blanc et un kilo de sucre, que l'on cuit *au cassé*. On verse alors, sur huit blancs d'œufs battus en neige, en continuant de fouetter. On reporte sur le feu en remuant jusqu'à cuisson (ne colle plus au doigt). On ajoute, alors, deux kilos *amandes* émondées, deux cents grammes *pistaches*, deux cents grammes *pralines* roses, le tout sec et chaud, et parfumé avec 100 grammes eau de fleurs d'oranger. On met en pains comme ci-dessus.

On fait du *nougat brun* en ajoutant six cents grammes d'a-mandes dans un mélange bouillant de cinq cents grammes de sucre en poudre et du jus de citron.

Confiture de pistaches. — La *pistache*, ou fruit du *pis-tachier*, qui croît surtout en Orient, a une amande verte qui fait une excellente confiture. On écrase légèrement les amandes extraites d'un kilo de pistaches (enlever la peau). On verse dans du sirop additionné d'un peu de jus de citron, puis on agite jusqu'à ce que le produit soit assez épais pour ne plus pouvoir être remué que difficilement.

On traite de même les amandes de *pin pignon*.

Sirop d'amande. — Prendre un kilo d'amandes douces et 45 grammes d'amandes amères. Les jeter dans de l'eau bouillante, leur enlever la pellicule et les écraser finement dans un mortier, en ajoutant un peu d'eau. Exprimer le tout dans un tissu serré, en l'arrosant d'eau. Mettre le liquide sur le feu avec un demi-kilo de sucre. Faire bouillir, retirer du feu, laisser refroidir, puis ajouter de l'eau de fleurs d'oranger au gré des consommateurs.

CHAPITRE XIX

LES OLIVES

CONSERVES D'OLIVES

De tout temps les *conserves d'olives* ont été appréciées : Caton, Pline, etc., citent de nombreuses recettes des Grecs, des Romains, des Syriens pour apprêter les fruits de *l'arbre de Minerve*.

Nous voyons figurer dans ces préparations spéciales des ingrédients tels que du sirop, des poireaux, de l'amurque (eau de végétation des olives), de la malvoisie, dont nous nous accommoderions, peut-être, mal aujourd'hui. Nous donnons, cependant, plus loin quelques recettes de ce genre.

Cette industrie est actuellement très florissante en Grèce, Espagne, Tunisie, Portugal, Californie, France. Elle est en décadence en Italie, où l'exportation des *olives vertes* est limitée à la région d'Ascolano. Dans les autres centres oléicoles de ce pays, les olives sont, en effet, consommées sur place.

Olives à la picholine ou vertes. — *L'olive* verte conservée *à la picholine* est, sans conteste, celle qui fait l'objet du commerce le plus important.

Nous devons ce mode de traitement des *olives vertes*, aux deux frères d'origine italienne, Antoine et Amant Pichiliny, industriels qui se fixèrent, il y a plus de deux cents ans, à Saint-Chamas (B.-d.-R.) pour y traiter, par la méthode encore suivie de nos jours ou à peu près, les olives de la variété dite *saurine*, qu'ils cultivaient dans leurs propriétés de Miramas et de Saint-Chamas (B.-d.-R).

Variétés. — La saurine est produite par le *plant Martigaù*, appelé encore plant d'*Istres* (Bouches-du-Rhône). On le rencontre sur la côte nord et ouest de l'étang de Berre, à Saint-Chamas, Miramas, Istres, Martigues, et un peu, aussi, dans l'arrondissement d'Arles, dans les environs de Fontvieille. Le fruit est un peu allongé et renflé d'un côté. L'arbre est rustique et fertile.

Depuis que cette variété a été adoptée par les frères *Pichiliny*, on appelle souvent la *saurine*, *picholine*, comme on donne, aussi, cette dénomination à la *longue de Belgentier* (Var).

La synonymie des noms des différentes variétés d'olives est, d'ailleurs, très embrouillée.

La vraie *picholine* serait l'olive *Coïasse* (plant de Collias), qui croît surtout dans le Gard. La *verdale* (Languedoc, Vaucluse, Bouches-du-

Rhône, Var), la *lucques* (Hérault et Gard), l'*amelaù* (plant d'Aix), la *salonenque*, l'*espagnole*, *la royale* (Bouches-du-Rône), l'*olivière* (*Aude*), le *bouteillan d'Aups*, la *longue* de *Belgentier* sont mises encore à contribution.

La *lucques* passe pour être la plus appréciée dans le genre de préparation dont nous parlons, à cause de la finesse et du parfum de sa chair. On tend, cependant, à la remplacer dans la culture par la *picholine* (plant

Phot. A. Rolet.

Fig. 164. — La cueillette des olives en Provence.

de Collias) dont l'arbre est plus productif. La *lucques* est grosse, bleuâtre, allongée, recourbée en croissant. L'arbre est rustique et précoce.

L'*amelaù*, *amelingue* ou *plant d'Aix* (B.-d.-R.), à goût parfumé, est grosse, renflée d'un côté, et portée par un court pédoncule.

La *salonenque*, ou plant de *Salon*, a la chair un peu tendre. Elle donne d'ailleurs de l'huile de bonne qualité. Disons, à ce propos, que dans le *greffage* fait en vue d'obtenir des olives de table (1), il paraît préfé-

(1) S'adresser au *Service de l'oléiculture*, à Marseille, 7, rue Saint-Jacques, avant le mois de mai, pour avoir des greffons des variétés lucques, amelaù, picholine, verdale.

rable de choisir celles qui sont appréciées également pour l'huile. On sait, aussi, que le greffage appliqué à un grand nombre d'arbres, est long et coûteux.

L'espagnole, ou *sévillane*, appelée dans quelques régions *plant d'Eyguières* (Bouches-du-Rhône), est la plus grose olive de Provence. Comme la *royale* ou *triparde* (peut-être sont-ce là deux mêmes variétés), elle plaît plus à l'œil qu'au goût. Elle est de moins bonne garde, mais précoce. On confond quelquefois le plant d'Eyguières avec le plant de *Cotignac* (Var).

Dans le *Languedoc*, le *Vaucluse*, les *Bouches-du-Rhône* les connaisseurs apprécient beaucoup la *verdale*, confondue, souvent, avec la *saurine*. La *verdale est* obtuse à la base, un peu allongée au sommet, ovoïde de couleur vert-brun.

Dans le Var, on cultive le *bouteillan d'Aups* (*cayonne* à Salernes, et *redonan* à Cotignac), à chair ferme et de goût agréable.

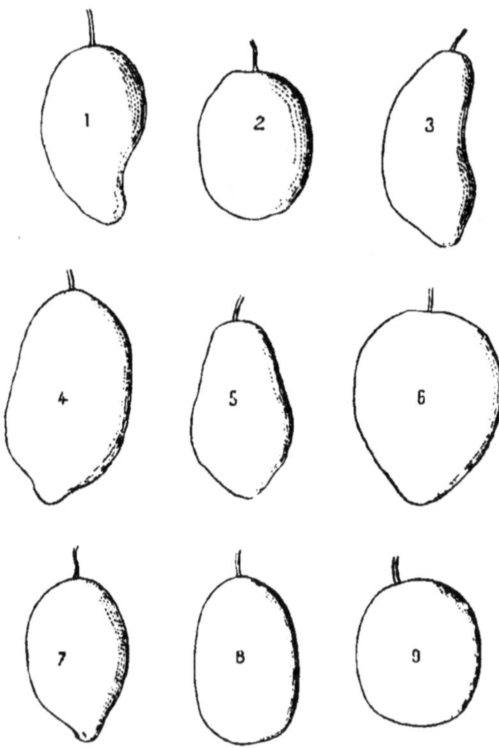

Fig. 165. — *Olives* pour conserves. 1, Saurine ou picholine ; 2, Verdale; 3, Lucques; 4, Amelaù; 5, Salonenque ; 6, Espagnole ; 7, Olivière ; 8, Bouteillan ; 9, Grossanne.

Le *plant de Belgentier* est aussi très réputé. Il est précoce, mais le noyau est plus gros et la chair moins fine que la *picholine*.

En Algérie, on recommande les variétés : *Tefah, Bouchouk, Chemlal* ou *Asgouart*.

D'une façon générale, les *olives vertes à confire* doivent être précoces, grosses, charnues, bien vertes, à pulpe assez ferme, fine, savoureuse, à petit noyau.

Il faut les cueillir dans les sols *fertiles*, frais, irrigués, même. Le Dr Trabut a cité encore :

L'olive de *Saint-Denis-du-Sig*, de *Tlemcen*, de *l'Oued Amizour*, *sévillane, besbassi ou grosse du Hamma de Constantine, barouni de Sousse, grosse de Miliana, adjeraz, grosse aberkane des Beni-Aïdel, Nab-Djemel, limli de Seddouk, zarazi.*

Préparation. — Après la cueillette, qui doit se faire à la main, dès la mi-septembre, dans la région des Bouches-du-Rhône, les olives, traitées par variétés, sont triées pour ne conserver que les saines, puis classées d'après la grosseur. On se sert, à cet effet, de cribles cylindriques rotatifs, qui, en tête, séparent, d'abord, les feuilles. Les négociants adoptent en général trois grosseurs de fruits, correspondant aux qualités : *choix, surchoix, extra.*

On emploie, pour *neutraliser* les principes *âcres, amers* des olives vertes à mettre à la *picholine*, une *lessive alcaline*, qui peut-être, aussi, ne fait que désagréger la pulpe du fruit et faciliter la diffusion dans l'eau des principes nuisibles au goût.

Fort probablement, encore, la potasse ou la soude employées saponifient une partie de l'huile qui est, alors, perdue. Quoi qu'il en soit, le degré de concentration de la *lessive*, comme on appelle couramment le liquide de macération, importe beaucoup.

Si le produit est trop fort, trop riche en matière utile, les olives sont brûlées, elles deviennent jaunes, elles perdent de leur saveur, de leur finesse et se corrompent vite. S'il n'est pas assez concentré, il peut laisser les olives amères. Toutes choses égales, il est préférable d'employer une liqueur faible, quitte à la laisser agir plus longtemps. On pourrait dire que plus son action est lente, plus les fruits sont délicats.

Mais voilà, on veut aller vite en besogne, et on emploie, parfois les *lessives des savonniers*, qui agissent en quelques minutes. Cette précipitation est, en somme, très explicable, quand il s'agit de la vente et de la venue rapide sur le marché : les premières conserves sont toujours attendues avec impatience et, à ce titre, on les paie, même, un prix plus élevé. Dans tous les cas, le débit en est plus asssuré.

Mais, aussi, rencontre-t-on parfois, dans le commerce, des olives à la picholine encore amères, qui n'ont pas assez séjourné dans le liquide, lequel, encore, peut être trop faible.

Il y a lieu, également, de tenir compte de la variété des olives, de la fraîcheur du terrain qui les a produites et qui les rend plus aqueuses, moins sensibles, de leur abondance ou de leur rareté sur l'arbre, de leur grosseur, de la température, qui favorise l'action de l'alcali.

On comprend qu'il vaille mieux traiter chaque variété à part, sans faire de mélange.

Les inventeurs du procédé, les frères Pichiliny, opéraient plus méthodiquement, plus prudemment. Pour la préparation de leur lessive, ils se servaient de *barille*, ou carbonate de soude impur, qui provenait de l'incinération des végétaux (kali) croissant au bord de la mer. Ce produit, tassé dans des cuves et arrosé avec de l'eau chaude, donnait des lessives à divers degrés de concentration. Par des essais préalables sur quelques poignées d'olives, ils appréciaient quel était le degré le plus favorable qu'ils notaient avec un pèse-sels. Ils préparaient alors facilement la quantité suffisante de solution par des mélanges et addition d'eau, au besoin, à une lessive concentrée dont ils pouvaient toujours disposer pour verser, le cas échéant, dans la cuve à olives, quand celles-ci étaient

Phot. A. Rolet.

Fig. 166. — Appareil à trier et classer les olives.
(M. Olivier, à Saint-Chamas.).

trop lentement attaquées. Les limites extrêmes qu'indiquaient les frères Pichiliny pour la durée d'action étaient vingt-quatre à quarante-huit heures, donc une moyenne de trente-six heures.

Aujourd'hui on va plus vite, surtout quand il s'agit, comme nous l'avons dit, de livrer au commerce.

On emploie les lessives des savonniers (300 à 400 grammes

de soude caustique par litre), quel' on additionne d'eau au besoin.

On confectionne, aussi, des lessives en arrosant, dans un tonneau, une cuve, un mélange de produits divers tassés sur

Phot. A. Rolet.

Fig. 167. — Vérification du degré de concentration de la lessive.

un fond à claire-voie (sarments, paille, etc) : sulfate de potasse, cendres, chaux vive. Le carbonate de soude se dissout à part.

La chaux vive vient, ici, mettre en liberté la potasse ou la soude. On doit bien l'incorporer au mélange. Quand elle est en contact direct avec les olives, comme cela a lieu dans certaines préparations, elle brûle les olives, produit des *levures*. Ces olives brûlées non seulement ont mauvaise apparence, avec leur couleur jaunâtre, mais encore elles se conservent mal.

On emploie les lessives à froid.

Pour la *saurine*, la *picholine*, la lessive de potasse caustique doit marquer 6° Baumé, pour la *verdale*, *l'amelaù* 5° et 3°,5 pour la *lucques*.

Voici encore quelques mélanges qui ont été recommandés

Pour 25 kilos d'olives, 1 kilo chaux vive, 1 kilo cristaux de carbonate soude, 4 kilos cendres de bois ; ou : 1 kilo chaux vive, 6 kilos cendres ; ou 5 kilos chaux, 1^{kg},5 lessive de cendres de bois, ou l'on fait une lessive avec 2 kilos de chaux, 2 kilos de carbonate de soude, 8 kilos de cendres. On ajoute assez d'eau pour que la lessive marque 8° au pèse-sel. On laisse les olives cinq à six heures.

Couture dit qu'un « fabricant de bonne foi ne fait point entrer dans sa fabrication de la chaux vive. Elle est meurtrière pour les olives. Elle en sépare la peau d'avec la chair : elle cause des levures. Les olives ainsi préparées se pourrissent bien vite, et la santé de ceux qui en mangent souffre beaucoup de cette fabrication calcaire. »

Dans les ménages on ajoute, simplement, de l'eau à ces mélanges pour obtenir un produit très fluide dans lequel on met à tremper les olives. Plus simplement encore, on prend poids pour poids d'olives et de cendres avec la quantité d'eau suffisante.

Quel que soit le procédé suivi, les olives ne doivent jamais, pendant ce trempage, subir le contact de l'air. On met à la surface une claie, ou un dispositif quelconque, qui empêchent les fruits d'émerger en partie ; ou bien on agite s'il s'agit de petites quantités pour la consommation à la ferme, cas où la couleur plus ou moins agréable influe peu.

De même, quand on soutirera le liquide, il faudra le faire rapidement et, pour cela, les ouvertures inférieures des cuves seront très larges.

On suit, en coupant de temps en temps avec l'ongle, les progrès de l'alcali dans la chair, qui se mortifie, change de couleur. Quand ce caractère est bien marqué sur toute l'épaisseur, que la pulpe se détache aisément du noyau (pour la vente il est préférable que la chair ne soit attaquée que sur les deux tiers), on sépare olives et lessive en laissant le moins possible les fruits au contact de l'air, nous le répétons.

Au sortir de la lessive, on doit laver abondamment les *olives*, pour chasser toute trace de liquide actif, qui leur donnerait son goût particulier. Un courant continu d'eau serait le plus efficace. A défaut, on la renouvellera souvent jusqu'à ce que les fruits aient perdu entièrement le goût de lessive.

Certains industriels reverdissent les olives, au sortir de la lessive, une fois lavées, avec du sulate de cuivre.

Une fois dégorgées, on met les olves vertes dans une saumure, que l'on prépare de la façon suivante.

On fait dissoudre à refus du sel blanc dans de l'eau en le maintenant, par exemple, dans un panier qui baigne dans les couches supérieures du liquide. On renouvelle la dose dès que le sel est fondu.

On ajoute des épices diverses (tous les consommateurs ne tiennent pas également à ces assaisonnements) : clous de girofle, fenouil, écorce d'orange, cannelle, bois de rose, noix muscade. On fait, alors, bouillir durant dix minutes. On filtre, on laisse au repos dans des terrines, on décante, puis additionne d'un égal volume d'eau.

Pour la consommation ménagère on répartit simplement sur les olives placées dans un pot 1 kilo de gros sel dissous dans 7 litres d'eau par 10 kilos d'olives, puis on verse de l'eau, de préférence bouillie et refroidie. On tient les jarres vernissées fermées et au frais.

Pour la vente, on emploie des barils, et la saumure à 10° Baumé (1 kilo de sel pour 13 kilos d'olives). Il est des variétés qui doivent être salées progressivement. Mises tout d'un coup en contact avec une trop forte dose de sel, elles se ratatinent, se rident.

Les barils sont de grosseurs diverses : 10, 20, 40 (baril type), 100 et 160 kilos. Les petits contiennent d'ordinaire les petites olives et les plus volumineux les fruits les plus gros. On fait, aussi, des barils de tous poids, depuis 1 kilo.

A destination on trie les olives molles, décolorées. On complète le volume de la saumure, on renouvelle entièrement celle-ci si l'on a trouvé des fruits pourris. Il vaut d'ailleurs toujours mieux transvaser dans des pots, car le bois absorbe le liquide.

Pour la vente au détail, on met les olives dans de petits bocaux en verre vert.

Certains industriels traitent les fruits décolorés au sortir de la lessive avec du sulfate de cuivre, comme nous l'avons dit.

Une recommandation importante, c'est qu'il ne faut jamais toucher les olives avec les doigts, mais avec des cuillers en bois, des passoires, cribles, etc.

On admet que 120 kilos d'olives vertes se vendent, préparées, 96 francs. Le prix d'achat est, d'environ, 60 francs. Une telle quantité de fruits auraient pesé à la maturité 100 kilos pouvant donner 15 kilos d'huile qui, à 3 francs, au maximum, auraient produit 45 francs.

Au détail le kilo d'olives confites vaut, en moyenne, 1 fr.25.

En année moyenne, l'olive la *lucques* est payée aux producteurs 50 francs les 100 kilos. Le prix de vente une fois préparée est d'environ 67 francs les 100 kilos.

En général, les olives pour la table se paient au producteur 15 à 20 francs de plus par 100 kilos, soit un tiers à la moitié de plus que les olives destinées à l'extraction de l'huile. Les prix sont, d'ailleurs, variables suivant les variétés et l'abondance de la récolte. Quelquefois les *verdales* ne valent que 25 centimes le kilo, tandis que les *lucques* montent jusqu'à 75 centimes.

Marseille, Saint-Chamas, Salon, la vallée des Baux, dans les Bouches-du-Rhône; Nîmes (Gard); Saint-Jean-de-Fos, Gignac (Hérault); Belgentier, etc. (Var) sont des centres importants pour la préparation des olives de conserve.

ASSAISONNEMENTS. — Les *olives vertes* conservées à la *picholine* peuvent être assaisonnées aux *câpres* et à *l'anchois* ou au thon *mariné*. Pour cela on les fait tremper trois à quatre heures dans de l'eau fraîche. On les laisse, ensuite, bien égoutter. Avec un petit couteau ou un canif on les incise en spirale et sort le noyau. On met à sa place une câpre et un petit morceau d'anchois ou un morceau de thon mariné. On remplace quelquefois le poisson par un morceau de truffe. On met les olives ainsi *farcies*, *fourrées*, dans un bocal que l'on remplit d'huile. On ferme hermétiquement. Ces olives sont bonnes à manger dès le troisième jour.

Concurrence. — *L'Espagne* nous fait une rude concurrence avec sa variété *sévillane*, très grosse, très recherchée par les consommateurs.

Ce pays exporte pour 4.160.000 francs d'olives confites, vertes en majorité.

Nous autres nous importons d'*Espagne*, d'*Algérie*, de *Grèce*, de *Turquie d'Asie*, plus d'un million de kilos, malgré les 5 à 6 millions que prépare le Midi. L'*Hérault* et le *Gard* fournissent 3 millions à 3 millions et demi; les *Bouches-du-Rhône*, 300.000 à 400.000 kilos. Le *Var* compte deux centres principaux de préparation : *Salernes, Aups, Coti-gnac* avec 300.000 kilos; *Belgentier*, la *Roquebrussanne*, *Méounes*,

Phot. A. Rolet.

Fig. 168. — Mise en barils des olives confites.

Signes, avec 400.000 à 500.000 kilos, soit un total de 600.000 à 800.000 kilos (Service de l'Oléiculture).

L'Angleterre, les États-Unis, les Pays-Bas, la Suisse, la Belgique, etc. absorbent plus de 2 millions de kilos d'olives confites.

Olives vertes au vinaigre. — On peut conserver les olives vertes au vinaigre, à la façon des cornichons.

Toutefois ce mode de préparation n'est pas très répandu.

Olives cuites (Appert). — On pourrait appliquer aux olives le mode de conservation préconisé par Appert (Mise en boîte et stérilisation par la chaleur). A notre connaissance nous n'avons pas d'exemple de ce genre de conserves. Les procédés habituellement employés étant beaucoup plus économiques en sont, sans **doute, la cause.** En outre, ces olives cuites ne pourraient servir que pour assaisonner les mets.

Olives vertes cassées. — Dès septembre-octobre, on cueille des *olives* pour les casser.

Les *cassées* ou *écachées* (*oulivo picado*, *escachado*, en provençal) constituent une primeur appréciée des gourmets.

On utilise, dans ce but, la variété *salonenque* (de Salon, Bouches-du-Rhône), à chair fine. On paie sur l'arbre 0 fr. 30 à 0 fr. 60, 0 fr. 45 en moyenne, le kilo aux producteurs, suivant les années, l'abondance ou la rareté des fruits.

On trie, on classe suivant la grosseur en se servant de trieurs, tarares, *cribles*. Puis on frappe fortement les olives vertes à l'aide d'un maillet, d'une pierre, ou, pour les grandes quantités, on passe entre des rouleaux cannelés.

En un mot, il faut faire *éclater la pulpe*, mais non le noyau.

Les fruits ainsi à demi écrasés céderont facilement leurs sucs âcres, qui les rendent impropres à la consommation. A cet effet, on les met à tremper dans de l'eau pure froide. Un courant continu de liquide active singulièrement cette sorte d'épuration. A défaut on renouvelle l'eau aussi souvent que possible et jusqu'à ce que l'aliment ainsi traité ait perdu toute amertume.

Les Romains accéléraient l'opération en pressant les olives une fois cassées. Ou bien ils les plongeaient dans l'eau bouillante. Toutefois, il ne faut pas trop les y laisser séjourner, car elles prennent alors le goût de cuit et se conservent plus difficilement. Enfin, les fruits débarrassés de leur amertume sont gardés dans une saumure.

On fait bouillir la quantité d'eau suffisante pour les noyer toutes en mettant dans le liquide 1 kilo de sel par 12 kilos de fruits. On peut également additionner d'aromates ; le plus courant de ces derniers est constitué par des sommités de fenouil pourvues de leurs graines mûres.

On opère encore de la façon suivante. On place dans une jarre vernissée des lits successifs d'olives et de sel, et l'on verse dessus de l'eau bouillie et refroidie.

Fig. 169. — Appareil à casser les olives. (M. Olivier, à Saint-Chamas, Bouches-du-Rhône.)

Il importe d'employer, dans cette préparation et les préparations analogues, de l'eau aussi pure que possible, stérilisée par l'ébullition, et des vases préalablement ébouillantés, sinon la surface du liquide dans lequel baignent les olives se couvre de moisissures et autres microrganismes (la mousse), sorte de *mère* verdâtre, gluante, d'aspect peu engageant. Ces impuretés abondent aussi quand l'eau est insuffisamment salée.

Les olives ainsi ouvertes, et le plus souvent à chair fine délicate, ne se conservent guère que deux à trois mois.

On pourrait, en attendant la consommation et la vente, les garder dans une saumure suffisamment concentrée, qu'il suffirait ensuite, au moment voulu, de dédoubler avec de l'eau.

Les *olives cassées* ne font pas l'objet d'un bien grand commerce. Cependant leur vente est rémunératrice, car ce sont les premières de la saison dans les grandes villes des environs. On en fabrique en certaine quantité à Saint-Chamas et à Marseille, dans les Bouches-du-Rhône.

On peut traiter de la même façon les olives plus avancées en maturation et de couleur bigarrée. Mais elles sont encore de moins bonne garde.

Olives d'été, amères ou salées. — Les *olives* destinées à la consommation *d'été*, ou olives dites amères ou salées, sont choisies parmi les variétés *aglantaù* et *verdale* (Bouches-du-Rhône). Ces fruits, cueillis encore verts dès septembre, ou à peine bigarrés, doivent être à chair assez ferme pour supporter la longue conservation qui sépare leur préparation du moment où on les consomme, en mai-juin-juillet.

On les entaille au couteau et, après les avoir laissées quelques jours dans l'eau pure pour les faire dégorger, on les met dans la saumure aromatisée (4 kilos de sel par 20 à 25 kilos d'olives). La dose de sel doit être ajoutée peu à peu, sinon les olives se rident.

Quand le moment de les consommer est venu, on vide la saumure et on en met une nouvelle moins concentrée (moitié de saumure saturée et moitié d'eau).

Il faut toujours commencer par utiliser les olives qui ont perdu leur couleur verte, car elles se conservent moins longtemps.

Olives demi-mûres. — En *novembre* on cueille *demi-mûres* les variétés *ampoulaù*, *grossanne* ou *ronde* (vallée des Baux, Bouches-du-Rhône), *grand mouraù*, *baralenque*. On les pique avec les pointes d'une fourchette, des épingles fixées dans une moitié de bouchon, entre des rouleaux hérissés de pointes ou bien on fait 3 ou 4 entailles au couteau (olives taillées).

On laisse tremper dans l'eau pure les olives ainsi traitées, eau que l'on renouvelle jusqu'à ce que tout mauvais goût ait disparu dans les fruits.

On garde, ensuite, dans la saumure. Quelquefois on ajoute ce liquide bouillant, mais c'est au risque de voir l'aliment prendre le goût de cuit.

Ajoutons que les *olives noires* ainsi traitées ne se conservent pas très longtemps.

Olives noires. — Les *olives noires mûres* sont plus nutritives que les vertes, mais sont l'objet d'un commerce moins important. En faisant l'éducation de la clientèle, qui les connaît moins, on arriverait à en augmenter la consommation.

La Drôme et la partie limitrophe du Vaucluse préparent 1.250.000 kilos d'olives noires de la variété réputée la *tanche*.

L'olive bien mûre est mise, dans la région de Nyons, dans de la saumure conservée de l'année précédente que l'on enrichit progressivement en sel jusqu'à marquer 10 à 15° Baumé.

Les *olives noires confites*, livrées à *bon marché*, constitueraient non plus un simple condiment, comme c'est le cas pour les autres préparations du fruit, mais un vrai aliment pour les classes ouvrières.

En traitant de grandes quantités à la fois, on abaisse le prix de revient. Au besoin le producteur commencerait la *campagne* avec les olives vertes à la picholine pour continuer par les demi-mûres et les mûres.

Le Dr Trabut conseille de mettre les *olives noires* dans une lessive de potasse caustique à 1,5 p. 100. Après quatre heures, laver jusqu'à disparition du goût de lessive. Enfin, laisser séjourner dans des saumures de plus en plus concentrées : deux jours à 2,5 p. 100, six à 3,6 p. 100, deux semaines à 7,5 p. 100. Conserver, en dernier lieu, avec 10 à 12 p. 100.

Plus simplement encore, les olives sont mises directement dans de grands réservoirs qui contiennent de l'eau salée rendue alcaline par du carbonate de soude.

Au moment de livrer on place dans la saumure ordinaire. Le kilo d'olives ne reviendrait pas, ainsi, à plus de 25 centimes.

Cet auteur recommande de *stériliser* les barils vides avec un jet de vapeur, puis, une fois pleins, en amenant la vapeur dans la masse que l'on agite pour la porter à 80-95°.

En novembre-décembre les *olives noires, très mûres,* sont piquées ou entaillées au couteau et placées sur une claie, ou dans un panier, etc. On les saupoudre de sel pour faire sortir l'eau de végétation. (On les trempe, aussi, dans l'eau bouillante, puis les laisse égoutter.)

On agite de temps en temps en faisant *sauter* les fruits pour ajouter du sel et vider l'eau, s'il y a lieu.

Quand l'humidité ne suinte plus (environ huit jours), on complète la dessiccation sur une claie; on conserve dans un bocal en ajoutant du poivre, des feuilles de laurier, des clous de girofle, de l'ail coupé, de l'huile, et en faisant sauter le tout pour bien répartir poivre et huile et cela tant que dure la consommation.

Ce produit est très apprécié dans le commerce, mais il se conserve moins que les olives vertes.

En *Grèce* et dans l'Italie méridionale, on dessèche aussi les olives noires dans le four à pain à 40°. On sale ensuite et met dans l'huile.

Olives bletties sur l'arbre. — Il arrive que l'on peut cueillir sur les arbres mêmes des *olives confites* naturellement (*olives fachouires*).

Cet état particulier d'un fruit qui n'est généralement pas comestible, quel que soit son degré avancé de maturité, ne tiendrait ni à la variété ni à l'époque. On en trouve sur tous les oliviers. Mais tel qui en a produit cette année, par exemple, peut n'en pas produire l'année prochaine et réciproquement. On en trouve aussi bien sur la *saurine* que sur le *plant d'Aix,* sur le *plant de Salon* que sur le *plant d'Eyguière,* comme sur l'*ampoulaù.*

D'après Couture, qui a observé et étudié ce fait, on remarque la présence des olives *naturellement confites* quand l'automne ou l'été sont fort pluvieux, et que les pluies ont été suivies de beaux jours et d'un temps serein, et surtout sur les arbres peu chargés en fruits. En somme, ce serait l'eau, qui lavant et relavant les olives, les rendrait comestibles. Enfin, la sécheresse de l'air les empêcherait de pourrir.

Quant aux arbres qui portent une abondante récolte, leurs fruits mûrissent plus tard, il sont plus maigres, plus petits, ils restent plus longtemps verts, ils résistent mieux aux pluies que les grosses olives plus avancées en maturité. Dans ces dernières l'eau des pluies expulse l'*amurque,* tandis que dans les autres l'eau nourrit la pulpe, l'entretient et en augmente le volume.

C'est un bien, d'ailleurs, fait remarquer Couture, que ces olives confites soient rares, car le propriétaire n'en profite guère, la plupart étant mangées par les personnes chargés de la récolte. Le même fait se produit, d'ailleurs, dans les greniers, aux moulins, etc.

Le mieux serait de faire cueillir immédiatement sur tous les arbres sur lesquels on commence à voir des fruits confits et de les préparer le plus tôt possible, comme nous l'avons dit pour les olives à l'huile. On pourrait se contenter de les mettre dans un pot en terre ou en verre, en les saupoudrant avec du sel pilé qui attire l'eau de végétation ou *amurque*, dans laquelle on les laisse baigner. Mais, ainsi, elles ne se conservent pas longtemps et il faut les consommer le plus tôt possible.

Quelques recettes des anciens. — Couture rapporte dans son ouvrage *Traité de l'Olivier* quelques recettes citées par Caton, Columelle, que nous allons résumer. Comme le dit l'auteur « les unes et les autres nous seront peut-être de quelque utilité. Chacun pourra en faire l'essai et préférer celles qui lui paraîtront les plus agréables, les plus faciles et les plus économiques. Il n'est pas question ici de disputer des goûts ».

Olives blanches. — Pour conserver les *olives vertes* entières, cueillir les plus blanches. Mettre du fenouil sec au fond d'un pot, presser les olives par-dessus, en assaisonnant avec des graines de fenouil, de leutisque. Enfin, remplir avec de la saumure.

Quand on veut utiliser l'aliment, on *écache* les olives et les assaisonne de rue, poireau, persil, menthe, lentisque, huile fine, vinaigre, dans lequel on a mis du poivre, du moût miellé.

Dans la préparation précédente on peut remplacer, au début, la saumure par du vinaigre pas trop fort. Quarante jours après, on fait écouler ce liquide et le remplace par trois parties de sirop de malvoisie et une de vinaigre.

Olives blanches écachées. — Quand les olives sont blanches et avant qu'elles prennent la couleur noire, on les concasse, les met dans de l'eau que l'on renouvelle souvent. Ou bien les presser avec les mains bien propres dans des pots en terre. Ajouter du vinaigre dans lequel, au préalable, on a mis à macérer du fenouil et du lentisque ; verser ce vinaigre filtré sur les olives avec un peu d'huile et une livre de sel par boisseau de fruits. Ceux-ci sont bons à manger trois jours après, mais ils ne peuvent se conserver longtemps.

On prépare les *olives blanches* que l'on veut manger pendant les vendanges comme ci-dessus, mais en y ajoutant autant de moût que de vinaigre.

Ou bien, en les sortant de la saumure, on les presse dans un pot en les assaisonnant avec des graines de fenouil vert et de lentisque. Par dessus le tout on dispose quelques bouquets de fenouil sec, puis on verse deux parties de moût et une de saumure. Les olives se conserveraient, ainsi, toute l'année.

Olives jaunes pressées. — Dès que les olives perdent leur couleur blanche et commencent à jaunir, on les cueille par temps serein, les laisse exposées un jour à l'ombre sur des vans. Le lendemain on les met dans des cabas (sortes de sacs en alfa, dans lesquels on presse la pâte des olives pour l'extraction de l'huile) et les passe au pressoir pour leur faire rendre l'eau de végétation (amurque). On laisse, ainsi, quelques jours sous presse. On sale ensuite et assaisonne avec des graines de lentisques et de rue, des feuilles de fenouil desséchées à l'ombre après les avoir coupées en petit morceaux. Après trois heures, quand le sel a bien pénétré dans la pulpe, on met dans de l'huile fine.

Olives bigarrées. — Dès que les olives commencent à changer de couleur, et avant qu'elles soient entièrement mûres, on les cueille avec leur pédoncule et on les met dans de l'huile.

Ainsi confites, elles conservent le goût des olives fraîches. Au moment de les consommer on les sort du liquide et les saupoudre avec du sel pilé.

Olives noires au sirop. — Les olives noires, mais non trop mûres, sont saupoudrées de sel dans un panier en osier. On les laisse ainsi environ un mois pour leur faire rendre l'eau de végétation. Après les avoir essuyées avec une éponge, on les met dans des pots, avec du sirop, de la malvoisie. On presse sur le tout en ajoutant du fenouil.

On peut, aussi, employer un quart de vinaigre et trois quarts de malvoisie ou de miel, ou deux tiers de miel ou de malvoisie et un tiers de vinaigre.

Ou encore, après avoir traité les olives au sel comme ci-dessus, on les met dans des paniers par couches successives, avec des graines de lentisque et du sel. On laisse ainsi quarante jours, On passe alors au crible pour séparer les grains. Essuyer les olives avec une éponge pour enlever le sel. Mettre dans des pots en terre, que l'on remplit de malvoisie, de sirop ou de miel.

Autre procédé : Par muid d'olives ajouter un setier de graines de lentisque et d'anis, trois coupes de graines de fenouil, puis trois chopines de sel en grain. Mettre dans un pot en terre, que l'on bouche avec du fenouil. Faire rouler ce pot tous les jours. Trois ou quatre jours après verser l'eau qui a suinté et après quarante jours bien séparer le sel. On conserve, alors, avec du sel en grain.

Olives taillées. — Les olives noires, bigarrées ou, même, blanches, sont taillées et débarrassées de leur noyau. On les prépare, ensuite, avec de l'huile, du vinaigre, de la coriandre, du cumin, du fenouil, de la rue, de la menthe. On met dans des pots en terre et l'on noie complètement sous l'huile. A cet effet, on les presse avec un bouquet de fenouil vert que l'on met par dessus.

Qu'elles soient *écachées* ou *taillées*, et après trempage dans la saumure ou l'eau pure, les olives, une fois assaisonnées avec les graines dont nous avons parlé, peuvent être, aussi, additionnées de sirop, de malvoisie ou d'eau miellée.

On opère encore de la façon suivante. Après avoir fait mûrir les olives noires dans la saumure, on les essuie avec une éponge, puis leur fait deux ou trois entailles avec un roseau vert ou un couteau. On les laisse, alors, trois jours dans le vinaigre. Au quatrième, après les avoir séchées avec une éponge, on les met dans un pot neuf avec du persil et un peu de rue. On achève de remplir avec de la malvoisie et des feuilles de laurier. On peut consommer vingt jours après.

Sirapes des Romains. — Les olives noires très mûres sont laissées une journée sur des claies en roseau et à l'ombre. Le lendemain on les met sous presse dans des cabas neufs où elles restent ainsi toute la nuit. Le jour suivant, on les passe sous des meules très propres suspendues de façon qu'elles ne brisent pas les noyaux (les meules des Romains étaient fort probablement horizontales comme celles des moulins à farine).

Une fois ainsi écachées, on saupoudre de sel fin sec et d'assaisonnements divers, comme du cumin, du fenouil, de l'anis, etc. (une chopine de sel par muid). On arrose d'huile en répétant cette addition toutes les fois que l'on s'aperçoit que les olives se dessèchent.

Préparation de la saumure. — On place dans une pièce exposée au soleil un cuvier très largement ouvert, que l'on remplit d'eau le plus pure possible. On y met un cabas de jonc contenant du sel nianc que l'on tient, à l'aide d'un bâton qui passe dans les deux anses, dans les couches supérieures du liquide. Quand la matière est fondue, on en met une nouvelle quantité.

Les anciens, pour reconnaître si la saumure était trop forte, y mettaient un fromage frais. S'il allait au fond, il n'y avait pas suffisamment de sel. La saumure était bien préparée quand le fromage surnageait.

Aujourd'hui, quand on n'a pas de pèse-sel, on vérifie le degré de concentration de l'eau salée qui sert à conserver les olives avec un *œuf* du jour. Comme pour le fromage dont il est parlé ci-dessus, si l'œuf va au fond, la solution est trop faible, et on doit ajouter du sel. Si l'œuf surnage, elle est trop forte, et on ajoute de l'eau pure. Le liquide est à point quand l'œuf se présente à la surface sans surnager.

Qualité du sel. — Au dire de Couture, auteur très compétent si l'on en juge par ses écrits et la pratique qu'il avait du sujet qui nous occupe, la qualité du sel employé pour les conserves d'olives serait à surveiller. Nous avons d'ailleurs parlé déjà de la pureté du sel dans un autre chapitre (p. 16).

Voici ce que disait l'auteur, vers 1785 :

« Les olives de Saint-Chamas (Bouches-du-Rône) étaient autrefois très recommandables et très recherchées. Mais depuis quelques années elles ont perdu de leur réputation et de leur bonté par le vice du sel dont les fabricants sont obligés de se servir. On a prohibé le sel blanc et l'on ne vend plus que du sel gris. Ce sel corrompu corrompt les olives. La première année qu'on fut forcé de se servir du sel d'Hières, toutes les olives se corrompirent, non seulement celles qu'on envoya dans le royaume et dans les pays étrangers, mais celles, encore, que nous conservâmes pour nos provisions domestiques.

« Les fabricans connaissent la cause de la corruption de leurs olives. Ils se voient forcés ou d'abandonner leurs fabriques, ou de faire la contrebande. La situation de Saint-Chamas est très favorable au faux-saunage. A deux lieues à son levant on trouve les salins de Berre ; à deux lieues à son midi, près de Fos, on trouve l'étang de Laval-Duc; là se fabrique du beau sel blanc. Ici la nature bienfaisante nous offre d'elle-même, sans secours de l'art, le plus beau, le meilleur de tous les sels.

« Le sel de Berre est porté bien loin de chez nous. Celui de Laval-Duc est un sel *maudit* dont personne ne profite. Les gardes-sel ne s'occupent qu'à le détruire. Ils introduisent dans cet étang l'eau de la mer pour le décomposer. Ils y versent des troupeaux de chèvres pour le fouler et le détruire. Ils en éloignent tous ceux qui veulent en approcher.

« Malgré leur vigilance et leur grand nombre, des paysans hardis et téméraires vont de jour et de nuit, par mer ou par terre, se charger de ce sel, et par mille chemins détournés, à travers les montagnes, les vallons et les plaines, ils offrent leur faux-saunage aux fabricans. Ceux-ci connaissent ses propriétés avantageuses et trop souvent ils profitent de l'occasion pour conserver la réputation de leurs olives.

« Ne serait-il pas possible de vendre le sel de Laval-Duc ou celui de Berre dans les greniers du roi ? Les fermiers y trouveraient des avantages multipliés. Ils ne feraient pas venir, à grands frais, de trente-cinq lieues le sel gris d'Hières: le faux-saunage cesserait. Ils vendraient plus de sel ; ils ne détruiraient pas notre commerce, et les paysans, ces hommes *si utiles* à la société, ne seraient plus attirés par l'appât du gain, et ne s'exposeraient plus à périr dans les prisons ou aux galères.

« J'ai vu dans un seul jour neuf personnes mises en prison pour crime de faux-saunage commis à Laval-Duc. Un seul retourna dans sa maison et neuf périrent misérablement. Sur mon récit, on m'accuse déjà de contradiction et de mensonge ; je dis vrai cependant. Au nombre de ces prisonniers, se trouvait une femme enceinte ; elle périt avec son fruit. »

Nous avons tenu à citer tout au long ce passage pour montrer combien on attachait déjà d'importance, à cette époque, à la pureté du sel employé pour la conservation des olives.

L'industrie des olives en Italie. — Au sujet de l'industrie des *olives comestibles* en Italie, voici ce que disait le bulletin du Gouvernement de l'Algérie.

L'industrie en question est florissante en Grèce, Espagne, Tunisie, France, Portugal, Californie. Mais elle est en décadence en Italie. Seule la région d'Ascolano exporte des olives vertes. Dans les autres régions où l'on prépare des conserves on les consomme sur place.

Les variétés les plus estimées en Italie sont : la *bella* et la *grosso di Spagna*, qui pèsent jusqu'à 10 grammes (province de Lecce), l'*ascolano* (6^{gr},5), la *limoncella*, la *sanginesca*, l'*olivoni di Corato*, la *fiorentine*, l'*audria*, la *san-agostino*, la *rotondella*, la *piccola*, la *cajazzone*. Pour préparer les olives vertes, on peut n'employer que l'eau pure,

que l'on change tous les quatre à cinq jours pendant un à deux mois
Les olives ainsi obtenues peuvent facilement se gâter.

Le procédé d'*Ascolano* consiste à prendre 4 parties de *cendres* tamisées
et une partie de *chaux hydraulique*. On mélange bien et on verse la
mixture dans un tonneau en bois au fond duquel on a mis une couche
de paille, on verse de l'eau et on fait couler la lessive obtenue. Pour
l'employer, elle doit marquer 7 à 8°. On y plonge, alors, les olives, en les
recouvrant d'un chapeau pour les maintenir dans le liquide. Les
olives sont prêtes après cinq à dix heures. Les olives, bien lavées, sont
conservées dans de l'eau salée (40 à 60 grammes de sel par litre d'eau)
placée dans un récipient en terre glaise. Pendant quinze à vingt jours,
on renouvelle bien la saumure que l'on additionne de fenouil et de
feuilles de laurier :

Les *olives noires* à l'*huile* se préparent comme nous l'avons déjà
indiqué, surtout la *passola.*

Un quintal d'olives produit 20 kilos d'huile à 1 fr. 25 le kilo, soit un
revenu brut de 25 francs, dont il faut déduire 2 francs de frais, reste
un revenu net de 23 francs. Le quintal d'olives préparées à 1 fr. 50 le kilo
représente un revenu brut de 150 francs dont il faut déduire 40 francs
de frais, ce qui laisse un revenu net de 110 francs.

En année moyenne, l'Italie produit 36.000 quintaux.

En Grèce. — La Grèce a exporté, en 1906, 5.533.827 kilos d'olives de
conserves. Les olives noires de Kalamata sont traitées par le sel, puis
conservées dans de l'huile et des tranches de citron. Quelquefois on les
pique ou les entaille. Les conserves les plus réputées viennent de Magnésie et de Phocis.

En Turquie. — La Turquie produit en moyenne, par an, 10.000 tonnes
d'olives conservées (Brousse, 60 p. 100). Sur le littoral de la Marmara
on obtient les olives noires dites de Pelion, conservées dans une saumure à 12 p. 100.

En Espagne. — On prépare surtout en Andalousie et concentre à
Séville (*olives vertes aceitunas sevillanas,* ou *de la reine,* à noyau énorme
et saveur piquante). Autres variétés, *cordovis, murcale, madrilène.*

Un procédé espagnol qui a été rappelé et recommandé, consiste
à mettre les olives traitées par une lessive alcaline dans de l'eau
peu salée. Il se produit une mousse due à la fermentation. L'acide
lactique formé communique un goût spécial agréable.

CHAPITRE XX

FRUITS DIVERS

Sorbes desséchées. — On partage les fruits en deux et les met dans un panier que l'on trempe dans du moût de raisin en ébullition. Après quelques bouillons, on expose les sorbes au soleil pour les faire sécher.

Quand la saison est pluvieuse on opère la dessiccation dans un four.

On peut préparer avec les sorbes une sorte de farine. Pour cela, quand elles sont blettes, on les met dans des sacs que l'on place dans un four pour les dessécher.

Après refroidissement on les écrase sous une meule.

On sait que les sorbes vertes mûrissent sur la paille.

Confiture de plaquemines (Kakis). — Épluchez les plaquemines bien mûres, mettez-les à mesure dans une terrine, pesez-les ; si vous avez 6 kilogrammes de fruits, mettez 2 kilogrammes de sucre. Placez sur le feu une bassine en cuivre non étamé ; mettez un litre d'eau par kilo de sucre. Quand le sucre est fondu et qu'il bout, jetez-y les plaquemines. Laissez-les bouillir deux bouillons, puis ayez une grande terrine bien propre dans laquelle vous les laissez refroidir quelques heures avant de les mettre dans les pots.

Nèfles du Japon. — Quand le fruit est blet, on l'essuie avec un linge fin et sec, puis le pèle et le débarrasse de ses noyaux. On met alors dans un flacon, ou une boîte, en laissant le moins de vide possible. On ajoute par récipient d'un litre un verre d'eau. On ferme hermétiquement et place au bain-marie bouillant. (trois quarts d'heure.)

Les confitures et compotes de nèfles ordinaires et de nèfles du Japon se font comme celles des autres fruits.

Ratafia de grenades. — On conserve en général les grenades dans la paille ou une des matières que nous avons déjà indiquées (p. 157.)

Le jus filtré obtenu avec les grains de grenade est additionné de moitié son poids de sucre. Une fois fondu, on ajoute trois fois le même volume d'eau-de-vie.

Phot. A. Rolet.

Fig. 170. — La cueillette des kakis à l'école d'Antibes.

On met dans un bocal avec un bâton de cannelle et bouche.

On laisse ainsi macérer un mois à un mois et demi, à une douce température ; on place, par exemple, le bocal au soleil.

On filtre sur du papier et met en bouteilles.

On prépare le *sirop de grenadine* comme celui de groseilles (p. 369.) Cuire le jus filtré avec 1 fois à 1 fois 3/4 son poids de sucre.

Confitures de cornouilles. — Choisissez les fruits les

plus mûrs, qui prennent une teinte grenat. Mettez dans le chaudron un poids égal de sucre. D'autre part, vous exprimez des groseilles de façon à obtenir un quart de livre de jus pour une livre de cornouilles.

Mettez ce jus de groseilles dans le chaudron avec le sucre et un peu d'eau et laissez faire un sirop. Versez-y les cornouilles entières et faites bouillir à feu vif jusqu'à ce qu'un peu de jus versé sur une assiette forme pâte en se refroidissant et colle au doigt.

Les *cornouilles* peuvent se conserver à la façon des olives.

Quand elles ne sont pas encore tout à fait mûres et qu'elles tournent au jaunâtre, on cueille les plus grosses et les plus longues. On les essuie doucement avec un linge fin pour ne pas les meurtrir, puis les laisse se flétrir légèrement sur une serviette.

On prépare, pendant ce temps, une saumure (dissoudre du sel à refus dans de l'eau) aromatisée (feuilles de laurier, fenouil, etc.) dans laquelle on mettra les fruits. On tient le baril dans un lieu ni trop chaud ni trop froid. Quand les cornouilles ont pris la couleur des vraies olives, elles sont bonnes à manger. Avant de les servir les laisser tremper quelque temps dans de l'eau pour leur enlever l'excès de sel.

Si l'on s'apercevait que la saumure fût trop concentrée, que les cornouilles se rident de plus en plus, on étendrait d'eau la liqueur salée.

Liqueur de prunelle. — On écrase et met le tout, chair et noyaux, dans un bocal avec 3 litres d'eau-de-vie et 300 grammes de sucre par kilo de matière. Après quatre à six semaines on filtre et met en bouteilles.

Dans le commerce on n'emploie pas la chair mais, seulement, les noyaux.

On met ceux-ci entiers dans de l'eau-de-vie ou de l'alcool bon goût à 85° (1 litre par kilo). On ajoute quelques grammes de macis.

On agite tous les jours. Quand le liquide est suffisamment parfumé on le soutire et le mélange avec du sirop de façon à employer en sucre la moitié de l'alcool. Un verre d'eau suffit pour fondre un kilo de sucre. Quand le sirop est prêt, puis presque complètement refroidi, on mélange à l'alcool. Cette liqueur de prunelle peut se colorer avec un peu de caramel.

Si l'on veut de *l'eau de Phalsbourg,* on prend des prunelles lorsqu'elles sont bien mûres (dans le mois de décembre) ; on les met dans un panier et on les secoue jusqu'à ce que la chair se soit détachée du noyau ; on essuie tous ces noyaux et on les met dans un vase en grès dans lequel on verse de la bonne eau-de-vie. On laisse infuser tout cela pendant un mois à six semaines. On passe, alors, ce jus dans une chausse ou un papier à filtrer et l'on y ajoute un sirop de sucre ; après avoir bien mélangé tout cela, on le met en bouteilles que l'on bouche bien. Il faut un plein verre de noyaux concassés pour un litre d'eau-de-vie et une demi-livre de sucre pour faire le sirop pour un litre de jus.

Pour le *vin* de prunelles on écrase les fruits, les arrose de sirop de sucre à 8°. Quand, après fermentation, le jus est descendu à 0° au densimètre, on soutire, pressure le marc, ajoute 1 gramme de tanin par 10 litres, et met en fût. Après un mois de séjour en cave, on ajoute, encore, $2^{gr},5$ de tanin par 50 litres. Coller au blanc d'œuf.

Confiture de fruits d'aubépine. — Prendre 2 kilos de fruits. Les faire bouillir pour les bien ramollir. Jeter sur un tamis et écraser. Ajouter $1^{kg},5$ de sucre et faire bouillir jusqu'à consistance suffisante. Aromatiser au goût du consommateur.

Confiture de fruits d'églantier. — Ne récolter les fruits de l'églantier qu'après les fortes gelées, enlever les pédoncules et la couronne noire, les mettre dans une bassine en cuivre, les couvrir d'eau froide, faire chauffer graduellement en remettant, de temps en temps, de l'eau bouillante afin que les fruits soient constamment baignés, continuer la cuisson sans arrêt. Lorsque l'ébullition se produit, retirer la bassine sur le coin du fourneau, la couvrir et laisser cuire tout doucement pendant une demi-heure, environ, la préparation sans la remuer.

Les fruits sont cuits lorsqu'ils s'écrasent bien entre les doigts. Passez-les bouillants à travers un tamis à mailles assez larges et par petites quantités.

Remettez, ensuite, toute la pulpe, c'est-à-dire toute la chair des fruits dans la même bassine où s'est faite la première cuisson, et placez de nouveau le récipient sur le feu pour chauffer en ajoutant, comme précédemment, de l'eau bouillante dès que la préparation s'épaissit. Passez au tamis de crin pour débarrasser les églantines de tout le duvet qu'elles contiennent.

Pesez la pulpe et ajoutez 500 à 600 grammes de sucre par kilo de pulpe. Remettez le tout sur le feu, et remuez avec une grande cuiller en bois jusqu'à ce que la préparation se mette à bouillir. Retirez alors sur le coin du fourneau et laissez cuire ainsi pendant 30 minutes en remuant de temps à autre. Quand la confiture est cuite, versez dans les pots que vous couvrirez le lendemain et rangez dans un endroit tempéré.

Sirop de fruits d'épine-vinette.—Mettre un kilo d'épines-vinettes égrenées dans deux litres d'eau et faire bouillir. Après quelques bouillons verser le tout dans une terrine et laisser reposer vingt-quatre heures.

Faire bouillir de nouveau le lendemain. Tamiser et ajouter 1 kilo de sucre cuit au perlé (p. 192.) Après refroidissement, écumer et mettre en bouteilles.

Confiture et sirop de baies de sureau. — Il faut cueillir ces baies lorsqu'elles sont bien mûres, puis les égrapper dans une chaudière ou casserole émaillée ou bien étamée. Mettez, ensuite, ce récipient sur un feu doux, en retournant les baies avec une spatule pour en faire crever la pellicule. Puis retirez du feu, laissez refroidir pendant quelque temps (au besoin, un jour ou deux). Passez ensuite le jus à travers un tamis fin, en pressant le marc ou résidu dans un linge. Remettez cuire ce jus dans la même bassine en y ajoutant la moitié de son poids de sucre. Écumez et laissez bouillir doucement, en remuant avec la spatule jusqu'à réduction du tiers et consistance parfaite.

Si l'on avait d'autres fruits, tels que pommes, poires ou prunes, on pourrait les incorporer à ce jus, après l'avoir écumé, ce qui le convertirait en marmelade, à condition, bien entendu, que ces fruits soient de bonne qualité, bien épluchés, coupés en morceaux, et en proportion convenable.

Pour le *sirop* de sureau, que l'on emploie aussi en médecine, on procède de la même façon en ne donnant qu'un bouillon au sirop de sucre, afin de le conserver liquide après qu'il est refroidi. On peut, aussi, y ajouter moitié de bonne eau-de-vie, pour assurer sa conservation, en le mettant en bouteilles bien bouchées.

Le *vin* de sureau s'obtient de la façon suivante. On mélange 50 kilos de baies, bien écrasées, avec 5 kilos de miel, 5 kilos de sucre et 50 grammes de sel de cuisine.

On laisse fermenter, puis bouche le tonneau. Après trois à quatre semaines de repos, on soutire, colle et met en bouteilles.

Autre. — On fait infuser les baies écrasées dans moitié d'eau durant quatre à cinq heures. On tamise et ajoute, par litre de jus, 250 grammes de sucre cristallisé. On met, alors, le liquide dans un tonneau. Avant fermentation on ajoute, encore, 300 grammes de tartrate de potasse par 100 litres.

L'eau de sureau se prépare comme suit. Dans 50 litres d'eau on fait fermenter 50 grammes de *fleurs* de sureau infusées, 75 grammes d'acide tartrique dissous, 3 kilos de sucre fondu et 1 litre d'eau-de-vie.

Autres. — Dans 20 litres d'eau, verser une infusion de *fleurs* de sureau ; ajouter 2 verres de vinaigre, 1 livre de mélasse et un peu de levure. Laisser fermenter.

— Faire une infusion de 50 grammes de *fleurs* de sureau, 50 grammes d'iris de Florence, 50 grammes de coriandre, 20 grammes de noix de galle ou 25 grammes de sciure de chêne. On ajoute 5 kilos de sucre fondu, une dissolution de 50 grammes d'acide tartrique et 100 grammes de levure.

Verser le tout dans un tonneau contenant 50 litres d'eau. Laisser fermenter et, après quelques jours de repos, mettre en bouteilles (1).

Boissons au genièvre. — Couvrir d'eau et faire fermenter 5 kilos de baies de genièvre et 1 kilo d'orge. Laisser quatre à cinq jours, puis, tous les deux jours, ajouter, encore, 5 litres d'eau, jusqu'à ce que le volume total du liquide atteigne 50 litres. Laisser reposer vingt à vingt-cinq jours.

Autre. — Verser dans 50 litres d'eau 6 kilos de mélasse délayée

(1) En Californie on fait de la confiture et des boissons rafraîchissantes avec les baies aigres-douces du *mahonia fascicularis*.

dans un peu d'eau chaude ; ajouter 250 grammes de baies de genièvre, 2 onces de cônes de houblon, autant de fleurs de sureau et 1 litre et demi d'eau-de-vie. Remuer le liquide toutes les douze heures, pendant deux jours, puis boucher le fût. On peut soutirer et mettre en bouteilles deux semaines après.

Liqueur. — Faire macérer vingt-quatre heures, dans 8 litres d'alcool à 86°, 1ᵏᵍ,125 de baies de genièvre écrasées et 125 grammes de houblon pilé. Filtrer, puis ajouter encore 3 litres d'eau.

Ratafia. — Faire macérer dans 2 litres d'eau-de-vie 60 grammes de baies de genièvre bien mûres et concassées, 20 grammes de cannelle, 3 grammes d'anis, 3 grammes de coriandre, 4 ou 5 clous de girofle et quelques grammes de vanille. Après un mois et demi, filtrer et ajouter au liquide un demi-kilo de sucre fondu dans un verre d'eau.

Vin et sirop de mûres. — Dans les contrées où les mûres sont abondantes, on peut, lorsqu'on les récolte en quantité suffisante, en obtenir du vin. Pour cela, on cueille les fruits bien mûrs, on les met en cuve, on les foule et on laisse fermenter dans un local où la température sera maintenue à 20 degrés environ.

La fermentation se manifeste par de petites bulles de gaz carbonique qui s'élèvent à la surface du liquide ; peu à peu la masse se gonfle, augmente de volume, se couvre d'une croûte épaisse et s'échauffe. Quelques jours après, elle s'abaisse, la liqueur s'éclaircit et acquiert le goût et l'odeur du vin.

On soutire, alors, le liquide, on porte la masse au pressoir, et on mélange le jus pressé avec le premier. Avec 400 kilos de fruits de ronce, on fabrique, environ, 200 litres d'une liqueur vineuse, très alcoolique, très analogue au vin rouge, mais ayant un arrière-goût de fruit. Les distillateurs tirent de ces 200 litres de vin 30 litres, environ, d'eau-de-vie de bonne qualité.

Pour faire le *sirop*, on écrase les mûres, les presse sur un tamis ou dans un linge, fait cuire le jus avec un sirop et écume. On peut ajouter directement le sucre (le double du jus) et faire cuire à la consistance voulue.

Confiture de dattes (1). — Peler les grosses dattes jaunes, les faire bouillir juste avec assez d'eau pour les couvrir. Quand elles sont suffisamment ramollies, les ouvrir sur le côté pour sortir le noyau que l'on remplace par une amande pelée ou une pistache. On confit ensuite dans un sirop, comme il a été dit pour d'autres fruits.

Bananes. — Les *bananes*, dont le commerce s'accroît de plus en plus, sont apportées, le plus souvent, en Europe en *cales frigorifiques*. Ainsi une flotte de 15 vaisseaux pourvus de

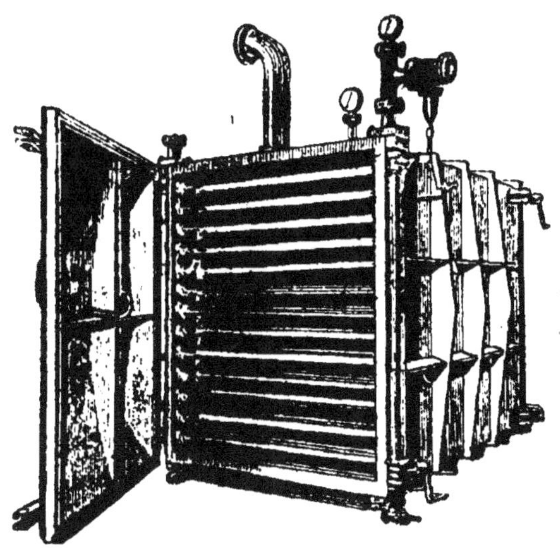

Fig. 171. — Dessiccateur à vide Possbourg.

machines à froid a importé de Costa-Rica en Angleterre, en 1907, 4.500.000 régimes de ces fruits. Les États-Unis utilisent pour ce transport 70 vaisseaux frigorifiques.

Des essais de *dessiccation* ont été faits au *Jardin colonial de Nogent*. Dans un appareil *Waas*, 100 kilos de bananes humides et pelées ont donné $27^{kg},6$ de bananes sèches. Avec l'appareil *Mayfarth* ce dernier chiffre s'est élevé à 30 kilos.

Les *bananes mûres* séchées et comprimées se conservent très longtemps. On les serre parfois avec du raphia, comme on le

(1) Traduit de l'arabe (*loc. cit.*).

fait en Amérique, et on les débite ainsi réunies en saucisson. Ou bien, on en prépare des carrés plus compacts. Dans cet état, la banane peut être employée directement.

Mais on conserve aussi la banane sous forme de farine. On l'obtient en desséchant les fruits encore verts. C'est une poussière fine très blanche.

Cette farine se prépare surtout dans l'Amérique du Sud. D'après M. P. Amann sa composition serait la suivante :

Humidité........................	10,70 p. 100
Matières azotées.................	3,31 —
Matières grasses.	1,15 —
Matières amylacées..............	68,15 —
Cellulose	1,94 —
Cendres........................	2,40 —
Non dosé.......................	12,35 —

Ces chiffres montrent que la farine en question peut être classée parmi les plus riches en matières féculentes (froment 58,1 p. 100, sarrasin 63,6, orge 64,1, pomme de terre séchée à 100° 83,8).

Pour certains expérimentateurs cette transformation en farine n'est pas rémunératrice.

Coprah. — M. Dybowski a appelé l'attention sur les inconvénients que présente l'altération de la *noix de coco*, qui arrive le plus souvent en France couverte de moisissures. Étant donné que cette matière, plus connue encore sous le nom de *coprah*, joue par ses dérivés un rôle important dans l'alimentation humaine, l'auteur pense que l'on aurait tout intérêt à *stériliser* après la récolte, sur place, la surface du *coprah*, de façon a empêcher l'action des microrganismes dont le développement compromet si gravement la qualité du produit.

Un lot de 3.000 noix de coco a été importé de Malaisie au Jardin colonial en juin. Les fruits, après avoir été fendus en deux, ont été soumis, dans un local approprié, à l'action du gaz sulfureux produit par l'appareil Marot.

Ces opérations, renouvelées sur des lots successifs, ont démontré que, sous l'action efficace de ce gaz, le coprah ne subit plus d'altération. Les produits obtenus par ce procédé sont blancs, dépourvus de rancidité et de toute odeur, exempts de moisissures, et peuvent se conserver indéfiniment.

RÔLE DES COOPÉRATIVES DANS L'INDUSTRIE DES CONSERVES ALIMENTAIRES

On a pu voir, au cours de cet ouvrage, combien de difficultés rencontrent parfois les producteurs isolés quand il s'agit d'écouler leurs récoltes, de les conserver en attendant la vente, de les transporter ou de les manipuler dans le but de les mettre sous une forme qui facilite leur utilisation à longue échéance.

Mais en se groupant en *syndicats* et surtout en *coopératives*, les intéressés peuvent surmonter plus facilement les obstacles qui se dressent devant eux pour la réalisation de leurs projets.

L'écoulement des produits, en évitant, autant que possible, les intermédiaires, doit être, aujourd'hui, une des principales préoccupations des cultivateurs.

Si les cultures fruitières ont pu atteindre, dans la Californie, par exemple, le degré de prospérité qu'on leur connaît actuellement, c'est grâce au groupement des producteurs en puissantes associations. Des coopératives utilisent les fruits, le plus souvent par la dessiccation, chaque fois qu'il y a encombrement.

Le travail en commun diminue les frais de main-d'œuvre, d'exploitation, qui sont proportionnellement réduits par l'outillage mécanique perfectionné et les méthodes de travail.

Les associations d'une même région peuvent se fédérer pour acheter en gros certaines fournitures.

Fabriquant une plus grande quantité de produits, on peut s'adresser plus facilement à de gros acheteurs ou faire plus aisément de l'exportation.

Les coopératives sont plus puissantes que les individus isolés pour appuyer des réclamations auprès des compagnies, en ce qui concerne les moyens de transport, les tarifs, pour obtenir le concours de sociétés diverses, de l'administration, des concessions, ou autres, etc.

Un simple syndicat peut beaucoup pour trouver des débouchés, mais le travail en commun est mieux encore. Aujourd'hui, la concurrence est si âpre, que l'avenir est dans l'industrialisation de l'agriculture.

On a bien signalé quelques coopératives de vente qui préparent plus ou moins complètement certains produits alimentaires, mais elles sont, en réalité, bien peu nombreuses. Rappelons celles de Roquevaire, Lascours (Bouches-du-Rhône) ; Caromb (Vaucluse) (pulpe d'abricots) ; Rillieux (Ain) (choucroute) ; Cabbé-Roquebrune et Menton (Alpes-Maritimes (citrons) ; Ajaccio (cédrats) ; Coudoux (Bouches-du-Rhône) (amandes) ; Saint-Quentin-sur-Isère (noix) ; Saint-Jeannet (Alpes-Maritimes) (raisins tardifs), etc.

Mais que ne reste-t-il pas à faire, par exemple pour les *truffes* dans le Périgord (Brive, Terrasson, Martel, Souillac, Sarlat), dans le Vaucluse, etc. ; pour les *olives de table* dans le Sud-Est ; les *pruneaux*, les *châtaignes*, et en général tous les fruits à dessécher, la chicorée, etc.

Les syndicats et coopératives de vente des pays de grande production devraient installer un *frigorifique* (on ne connaît actuellement que celui de Condrieu (Rhône) doublé d'une petite usine pour la préparation des conserves.

Dans certaines régions particulièrement favorisées par les conditions naturelles, vallée du Rhône, de la basse Durance, de la Garonne, littoral méditerranéen, ces usines seraient même alimentées une bonne partie de l'année grâce à la multiplicité des récoltes de légumes et de fruits, sans compter la volaille, etc.

Les coopératives en question annexées aux syndicats, créeraient ainsi des *marques* qui contribueraient à conserver leur bon renom aux produits du pays. Le commerce, souvent maître de la situation, pratique parfois toutes sortes de mélanges qui ne sont guère à l'avantage de ces derniers.

Voici d'ailleurs une *circulaire* adressée aux professeurs d'agriculture:

« Le développement de l'esprit de mutualité parmi les populations rurales constitue sans contredit le fait le plus remarquable de l'histoire de l'agriculture depuis un demi-siècle.

« Cette évolution, provoquée par les conditions économiques nouvelles, a été puissamment favorisée non seulement par la mise en vigueur de mesures législatives appropriées aux besoins du moment, mais, en outre, par les instructions ministérielles invitant les professeurs d'agriculture à aider de leurs conseils la création et le fonctionnement des associations rurales de toute nature, et notamment des syndicats professionnels agricoles.

« Dès leur création, ces organismes ont prêté l'aide la plus efficace à la réalisation des idées préconisées par les différents ministres de l'Agriculture et nul ne peut nier l'importance de l'œuvre accomplie jusqu'à ce jour sous l'action directrice de ces influences diverses : la diffusion dans les campagnes des découvertes dues à la science agricole, la propagation des méthodes culturales perfectionnées, la protection et les encouragements donnés ont déjà rendu aux populations rurales les services les plus marqués dans l'ordre matériel, ainsi que dans la réalisation des améliorations économiques et sociales.

Cependant, bien que les profondes modifications apportées par les méthodes de production aient déjà exercé une influence des plus heureuses sur notre agriculture, la nécessité s'impose depuis quelques années de compléter cette action bienfaisante par une adaptation mieux appropriée aux conditions économiques actuelles. En faisant pénétrer les principes de mutualité dans les procédés de l'exploitation du sol, les associations agricoles ont préparé les esprits à une nouvelle évolution économique d'une portée considérable, celle de l'organisation collective de la vente des denrées agricoles, le développement de la culture et l'augmentation de la production restant subordonnés à la solution de cette question à peine effleurée.

« La vente en commun apparaît comme une conséquence logique de l'association professionnelle, et elle s'impose de la manière la plus impérieuse au fur et à mesure que notre production nationale augmente et que la clientèle étrangère enfin nous est plus âprement disputée par d'autres pays, moins favorisés peut-être que le nôtre au point de vue des facilités de la production, mais plus fortement organisés pour la lutte commerciale.

« Vous n'ignorez pas, en effet, les nombreuses difficultés auxquelles se trouve exposé le producteur isolé qui, insuffisamment renseigné sur les centres de vente, les besoins du marché et les exigences du consommateur, doit quelquefois, non seulement céder ses produits à vil prix, mais souffrir en outre de la difficulté du recouvrement de certaines de ses créances.

« Sans négliger l'organisation des expositions et concours qui permettent à tous d'apprécier la qualité des produits, de se rendre compte des progrès réalisés au point de vue technique, la tâche incombe, nous semble-t-il, dorénavant, à toute association agricole d'établir, soit dans son sein, soit à côté d'elle, des groupements chargés d'étudier les mesures les plus propres à amener la commercialisation de la vente des produits agricoles et de créer des syndicats ou des coopératives groupant les producteurs en vue de la vente en commun.

« Je ne saurais donc trop vous engager à faire ressortir, dans vos conférences et dans les conseils ou avis que vous pouvez être appelés à donner aux membres des syndicats et associations agricoles, les avantages multiples que les cultivateurs pourraient retirer d'une judicieuse entente dans ce but. Les cultivateurs comprendront, en effet, facilement la situation particulièrement avantageuse qui leur sera créée sur un marché, lorsqu'ils auront pu recueillir, au préalable, grâce au service spécial organisé dans leur groupement, les renseignements de toute nature qu'il leur est indispensable de posséder sur les besoins et les exigences de la consommation, sur les cours pratiqués et les frais de toutes sortes occasionnés par la vente de leurs denrées. La centralisation des marchandises en vue de l'expédition permet, en outre, d'obtenir de notables réductions sur les prix de transport et de faciliter, à cet effet, la création d'un matériel spécial d'emballage.

« J'ajouterai, d'autre part, qu'une collectivité de producteurs peut envisager l'installation d'*usines de transformation* de la matière première et l'aménagement de magasins spéciaux pour la mise en réserve des denrées jusqu'à l'écoulement en temps opportun sur les centres de consommation.

« J'appellerai enfin votre attention sur l'intérêt que peut présenter une organisation collective dans la création, pour chaque catégorie des produits, de marques spéciales offrant aux yeux du consommateur toute garantie d'authenticité et d'origine ; l'apposition de ces marques sur les denrées, après contrôle de la qualité, de l'emballage et du poids, leur assurera, sans nul doute, une plus-value sensible sur le marché.

« Tels sont, esquissés dans leurs grandes lignes, les avantages que l'agriculture est en droit d'attendre de l'application du principe de la mutualité pour la vente des produits. Les primeurs, les fruits et les légumes, les fleurs, les produits de laiterie et de basse-cour et beaucoup d'autres denrées trouveraient dans cet ordre d'idées tant en France qu'à l'étranger, des débouchés avantageux que peut atteindre difficilement le petit producteur isolé. Les expériences tentées à cet égard ont d'ailleurs donné les résultats les plus encourageants pour l'avenir et font honneur à l'intelligente initiative dont ont fait preuve dans l'espèce certaines mutualités agricoles.

« De tels exemples ne peuvent que faciliter la tâche des associations agricoles, qui, pénétrées du haut intérêt de cette évolution économique, auront le désir de suivre la voie tracée par les collectivités similaires. Dans cet ordre d'idées, j'ajouterai que l'*Office de renseignements agricoles* institué auprès du ministère de l'agriculture secondera, dans la mesure de ses moyens, toutes les tentatives nouvelles, en se mettant à la disposition des intéressés pour leur fournir les renseignements qu'ils pourraient désirer sur la production et le commerce des denrées agricoles en France et à l'étranger.

« Je serais particulièrement désireux qu'après avoir exposé, chaque fois que l'occasion vous en sera offerte, l'importance du problème économique sur lequel j'appelle votre attention d'une manière toute particulière, vous puissiez au besoin prendre l'initiative de groupements en vue de la vente collective de produits agricoles, en assurant d'ailleurs les populations rurales de toute la sollicitude à cet égard du Gouvernement de la République.

« Je suis persuadé que vous userez dans cette occasion de toute votre influence, et que vous mettrez tous vos soins à faire aboutir une question à laquelle s'attache actuellement une importance spéciale, et je ne doute pas que vous n'obteniez à bref délai des résultats satisfaisants que vous voudrez bien me faire connaître. »

Le Ministre de l'Agriculture,
RUAU.

Débouchés.—Le cadre de cet ouvrage ne nous a pas permis de nous étendre aussi longuement que nous l'aurions voulu sur les débouchés qui sont ouverts à l'étranger aux conserves alimentaires.

Nous recommandons aux producteurs de s'adresser, pour ces questions d'exportation, à *l'Office national du commerce extérieur, 3 rue Feydeau, à Paris*, 2ᵉ arrondissement, qui leur fournira tous les renseignements voulus : pays importateurs, voies les plus directes, droits de douane, goût des consommateurs, prix de transport, conditions d'emballage et de vente, législation, restrictions concernant, par exemple, les antiseptiques, les frais d'analyses, etc., etc.

Les bureaux de *l'office* en question publient d'ailleurs des notices à des prix modiques que les exportateurs doivent connaître.

Nous signalerons, entre autres, trois *monographies* des plus intéressantes au point de vue particulier où nous nous plaçons ici :

Le commerce des conserves alimentaires en Allemagne, Grand-Duché de Luxembourg, Suède, 1 *fr.* 25 ;

Le commerce des conserves alimentaires en Belgique et Danemark, 1 *fr.* 25.

Le commerce des conserves alimentaires en Grande-Bretagne, Irlande et Norvège, 1 *fr.* 25.

Nous mentionnerons seulement les débouchés qu'offrent les États-Unis à nos *conserves de fruits*, d'après ce qu'en dit notre agent consulaire à New-York.

Les États-Unis offrent un excellent marché à nos *conserves de fruits*. Elles y occupent le premier rang (423.126 dollars en 1907, 442.855 dollars en 1908, 300.000, environ, en 1909). Nos concurrents les plus dangereux sont, à l'importation : l'Angleterre et l'Italie. La concurrence indigène, notamment de Californie et de Floride, est énorme.

Les *fruits au jus* et les *fruits confits* sont les articles les plus demandés. Les fruits à l'eau-de-vie se vendent difficilement. Quant à nos belles qualités de pruneaux secs, elles tiennent le haut du marché. Nos *conserves de fruits* se vendent ici en *flacons* ou en *bocaux*. Le format de vente courante est la bouteille. Les étiquettes doivent être rédigées en français et porter la mention *France*.

Les emballages contiennent, en général, 24 demi-bouteilles ou 12 grandes bouteilles par caisse. Les conserves de *pêches* et de *cerises* se vendent également en boîtes en fer-blanc, mais il serait préférable, pour le commerce de détail, de les avoir en flacons. Il est inutile de renouveler les stocks si les flacons sont bien bouchés.

Les droits de douanes sont de 0 fr. 11 le kilo, plus un droit *ad valorem* de 35 p. 100. Voici, d'ailleurs, le tableau complet des droits frappant les fruits conservés ou préparés.

	Unités.	Dollars.	Francs.
Fruits comestibles, y compris les baies, séchés, évaporés, en saumure, ou autrement préparés, non dénommés...............	Livre	0,02	0,23
Confiseries, gelées, bonbons et fruits avec du sucre ou de la mélasse, ou conserves au sucre ou dans la mélasse, dans le sirop ou l'alcool, ou dans leur propre jus .	*idem.*	0,01	0,11
	ad valorem	35 p. 100	35 p. 100
S'ils contiennent plus de 10 p. 100 d'alcool	*idem.*	35 p. 100	35 p. 100
Et en plus un droit de 2 dollars 50 par gallon de preuve pour l'alcool contenu en plus de 10 p. 100			
Gelées de toute nature..........	*idem.*	35 p. 100	35 p. 100
Ananas dans leur jus	*idem.*	25 p. 100	25 p. 100

TABLE ALPHABÉTIQUE

TABLE DES MATIÈRES

CHAPITRE PREMIER
Les pommes.

CHAPITRE II
Les poires.

CHAPITRE III
Les coings.

CHAPITRE IV

Les prunes.

CHAPITRE V

Les abricots.

CHAPITRE VI

Les pêches.

CHAPITRE VII

Les cerises.

CHAPITRE VIII

Les raisins.

Rolet. — Conserves de Fruits et de Légumes.   28

CHAPITRE XVI
Les châtaignes et marrons.

CHAPITRE XVII
Les noix.

CHAPITRE XVIII
Les amandes.

CHAPITRE XIX
Les olives.

CHAPITRE XX
Fruits divers.

TROISIÈME PARTIE
ROLE DES COOPÉRATIVES

15751-11. — Corbeil. Imprimerie Crété.